高等职业教育教材

烹饪微生物

蒋云升　主编

中国轻工业出版社

图书在版编目（CIP）数据

烹饪微生物/蒋云升主编．—北京：中国轻工业出版社，2025.8
高等职业教育教材
ISBN 978－7－5019－5792－7

Ⅰ．①烹…　Ⅱ．蒋…　Ⅲ．烹饪—关系—微生物—高等学校：技术学校—教材Ⅳ．TS792.1　TS201.3

中国版本图书馆 CIP 数据核字（2006）第 156500 号

责任编辑：史祖福　　责任终审：孟寿萱　　封面设计：水长流文化
版式设计：马金路　　责任监印：张京华

出版发行：中国轻工业出版社（北京鲁谷东街5号，邮编：100040）
印　　刷：北京君升印刷有限公司
经　　销：各地新华书店
版　　次：2025 年 8 月第 1 版第 7 次印刷
开　　本：787×1092　1/16　印张：23.75
字　　数：599 千字
书　　号：ISBN 978-7-5019-5792-7　定价：48.00 元
邮购电话：010-85119873
发行电话：010-85119832　010-85119912
网　　址：http://www.chlip.com.cn
Email：club@chlip.com.cn

251406J2C107ZBQ

编写说明

《烹饪微生物学》是全国高等烹饪职业教育用教材，在教材编审委员会的推荐提议下，在中国轻工业出版社领导的大力支持下，现在终于问世了。回顾过去的20多年里，没有对应教材，全国各高校的烹饪院系一直借用食品专业的微生物学教材，由于烹饪专业学生的普通生物学、有机化学、生物化学基础普遍较弱，教学过程中总是存在难教难学、内容偏深、结构松散、缺乏针对性等诸多问题，难以达到预期的教学效果。

五年前，与我共事16年的一位同事因病意外地调离教学岗位，在院系领导的恳求下，由我兼授“烹饪微生物学”，教学时发现除了在教学计划中有一个很吸引人的课程名称外，几乎一无所有，这与全国烹饪教育事业的大发展不适应，也严重地拖了烹饪学科建设的后腿。我国“食品安全行动计划”中规定，2007年起在全国餐饮业实施HACCP管理，而微生物性危害是这一工作的起点，因而只有迎头赶上，才能不辱使命。本人虽有一些从事交叉学科建设的经历，但搭好本书的编写大纲，还是整整花了2年的时间。期间利用各种机会征求各院校同行教师意见，使之不断完善。

本书第一章从概略介绍微生物的特点入手，阐述微生物学和烹饪科学的相互关系，以及建立烹饪微生物学学科的必要性和意义。第二章介绍厨房常见微生物的形态结构特点、分类方法。第三章从生态学角度阐述厨房微生物的来源与分布规律，为大学生从事餐饮业微生物性危害分析打下基础。第四章从微生物生长角度阐明其生命活动的一般规律。第五章从易引起食物中毒、食源性传染病的病原菌入手，在概略阐述它们对人体健康危害的基础上，重点阐明与病原体监测有关的生物学特性、技术和原理。第六章阐述对微生物进行消毒、灭菌、防腐、抑菌的相关原理和技术，从而为餐饮业实施HACCP管理中的关键点控制提供技术支持。第七章至第十章分别从厨房里的洗涤、冷藏、烹调等加工工序入手，阐明厨房生产过程中，各种处理对控制微生物性危害的作用机理和作用效果，将洗涤除菌与净菜经营、冷藏抑菌与超市销售、发酵抗菌与特色风味食品制作、烹调熟制与包装、灭菌等现代工业技术相结合，既扩大传统烹调的内涵，也更符合现代烹饪的发展方向，这是本教材特色之一。将微生物学实验室常用技术如显微技术、计数技术 、分离纯化与培养技术、菌种鉴定与保藏技术等分插到相应各章中去，既体现理论与实践的结合，突出学科应用性特点，又便于开设实验课，组织实验教学，这是一种有益的尝试。本教材实验教程部分与将要出版的《烹饪卫生与安全学》（第三版）的分工也更加合理。

本教材由蒋云升任主编，分工编写第一、二、三、四、六、七章以及全书统稿，高璐任副主编，编写第五章，董杰、曹宏编写第八章，黄玉军编写第九章，许慧卿编写第十章，潘明编写实验教程。扬州大学汪志君教授担任主审。参加编写大纲讨论，提出有益建议的有黄山学院陶卫平、南宁职业技术学院梁敏、四川烹饪专科学校卢一、北京联合大学许荣华、河北师范大学刘晶芝、上海师范大学居玲玲、上海静安区职大杨玉明、上海农学院邱艳庭、浙江商业职业技术学院陈明元、南京财经大学杨玉玲、常熟高等专科学校崔竹梅、扬州商务高等职业技术学校彭慧慧、青岛酒店管理学院王冬、青海大学朱芳老师。为编写本教材提供部分资料的还有扬州广陵卫生防疫站徐浪书记、江苏长寿集团席军经理、中国烹饪协会桑健主任等。承担本书电子成稿和校稿的有张文娟、王畏畏两位硕士。对他们的大力支持深表感谢。本书引用了一些著作者的研究成果、图表等，在此一并致谢。

《烹饪微生物学》虽然实现了从无到有，但毕竟还是烹饪学科的一个幼枝，需要全体烹饪教育界同仁的精心呵护。由于编著者水平有限，缺点、错误、不当之处在所难免，恳望广大读者、同行专家提出宝贵意见。

扬州大学　蒋云升

目　　录

第一章　烹饪与微生物的关系……………………………………………… (1)
第一节　微生物的概念及其特点……………………………………………… (1)
第二节　微生物研究简史…………………………………………………… (4)
第三节　与烹饪有关的微生物……………………………………………… (6)
第四节　烹饪微生物学及其研究的内容…………………………………… (9)
本章小结 ……………………………………………………………………… (12)
习题 …………………………………………………………………………… (12)
第二章　厨房微生物的类别 ……………………………………………… (13)
第一节　原核微生物 ………………………………………………………… (13)
第二节　真核微生物 ………………………………………………………… (25)
第三节　无细胞结构微生物 ………………………………………………… (34)
第四节　微生物的分类 ……………………………………………………… (39)
第五节　识别微生物的显微技术 …………………………………………… (43)
本章小结 ……………………………………………………………………… (49)
习题 …………………………………………………………………………… (50)
第三章　厨房微生物的来源与分布 ……………………………………… (51)
第一节　来自自然环境中的微生物 ………………………………………… (51)
第二节　微生物进入厨房的途径 …………………………………………… (57)
第三节　厨房微生物对食品质量的影响 …………………………………… (59)
第四节　微生物在烹饪原料中的分布 ……………………………………… (75)
第五节　评价食品质量的微生物计数技术 ………………………………… (84)
本章小结 ……………………………………………………………………… (90)
习题 …………………………………………………………………………… (91)
第四章　厨房微生物的生长 ……………………………………………… (92)
第一节　微生物生长应满足的营养要求 …………………………………… (92)
第二节　微生物生长与繁殖 ………………………………………………… (97)
第三节　微生物生长的影响因素……………………………………………(103)
第四节　微生物生长过程中的代谢活动……………………………………(115)

第五节　观察微生物生长的培养技术……（121）
本章小结……（132）
习题……（133）
第五章　厨房微生物的危害……（134）
第一节　微生物的致病作用……（134）
第二节　致病性肠杆菌的危害……（144）
第三节　其他致病菌的危害……（158）
第四节　腐败菌的危害……（180）
第五节　产毒真菌的危害……（184）
本章小结……（188）
习题……（188）
第六章　厨房微生物的控制……（190）
第一节　厨房微生物控制的基本方法……（190）
第二节　物理学方法对微生物的控制……（193）
第三节　化学消毒剂对微生物的控制……（200）
第四节　食品防腐剂对微生物的控制……（206）
第五节　厨房微生物控制的试验方法……（207）
本章小结……（215）
习题……（216）
第七章　厨房洗涤加工的除菌作用……（217）
第一节　洗涤的除菌作用……（217）
第二节　洗涤对肉禽蛋类原料的除菌作用……（221）
第三节　洗涤对水产类原料的除菌作用……（227）
第四节　洗涤对果蔬类原料的除菌作用……（229）
第五节　洗手的作用……（235）
本章小结……（239）
习题……（240）
第八章　厨房食品冷加工的抑菌作用……（241）
第一节　厨房食品冷加工的抑菌作用机理……（241）
第二节　厨房食品冷却加工的抑菌作用……（245）
第三节　食品的冷冻加工……（251）
第四节　食品冷藏链抑菌系统……（256）
本章小结……（257）

习题……(257)
第九章　厨房发酵加工的抗菌作用……(258)
第一节　厨房发酵加工的抗菌机理……(258)
第二节　动物性发酵制品的加工……(265)
第三节　果蔬的发酵加工……(272)
第四节　粮谷类的发酵加工……(277)
第五节　发酵剂及其制备技术……(282)
本章小结……(292)
习题……(292)
第十章　烹调的杀菌作用……(294)
第一节　香辛料、调味品的杀菌作用……(294)
第二节　烹饪的杀菌作用……(303)
第三节　烟熏的杀菌作用……(310)
第四节　烹饪制品包装的阻菌作用……(313)
第五节　烹饪包装制品的灭菌技术及其应用……(315)
本章小结……(319)
习题……(320)
实验教程……(321)
实验须知……(321)
实验一　显微镜使用与微生物形态观察……(322)
实验二　细菌染色与细胞结构的观察……(326)
实验三　酵母细胞大小、数量测定与结构的观察……(329)
实验四　食品霉菌计数与形态观察……(333)
实验五　微生物培养基的配制与灭菌……(338)
实验六　食品细菌计数……(344)
实验七　微生物分离纯化与生理生化反应……(352)
实验八　理化条件对微生物的影响……(359)
实验九　发酵抗菌作用试验设计……(363)
实验十　烹饪杀菌作用试验设计……(367)
参考文献……(371)

第一章　烹饪与微生物的关系

[学习目的] 了解微生物的五大特点，烹饪与微生物的关系，烹饪微生物学的任务。

[主要内容] 微生物的概念、特点，微生物学的形成与发展，烹饪微生物学研究内容及对学习各专业课程的重要作用。

第一节　微生物的概念及其特点

朋友，当你走进餐馆，喝上可口的酸奶饮料，吃上各色美味的面包或包子、馒头、花卷；每当佳朋满座，举起杯中的美酒，吃着各种特色酸菜鱼以及火腿丁炒饭、臭豆腐等名特食品等时，实际上你已在尽情地享受大自然中微生物给你带来的无偿恩惠。可以说，微生物对人类的贡献真是太多、太大、太久远了。我们不能因为还可能有食源性病菌感染和食物中毒的风险，因此而“谈菌色变”，其实，大多数微生物对人无害，还有许多微生物不仅无害，而且可被人类利用，给人类社会创造了巨大的财富。

一、微生物的概念

在大自然中，生活着一大类人的肉眼看不见的微小生命。无论是繁华的现代城市，富饶的广阔田野，还是人迹罕见的高山之巅、辽阔的海洋深处，到处都有它们的踪迹。这一大类微小的生物称为微生物（microorganism，microbe），其大小常常小于0.1mm，与植物界的一种红杉高达350m 、动物界中的蓝鲸可达34m 长相比而言，差异十分悬殊，但它们和动物、植物共同组成了生物大军，才使大自然显得生机勃勃（见图1-1）。

属于微生物的成员，分属于细菌、放线菌、真菌、病毒、类病毒等几个代表性家族。这些家族的成员，一个个小得惊人。就以细菌家族的“大个子”杆菌来说，让3000个杆菌头尾相连“躺”成一行，也只有一粒米那么大；让70个杆菌“肩并肩”排成一行，刚抵得上一根头发丝那么宽；相当于全地球总人数（50多亿）那么多的细菌加在一起，才有一粒芝麻的重量。

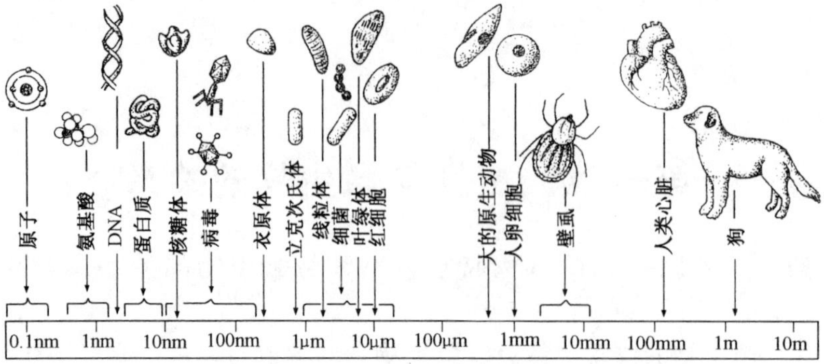

图1-1 微生物的大小

微生物如此之小，人们只能用微米（μm）甚至更小的单位埃（Å）来衡量它。1μm等于千分之一毫米（mm）。细菌的大小，一般只有几个微米，有的只有0.1μm，而人的眼睛大约只有分辨0.06mm的本领，难怪我们无法直接看见它们，只有依靠实验室的光学显微镜甚至电子显微镜才能观察到。

当然，微生物也有看得见的，比如食用的蘑菇、木耳、香菇、银耳等都是微生物。生物学家曾在捷克发现一种巨蕈，属于真菌族微生物范畴，你猜它有多大？——直径4m多，重达100kg以上。它不仅是微生物大家族中的“巨人”，而且在整个生物世界里也不算“小个子”了。对这些肉眼看得见的种类，就看作是微生物的特例吧。

二、微生物的特点

（一）体积小，面积大

微生物结构非常简单，原核生物都是单细胞，真菌则有些是单细胞，有些是简单的多细胞。而病毒只是由核酸和蛋白质外壳组成、无细胞结构的生命个体。大多数微生物形体微小、结构简单、表面积大，这样的特性特别有利于它们与周围环境进行物质交换和能量、信息的交换。

（二）吸收多，转化快

生物界的一个普通规律是某一生物的个体越小，其单位体重所消耗的食物就越多，这在恒温动物中表现得更为突出。例如：一种体重仅3g的地鼠，每天要吃掉与其体重等重的粮食。又如一种体重还不满1g的闪绿蜂鸟，每天要消耗比其体重大2倍的食物。一个细胞比起地鼠和蜂鸟来，不知要小上多少倍，但它们的“胃口”都相当大，如大肠杆菌在合适的环境下1h内可以“吃掉”相当于自重2000倍的乳糖。

微生物不仅吃得多，而且排泄快。从单位重量看，微生物的代谢强度比高等动物的代谢强度要大几千甚至几万倍。这种特性为微生物高速生长繁殖和合成大量代谢产物提供了充分的物质基础，从而使微生物能在自然界和人类实践中更好地发挥其超小型“活的化工厂”的作用。

（三）生长旺，繁殖快

微生物生长繁殖速度非常之快，一般细菌在最适合的条件下，每隔 20 ~ 30min 就可繁殖一次，一昼夜就是 72 代，理论上一个细胞在不受任何影响下经过 24 h，就可以繁殖 4 万亿个（质量约 4722 t），48 h 就可以繁殖 2.2×10^{43} 个（约等于 4000 个地球的质量）。事实上，由于种种客观条件限制，细菌指数分裂速度只能维持数小时，因而在液体培养基中，细菌只能达到 $10^8\sim10^9$ 个/mL。微生物的这种巨大的繁殖能力为我们利用微生物进行科学研究和工业化生产提供了有利条件。用作发面剂的酿酒酵母（*Saccharomyces cerevisiae*）其繁殖速度虽为 2h 分裂 1 次，但每年仍可“收获”数百次，这是其他任何动植物所不能达到的。

由于微生物的食谱杂，对营养的要求一般不高，因而原料来源广泛，容易培养。许多不易被人和动植物所利用的农副产品、工厂下脚料，例如麸皮、豆饼粉、酒糟等都可用来培养微生物。这样不仅解决了培养微生物的原料问题，而且为“三废”处理找到了出路，做到了综合利用，从而大大提高了经济效益。另外，大多数微生物反应条件温和，一般能在常温、常压下进行生长繁殖、新陈代谢和各种生命活动，不需要什么复杂、昂贵的设备。这比化学法具有优越性，因而即使在较差的条件下，一些微生物产品也能土法上马。除此之外，培养微生物不受季节、气候的影响，因而可以长年累月地进行大量生产。

（四）适应性强，易变异

微生物对外界环境条件几乎是无孔不入、无“微”不至。它善于随“机”应变，而使自己得到保存。微生物最擅长的本领要算能及时形成休眠细胞，然后长期进入休眠状态，例如细菌的芽孢、真菌的各种孢子等。它们较之营养体（即菌体本身）更具有抵抗外界不良环境的能力。一般能存活数月或数年，甚至几十年。当外界条件十分恶劣时，虽然大部分个体都因抵抗不住而被淘汰，但仍有少数“顽固分子”会发生某种变异而适应下来。

微生物之所以能够延续后代，数量极其庞大，善于“变”是一个十分重要的原因。在生产实践中，常利用这个特点来诱变育种。例如，人们常常利用物理或化学因素对微生物进行诱变，从而改变它的遗传性质和代谢途径，使之适应于人们提供的条件，满足人们提高产量或简化工艺的需要。

（五）分布广，种类多

微生物的种类非常多，目前已发现的微生物种类约 10 万种，随着分离培养方法的改进和研究工作的深入，微生物的新种不断被发现，仅真菌每年就以发现 1500 个新种的速度不断递增。可以相信总有一天，微生物的种类可以超过动植物的总和。

微生物产生的代谢产物种类也非常多。微生物究竟能产生多少种代谢产物，至今很难全面统计，现在已知大肠杆菌（*Esherichia coli*）能产生 2000 ~ 3000 种不同的蛋白质。

第二节 微生物研究简史

一、发现认识微生物前的历史（史前期）

大约迄今32亿年以前，微生物就悄悄地出现在地球上了，这是在非洲南部发现杆菌化石之后才知道的。那时整个地球还是它们一统天下，后来才陆续出现了植物、动物和人类。

很早，人们就知道猎取动物当作食品，栽培植物收获粮食，并发展成与人类密切相关的畜牧业和农业。可是资历最古老的微生物却一直无声无息地度过了漫长的岁月。当人们在物理、化学、天文学和其他许多方面已经取得相当成就的时候，对于微生物几乎还是一无所知。

谷物的烹调、酿造和食品的保藏可能在8000年前开始，从第一个“煮壶”的考证推测，这一时期已出现了食品腐败和食物中毒的问题。

公元前6000年左右，人类已经掌握了酿酒和食品保藏技术。

公元前3000年，埃及人就食用牛奶、黄油和奶酪。

公元前3000～前1200年，犹太人用海盐保存各种食物。中国人和希腊人用盐腌鱼加工咸鱼保藏食品，这种腌制技术以后又传至罗马。

公元前1500年，中国人和古巴比伦人开始制作和消费香肠，与此同时，又出现了用油贮藏食品的方法。

公元前1000年，罗马人创造了用雪保藏食品的方法，如使用雪包裹虾和其他易腐败的食品。这一时期人们还发明了一种新的食品保藏方式——烟熏肉技术。当时，虽然人们已认识到肉食品风味质量特性，但还未认识到肉的质量与微生物之间的因果关系。

公元943年，法国记载了由麦角中毒而引起的4万多人的死亡，但当时还不清楚死亡的毒素是由麦角真菌所产生。

提出微生物对食品致腐作用的第一人可能是埃·柯彻（Kircher），1658年，他检查腐败的肉、牛奶时，看到了被他称之为肉眼看不见的“小虫”，可惜由于他缺乏细致的描述，因而他的发现未被广泛接受。

二、微生物的发现（初创期）

荷兰商人安东·列文虎克（Antong Van Leeuwenhock），是第一个真正看见并描述微生物的人，他自己制作了能放大50～300倍的显微镜，这种显微镜构造很简单，仅有一个透镜安装在两片金属薄片的中间，在透镜前面有一根金属短棒，在棒的尖端搁上需要观察的样品，通过调焦螺旋调节焦距，利用这种显微镜，列文虎克通过对水、酒、醋、黄油、辣椒水、牙垢、腐败物、有机物浸出液等研究，观察到不同的细菌，当时称作“微动体”，首次揭示了一个崭新的微生物世界，他公开发表了微生物形态方面的论文400篇左右，由于他的划时代贡献，被选为英国皇家学会会员。

遗憾的是由于受到显微技术的限制，列文虎克发现“微动体”100年之后，自然科学家才开始采用各种显微镜来观察微生物。这一时期，他们都集中精力寻找各种微生物，并进行微生物的鉴定、分类工作。至于微生物活动引起的发酵作用和微生物能诱发疾病，在当时的科学界是不能理解的。

三、对微生物的早期研究（奠基期）

法国的路易斯·巴斯德（Louis Pasteur）和德国的柯赫（Robert Koch）将微生物从形态的描述到生理学研究，建立了从微生物的分离、接种、纯培养到消毒、灭菌等一系列独特的微生物实验技术，奠定了微生物学的基础，揭示了微生物是食品发酵、食品腐败和人、畜生病的原因。他们是微生物学和食品微生物学的奠基人。

1. 彻底否定了自然发生说

巴斯德通过著名的曲颈瓶试验发现，肉汤在曲颈瓶内经过煮沸可一直保持无菌状态，肉汤不发生腐败。因为弯曲的瓶颈阻挡了外面空气中的微生物直达肉汤内，而一旦把瓶颈打断或斜放曲颈瓶，煮沸的肉汤则迅速发生腐败。从而以无可辩驳的事实证明空气中含有微生物，而且是肉汤腐败的原因，瓶内腐败并非自然发生，从而彻底否定了“自然发生说”（图1-2）。

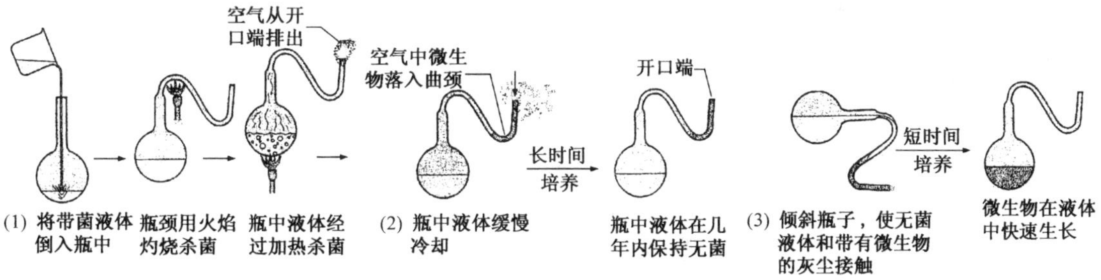

图1-2　巴斯德的煮肉汤试验

2. 证明发酵是由微生物引起的

巴斯德认为一切发酵都与微生物的生长、繁殖有关，并历经艰苦劳动分离到了许多有关引起发酵的微生物，证实了酒精、乳酸、醋酸发酵都是由不同微生物引起的，这为进一步研究微生物生理生化和建立食品微生物学等分支学科奠定了基础。

3. 创立了巴氏消毒法

巴斯德创立的巴氏消毒法（60～65℃，30min）一直沿用到今天，仍然是广泛使用于食品、饮料的消毒法。他运用消毒技术解决了当时法国酒变质的实际问题，著有多部微生物发酵和质量控制方面的学术专著。

4. 预防接种提高机体免疫功能

虽然我们的祖先最早应用“吹花术”预防天花，1798 年英国医生琴纳（Jenner）又发明了接种痘苗预防天花，但不知其免疫过程的机制。巴斯德（1877）研究禽霍乱时，发现病原菌经过减毒可诱发免疫性，从而预防禽霍乱病，随后又研究了炭疽病和狂犬病，首次制成预防狂犬病的疫苗，从而为人类防止这些传染病作出了杰出的贡献。

5. 发明了微生物的纯培养

柯赫是著名的细菌学家，他先用明胶后用琼脂作培养基凝固剂，制成固体培养基，进行细菌的分离，使烦琐、复杂的细菌分离和纯培养变得简便易行。这种技术是微生物学研究的前提条件，一直沿用到今天。以微生物纯培养为基础，又建立了一套研究病原微生物的实验方法，创立了某一微生物是否为相应的病原的基本原则。由于他的开创性工作，从 19 世纪 70 年代到 20 世纪 20 年代成了发现病原微生物的黄金时代。他本人也获得了科学界最高奖——诺贝尔生理医学奖。

四、近代微生物学的发展（形成发展期）

由于巴斯德和柯赫等科学家在微生物研究领域的不懈努力和杰出贡献，微生物学作为一门独立的学科开始形成，微生物学的研究也由生理、生化水平向分子生物学水平（成熟期）不断发展。

人们在解决社会生产发展中有关微生物的实际问题时形成的科学思想和研究方法奠定了微生物学发展的基础，同时也启发后人使微生物学研究走上科学的轨道，使微生物学逐渐发展成为自然科学中的一个学科门类。同时，促进了后来形成的食品微生物学以及今天的烹饪微生物学。

近代微生物学的发展是与微生物研究工具条件的改进以及其他学科的研究发展分不开的。显微镜制造技术的不断改进，使人们更容易地观察到各类微生物的形态，特别是电子显微镜的出现，不仅使人们观察到更小的生物——病毒的存在，而且使人们对微生物的研究进入到亚细胞水平。其他生物学科如遗传学、分子生物学、基因工程学研究的进展和突破不断地推动微生物学的发展，使人们对微生物学的认识得到进一步深入。

第三节　与烹饪有关的微生物

微生物在自然界分布是非常广泛的，动物、植物的体表、体内有各种微生物存在，土壤、空气和水中也有各种不同类型的微生物存在，它们都可能进入食品。有些微生物能使各种食品发生腐败变质，最终成为不能使用的废品，这些微生物称为腐败微生物。有些微生物对人畜有害，能使人类、动物生病死亡，这些微生物称为病原微生物。有些能通过发酵活动创造出各种不同的风味食品、饮料、调味品，这些微生物称为发酵微生物。还有些微生物由于本身含有大量的蛋白质、油脂、菌体多糖，近年来已成为新的资源加以开发，故暂称其为资源微生物。但这种称谓是人为的，并非分类学上的名称。有时在分类学上属于同一属的不同种微生物，分别担当完全不同的角色。有些腐败微生物积累到一定数量后也有致病性，病原微生物经人工培养及诱变育种后可能成为资源微生物或发酵微生物，因此应注意它们之间的区别与联系。

一、腐败微生物

食品的腐败变质将使其丧失应有的食用价值，世界上每年都因食品的腐败变质而造成大量的经济损失，仅粮食的霉变损失平均就达到年总产量的2%以上。由于食品的种类繁多，各种食品的变质现象和机理也均有差别。因此，要根据各类食品的特点，了解微生物引起食品变质的各种现象及其与食品内在特性、食品保藏条件、食品中存在的微生物类群特点等诸方面本质的联系，揭示食品腐败变质的机理。

防止食品腐败变质是人类自有食品生产以来一直追求的目标。由于微生物种类的多样性以及食品类型、特性的丰富多彩，至今仍无普遍适用的食品防腐办法。许多可以抑制微生物生长的措施有些可能因为其毒性的问题不能在食品中应用，有些可能因为对食品的风味、特色有影响而使其应用范围受到限制。应对食品中应用的防腐方法的特点、应用范围、影响因素进行探讨，解决食品加工、保藏、流通、销售等环节的防腐保鲜问题。

二、病原微生物

微生物在食品中不仅会生长繁殖，而且可经食品传播疾病，危害人体的健康，如与食品相关的细菌性食物中毒、食源性传染病、真菌毒素中毒等。要了解引起食源性疾病的微生物的特性，生长、产毒的条件，致病机理及预防措施。

对食品中存在的微生物类群和数量的演变进行检验和检测，是确保食品安全性的重要手段。要根据微生物的形态、生理生化特性、免疫学特性、遗传学特性等探讨其直接或潜在的致病性及对食品品质的危害性。加强对病原微生物的检疫检验，可以把好“病从口入”关，保证饮食安全。

三、发酵微生物

人类在应用微生物方面积累了丰富的实践经验，可利用微生物来制造多种具有丰富营养价值的、美味可口的食品，开阔了食品的资源。

（一）加工面点

包子、馒头、面包是以面粉为主要原料，加入水和一定量的酵母菌混合成团，经发酵后成形，通过烘烤而制成。酵母菌分解糖，产生二氧化碳、醇、醛和一些有机酸等产物，由于二氧化碳气体被面团中的面筋所包围，不易跑出，因而面团逐渐胀大，经蒸制、烘烤后具有独特的多孔海绵结构。面团中其他发酵产物构成了面包特有的香味。

（二）加工调味品

（1）生产食醋　食用醋是细菌的发酵制品，是利用醋酸杆菌进行有氧发酵而产生的。富含碳水化合物的原料，经糖化和酒精发酵后，再用醋酸杆菌进行醋酸发酵，促使发酵液中的乙醇转化为醋酸和少量的其他有机酸和乙酸乙酯等物质。食用醋的酸味来自于醋酸，而其香味主要来自于乙酸乙酯。

（2）生产味精　味精的主要成分为谷氨酸钠。黄短杆菌、双歧短杆菌、节杆菌、棒状杆菌等是谷氨酸发酸的主要菌种。富含淀粉的原料，经发酵菌种的作用，糖分解成有机酸、含氮物质分解成铵离子，并进一步合成谷氨酸。

（3）生产酱油　豆饼、麸皮、大麦、小麦等原料，经蒸煮后接种黄曲霉制成曲，加入食盐和水，通过发酵、压滤，其滤液即为酱油。黄曲霉使原料中的淀粉转变为糖，再进一步降解为乙醇、有机酸和醛等物质，蛋白质则被分解为多种氨基酸并形成盐类。乙醇与有机酸化合产生酯，使酱油具有芳香味，糖的分解产物与氨基酸结合产生褐色。

（三）加工饮料

（1）酿酒　酒的种类很多，如白酒、葡萄酒、果酒和啤酒等，所有这些酒的生产都离不开酵母菌。含淀粉较多的原料经酵母菌（如啤酒酵母）的发酵，使糖类转变成所需要的乙醇，其香味也来自于发酵过程的中间产物。

（2）发酵乳制品　许多具有营养价值、风味优良的乳制品，如酸奶、干酪和酸乳油等，均由乳酸菌的发酵加工而成。

（四）加工其他制品

微生物还可用来加工其他许多食品。如腐乳是用大豆作为原料，经洗涤、浸泡磨成豆浆；豆浆煮沸并加入硫酸钙，使之凝固，除去水分，即成豆腐；豆腐切成小块，再接种霉菌（如腐乳毛霉）于适宜环境中培养，最后放入12%的食盐和米酒加以封存，成熟后即为风味良好的腐乳。腐乳所具有的特殊香味和鲜味，来自白糖和蛋白质的分解产物。

此外，微生物还可用于香肠、酸菜、咖啡和茶的制作和细菌性保健食品的生产。

四、其他微生物

微生物作为一类资源进行开发和利用是近20年才引起人们的重视，但潜力很大，前景广阔。因为微生物物种资源极其丰富，未知者甚多，有人估计全世界已描述的微生物种类不到实有数的2%。例如细菌估计有4万种，已知种4700种，仅占12%，而真正利用的不到1%。所以，微生物是最有开发潜力的一类资源。开发微生物资源不像动植物有珍稀、濒危之说，微生物繁殖快，属于可再生资源，取之不尽。

能在极端环境下（如海洋深处、热带雨林中）生存的微生物，往往都有特殊的用途。和动植物相比，微生物的变异大得多，这就为人类改造它们提供了可能和便利。用微生物生产活性多肽、氨基酸、有机酸、维生素、酶以及通过微生物转化生产必需脂肪酸、风味物，用规模化培养及提取技术生产菌体多糖、单细胞蛋白等可以形成高营养性的功能食品，此外，微生物在基因工程食品、易降解快餐盒的制造、生物农药、生物肥料、清洁能源生产以及治理污水方面也都有着广泛的应用前景。微生物资源是个“富矿”，目前的开发利用仅处于“刚剥去一层表土”的水平。

在自然界存在许多与烹饪无关的微生物，其中一些对人类生活既无益也无害，称为无作用微生物。一些微生物本身对人类无害，但多与致病菌共同分布于周围环境和食品中，而且监测这类菌比监测致病菌更易操作、节约时间和试剂，测定这类菌的多少可以直接提示食品是否受到致病菌的污染及污染的程度，因而常被称作指示微生物。一些对人体健康有益的微生物通常称为益生菌（probiotics），将它们生产成片剂、胶囊剂或冲剂，服用后能改善机体微生物和酶的平衡，并刺激特异性免疫或非特异性免疫机制，达到防治某些疾病、促进发育、增强体质、延缓衰老和延长寿命的目的。

第四节 烹饪微生物学及其研究的内容

一、微生物学与烹饪微生物学

（一）微生物学

微生物学（Microbiology）是研究微生物及其生命活动规律的科学，它研究微生物在一定条件下的形态结构、生理生化、遗传变异以及微生物的进化、分类、生态等生命活动规律，微生物与微生物之间、微生物与动植物之间、微生物与外界环境理化因素之间的相互关系，微生物在工业、农业、医疗卫生、食品生产、环境保护等各个领域的应用，以及有别于动植物研究的微生物实验技术等。微生物学是一门既有独特的理论体系，又有很强实践性的学科。

随着微生物学的不断发展，已形成了基础微生物学和应用微生物学两大分支，两者根据研究的侧重面和层次不同又可分为许多不同的分支学科，并还在不断地形成新的学科和研究领域，如基础微生物学包括微生物生理学、微生物遗传学、微生物生态学、分子微生物学、细胞微生物学、微生物基因组学等；应用微生物学包括工业微生物学、农业微生物学、医学微生物学、兽医微生物学、食品微生物学、环境微生物学、微生物技术学等。其中细胞微生物学、分子微生物学和微生物基因组学等在分子水平、基因水平和后基因组水平上研究微生物生命活动规律及其生命本质，表明微生物学的发展进入了一个崭新的阶段。

（二）烹饪微生物学

我国烹饪高等教育自1983年诞生之日起，即设有微生物学课程，1994年，一些有条件的高校率先设置烹饪与营养教育本科专业，所设课程先为“食品微生物学”后改称“烹饪微生物学”。

烹饪微生物学在概述微生物形态结构、生长代谢、分类鉴定、实验技术原理等基本知识基础上，专门从烹饪角度研究烹饪原料中微生物的分布与生命活动规律，烹饪过程对有害微生物的控制作用，厨房发酵食品生产加工与质量控制，以及病原微生物的监测等内容。其根本任务是发掘、利用、改善和保护有益微生物，控制、消灭或改造有害微生物，为消费者提供既有益于营养保健，又确保生命安全的餐桌食品。

烹饪微生物学是一门实践性较强的专业基础课程，其学习目的是为了掌握微生物学的基础知识、基本理论和基本实验技能，掌握监测餐饮食品中微生物数量的操作技术及检验致病菌的基本方法，掌握一些有益微生物的分离、纯化与筛选方法，了解具有传统特色风味发酵食品的制作原理和方法，初步学会生产菌种的保藏、活化与发酵剂的制备方法，能够熟练地掌握与烹饪有关的腐败菌、病原菌和发酵菌的形态特征、生理生化特性、生态学特点，从而在餐饮业食物经营过程中，充分利用有益微生物的代谢作用，增加食物数量和提高产品质量，控制腐败菌和病原菌的有害活动，以防止食物中毒及腐败变质，确保饮食安全。

二、烹饪微生物学研究的内容

（一）厨房微生物的生命活动规律及其影响因素分析

从微生物类别和形态结构的基础知识入手，研究微生物在自然界的分布、进入厨房的途径、各类烹饪原料中微生物菌群的构成，微生物生长所需条件及影响因素，研究微生物生命活动规律的基本实验技术，如显微技术、分离培养技术、鉴定技术、计数技术等。

（二）厨房微生物可能带来的危害及其监测

结合微生物的营养与代谢，讨论厨房腐败菌代谢产物的危害及监控措施；在阐明病原菌生物学特性的基础上，重点阐明其检验和疾病诊断与判定的原理，以确定病因，排查中毒事故的起因，预防疾病。

（三）厨房微生物性危害的控制

从厨房环境消毒、洗涤除菌、冷藏防腐、发酵抗菌、调味抑菌、烹制杀菌和包装灭菌多角度分章阐明其相关原理、控制效果，培养学生全程质量控制意识及具有开发新产品的初步能力。

三、烹饪微生物学与烹饪专业其他课程的关系

学习烹饪微生物学，需具备生物学、生理学、化学、物理学、数学的基础知识。烹饪微生物学与烹饪专业其他课程都有内在的联系，学好烹饪微生物学对学习其他专业基础课都有促进作用，对提升烹饪学科学术层次及培养大学生科技创新综合素质都将产生积极的影响。

1. 与烹饪化学的关系

一些风味物质可由微生物产生或参与转化形成，微生物还可产生色素、抗生素等天然化学性配料、食品添加剂，而化学防腐剂、消毒剂的使用以及食物的理化条件可以控制和影响微生物生长和生存。

2. 与烹饪原料学的关系

一些单细胞蛋白、菌油、食用菌、发酵剂等微生物制品，直接丰富了烹饪原料品种。烹饪原料的合理保藏方法是根据其菌群构成和易腐性特点加以设计的。

3. 与烹饪工艺学的关系

许多调味品如酱油、食醋、酒精制品、味精、鱼露、嫩化剂等由微生物发酵生产制成，其合理使用效果是调味工艺水平的重要标志，对烹饪制品色、香、味特色的形成均有重大影响。加热调味的联合杀菌效果影响到烹饪制品的质量。

4. 与面点工艺学的关系

面团发酵工艺是面点生产中的重要环节，是在以微生物在食物中生长繁殖的理论指导下进行的。一些果蔬和肉类的发酵加工，为面点加工提供优质的馅心，形成了许多地方特色品种。

5. 与烹饪营养学的关系

一些发酵食品的加工可视作营养强化和促进食物消化吸收的手段。人体需要的氨基酸、多糖、维生素、必需脂肪酸等多种营养素也可由微生物进行生物合成。一些微量元素经微生物转化后可进一步提高其生物活性。合理膳食与保健食品的应用可以调节人体正常菌群的功用，提高人体的免疫水平。

6. 与烹饪卫生与安全学的关系

现代餐饮食品卫生管理都以微生物性危害分析为起点，全球各国食品卫生标准中都有微生物学指标及真菌毒素的指标，对这些指标的监测是卫生监督和质量认证的工作重点。现代烹饪制品卫生质量的控制由防腐、抑菌、杀菌、消毒等多种控制微生物生长的措施和食品工艺组合而成。

7. 与饮食保健学的关系

药膳的一些药性组分是经人体肠道菌群分解转化后发挥药理功能和保健作用的。如同发酵中草药及发酵罐法生产重要药性组分那样，研究利用微生物发酵技术加工药膳新品种将成为可能。

一些传统发酵食品在其新的保健功能被发现后，更可能主动地成为药膳配料得到利用，或以这种发酵食品为主料组配药膳，这时的药膳烹饪工艺将更多地考虑以保护保健因子为前提条件加以构建。

本章小结

微生物学是当今研究最活跃、取得成果最辉煌、应用前景最广阔、对其他学科影响最重要的学科之一。21 世纪，为微生物学理论和技术的发展提供了更加广阔的平台。

从火的发明、人类开始熟食起，烹饪就发挥着杀菌、消毒的作用。从巴斯德著名的肉汤试验到食品防腐保存、各种消毒法的建立，不难看出烹饪学与微生物学的内在联系和烹饪微生物学形成的必然趋势。从当代餐饮食品的抗菌材料包装、真空气调包装、高新杀菌保质技术的发展到现代餐饮食品的连锁经营、跨国销售、全球性消费，将烹饪科学与食品科学交叉融合的时机日益成熟，可以预示烹饪微生物学作为高等学校烹饪专业的主干课程及新型交叉学科，对提升烹饪的学术层次、对大学生后续课程学习、对今后从事相关专业的工作，尤其是对具有自主知识产权新产品的开发能力的培养，乃至生活的影响方面，意义都将是十分巨大而深刻的。

学习烹饪微生物学的任务是从微生物生命活动规律入手，按照微生物营养、代谢、生长的有关理论，合理安排好消毒、杀菌、防腐、发酵等各项工作，为餐饮食品的顺利经营、特色经营保驾护航，为餐饮食品安全生产作出应有的贡献。

习　题

1. 什么是微生物？它包括哪些类别？
2. 微生物有哪五大特点？试列举其在生产实践中的应用。
3. 阐述微生物学的奠基者和其科学贡献。
4. 烹饪微生物学的研究内容和学习目的是什么？
5. 你是怎样理解烹饪与微生物的关系的？
6. 名词解释：

腐败微生物、病原微生物、发酵微生物、指示微生物、微生物资源、益生菌、微生物学、烹饪微生物学

第二章　厨房微生物的类别

［**学习目的**］了解可能进入厨房的微生物的类别，掌握这些微生物的形态结构特点及其与功能的关系，掌握其观察识别与分类鉴定的原理和方法。

［**主要内容**］细菌的基本结构、特殊结构及其特性，分类与鉴定；霉菌和酵母的基本结构、形态和特性，分类和鉴定；病毒形态结构、特性与分类；显微镜结构与显微技术。

微生物的种类繁多，与烹饪关系密切的主要是细菌、酵母菌、霉菌、放线菌和病毒等几个种类。了解它们的形态构造，可以使我们对微生物进行合理归类，更好地利用有益的一面，有效地控制有害的一面，为餐饮加工服务。

微生物的个体非常小，并常常以群体的形式出现，因而它的形态包含个体形态（指形状和大小）和群体形态（指菌落和液体培养中的生长行为）。

微生物的结构简单，但形式多样，有原核细胞型、真核细胞型，还有非细胞类型。

第一节　原核微生物

所谓原核微生物是指在这类微生物的细胞中，核物质外没有核膜，核物质分散在细胞质之中。原核微生物主要有细菌、放线菌、立克次氏体、螺旋体、衣原体、蓝细菌等。

一、细　　菌

（一）细菌的菌体形态

细菌（bacteria）是单细胞原核微生物，一个细胞就是一个独立的生活个体。许多单细胞的个体往往聚集成为群体，但群体中的每一个个体仍独立地进行生命活动。细菌在一定环境下，有相对稳定的形态结构。细菌的外形有球状、杆状和螺旋状等三种基本形态，分别称为球菌、杆菌和螺旋菌（见图2-1）。

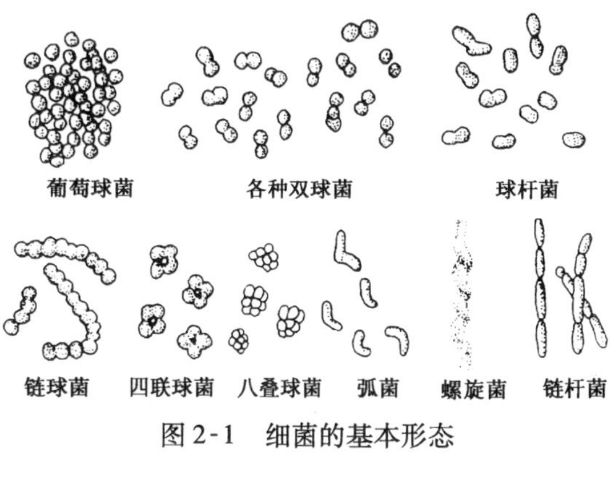

图2-1　细菌的基本形态

1. 球菌

球菌单独存在时，呈圆球形或近似球形。根据其繁殖时细胞分裂的方向不同，以及分裂后菌体之间相互粘附的松紧程度和组合状态，可形成若干不同排列方式，如单球菌、双球菌、链球菌、四联球菌、八叠球菌、葡萄球菌等（图 2-1）。

（1）单球菌　细菌在一个平面上进行分裂，分裂后菌体全部散开，单独存在的，称为单球菌，如尿素小球菌（*Micrococcus ureae*）。

（2）双球菌　细菌在一个平面上进行分裂，分裂后每两个菌体成对排列的，称为双球菌，如肺炎双球菌（*Diplococcus pneumoniae*）。

（3）链球菌　细菌在一个平面上进行分裂，分裂后多个菌体相互连接，形成链状的，称为链球菌，如乳链球菌（*Streptococcus lactis*）。

（4）四联球菌　细菌在一个平面上进行分裂，分裂后每四个菌体排列在一起，成田字形的，称为四联球菌，如四联微球菌（*Micrococcus tetragenus*）。

（5）八叠球菌　细菌在一个平面上进行分裂，分裂后每八个菌体排列在一起，成正方体形的，称为八联球菌，如尿素八叠球菌（*Sarcina ureae*）。

（6）葡萄球菌　细菌在多个不规则的平面上进行分裂，分裂后的菌体排列无一定的规则，许多菌体常常杂乱地堆积在一起，好像一串葡萄，称为葡萄球菌，如金黄色葡萄球菌（*Staphylococcus aures*）。

2. 杆菌

杆状细菌统称为杆菌。不同杆菌的形态差别很大。而同一种杆菌的形态则相对稳定。在观察杆菌形态时，要注意菌体的长与宽的比例、形状，菌体两端的形状以及排列情况（图 2-2）。

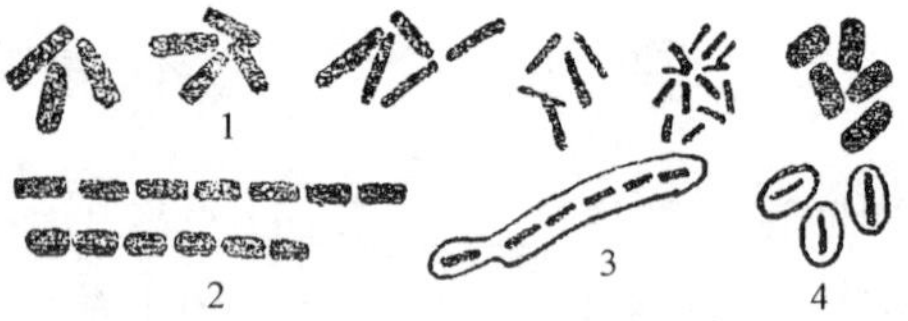

图 2-2　杆菌的各种形态
1—单杆状　2—链杆状
3—分枝杆状　4—具荚膜的杆状

杆菌按菌体长宽比例不同分三种：①长杆菌：菌体长如丝状，如嗜酸乳杆菌（*Lactobacillus acidophilus*）；②短杆菌：如扩展短杆菌（*Brevibacterium linens*）；③球杆菌：短粗近似球形，如大肠埃希氏菌（*Escherichia coli*）（简称大肠杆菌）。

杆菌根据菌体形状有：①直杆状：如枯草芽孢杆菌（*Bacillus subtillus*）；②稍弯曲状：如假单胞菌（*Pseudomonas*）；③梭状：菌体中间膨大，如丙酮丁醇梭状芽孢杆菌（*Clostridium acetobuty licum*）；④分枝状：菌体分枝呈 Y 或 V 形，如双歧杆菌（*Bifidobacterium*）、结核分枝杆菌（*Mycobacterium tuberculosis*）。

杆菌按菌体两端形状有：①两端钝圆：多数杆菌的菌体两端钝圆，如蜡样芽孢杆菌（*Bacillus cereus*）；②两端平截：少数细菌的菌体两端平截，如炭疽芽孢杆菌（*Bacillus anthracis*）；③两端尖细：呈纺锤形，如肉毒梭菌（*Clostridium botulinum*）。

杆菌根据菌体排列情况分：单杆菌、双杆菌和链杆菌。一些杆菌分裂后排列呈八字型，如北京棒状杆菌（*Corynebacterium pekinense*）；栅栏状，如微杆菌（*Microbacterium*）。根据有无芽孢，可以分为无芽孢杆菌和有芽孢杆菌。

3. 螺旋菌

螺旋菌可视为弯曲的杆菌，按其弯曲的情况不同，可分为弧菌和螺旋菌（图2-3）。

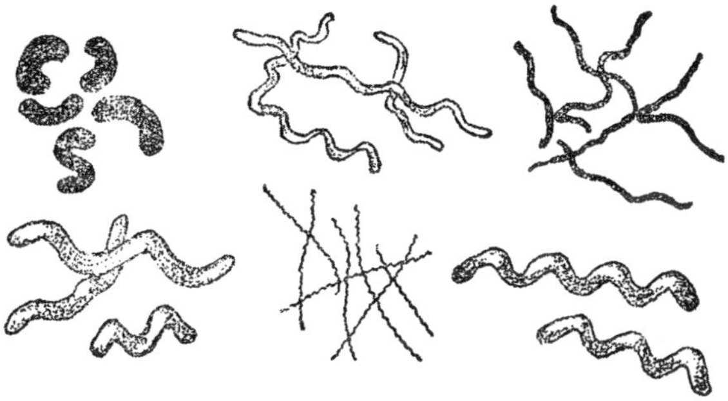

图2-3　螺旋菌的各种形态

（1）弧菌　菌体一般只有一个弯曲，其弯曲度不超过周长的1/4，呈香蕉形或逗点状，如霍乱弧菌（*Vibrio cholerae*）。

（2）螺旋菌　菌体较为坚硬，有几个弯曲，如小螺菌（*Spirillum minor*）。

一般螺旋菌是单个存在，有时弧菌可以连接成螺旋状链。

就自然界大多数细菌而言，一般是以上述三种基本形态存在。除此以外，也有少数细菌呈分枝状及多形态，如同一种细菌有的个体呈球状，有的呈杆状，较不规则。

（二）细菌的大小

细菌个体很小，不同种类的细菌大小不同，就是同一种细菌也会因菌龄不同和环境因素的影响而有所差异。球菌的大小以直径长度表示，杆菌的大小以宽度乘以长度表示，螺旋菌大小是以测量其弯曲形两端点的总长度来表示，而不是测量实际长度。一般球菌的直径为0.5~1.0 μm，杆菌的宽度为0.4~2.0 μm，长度为宽度的一倍或几倍。

细菌的形态和大小受环境因素的影响很大，改变环境条件如培养温度、培养时间、培养基成分、pH等，均可引起细菌形态变化。一般以在生长条件适宜时，培养18~24 h的菌体形态较为典型。幼龄细菌形体较长大，培养时间过长或环境中含有不适于细菌生长的物质（如药物、抗生素、抗体和过高的盐分）时，常会引起细菌形态的改变呈不规则形态，不易识别，故观察细菌的大小与形态，以选用在适宜培养基上经过18~24 h（个别细菌例外）培养的幼龄体为宜。

（三）细菌的细胞结构

典型的细菌细胞的结构可分为基本结构和特殊结构两部分（图2-4）。

细菌的基本结构是指各种细菌都具有的细胞结构，包括细胞壁、细胞膜、细胞质和原核四个部分。除细胞壁外，其他三个部分统称为原生质体（protoplast）。

细菌细胞的特殊结构是指某些细菌所特有的结构，如芽孢、荚膜、鞭毛等。这些结构只在某些细菌种类中发现，具有特定功能。

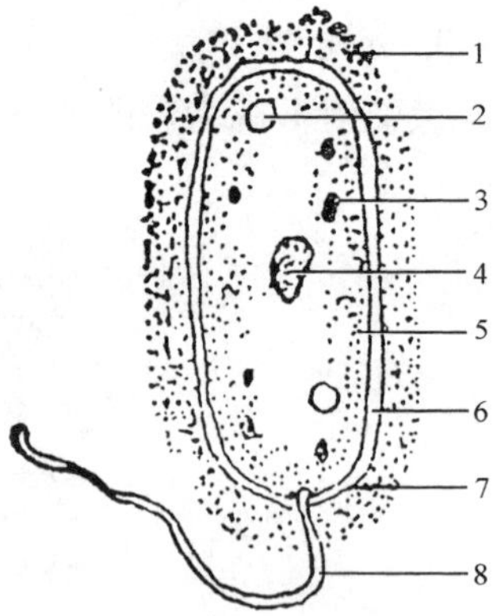

图2-4 细菌细胞的结构
1—荚膜 2—液泡 3—颗粒
4—核质 5—细胞质 6—细胞质膜
7—细胞壁 8—鞭毛

1. 细胞壁

（1）细胞壁的性质 除了原生动物、螺旋体、支原体和病毒外，绝大多数微生物在细胞表面有一层坚硬、厚度均匀一致、具有高度韧性和弹性的薄而透明的薄膜，这种薄膜即为细胞壁（cell wall）。细胞壁的重量约占菌体干重的10%～25%。通过染色后再在光学显微镜下观察，可证实细胞壁的存在。

（2）细胞壁的功能 主要有：①固定细胞外形，细菌的形状主要取决于壁本身固有的形状，若用溶菌酶将活细菌的壁溶解，就可发现各种形状的细菌最终将会变成圆球形的。②协助鞭毛运动。③保护细胞免受外力的损伤，原生质体是有生命的，内含有高浓度的无机盐离子和营养物质，使菌体内保持着较高的渗透压。如无细胞壁坚韧的结构，细菌在一般环境中势必会膨胀破裂。由于细胞壁具有坚韧的结构，故能承受这么巨大的渗透压而不致变形或破裂，并使细菌能在比菌体内渗透压低的环境中生存。④为正常细胞分裂所必需。⑤细胞壁上还具有许多小孔，允许水分及直径小于1 nm的物质自由通过，而阻止大分子物质通过，阻拦有害物质进入细胞。⑥与细菌的抗原性、致病性（如内毒素）和对噬菌体（一种寄生于细菌体的病毒）的敏感性密切相关。

（3）革兰氏染色反应与细胞壁结构成分的关系 1884年，丹麦科学家革兰氏（Gram）试验成功了用于鉴别不同种类细菌的经典染色法——革兰氏染色法。他先用结晶紫进行细菌染色，然后用碘液处理，再用95%乙醇溶液洗脱，最后用番红复染。根据染色结果可以将细菌分为两大类，一类用乙醇洗脱处理后，仍能保持已染上的颜色，菌体呈紫色，称为革兰氏阳性菌（G^+）；另一类用乙醇洗脱处理以后，能将染上的颜色洗脱，经过番红复染后，菌体呈红色，称为革兰氏阴性菌（G^-）。上述这类反应特称为革兰氏阳性反应和革兰氏阴性反应，它对细菌的分类鉴定很重要。

2. 细胞膜

细胞膜是细胞壁与细胞质之间的一层柔软而富有弹性的半渗透膜，以磷脂双分子层为基本结构，中间镶嵌蛋白质。细胞膜是细胞型生物的一个极其重要的结构，是重要的代谢活动中心。

细胞膜的主要功能是：①作为细胞内外物质交换的主要屏障和介质，具有选择吸收和运送物质、维持细胞内正常渗透压的功能。②是许多重要酶的活动场所，在维持菌体的新陈代谢中起重要作用。③是原核生物细胞产生能量的主要场所。④细胞膜上某些特殊蛋白质能接受光、电及化学物质等的刺激信号并发生构象变化，从而引起细胞内的一系列代谢变化和产生相应的反应，因而起着传递信息的作用。

3. 细胞质

细胞质是细胞膜包裹的菌体内部除细胞核外的物质，呈溶胶状态，无色透明，是细菌的内在环境，具有生命活动所有的各种特性，含有各种酶系统，是细菌与其周围环境不断地进行新陈代谢作用的场所。由于富含核酸，因而嗜碱性强，幼龄菌着色均匀。

细胞质内含有核糖体，化学成分为蛋白质和核糖核酸（RNA）。很多细菌在营养物质丰富的时候，其细胞内会聚合各种不同的贮藏颗粒，当营养缺乏时，它们又能被分解利用。这些贮藏颗粒可在光学显微镜下观察到，通称为内含物（cytoplasmic inclusions），如异染颗粒，当用蓝色染料如甲苯胺蓝或甲烯蓝染色后不呈蓝色呈紫色，为一种无机磷的贮备物。肝糖粒较小，用稀碘液染色呈褐色。淀粉粒可被碘液染成深蓝色。肝糖粒、淀粉粒都是碳源贮备物。了解细菌内含物有助于细菌的鉴别。

某些水生细菌的细胞内有贮存气体的特殊结构称为气泡，气泡的大小、形状和数量随细菌种类而异。气泡能使细胞保持浮力，从而有助于调节并使细菌生活在它需要的最佳水层位置，以便获得氧、光和营养。

4. 细胞核

相当长时间内，一直认为细菌细胞是没有细胞核的。现在知道细菌细胞有原始的核，为原核生物，其核无一定的形态，也无核膜与核仁。核区中充满深度卷曲、折叠的 DNA 双螺旋细丝。除此以外，另有少量的 RNA 和蛋白质。在正常情况下，每个细胞中有一个核，但由于核的分裂常在细胞分裂之前进行，加上细菌生长迅速，分裂不断进行，故在一个菌体内，经常可以看到已经分裂完成的两个或四个核，而细胞本身尚未完成分裂。

5. 荚膜

有些细菌生活在一定的营养条件下，可向细胞外分泌出一层黏性物质，根据这层黏性物质的厚度、可溶性及在细胞表面存在的状态，可把它们分为荚膜（capsule）、微荚膜（microcapsule）或黏液层（slime layer），一些细菌如 *Zoogloea*（动胶菌属）的菌种会产生一定形状的大型黏胶物，称为菌胶团，它实际上是细菌群体的一个共同荚膜。如果这层黏滞层相对稳定地附着在细胞壁外具有一定外形，厚度在200 nm，称为荚膜或大荚膜（macrocapsule）。荚膜与细胞结合较差，通过液体振荡培养或通过离心将其从细胞表面除去。

微荚膜的厚度在200 nm以下，它与细胞表面结合紧密，用光学显微镜不易观察到，但可用血清学方法证实其存在。微荚膜易被蛋白酶消化。而黏液层比荚膜疏松，无明显形状，悬浮在基质中更易溶解。荚膜很难着色，用碳素墨水进行复染色或者说用荚膜染色法染色后，可在光学显微镜下清楚地观察到细菌的荚膜。

荚膜的主要成分为多糖、多肽或蛋白质，尤以多糖居多。即使对具有荚膜的细菌来说，荚膜也不是它的必需细胞组分。用稀酸、稀碱或专一性的酶处理，都可去除细菌的荚膜，但却对细菌无害。

6. 鞭毛

许多细菌，包括所有的弧菌和螺旋菌，约半数的杆菌和极少数球菌，从菌体内鞭毛基上长出一条细长呈波状的丝状体，穿过细胞壁伸出体外，称为鞭毛（flagella），它是细菌的运动器官。鞭毛的长度常超过菌体的若干倍，且纤细，需经过特殊的染色法，使鞭毛增粗并着色后，在普通的显微镜下才可以观察到。直接镜检鞭毛比较困难，一般多用悬滴法观察细菌运动，或用半固体培养基穿刺接种，观察细菌生长扩散情况，以间接判断该菌有无鞭毛存在。

按鞭毛的数目及其排列方式，可将有鞭毛的细菌分成五类，见图2-5。

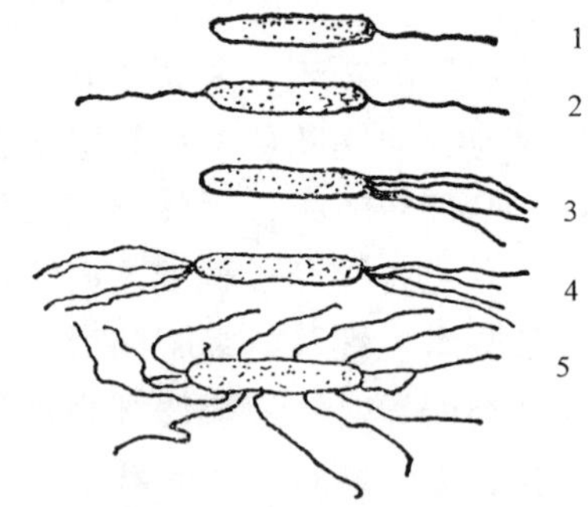

图2-5　细菌的鞭毛类型
1—偏端单毛　2—两端单毛　3—偏端丛毛
4—两端丛毛　5—周身鞭毛

鞭毛的化学成分，蛋白质约占干重的99%，而糖类、脂类和矿物质的总和约占干重的1%。鞭毛的丝状体是由特种蛋白质构成的，称为鞭毛蛋白。经研究证明其氨基酸组成与横纹肌中的肌球蛋白相似，故能伸缩，这一点可能与鞭毛的运动特性相关。

鞭毛是细菌的运动器官。具有鞭毛的细菌能在液体中自由游动，并往往有趋化性，如果群体存在于具有化学梯度的环境里，细菌就朝着最适宜的化学浓度移动并聚集在那里，如细菌能向高浓度营养区移动，而对于一些物质（主要是毒素），细菌则会聚在最低浓度区以避开有害的环境。

鞭毛的有无是鉴定细菌种类的一项重要指标。鞭毛还有特殊的抗原性，通常称为H抗原，可用血清学检查，在鉴定细菌时也很重要。需要提出的是，通常具有鞭毛的细菌，由于培养菌龄过长或因不良环境以及操作不当等原因，鞭毛易发生脱落，而导致错误的结论，故鉴定菌种应注意菌龄。

在细菌体表还生长有更纤细的纤毛（亦称菌毛、伞毛）、性菌毛。纤毛能使细菌更牢固地粘连于物体表面，性菌毛在不同性别菌株间可以传递DNA片段。两者多见于革兰氏阴性菌中。

7. 芽孢

某些细菌在其生长发育后期，可在细胞内形成一个圆形或椭圆形抗逆性休眠体，称为芽孢（endospore，spore）。由于每一细胞仅形成一个芽孢，故它无繁殖能力。芽孢有很强的抗热、抗辐射、抗化学药物和抗静水压等的能力。

能产生芽孢的细菌种类不多，最主要的是革兰氏阳性杆菌中，芽孢杆菌科的两个属，即好氧性的芽孢杆菌属（*Bacillus*）和厌氧性的梭菌属（*Clostridium*）。球菌中只有极个别的芽孢八叠球菌属（*Sporosarcina*）才形成芽孢。

芽孢呈圆形、椭圆形和短圆柱形，折光性强，壁厚，不易着色，需用强染色剂和加热染色。芽孢的大小及在菌体中的位置随菌种而异，有的芽孢比菌体小，则芽孢形成后原菌体的形状不会改变，如枯草芽孢杆菌和蜡样芽孢杆菌（*B. cereus*）等；有的芽孢菌体大，芽孢形成后使原菌体的形状发生改变，如丁酸梭菌（*Clostridum butyricum*）；若芽孢出现在顶端，可使原菌体变成鼓槌状，如破伤风梭菌（*Clostridum tetani*）。因此，细菌芽孢的形成、形状和位置等在鉴定细菌方面有着十分重要的作用（图2-6）。

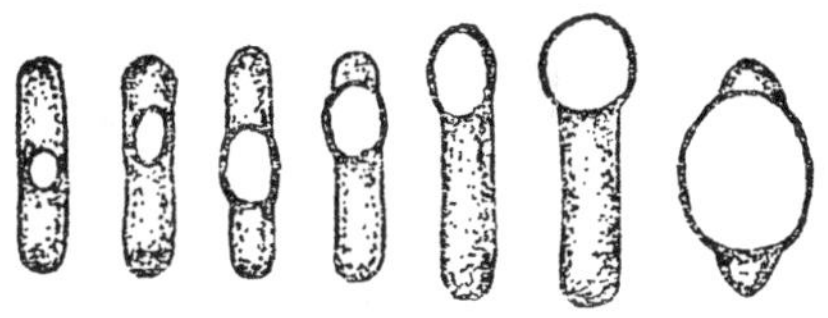

图2-6　芽孢菌的形态

由于芽孢对热、干燥和化学药剂具有很强的抗性，给食品灭菌带来许多困难。所以当进行食品灭菌时，判定灭菌是否彻底，应该以芽孢是否被杀死为准。

某些昆虫病原菌，如苏芸金杆菌在形成芽孢的同时，还在其残留的营养体部分形成一个晶体内含物，称作伴孢晶体。伴孢晶体是生产生物农药的主要组分，可避免植物性食品化学农药残留带来的公害。伴孢晶体也用于杆菌的特征性鉴定。

（四）细菌的培养特征

培养基是人工配制的适合不同微生物生长繁殖或积累代谢产物的营养基质。将微生物接种于培养基内，置适宜温度下，放置一定时间后，使微生物大量生长的过程称为微生物的培养。

1. 细菌的菌落

细菌当单个细胞或少量的细胞接种在固体培养基表面后，如果条件适宜，它们就在一处迅速生长繁殖形成一个能为肉眼观察到的群落，称为菌落（colony）。在培养基表面上长出的菌落称为表面菌落。而在表面以内生长的，称为埋藏菌落或深层菌落。通常将在琼脂斜面或平面培养基上形成的培养物称为菌苔。

细菌细胞的形态是菌落形态的基础，菌落形态是细胞形态在群体聚集时的反映。细菌是原核微生物，故形成的菌落也小；细菌个体之间充满着水分，所以整个菌落显得湿润，易被接种环挑起；球菌形成隆起的菌落；有鞭毛的细菌常形成边缘不规则的菌落；具有荚膜的菌落表面透明、边缘光滑整齐；有芽孢的菌落表面干燥皱褶；有些能产生色素的细菌菌落还显出鲜艳的颜色。

菌落隆起的形状（扩展状态、低凸、凸面、乳头状）、边缘（整齐、波状、裂叶状、锯齿状）、光泽、颜色和透明度等方面都有差异。在不同培养条件下，即使同一种细菌的菌落，其特性也可能有某些不同。就一般而言，同一种细菌用同一种培养基，在相同的培养条件下培养形成的菌落，大体表现为相同的形态特征。细菌菌落的形态特征既受其遗传性的控制，也受环境条件的影响。菌落是识别和鉴定细菌的重要特征之一（见图2-7）。

2. 细菌的斜面培养特征

采用直线划线接种法将菌种接种于试管斜面上，于适宜条件培养3～5d，可观察到斜面菌落的生长程度、形状、色泽、质地、透明度、颜色、隆起和表面状况等培养特征（见图2-8）。

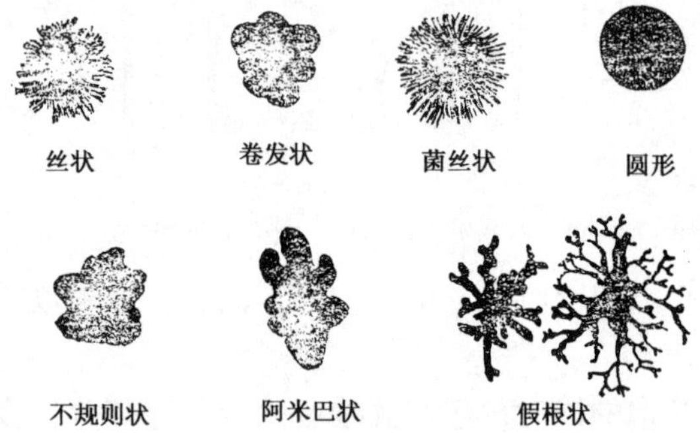

图2-7 细菌菌落的形态

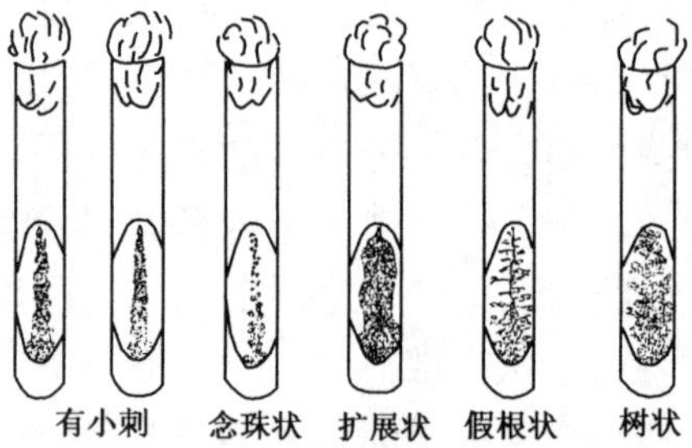

图2-8 细菌在琼脂斜面上的生长形态

3. 细菌的液体培养特征

细菌在液体培养基中的特征，如液体表面的生长情况、有无菌膜或菌环形成、培养基混浊度、培养基底部有无沉淀产生以及沉淀量的多少、沉淀颜色和其形状（颗粒、絮状或黏性胶体）、有无气泡产生、培养基有无颜色等（见图2-9）。

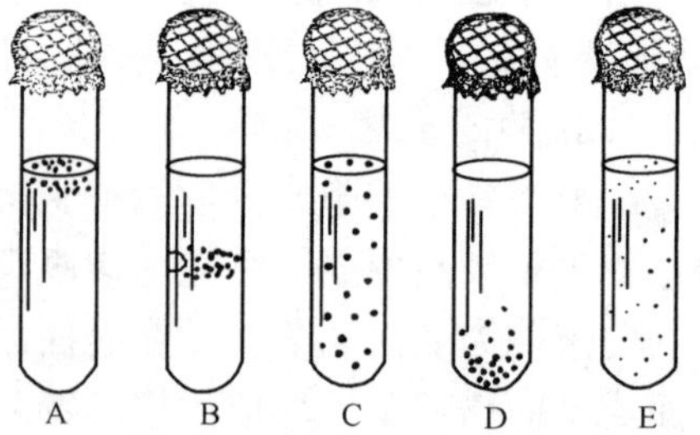

图2-9 细菌在培养液中的生长状态

A—膜状 B—环状 C—混浊

D—沉淀 E—絮状

二、其他原核微生物

（一）蓝细菌

蓝细菌（cyanobacteria）过去也称蓝藻或蓝藻菌（blu-green algae）。其细胞壁与革兰氏阴性菌相似。细胞大小差别十分明显，细胞直径小的为 1 μm，大的可达 60 μm。有些细胞有黏液层、荚膜或壳衣等胞外多糖。

在人类生活中，蓝细菌可被用于开发食品和保健食品。蓝细菌食用种类如发菜念珠蓝细菌（*Nostoc flagelliforme*）、普通木耳念珠蓝细菌（*N. commune*）、盘状螺旋蓝细菌（*spirulian platensis*），其中后者蛋白质含量高达 50% ~60% ，脂肪含量 6% ~7%，还含有多种矿物质和维生素，现已被开发为螺旋藻功能性食品。

蓝细菌有光合色素，能进行光合作用。其光合作用的部位称类囊体（thylakoids），在类囊体的膜上含有叶绿素 α、β-胡萝卜素和氧化胡萝卜素。在类囊体膜外侧着生着藻胆蛋白（phycobilisome）的颗粒。藻胆素（phycobilin）是一类水溶性的色蛋白，在光合作用中起辅助色素的作用，是蓝细菌所特有的。

蓝细菌的细胞含有糖原、聚磷酸盐、蓝细菌肽等贮藏物质。

蓝细菌的特化形式是异形胞（hctcrocyst），在蓝细菌的丝状体中，可以看到比一般营养细胞稍大一些的比较透亮的细胞，称为异形胞。异形胞呈球形，处于丝状体中间或顶端。它是适应在有氧条件下进行固氮作用的细胞。

蓝细菌没有鞭毛，但能借助于黏液在固体基质表面滑行。

蓝细菌的生活条件、营养要求都不高，只要有空气、阳光、水分和少量无机盐类，便能大量成片生长。蓝细菌在岩石风化、土壤形成以及保持土壤氮素营养水平上有重要作用，有地球“先锋生物”之美称。

蓝细菌一般喜中温，但在高达 80℃ 的温泉中及多年不融的冰山上也可见其踪迹。多种蓝细菌生存于淡水中，是水生态系统食物链中的重要一环。当其恶性增殖时，可形成“水华”，造成水质恶化与污染。有的蓝细菌生于海水甚至深海中，海洋中的“赤潮”系因某类蓝细菌大量繁殖而致。

（二）支原体、立克次氏体、衣原体

支原体（mycoplasma）、立克次氏体（rickettsia）、衣原体（chlamydia）属于革兰氏阴性的原始、小型的原核微生物，它们的生活方式既有腐生又有寄生，是介于细菌和病毒之间的生物。它们与人类的关系害大于利，见表 2-1。

表 2-1　支原体、立克次氏体、衣原体与细菌、病毒的比较

特　征	细　菌	支原体	立克次氏体	衣原体	病　毒
细胞壁	有	无	有	有	无细胞结构
可见度	光学显微镜	光学显微镜勉强可见	光学显微镜	光学显微镜勉强可见	电子显微镜
生活方式	腐生或寄生	腐生或寄生	寄生	寄生	寄生

续表

特　征	细　菌	支原体	立克次氏体	衣原体	病　毒
繁殖方式	二分裂繁殖	二分裂繁殖	二分裂繁殖	二分裂繁殖	复制
入侵寄主的方式	多样	直接	昆虫为媒介	不清楚	直接
滤过性	无	无	有	无	有
对抗生素	敏感	敏感（青霉素除外）	敏感	敏感	不敏感
对干扰素	某些敏感	不敏感	有的敏感	有的敏感	敏感

支原体广泛分布于动植物体内外以及土壤或堆肥、污水、昆虫中。人、畜、禽、植物都可能受到污染，引起人的非典型性肺炎、猪喘气病、鸡呼吸道慢性病等。支原体对热和干燥抵抗力弱，45℃、30 min 或 55℃、15 min 即被灭活。

立克次氏体通常寄生在虱、蚤、蜱、螨等节肢动物的消化道上皮细胞内，人类感染的病害有流行性斑疹伤寒、Q 热等，多通过动物的叮咬传染，致病性很强，因此应消灭虱、蚤等传染媒介。立克次氏体对热不稳定，56～60℃、30 min 即死亡，100℃很快死亡。但对低温和干燥的抗力较强，－60℃时存活数年。

衣原体在脊椎动物之间直接侵入，能感染人类、鸟类和哺乳动物。沙眼衣原体（*Chlamydia trachomatis*）为人类沙眼的病原体，可引起结膜炎，重症病人导致失明。衣原体抵抗力较低，对热敏感，在 56～60℃仅能存活 5～10min。在冷冻干燥条件下可存活数年至数十年。

（三）放线菌

放线菌（actinomycetes）由于菌落呈放射状而得名（图 2-10）。是一类单细胞丝状菌，大多数属于腐生菌（saprobe，saprophytes），少数属于寄生菌（parasite）。在自然界中分布广泛，主要存在于中性、偏碱性有机质丰富的土壤和淡水中。放线菌的最突出的特点是许多菌能产生抗生素。除此之外，有的放线菌还能用来生产维生素和酶类，只有少数放线菌能引起人类和动物、植物的病害，以及使食物变质。

1. 放线菌的菌丝

放线菌菌体为单细胞，大部分放线菌的菌体由分枝状菌丝（hyph）组成，这种菌丝状体称为菌丝体。少数为最简单的杆状或有原始分枝。其菌丝细长，直径为 1μm，除了个别种的气生菌丝形成横隔以外，大多数菌丝无横隔，其中有多个分散的原核，大多数放线菌为革兰氏阳性菌，只有一属为阴性菌。其菌丝根据形态和功能不同分为营养菌丝、气生菌丝、孢子丝三种类型。

2. 放线菌的孢子

放线菌以菌丝断裂、产生分生孢子或形成孢囊孢子方式进行繁殖，其中主要是以形成无性孢子的方式进行繁殖。在液体培养基中，则靠菌丝断裂进行繁殖。有些则是菌丝上形成孢子囊，成熟后释放出大量孢子囊孢子（图 2-11）。

图 2-10 放线菌的形态

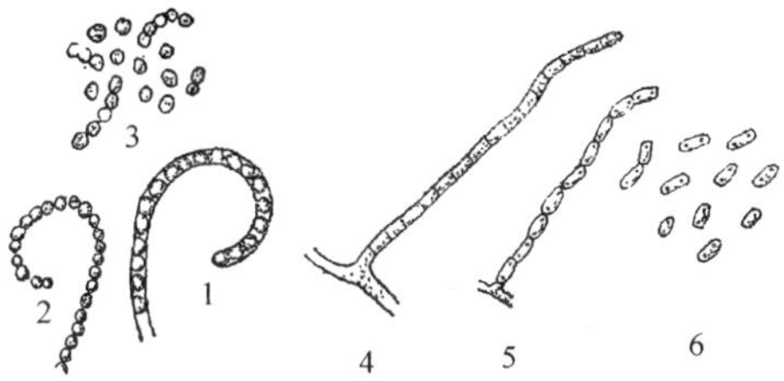

图 2-11 放线菌孢子的形态
1、2、3—经凝集分裂形成孢子
4、5、6—经横隔分裂形成带孢子

孢子形成的方式有三种，分生孢子、粉孢子、孢子囊孢子。

各种孢子都能在适宜的环境条件下萌发，形成营养菌丝、气生菌丝和孢子丝，并以相应的方式形成孢子。放线菌主要以无性孢子繁殖。菌丝体断裂后的片段，也可形成新的菌丝体。

3. 放线菌的菌落特征

放线菌的菌落由菌丝体构成。菌落局限生长，较小而薄，多为圆形，边缘有辐射状生长的菌丝，质地致密干燥、不透明，表面呈紧密的丝绒状或有皱褶，其上有一层色彩鲜艳的干粉（粉状孢子）。着生牢固，用接种针不易挑起，这是因为营养菌丝深入培养基内，气生菌丝又紧贴在基质表面交织成网状的缘故。菌落初期较光滑，后期产生孢子后，菌落表面呈絮状、粉末状或颗粒状，呈坚实、干燥、多皱的典型放线菌落。菌丝和孢子常具有色素，使菌落正面和背面的颜色不同。正面是气生菌丝和孢子的颜色，背面是基内菌丝或其分泌的水溶性色素的颜色。气生菌丝体有时呈圆心环状。放线菌菌体表面时常产生聚集呈点状的白色或黄色菌丝。将放线菌接种于液体培养基内静置培养，在瓶壁液面处形成斑状或膜状菌落，或沉于瓶底不使培养基混浊；若振荡培养可形成由短菌丝构成的球状颗粒。

（四）古生菌

多年来科学界一直认为地球上细胞生物由原核生物和真核生物两大类组成。1977 年

Woese C. R（沃斯）等人发现，产甲烷细菌是地球上细胞生物的第三种生命形式。它们通常生活在地球上极端的环境（如超高温、高酸碱度、高盐）或生命出现初期的自然环境中（如无氧状态），因此把这类生物命名为古生菌（Archaebacteria），亦称古菌或古细菌。由细菌、古细菌、真核生物三大类生物构成生命三域。生物的发展不是一个由简单的原核生物发展到更为复杂的真核生物的过程，生物界明显地存在三个发展不同的基因系统，现代生物都是从一个祖先——前细胞（precells）分三条线进化形成，并构成有根的生物进化总系统发育树（图2-12）。

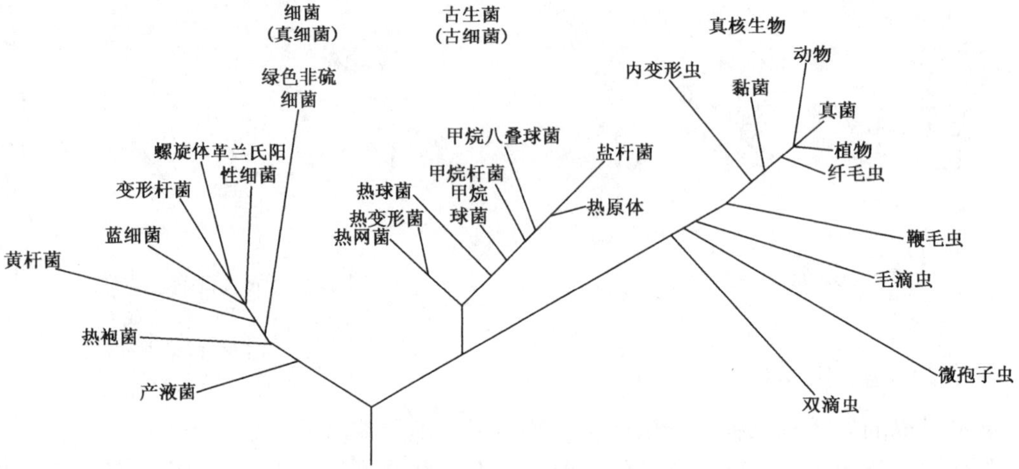

图2-12　生物总系统发育树

尽管古生菌在菌体大小、结构等方面与细菌相似，但其在遗传信息传递和可能标志系统发育的信息物质方面却更类似于真核生物，因而目前普遍认为古生菌是细菌的形式，真核生物的内涵。

古生菌的细胞膜含有不可皂化的类脂，细胞壁为蛋白质或假肽聚糖，但有类似于肽聚糖的杂多糖。产甲烷菌、嗜热和超嗜热菌、嗜热嗜酸还原硫酸盐菌、极端嗜盐菌、无壁热原体等属于古生菌。已述的细菌、放线菌、蓝细菌、支原体、立克次氏体和衣原体都属于真细菌，其细胞膜含酯链连接的脂类，细胞壁中含有肽聚糖（无壁的支原体除外）。因此两者在结构上有很大区别。

古生菌主要栖居在陆地和水域，存在于超高温（100℃以上）、高酸碱度、无氧或高盐的热液或地热环境中；有些菌种也作为共生体存在于动物消化道内。古生菌喜高温（嗜热菌），但也有中温菌。人们早就将产甲烷菌应用于沼气生产，来供应清洁能源，为人类生活和烹饪加工服务，在自然界的各厌氧环境，如沼泽、池塘、海洋、水田土壤和沼气池等环境中，它们将有机物质转化为甲烷和二氧化碳。

第二节　真核微生物

真核微生物的特点是细胞中含有明显的核，核的最外层有核膜，将细胞核和细胞质明显分开。真菌大多为分枝丝状体，少数为单细胞个体。通常所说的真菌包括酵母、霉菌和蕈菌。酵母是单细胞真菌。霉菌是指外形疏松、呈绒毛状菌丝体的真菌，如毛霉、根霉、青霉、曲霉等。蕈菌是指由大量菌丝紧密结合形成大型子实体的真菌，如蘑菇、木耳等。目前已知的真菌约有 10 万种。

一、酵　　母

酵母菌（yeast）是一群以芽殖或裂殖进行无性繁殖的非菌丝型真核生物，而与霉菌相区分。酵母种类较多，广泛分布于自然界。酵母菌喜生长在含糖量较高的基质和相关环境中，如水果、蔬菜、花蜜以及果园土壤中。石油酵母则分布于油田附近土壤内。酵母菌是国民经济中具有极大经济价值的菌类，用于制造面包、酒类、甘油和有机酸等。

酵母菌细胞内含丰富的蛋白质、脂肪、维生素和各种酶类，可利用酵母制取酵母片、助消化药、核苷酸、核黄素、辅酶 A、细胞色素 C 及脂肪酶、乳糖酶和多种氨基酸、维生素等医药产品。酵母多数为腐生菌，少数为寄生菌，但是也有少数酵母菌是食品加工的污染菌，如消耗酒精，产生不良气味，影响产品质量，降低产物产量。少数嗜高渗透压的酵母菌，可使果酱、蜂蜜变质。

（一）酵母的形态和大小

酵母菌菌体为单细胞的，无鞭毛，不能运动。一般呈球形、卵圆形或柱形，一些种生成的菌体相互连接形成香肠形的假菌丝。酵母菌的形状除由遗传特性决定外，还因生活环境和培养时间等条件不同而有所差异。酵母菌细胞比细菌大得多，酵母平均直径为 4 ~ 5 μm，但酵母菌本身体积差别大，长 8 ~ 10μm，宽 1 ~ 5 μm（见图 2-13）。

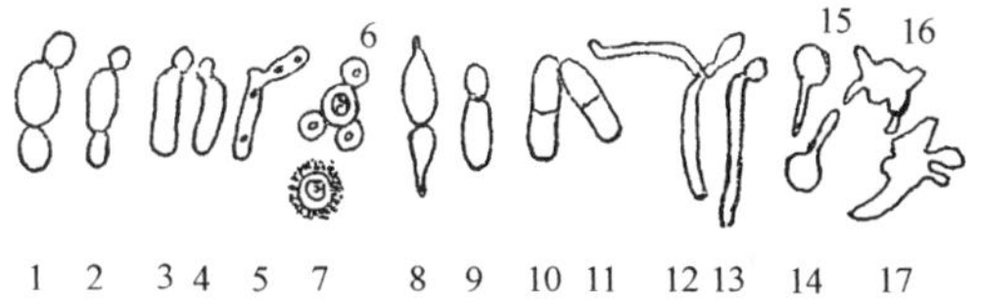

图 2-13　酵母菌的形态

1—啤酒酵母　2—葡萄酒酵母　3、4—巴氏酵母　5—醭酵母　6、7—圆酵母　8—尖端酵母　9—类酵母　10、11—裂殖酵母　12、13—菌丝体　14、15、16、17—酵母变形体

大多数酵母菌菌落表面湿润、黏稠，易被接种环挑起，这些与细菌菌落特性相似，但其菌落通常要比细菌大而厚，菌落多呈乳白色或奶油色，少数为红色。有些酵母菌表面干燥呈粉状。菌落的色泽、质地、表面和边缘形状等特征，是酵母菌菌种鉴定的重要依据。

在液体培养基内，能在液体表面形成一层薄膜的酵母菌称为产膜酵母。有的酵母菌在液体的底部产生沉淀，有的在液体中均匀生长。一般酵母菌在发酵糖生成酒精和二氧化碳时，使液体产生泡沫。

（二）酵母的结构

酵母菌具有典型的真核细胞结构（见图2-14）。

（1）细胞壁　酵母菌幼年细胞壁薄，有弹性，以后逐渐变厚、变硬。成熟的酵母菌细胞壁较厚，其成分主要是酵母纤维素，还含有甘露聚糖、葡聚糖、蛋白质、类脂质及少量几丁质（乙酰葡萄糖胺的多聚物）。

（2）细胞核　酵母菌具有明显的细胞核，由中心体附在核膜上，中心体的功能与有丝分裂和染色体的分离有关。酵母也有质粒存在。

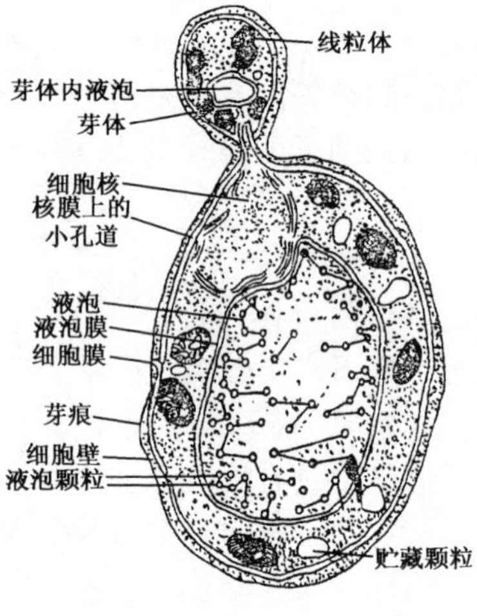

图2-14　酵母细胞的结构

（3）细胞质和细胞膜　幼龄细胞的细胞质黏稠而均匀，其主要成分是蛋白质、类脂质、多糖、无机盐和水分，并富含RNA和多种维生素，内含核蛋白体以及内质网膜与线粒体。线粒体呈小球形、杆状，一般位于核膜及中心体表面，内膜内陷为嵴。线粒体含脂量高，具有呼吸酶系。幼龄细胞质中一般不含或只含少数极小的液泡，至老龄细胞阶段，液泡数量增多，大小不等。最后许多液泡还会合形成一个大液泡，将核挤于一边。液泡是单层膜围成的腔，其中充满着含有基质和无机盐的水溶液。贮藏物质以颗粒状态存在，作用是贮藏养分和调节渗透压。生长旺盛的幼龄细胞中通常不含内含物，随着细胞衰老，则常出现各种颗粒，如异染粒、肝糖粒、脂肪滴等。异染粒是磷素的一种贮存形式，为酵母菌的重要成分之一。在营养良好、生长旺盛的幼龄细胞中还存在大量肝糖粒。此外，在细胞之中可形成许多脂肪球，在老细胞中则合并成大脂肪球，如产脂内孢霉细胞的脂肪含量可达干物质重的30 %，可供生产脂肪用。

酵母菌细胞膜包围着细胞内含物，并起到渗透屏障的作用。

（三）酵母菌的芽体

芽殖法是酵母中最普通的繁殖方式，成熟的酵母细胞在芽体形成的起始阶段细胞壁很薄。母细胞的液泡产生一根小管，同时在细胞表面形成一个小的突出体，称为泡。小管穿过细胞壁进入突出体，母细胞的核分裂成两个子核，一个随母细胞的细胞质流入突出体内，形成芽体，当芽体长到最大体积时，其头部就形成一块隔壁，当隔壁层分离，芽体继续生长，便成为一个新的个体，即成为酵母的子细胞。如果酵母菌生长旺盛，在子细胞尚未与母细胞脱离前，即可在子细胞上长出新的芽体，如此继续出芽，形成假菌丝（图 2-15）。

有的酵母无性繁殖可形成厚垣孢子或节孢子，有的进行有性繁殖产生子囊孢子。

二、霉　　菌

霉菌是一些丝状真菌的统称，它是真菌的一部分。霉菌在自然界中分布极广，种类繁多，与人类的关系密切，兼具利和害的双重作用。它们是酿造、工业发酵、抗生素和酶制剂等生产中重要的菌类；它们也常引起农副产品、食品、原料及器材等的霉烂，感染并引起人类和动植物发生多种病害，少数种类如黄曲霉还能产生黄曲霉毒素，危害人、畜的健康和生命。

（一）霉菌的细胞结构

霉菌（molds）是真核微生物，因此有典型的细胞结构如细胞壁、细胞膜、细胞质、液泡、线粒体及内含物等，但霉菌没有叶绿体（图 2-16）。

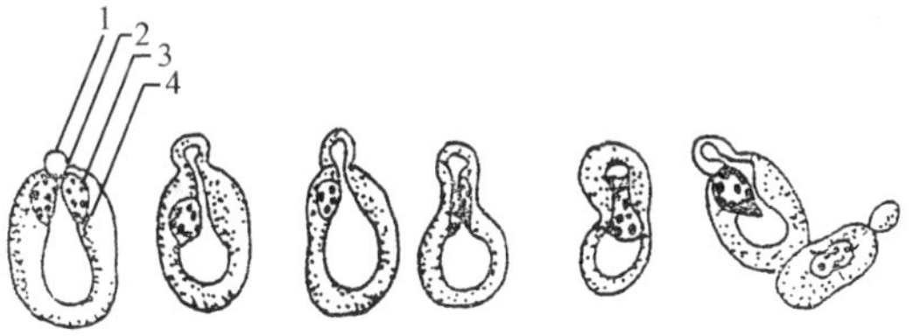

图 2-15　酵母的芽殖过程

1—泡　2—小管　3—核　4—液泡

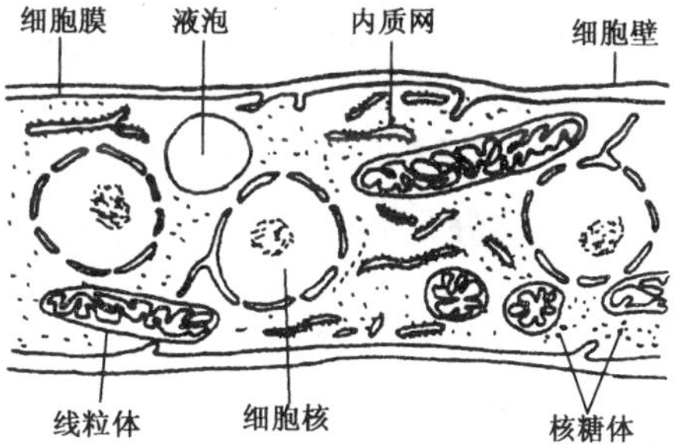

图 2-16　霉菌的细胞结构

（二）霉菌的菌丝和菌丝体

1. 霉菌的菌丝

大多数丝状霉菌的营养体是由分枝的菌丝（hypha）所构成的菌丝体（mycelium）。菌丝的宽度 5 ~ 10 μm，比一般细菌和放线菌的宽度大几倍到几十倍。菌丝一般是由孢子萌发后延长的，或是由一般菌丝细胞生长出来的。菌丝在条件适合时总以顶端伸长方式向前生长，并产生很多分枝，相互交错呈一团菌丝称为菌丝体。菌丝呈管状，分有隔菌丝和无隔菌丝两类。

无隔菌丝的整个菌丝体是一个单细胞，其中含有许多真核，平时菌丝只有核分裂，而没有细胞分裂。只有在产生生殖器官或在受伤情况下，才产生隔膜（封闭隔）。有隔菌丝都具有横隔，将菌丝分隔成多细胞结构。在隔膜中央，有一个或几个小孔，使细胞质和营养物质得以彼此沟通，有时核也可以通过。在多细胞菌丝体，每个细胞均有一个或几个核，核分裂，则伴随细胞分裂。绝大多数的卵菌和结合菌的菌丝为无隔菌丝，子囊菌和担子菌的菌丝为有隔菌丝（图2-17）。

霉菌菌丝在生理功能上有一定程度的分化，长入基质中吸收养分的菌丝称为基内菌丝或营养菌丝，伸出基质外的菌丝称为气生菌丝。气生菌丝中有一部分能形成生殖细胞或生殖细胞的保护组织，故又称繁殖菌丝。有的菌丝产生色素，呈现不同颜色，有的色素可分泌到细胞外。

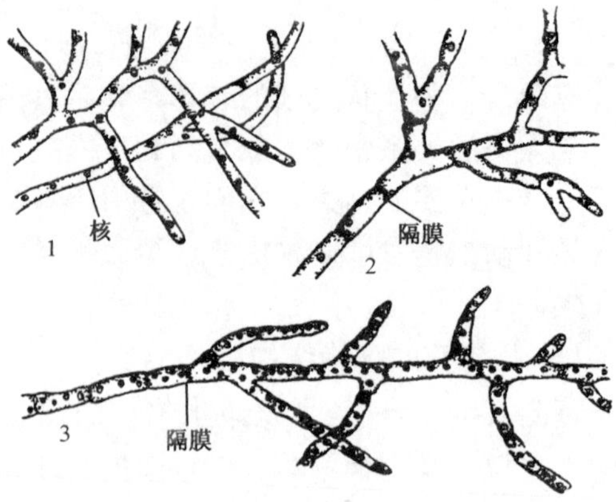

图2-17　霉菌菌丝
1—无隔多核菌丝　2—有隔单核菌丝
3—有隔多核菌丝

2. 菌丝的变态

在长期的自然选择下，霉菌的营养菌丝发生多种变态，可更有效地摄取养料，以满足其生长发育的需要。如营养菌丝体可形成假根、匍匐菌丝、菌索等，气生菌丝可形成各种形态的子实体。

（1）匍匐菌丝　又称匍匐枝，是根霉属霉菌营养菌丝分化形成的、具有延伸功能的匍匐状菌丝。每隔一段距离在其上长出深入基质的假根和伸向空间的孢子囊梗，新的匍匐菌丝再不断向前延伸，以形成蔓延生长的菌苔。

（2）假根　是根霉属霉菌匍匐枝与固体基质接触处分化形成的根状菌丝，其功能是固着和吸收营养物质。假根的色泽比其他菌丝要深。

（3）菌索　有些高等霉菌的菌体平行排列组成长条状似的绳索，叫做“菌索”。菌索周围有外皮，尖端是生长点，多生在树皮下或地下，根状，白色或其他各种颜色。它有助于霉菌迅速运送物质和蔓延侵染的功能，在不适宜的条件下呈休眠状态。

（4）子实体　是指在其内部或表面产生无性或有性孢子，具有一定形状和构造的菌丝体组织。它是由真菌的气生菌丝和繁殖菌丝缠结而成的产生孢子的结构，其形态因种而异。结构简单的子实体有：曲霉属和青霉属等产生无性分生孢子的分生孢子头（或分生孢子囊）、根霉属和毛霉属等产生无性孢囊孢子的孢子囊、担子菌产生有性孢子的担子。结构复杂的子实体有：产生无性孢子的分生孢子器、分生孢子座和分生孢子盘等结构，能产生有性孢子的子囊果。

（三）霉菌的孢子

霉菌经过一段营养生长期后，便开始进行繁殖。霉菌的繁殖能力很强，而且方式也多样化。主要以产生各种各样的孢子作为繁殖单位。霉菌的孢子常成千成万地产生，数量大得惊人。由于不同种的霉菌形成孢子的方式和形成的孢子形态不同，所以，霉菌孢子的形态和产孢器官的特征是分类的主要依据。

霉菌的繁殖方式按其生物学性质，可分为无性繁殖和有性繁殖。无性繁殖是指不经过两性细胞结合而直接由菌丝分化形成孢子的过程，所产生的孢子叫无性孢子。有性繁殖则是经过不同性别细胞的结合，经质配、核配、减数分裂形成孢子的过程，而产生的孢子称有性孢子。

孢子是指脱离母体后能直接或间接发育成新个体的单细胞或少数细胞的繁殖体。虽然霉菌菌丝体上任一部分的菌丝碎片都能进行繁殖，但在正常自然条件下，霉菌主要还是通过孢子来进行繁殖的。

霉菌孢子的类别如下：

- 无性孢子
  - 孢囊孢子 ══════ 内生孢子
  - 分生孢子、节孢子 ══════ 外生孢子
  - 厚垣孢子　（由菌丝细胞形成）
- 有性孢子
  - 卵孢子
  - 接合孢子
  - 子囊孢子

1. 霉菌的无性孢子

常见到的无性孢子有：游动孢子、孢囊孢子、分生孢子和厚垣孢子等（见图2-18）。

（1）游动孢子　鞭毛菌的菌丝可直接形成或发育成各种形状的游动孢子囊，游动孢子囊内的原生质以孢囊割裂的方式形成游动孢子。孢子呈肾形、梨形或球形，具有一根或两根鞭毛。

（2）孢囊孢子　孢囊孢子是接合菌产生的无性孢子，产生在孢子囊内。孢子囊产生在营养菌丝或孢囊梗的顶端。孢囊孢子一般数量都很大。当孢子成熟后，孢子囊破裂，孢囊孢子散出。

（3）分生孢子　分生孢子是霉菌最常见的孢子，它的形状、结构、形成方式及着生情况各式各样，甚为复杂。有直接以菌丝细胞断裂成柱状、圆筒状的节孢子，如白地霉；有从细胞出芽的芽孢子，如酵母；有着生在菌丝顶端或着生于菌丝分化形成的分生孢子梗上，单生或簇生的分生孢子。分生孢子的形态和大小及着生的情况，在不同种类的霉菌中变化很大，是识别霉菌的重要依据。

（4）厚垣孢子　亦称厚壁孢子，是霉菌的一种休眠体。一般是在不良环境条件下，菌丝中间或顶端的部分细胞原生质浓缩，特别是类脂物质密集，然后外围生出厚壁与其他细胞分开，或原细胞壁加厚而成。厚垣孢子的形态、大小和产生位置各种各样，常因霉菌种类不同而异。如总状毛霉往往在菌丝中间形成许多厚垣孢子。

2. 霉菌的有性孢子

霉菌有性繁殖所产生的孢子大致可归纳为四种类型：卵孢子、结合孢子、子囊孢子、担孢子（见图 2-19）

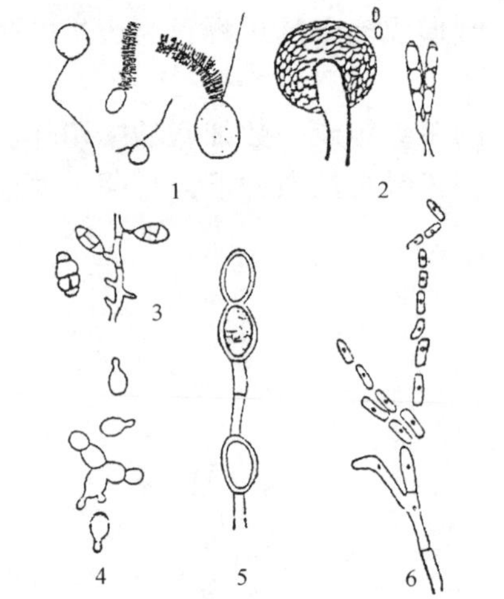

图 2-18 霉菌的无性孢子类型
1—游动孢子 2—孢囊孢子 3—分生孢子
4—芽孢子 5—粉孢子 6—厚垣孢子

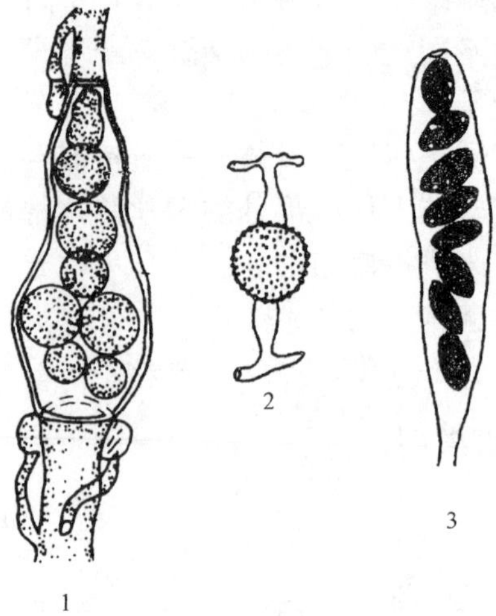

图 2-19 霉菌有性孢子的类型
1—卵孢子 2—接合孢子 3—子囊孢子

（1）卵孢子 卵孢子是由两个大小不同的配子囊结合后发育而成。其小型配子囊称为雄器，大型的配子囊称为藏卵器。藏卵器中原生质与雄器配合以前，往往又收缩成一个或数个原生质小团，即卵球。雄器中的细胞质和细胞核，通过受精管进入藏卵器与卵球配合，此后卵球生出外壁，发育成双倍体的厚壁卵孢子。

（2）接合孢子 接合孢子是由菌丝上生长出的形态相同或略有不同的两个配子囊结合而形成。接合孢子是接合菌亚门特有的孢子。霉菌接合孢子的形成有两种方式：同宗配合和异宗配合。同宗配合是指单一的孢囊、孢子萌发后所形成的菌丝体，当两根菌丝靠近时，便生出配子囊，经接触后产生接合孢子。异宗配合是指接合孢子的产生需要两种同质的菌系的菌丝相遇才能形成。这两种有亲和力的菌丝在形态上并无区别。

（3）子囊孢子 子囊孢子是子囊菌亚门的主要特征，产生在子囊中。

（4）担孢子 着生在担子上的孢子称为担孢子。它是一种外生孢子，是担子菌独有的特征。

霉菌的有性孢子或无性孢子，都可能聚生成一个组织，称为子实体。

各种霉菌孢子的类型和特点见表 2-2 。

表 2-2　霉菌孢子的类型和特点

孢子名称		形　状	数　量	特　点	实　例
无性孢子	孢囊孢子	近圆形	多	水生型有鞭毛	根霉、毛霉
	分生孢子	极多样	极多	少数为多细胞	曲霉、青霉
	节孢子	柱　形	多	各孢子同时形成	白地霉
	厚垣孢子	近圆形	少	在菌丝顶或中间形成	总状毛霉
有性孢子	卵孢子	近圆形	1 个至数个	厚壁	德氏腐霉
	接合孢子	近圆形	1	厚壁，大，深色	根霉、毛霉
	子囊孢子	多 样	常为 8 个	长在各种子囊内	脉孢菌、红曲霉

霉菌的孢子具有小、轻、干、多以及形态色泽各异、休眠期长和抗逆性强等特点，与细菌的芽孢有较大的区别（表 2-3）。

表 2-3　真菌的孢子与细菌芽孢的比较

项　目	真菌孢子	细菌芽孢
大　小	大	小
数　目	1 条菌丝或 1 个细胞产生多个孢子	1 个细胞只产 1 个芽孢
形　态	形态、色泽多样	形态简单
形成部位	可在细胞内或细胞外形成	只在细胞内形成
功　能	是最重要的繁殖方式	不是繁殖方式，是抗性构造
抗热性	不强，在 60～70℃下易杀死	极强，往往要在 100℃下数十分钟才能杀死
产生菌	绝大多数种类可产生	少数细菌可产生

霉菌从孢子萌发开始，经过一定的生长发育阶段，最后又产生同一种孢子为止，所经历的过程称为霉菌的生活史。在霉菌的生活史中，许多霉菌是以无性繁殖为主的，即在适宜条件下，孢子萌发后形成菌丝体，并产生大量的无性孢子，进行传播和繁殖。当菌体衰老或营养物质大量消耗，或代谢产物积累等情况下，才进行有性繁殖，产生有性孢子，度过不良环境后，再萌发产生新个体。有的霉菌在生活史中只产生无性孢子，例如半知菌亚门中的某些青霉、链孢霉菌等。也有些霉菌只产生有性孢子，多见于担子菌亚门的霉菌。所以霉菌的生活史是比较复杂多样化的。

三、大型真菌

食用蕈、药用蕈、毒蕈由于子实体大而被称为大型真菌。食用蕈可供用作烹饪原料，营养丰富，味美，近年还发现其所含的多糖类物质已被证实可抑制肿瘤细胞的恶性增生，可增强人体的免疫力和抗病能力。药用蕈多用作中草药。毒蕈则天然有毒，误食易引起食物中毒，应注意鉴别和剔除。下面以食用蕈为主，阐述大型真菌的形态特点和结构组成。

（一）食用蕈的形态结构

食用蕈是一类可供作为烹饪原料的大型真菌，它们都具有鲜美的风味、脆嫩的质地、丰富的营养和较高的药用价值，自古即被人们称为“山珍”。

食用蕈由菌丝体和子实体组成。菌丝体是营养器官，生长在基质内，能分解基质，吸收营养成分，形成子实体。子实体是生长在基质表面、供人们食用的部分，能产生孢子，繁殖后代。

1. 食用蕈的菌丝体

食用菌的菌体是由菌丝的分枝错综交织的网状体组成（图2-20）。菌丝为多细胞的，有细胞壁、细胞质和细胞核。子囊菌亚门有的菌丝含有一个或多个核，而担子菌亚门有的菌丝细胞大多为两个核，称为双核菌丝。

图2-20 食用蕈的菌丝体

食用蕈的蕈丝是由孢子吸水膨大后长出芽管，芽管的管状细胞不断分枝伸长发育而成。

有些食用蕈为了适应不良环境，蕈丝常密集呈索状或块状，组成蕈核或蕈索。蕈核既是真菌的一种休眠器官，又是贮藏养分的器官。菌核中的菌丝有很强的再生力，当环境条件适宜时，又可重新萌发，因此，菌核也可作为菌种分离材料。菌索具有输送养分的作用，还能生长发育，并分化形成子实体。

2. 食用蕈的子实体

食用蕈子实体的形状，因蕈类不同而异，有伞状、笔状、头状、耳状等。伞状一般都由菌盖和菌柄等组成。不同种类的食用菌子实体的生长习性、状态也不相同，有单生、丛生等（图2-21）。

成熟的子实体由蕈盖、蕈褶（或蕈管）、蕈柄和蕈托等组成（图2-22）。

（1）蕈盖　又叫菇盖或菌伞，是菌褶着生的地方，是繁殖器官的保护组织。不同的食用蕈，菌盖的形状及颜色也各不相同，常见的有半圆形、笠形、扇形、漏斗形。蕈盖上的附属物如纤毛、鳞片、小疣、小刺、粉末、晶粒、黏液的有无或形态，是识别食用蕈种类的重要依据。

（2）蕈褶　又叫菇叶或菇鳃，位于菌盖的下方，为呈放射状排列的片状结构，是孕育担子、产生担孢子的场所。各种食用菌的菌褶长短、宽窄、着生方式及颜色也各不相同。从菌褶的颜色，可以大体推知孢子的颜色，这些是识别各种食用蕈的重要依据。

（3）蕈柄　又叫菇柄或菇脚，是支撑和输送养料的器官。菌柄的着生位置因种类而有不同，有的生于菌盖的中央，有的偏离中央，有的生于菌盖的边缘，有些种类甚至无柄。

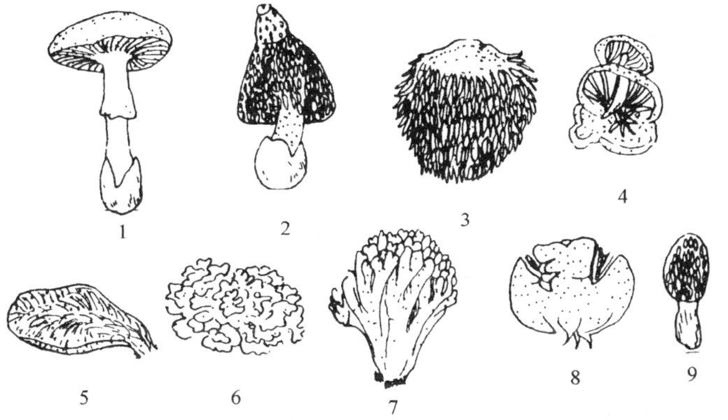

图2-21　食用蕈子实体的形状

1—伞状　2—笔状　3—头状　4—耳状　5—舌状

6—花状　7—枝状　8—球状　9—近圆锥状

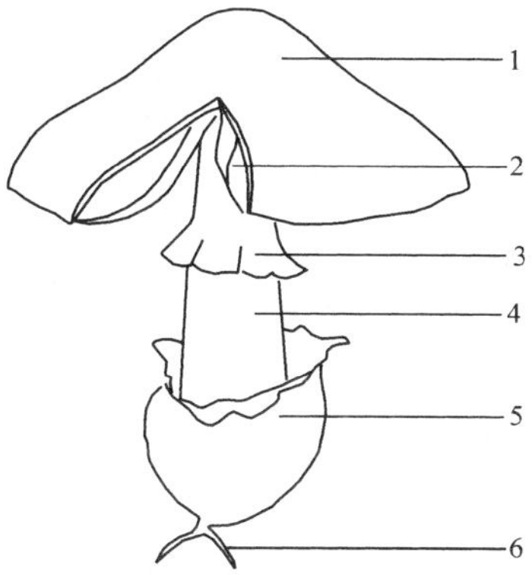

图2-22　食用蕈子实体的结构

1—蕈盖　2—蕈褶　3—蕈环

4—蕈柄　5—蕈托　6—蕈丝束

蕈柄上有两种重要的附属物，即菌环和菌托。有的种类有菌环，有的只有菌托，有的既有菌环又有菌托，有的则两者全无。菌环生于菌柄上，是一种膜质的环状结构；菌托生于菌柄基部，也是一种环状结构。有没有菌托和菌环，常是识别食用蕈种类以及区分食用蕈和毒菇的重要依据，但不能仅仅依靠形态鉴别剔除毒菇。

3. 食用蕈的孢子

食用蕈主要依靠有性繁殖产生担孢子和子囊孢子的方式进行繁殖。无性繁殖不普遍，有芽殖、菌丝体的裂殖或产生分生孢子和厚垣孢子等方式。

食用蕈的生活史是由孢子→初生菌丝→次生菌丝→子实体→孢子的循环过程。有些蕈类还有一些小循环过程，如：初生菌丝→分生孢子或厚垣孢子→初生菌丝；双核菌丝→分生孢子或厚垣孢子→双核菌丝。

食用蕈的孢子刚萌发而生成的菌丝称为初生菌丝，又称一次菌丝，它是一种单倍体菌丝，不会形成正常的子实体。两条初生菌丝结合配对后，单核细胞变成双核细胞，菌丝发展为次生菌丝，又称双核菌丝和二次菌丝。一般把尚未分化的双核菌丝，称为二次菌丝；把已经分化了的双核菌丝称为三次菌丝，又称结实性双核菌丝。子实体、菌核、菌索中的菌丝体都是三次菌丝。

食用蕈的子实体，是双核菌丝生长至生理成熟后逐步形成的。伞菌的子实体，是由双核菌丝发育成组织化的三次菌丝，先形成火柴头状的扭结团，称为子实体原基；然后原基逐渐膨大形成菌蕾，菌蕾进一步分化即成为有菌盖和菌柄的子实体。木耳子实体是由结实性的木耳双核菌丝扭结形成耳芽，发育成幼耳，再长至成熟的。草菇子实体发育过程见图2-23。

担孢子和子囊孢子，是担子菌和子囊菌的有性孢子，它们是食用菌的子实体成熟时放射出来的。条件适宜时孢子可萌发成菌丝。

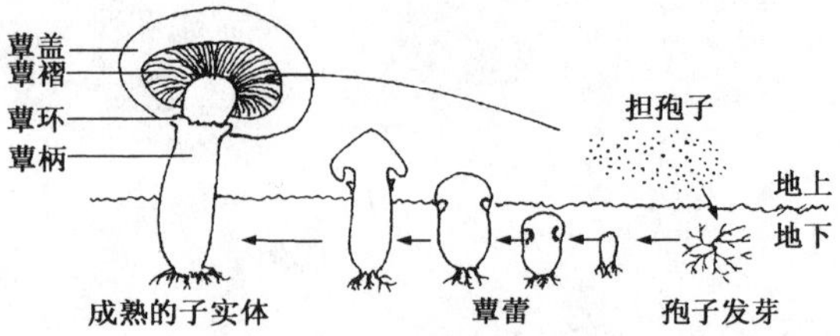

图 2-23　草菇子实体发育过程

（二）食用蕈类别

目前我国使用的野生和人工栽培食用蕈按真菌分类系统纲要（Ainsworth 分类系统，1973）分属①担子菌亚门（Basidiomycotina）层菌纲（Hymenomycetes）的银耳目（Tremellales）银耳属（*Tremella*），木耳目（Auriculariales）木耳属（*Auricularia*），非褶菌目（多孔菌目）（Aphyllophorales）的猴头属（*Hericium*）、灵芝属（*Ganoderma*），伞菌目（蘑菇目）（Agaricales）的蘑菇属（*Agaricus*）、香菇属（*Lentinula*）、红菇属（*Russale*）、鸡油菌属（*Cantharellus*）、牛肝菌属（*Boletus*）；②子囊菌亚门（Ascomycotine）核菌纲（Pyrenomyces）球壳菌属（*Sphaeriales*）、虫草菌属（*Cordyceps*），盘菌纲（Discomycetes）盘菌目（Pezizales）的羊肚菌属（*Morchella*）等。

食用蕈类以大型的无毒真菌类的子实体被餐饮业使用，主要品种有蘑菇、香菇、冬菇、金针菇、猴头菇、黑木耳、银耳、竹荪等。

第三节　无细胞结构微生物

无细胞结构微生物包括病毒和亚病毒。

一、病　　毒

病毒（virus）是一类比细菌更小、无细胞结构的、只含一种核酸的活细胞内的寄生物。

（一）病毒的特点

病毒是一类没有细胞结构的独特微生物，显然不同于其他生物，具有以下突出的特点。

1. 个体极小

病毒个体称为病毒粒子，大多数病毒粒子的大小介于最小细菌和最大蛋白质分子之间。测量病毒大小的单位用纳米（nm）。各种病毒的大小差别悬殊，最大者约为 300 nm

（例如痘病毒类），最小的只有 10 nm（例如口蹄疫病毒）。较大的病毒进行适当的染色后，可在光学显微镜下观察。绝大多数病毒小于 150 nm，故不能用光学显微镜检查，必须用电镜放大数千倍乃至数万倍才能看见，所以又称超微微生物。

2. 无细胞结构

病毒是仅由核酸和蛋白质外壳组成的有生命特征的核蛋白颗粒，故病毒又称分子微生物。

3. 活物寄生

病毒只有少数几种酶，在寄主细胞外不能独立地进行新陈代谢，只具有一般大分子的特征，只有在活寄主细胞中才表现生命活动，具有生命的特征，是严格的专性活细胞寄生生物。病毒不能独立生活，也不能在无生命的人工培养基上生长，必须依赖于寄主细胞提供酶、营养和能量才能生活，向寄主细胞提供遗传信息，通过寄主细胞的合成作用进行复制，形成新的病毒粒子。某些病毒的基因片段也可以整合到寄主细胞核染色体的基因组中，并随细胞 DNA 的复制而复制，引起潜伏感染。病毒脱离了寄主细胞便不能进行任何形式的代谢，在活体外，只保留着在适宜条件下感染寄主的潜在能力，所以，培养病毒要用活细胞或组织。根据寄主种类，可以把病毒分为动物病毒、植物病毒与细菌、放线菌病毒（即噬菌体）三大类。

4. 抵抗力

病毒对抗生素不敏感，而干扰素却能阻止病毒的复制。因此，在对病毒材料检验时，常用抗生素处理，以达到纯化分离病毒的目的。

病毒与细菌、真菌的主要区别见表 2-4 。

表 2-4　　病毒与细菌及真菌的主要区别

微生物种类	在无生命培养基中的生长	繁　殖	核酸类型	有无自己的核糖体	对抗生素敏感性		对干扰素的敏感性
					抗真菌的抗生素	抗细菌的抗生素	
真菌	+	有性、无性	DNA + RNA	+	+	−	−
细菌	+	无性、二分裂法	DNA + RNA	+	−	+	−
病毒	−	复制	DNA 或 RNA	−	−	−	+

（二）病毒的形态

病毒的形态与结构有关，病毒不同，其形态亦各异，但各种病毒的形态是相当稳定的，其基本形态为球状、杆状、蝌蚪状及多边形等（图2-24）。

（1）球状　球状实际上是多角体或多面体。这个球形一般是由 20 个等边三角形构成的 20 个面的立方体，因个体极小，电镜下看起来似球状。大多数动物病毒呈球形。

(2) 杆状　杆状包括方砖形、线形、子弹状等，大多数植物病毒呈杆状。

(3) 蝌蚪状　由球状的头部和杆状的尾部接合而成的颗粒，如大肠杆菌 T_4 噬菌体。

病毒感染寄主细胞后，常在寄主细胞内形成一种在光学显微镜下可见的小体，称为包涵体（inclusion bodies）。包涵体多为圆形、卵形或不定形，性质上属于蛋白质。

不同的病毒进入寄主细胞后形成的包涵体的大小、形状及其在细胞中的部位是各不相同的，如烟草花叶病毒（TMV）位于细胞质，而疱疹病毒则位于细胞核，麻疹病毒可同时存在于细胞质和核内。有的包涵体也存在于叶绿体内。因此，病毒大小、形状、所在部位常用于病毒的快速鉴别，有的也可作为病毒病的辅助诊断依据。

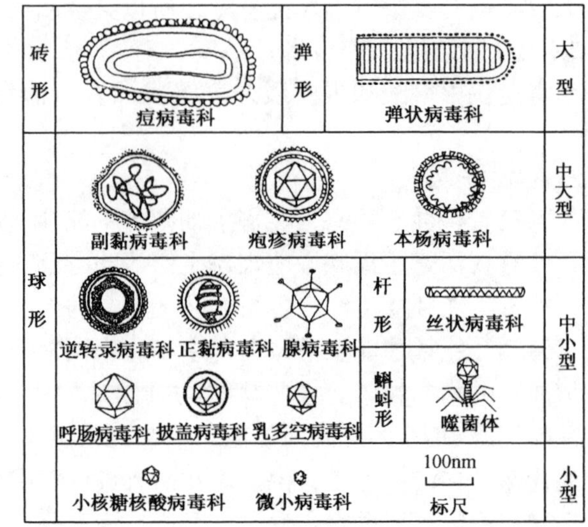

图 2-24　病毒的形态与大小

（三）病毒的结构

病毒体主要由核酸和蛋白质组成。核心为核酸，构成病毒的基因组，为病毒的增殖、遗传和变异等功能提供遗传信息。在核酸外围有蛋白质外壳，称衣壳。衣壳与核酸在一起称为核衣壳。无包膜的病毒，核衣壳就是病毒体。衣壳的功能是保护病毒体核心的核酸免受环境中核酸酶或其他影响因素的破坏，并能介导病毒核酸进入宿主细胞。衣壳具有抗原性，是病毒体的主要抗原成分。有的病毒在核衣壳外面还有包膜，其主要成分是糖类和脂质。

（四）病毒的复制

病毒的复制是指病毒粒子侵入细胞后到子代病毒粒子释放出来的全部过程。一般包括吸附、穿入、脱壳、生物合成、病毒的装配和子代病毒的释放等六个主要步骤。

（五）病毒的类别

由于病毒对寄主感染范围具有专一性，人们通常根据寄主范围将病毒分为微生物病毒（噬菌体）、脊椎动物病毒、无脊椎动物病毒（昆虫病毒）和植物病毒。

感染细菌、放线菌、蓝细菌的病毒通常称为噬菌体，它包括噬细菌体、噬放线菌体、噬蓝细菌体等。在真菌、藻类中也陆续发现了病毒感染，这些病毒被分别称作真菌病毒（mycoviruses）、藻病毒（phycoviruses）。至今在电镜下观察到的噬菌体至少有2850株，其中2700株有尾部。

脊椎动物病毒寄生于人体和其他各种哺乳动物、禽类、鱼类细胞中。人类80 %的传染病如流行性感冒、水痘、疱疹、腮腺炎、流行性乙型肝炎、脊椎灰质炎、艾滋病和狂犬病等均由病毒引起。在人类的恶性肿瘤中，约有15 %是由于病毒感染而诱发。家畜病毒病如猪瘟、牛瘟、兔瘟、口蹄疫、马瘟、马传染性贫血、小鹅瘟等，严重危害畜牧业的发展。两栖类、鱼类亦有病毒感染，如蛙病毒性肿瘤、鱼痘等。

无脊椎动物病毒主要寄生于昆虫中，在蜘蛛纲、甲壳纲、原生动物、软体动物中也有发现。

植物病毒多达600多种，绝大多数侵染种子植物，尤其是禾本科、葫芦科、豆科、十字花科等植物都易发生病毒病。

与食品有关的常见病毒见表2-5。

表2-5 与食品有关的常见病毒

病毒的类型	病毒名称	传播途径	可能分布的食品类型
小RNA病毒科嗜肝病毒属	甲型肝炎病毒	粪-口消化道途径	水及被污染的食品如泥蚶、水生类动物牡蛎、蛤等
小RNA病毒科肠道病毒属	脊髓灰质炎病毒	粪-口消化道途径	水、牛奶、瓜果、蔬菜、牡蛎及贝壳类动物等
小RNA病毒科鼻病毒属	口蹄疫病毒	经接触传播、经消化道传播、经呼吸道传播	偶蹄兽（牛、羊、猪等）、野生啮齿动物（刺猬）、兔、犬、家禽（鸡、鸭、鹅等）为主要宿主
披盖病毒科黄病毒属	森林脑炎病毒	经蜱叮咬传播和经消化道传播	野生啮齿动物如鼠、刺猬等、家畜类如牛、羊、猪、马等及其乳汁
呼肠病毒科轮状病毒属	成人腹泻轮状病毒	粪-口途径	水源
布尼雅病毒科汉坦病毒属	汉坦病毒（又称肾综合出血热病毒）	呼吸道、消化道或直接接触传播	动物及其粪便所污染的水和食物
小RNA病毒科肠道病毒属	脑心肌炎病毒	消化道传播以及虫媒传播	病死畜（猪、马等）所污染的水和食物

二、亚 病 毒

亚病毒（subviruses）是一类比病毒更为简单，仅具有某种核酸不具有蛋白质，或仅具有蛋白质而不具有核酸，能够侵染动植物的微小病原体。目前亚病毒包括类病毒（voroid）、卫星病毒（satellite virus）和朊病毒（virion）三类。

1. 类病毒

类病毒无蛋白衣壳，仅有一条裸露的闭合环状单链 RNA 分子，由 246 ~ 600 个核苷酸组成。类病毒对热和脂溶剂有抗性。类病毒具有感染性。迄今已鉴定的类病毒达 20 多种，每种类病毒都有一定的寄主范围。类病毒能引起马铃薯、番茄、苹果、柑橘、椰子等经济植物的严重病害，但类病毒与人类和动物疾病之间的关系尚不清楚。

2. 朊病毒

朊病毒是一类很小的、具有很强传染性并在寄主细胞内复制的疏水性蛋白质致病颗粒，能引起中枢神经系统慢性退化性病变。朊病毒无核酸基因组，无免疫原性，其化学本质是构象异常的朊蛋白。由大约 1000 个细胞朊蛋白（celluar prion protein）组成，呈丝状排列。

朊病毒对各种理化因子有较强的抵抗力，对 γ 射线、紫外线、蛋白酶、消毒剂（乙醇、H_2O_2、高锰酸钾、碘、甲醛）、去垢剂、有机溶剂和高压灭菌抵抗力强，使用高于 132℃ 至少处理 2 h 才能失活。用 1.6% 氯、2 mol/L 的 NaOH 及医用福尔马林溶液等处理均不能使之失活。

近几年，人们发现朊病毒可通过食物链传播引起人畜共患的中枢神经系统退化性疾病，如人的震颤病、克雅氏病或传染性病毒性痴呆、致死性家族失眠病、羊瘙痒病、大耳鹿慢性消瘦病、牛海绵脑病（俗称疯牛病）、猫海绵脑病、传染性雪貂白质脑病等。这些疾病的共同特征是：患者出现认知和运动功能的严重衰退，表现为丧失自主控制力、痴呆、麻痹、消瘦并最终死亡。其致病机理可能是朊病毒蛋白经自身复制，在脑中积累，引起中枢神经系统慢性退化性疾病。目前对疫病处理的对策是将有病动物宰杀，并用温度超过 1000℃ 的焚化炉处理，防止病原因子扩散，同时禁止用动物肉、骨粉制品尤其是动物的脑和脊髓喂养动物，避免疫病的传播。

3. 卫星病毒

20 世纪 80 年代以来，人们从绒毛烟、苜蓿、莨菪和地下三叶草上发现四种新的植物病毒，这些病毒的蛋白质衣壳内都含有两种 RNA 分子，一种为线状 RNA，另一种为环状 RNA，被命名为植物卫星病毒，其特点为单独没有侵染性，必须依赖于辅助病毒才能进行侵染和复制，但与辅助病毒基因组 RNA 比较，没有序列同源性。与人类疾病相关的仅有丁型肝炎病毒一种。丁型肝炎病毒（HDV）最早在乙型肝炎病毒携带者中发现，它必须利用乙型肝炎病毒的包膜蛋白才能完成自身的复制循环。

第四节　微生物的分类

微生物在自然界分布极为广泛，种类十分庞杂，它们之间既存在着差异，也或多或少有着共同之处。按照它们进化的亲缘关系，根据形态、生理性状的差异，把它们有次序地、分门别类地排列成一个系统，这就是微生物的分类（classification）。

学习微生物分类知识，可以在较短时间内认识、熟悉微生物领域的全貌，对纷繁的微生物类群有一个清晰的轮廓，以便开发利用丰富的微生物资源。掌握了分类方面的知识，可以减少菌种筛选工作的盲目性，提高工作效率。

一、微生物的分类单位和分类方法

（一）微生物的分类单位

微生物的主要分类单位，依次为界（kingdom）、门（phylum）、纲（class）、目（order）、科（family）、属（genus）、种（species），其中种是最基本的分类单位。具有完全或极多相同特点的有机体构成同一个种。性质相似、相互有关的各种组成属。相近似的属合并为科。近似的科合并为目。近似的目归纳为纲。综合各纲成为门，由此构成一个完整的分类系统。

有时在两个主要分类单位之间可添上次级分类单位，如“亚门”、“亚纲”、“亚目”、“亚科”、“亚属”等。在科与属之间有时还有族（tribe）一级。在种以下还可分亚种、变种、型、菌株等。

1. 属（genus）

属是介于种（亚种）与科之间的分类单位。通常将具有某些共同特征或密切相关的种归为一个属。任何一个已命名的种都可归属于某一个属。

2. 种（species）

种是微生物分类中最基本的分类单位，代表一群在形态、生理特性和组成成分上彼此十分接近或彼此性状差异微小的个体。伯杰氏（Bergey）对种的定义是：“凡是与典型培养菌非常相同的其他培养菌统一起来区分为细菌的一个种”，它以某个“标准菌株”为模式种，是十分相似的菌株的总体。1987 年国际细菌分类委员会颁布，DNA 同源性大于等于 70 %，而且 ΔT_m（解链温度变化）≤5℃的菌群为一个种，并且其表型特征与这个定义相一致。

按国际上统一使用的微生物命名规则，对微生物用“双名法”来定名，称为学名，其属名在前，种名在后。有时在种名之后还附有命名者的姓氏及年代，也可省略。属名首字母应大写，属、种及亚种等级的分类单元的学名用斜体字印刷，以便识别。

有时只泛指某一属的微生物，而不特指某一具体的种，可在属名后加上 sp. 或 spp.（sp. 表示单数，spp. 表示复数）。

3. 亚种（subspecies）

亚种是进一步分种时所用的单位，一般指除某一明显而稳定的变异特征或遗传性状外，其余鉴定特征都与模式种相同的种。它是微生物分类中具有正式分类地位的最低等级。亚种用符号 subsp. 表示，其学名由属名、种名和 subsp. 及亚种名组成。

除上述国际公认的分类单位的等级外，在日常工作中，还常常使用一些非正式的类群术语，如型、菌株、品系、群等。

（1）型（types） 型常被用作亚种以下的细分，作若干变异型的后缀使用。有时在同一种的若干细菌中，它们之间有许多特性难以区分，要区分它们仅反映在某些特殊的性状上。如根据抗原结构不同可分成不同血清型。根据对噬菌体或细菌素敏感性的不同，可将细菌分为多种噬菌体型或细菌素型。

（2）菌株（strains） 菌株又称品系，同种微生物的不同来源的纯培养物或纯分离物均可称为某菌种的一个菌株或一个品系。用实验方法所获得的某一菌株的变异型称为一个新的菌株。病毒则称毒株或株。菌株是微生物分类和研究工作中最基础的操作实体。在同一菌种的不同菌株之间，虽然作为鉴定用的一些主要性状相同，但对某些非鉴别特征（不是定种特征）而言，如一些生化性状、代谢产物的产量性状方面，不同菌株会有重要差别。为方便起见，菌株常用数字、地名或符号来表示。

（3）群（group） 是指一组具有共同性状的生物。微生物在进化过程中，由一个种变成另外一个种，其间要产生一系列过渡类型。所以将有些微生物种类和介于它们之间的种类通称为一个群。如大肠菌群包括大肠杆菌、产气杆菌及其中间类型的柠檬酸杆菌、阴沟肠杆菌等。

（二）微生物的分类方法

微生物的传统分类方法是在细胞形态和习性水平上的分类。所谓的经典分类鉴定方法，是相对于现代的分类鉴定方法而言的，是长期以来在常规鉴定中普遍采用的一些以形态、生理、生化、生态、生活史和血清学反应等指标为微生物分类依据的方法。

常用微生物分类鉴定指标如下：

①形态特征指标：如群体特征指标，包括菌落形态、在固体、液体培养基中的生长状态；个体特征指标，包括细胞形态、染色反应、各种特殊构造等。

②生理生化指标：如营养要求，包括能源、碳源、氮源、生长因子；酶指标如产酶种类和反应特性、代谢产物种类、产量、显色反应等。

③生态特性指标：如生长温度、对氧需求、宿主种类。

④生活史特点。

⑤血清学反应指标：如 O 抗原、H 抗原、K 抗原的凝集性。

⑥噬菌体敏感性。

⑦G + C mol % 。

近年来，随着分子生物学的发展和各项新技术的广泛应用，促使微生物分类鉴定工作有了飞速发展。微生物鉴定工作已从经典的表性特征深入到现代遗传学特征的鉴定、细胞化学组分精确分析及利用计算机进行分类研究层次上。现代分类方法包括细胞组分水平、蛋白质水平、分子生物学水平及数值分类法。现代分类鉴定方法是在传统分类方法基础上逐步发展形成的，对快速检测与新品种的发现及鉴定具有重要意义。

二、微生物分类系统

（一）原核微生物分类系统

现行比较有代表的原核微生物分类系统是根据《伯杰氏鉴定细菌学手册》（Bergey's Manual of Determination Bacterioligy，第九版，1994），该手册根据表型特征把细菌分为四个类别，35 群。现将四个类别的细菌的特点概述如下：

（1）具有细胞壁的革兰氏阴性细菌　这类原核生物具有复杂的细胞壁，由外膜和薄的肽聚糖内层组成，革兰氏染色通常是阴性。细胞的形状呈球形、卵圆形、直或弯曲杆状、螺旋形或丝状，在这些类群中有些有鞘或荚膜。繁殖靠二分裂进行，但有些类群可以芽殖或复分裂繁殖。黏细菌可以形成子实体和黏孢子。游动、滑动或不运动。其成员可划分为光能营养或非光能营养（无机营养和异养）细菌，它们包括好氧、厌氧、兼性厌氧和微好氧的菌种，而有些成员则为专性细胞内寄生。

（2）具有细胞壁的革兰氏阳性细菌　这类原核生物具有革兰氏染色阳性的细胞壁类型，其革兰氏染色通常是阳性反应，但也有例外。细胞的形状呈球状、杆状或丝状。杆状和丝状的菌体可以不分枝，但有许多菌体呈真正的分枝。细菌的繁殖一般为二分裂，有些能产生孢子作为休眠体，如芽孢或在菌丝上产生孢子。不能进行光合作用，通常是化能异氧。它们包括好氧、厌氧、兼性厌氧和微好氧的菌种。这个类别的成员是无芽孢和有芽孢的细菌以及放线菌和其相关菌。

（3）无细胞壁的细菌　这类原核生物没有细胞壁，而且不合成肽聚糖的前体。它们由一层单位膜（细胞质膜）包被，细胞呈高度的多形态，其大小范围从大的畸形泡状到非常小的粒子（0.2μm），通常可见具有分枝的丝状类型。繁殖靠出芽、断裂或二分裂进行。它们通常不运动，但有些可作滑行运动。革兰氏染色阴性。大多数生长时需要复杂的培养基，如需要胆固醇和长链脂肪酸才能生长，而且菌体能在固体培养基表面形成“煎蛋形”菌落。

（4）古细菌　古细菌主要是陆地和水生微生物，存在于厌氧、高盐、热水和地热环境中，有些能在动物消化道内营共生生活。它们包括好氧菌、厌氧菌、兼性厌氧菌，而且生长靠化能无机营养、有机营养或兼性有机营养。古细菌是中温菌或嗜热菌，有些种甚至可生长在100℃以上。古细菌的独特生化特性是细胞膜含有植烷甘油醚。在细胞壁内缺乏胞壁酸，使之对β-内酰胺抗生素不敏感。由于古细菌的细胞壁存在非常不同的类型，所以其革兰氏染色在同一目中可引起阳性和阴性反应。革兰氏阳性菌种的细胞壁含有假胞壁酸、甲醇软骨素和杂多糖，而革兰氏阴性菌种的细胞则含有蛋白或糖蛋白表面层。其细胞成不同形状，包括球形、螺旋形、板状或杆状，也存在单细胞和多细胞的丝状体或聚集体。繁殖靠二分裂、出芽、收缩、断裂等。细胞群体的颜色呈红色、紫色、粉红色、橙褐色、黄色、绿色、墨绿色、灰色和白色。

《伯杰氏鉴定细菌学手册》第九版的特点是便于鉴别那些已被描述和培养的细菌，并不把系统分类和鉴定信息结合起来，其内容的编排严格按照表型特征，所选择的排列很实用，收集了尽可能多的新的分类单位，因而有利于细菌的鉴定。

（二）真核微生物分类系统

1. 霉菌分类系统

真菌的分类系统很多，现更多采用安斯沃思（G. C. Ainsworth）的分类系统。该系统在将真菌独立成界的基础上，将真菌界分为两个门（真菌门和黏菌门），霉菌在真菌门内，根据有性孢子的类型、菌丝是否有隔膜等性状分为5个亚门，即鞭毛菌亚门、接合菌亚门、子囊菌亚门、半知菌亚门和担子菌亚门。

（1）鞭毛菌亚门　本亚门的无性生殖孢子产生鞭毛，适于水中游动，因而称为鞭毛菌。其中包括腐生和寄生。主要特征为单细胞，菌丝无隔多核，孢子囊中产生大量的孢囊孢子。水生菌产生带有鞭毛的游动孢子。陆生菌产生不游动孢子。有性生殖产生合子或卵孢子。属低等真菌，它们主要分布在水生的动植物体上。

（2）接合菌亚门　菌丝无隔多核，细胞壁多为几丁质，有性生殖产生接合孢子，无性生殖产生孢囊孢子。本亚门分2纲、7目、24科、115属约610种。其中有些菌种可引起有机质腐烂，还有一些酿造工业中的重要菌种或是产生真菌毒素的重要菌种。

（3）子囊菌亚门　菌丝有隔、呈多细胞，细菌壁大多为几丁质，少数为纤维素。子囊菌的无性孢子有多种，如分生孢子、芽孢子等，分生孢子有多种类型。有性生殖产生子囊和子囊孢子。有的菌丝分化成子囊果、子座子等。本亚门是比较高级的真菌，是真菌中一个比较大的类群，已知有4万多种。分布广泛，与人类关系密切。

（4）半知菌亚门　为有隔菌丝体，从菌丝体上形成分化程度不同的分生孢子梗和分生孢子。在自然环境条件下，仅产生无性孢子，很少产生有性孢子，无完全的生活循环。因为只了解其生活史的一半，故称为半知菌或不完全菌。本亚门种类多，已知有

1825 属、15000 种。在数量上仅次于子囊菌亚门。它分布广，有腐生和寄生，与人类关系密切。

（5）担子菌亚门　担子菌的无性繁殖大多数不发达或不发生。该类菌的主要特征是有性繁殖，形成担子，担子上形成担孢子。

2. 酵母的分类系统

酵母在真菌分类系统中，它们分属于子囊菌亚门、担子菌亚门和半知菌亚门。由于研究酵母的分类方法较研究一般丝状真菌特殊，除了根据繁殖（无性和有性）特点、形态和培养等特征外，还必须根据其生理生化特征，如发酵各种糖的能力等等，因而逐渐形成了自己独特的分类系统，以适应生产和科学研究的需要。现已知酵母菌有 370 多种，分属于 39 个属。酵母菌的分类以荷兰科学家类德（Lodder，1970）的分类系统最著名，主要是根据酵母是否有有性生殖，能否形成子囊孢子和掷孢子、担孢子、冬孢子以及孢子的数目、性状等特征，把酵母分为四大类：

（1）子囊酵母类　能形成子囊和子囊孢子，属于子囊菌内孢霉科、酵母菌科和蚀精霉科，共有 22 个属，179 个种，通常称为“真酵母”。

（2）黑粉菌目酵母类　能产生冬孢子和担孢子的酵母，属担子菌类，共有 2 个属，7 个种。

（3）掷孢酵母类　能产生掷孢子的酵母，属担子菌类，共有 3 个属，14 个种。

（4）无孢酵母类　有性生殖已经丧失或未被发现，不形成子囊孢子，也不产生掷孢子，属于半知菌的隐球酵母科，共有 12 个属，170 个种。

1984 年，Lodder 的《酵母分类学研究》（第三版）又根据细胞壁和间隔的细微构造、G + C 含量、DNA 同源、醌类类型等，对许多种酵母菌分类进行了调整。

第五节　识别微生物的显微技术

在生产实践中，一般都先用肉眼直接观察微生物的群体。通过肉眼观察，可以看到菌落或菌苔的外表特征，例如颜色、大小、厚薄、松紧、透明度以及边缘的情况。在一般情况下，还可区分出生产的菌种是否发生了污染。

肉眼观察的好处是直观、快速，能够分辨出微生物的大类，在检测杂菌污染时尤为实用，但由于微生物个体微小，肉眼难以看清，必须借助于显微镜才能研究它们的个体形态和细胞结构。因此，熟悉和掌握显微镜及其操作技术是研究微生物不可缺少的手段。

一、显　微　镜

现代显微镜一般可以分为两大类。一类是光学显微镜，根据光的来源又划分为可见光显微镜和不可见光显微镜。可见光显微镜有明视野显微镜、暗视野显微镜、荧光显微镜、相差显微镜、干涉相差显微镜、偏光显微镜、倒置显微镜、实体显微镜、比较显微镜等；不可见光显微镜有紫外光显微镜、红外光显微镜、X射线显微镜。另一类是非光学显微镜，它包括超声波显微镜和电子显微镜，而电子显微镜根据收集的电子不同又分为透射式和扫描式等种类。

尽管显微镜的类型很多，但基本原理和结构大致相仿。我们通常使用的是明视野显微镜（即普通光学显微镜），下面介绍普通光学显微镜的基本构造和工作原理。

（一）普通光学显微镜的构造

普通光学显微镜由机械系统和光学系统两大部分组成。只有在两系统良好的配合下，才能高度发挥显微镜的性能。

1. 机械系统

普通光学显微镜的机械装置基本上是由金属制成的，外表大部分涂有黑色或银灰色油漆，可以避免反射光线妨碍标本的观察并保护金属（图2-25）。

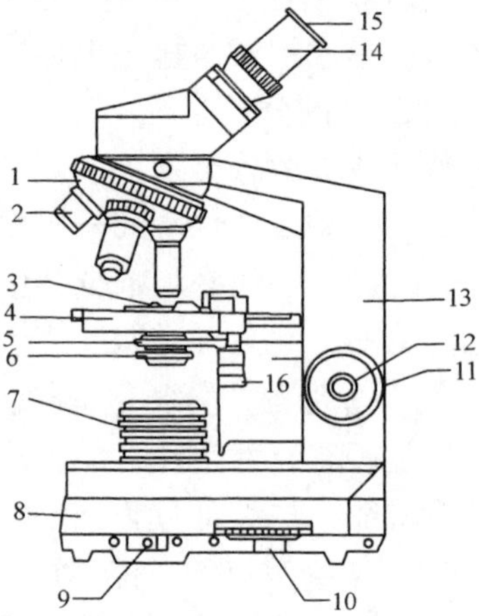

图2-25 显微镜构造示意图

1—物镜转换器 2—物镜 3—游标卡尺 4—载物台 5—聚光器 6—彩虹光栅 7—光源 8—镜座 9—电源开关 10—光源滑动变阻器 11—粗调螺旋 12—微调螺旋 13—镜臂 14—镜筒 15—目镜 16—标本移动螺旋

（1）镜座 位于显微镜的底部，呈马蹄形，有一定的底面积和重量，支撑全镜，使整体牢固地站立，是显微镜的基本支架。

（2）镜臂 支持镜筒，有固定式和活动式两种。固定式用于镜台上下移动而调焦的显微镜；活动式用于镜筒上下移动调焦的显微镜，并可改变角度。

（3）镜筒 是由金属制成的空心圆筒，上接目镜，下接转换器。有单筒和双筒两种，单筒又可分为直立式和后倾式，直立式的与载物台垂直，使目镜、镜筒、物镜的光轴在一条直线上，镜筒的长度一般为160 mm，改变长度就会改变总放大倍数；双筒则都是45°倾斜式的，其中一个目镜有屈光度调节装置，以备在两眼视力不同的情况下使用，使观察时两眼不易疲劳并增加了立体感。

（4）转换器 是两个金属碟合成的一个转盘，其上可以装配3～4个物镜，可使每个物镜通过镜筒与目镜构成一个放大系统。

（5）载物台 又称镜台，为方形或圆形的盘，用以载放被检物体，中心有一个通光孔。一般圆形镜台具有旋转性，可前后左右移动。方形镜台上有的装有两个金属标本夹，用以固定标本；有的装有标本推进器，可以在固定标本后前后左右移动，一般上面还有刻度，能确定标本的位置，便于寻找变换的视野。

（6）调焦装置　是调节物镜和标本距离的机件，有粗动螺旋（即粗调节器）和微动螺旋（即细调节器），利用它们可使镜间或镜台上下移动，调节焦距，得到清晰的图像。

2. 光学系统

光学系统由成像系统和照明系统共同构成。物镜与目镜构成它的成像系统，其余部件则构成它的照明系统。物镜上的各种标记详见图 2-26。

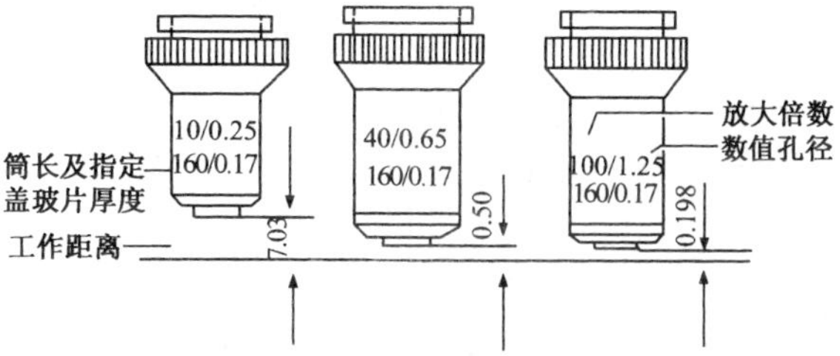

图 2-26　物镜的各种标记

（1）物镜　又称接物镜，它是由金属圆筒里面装有许多透镜组成的，这些透镜是由特殊的胶粘在一起的，高级的物镜可由多达 12 块透镜组成。物镜安装在转换器上，将物体做第一次放大，是决定显微镜成像质量和分辨能力的重要部件。上面标有数值孔径（*NA*）、放大倍数、镜筒长度等重要参数。

（2）目镜　也称接目镜，安装在镜筒上端，一般由两块透镜组成。它将物镜造成的像再次放大，但不增加分辨力，上面一般标有 5×、10×、16×等放大倍数，可根据需要选用。

（3）反光镜　附着在镜臂上，用于将外来光源导入聚光器。它是一个两面镜，一面是平面，光线强时使用；另一面是凹面镜，光线弱时或油镜下使用。较新式的显微镜的光源一般安装在显微镜的镜座内，通过按钮开关控制，也就不用配备反光镜了。

（4）滤光片　在只需某一波长的光线时使用，附加在聚光器下。选用适当的滤光片，可以提高分辨力，增加影像的反差和清晰度。滤光片有青、红等各种颜色的，分别透过不同波长的可见光，可根据标本自身的颜色来选取。

（5）聚光器　汇聚光源射出的光线照射标本，增强照明度并提高物镜的分辨力。它由聚光镜和虹彩光圈组成，聚光镜则由 1 片或多片透镜组成，其最上面物镜嵌于镜台的通光孔下面，可以汇聚光线射入镜筒中；虹彩光圈由薄金属片组成，中心形成圆孔，可调节光线强弱，消除干扰光线。聚光器本身也可以上下调节，以求最适光度。一般当放大倍数小时，聚光器下降，光圈缩小；而采用高倍物镜时，聚光器则上升，光圈放大。但光圈放得过大，观察时会产生光斑，若收拢光圈会使分辨力下降却增加反差。

（二）普通光学显微镜的工作原理

1. 显微镜的重要参数

决定显微镜工作效能的有两个重要参数——放大倍数与分辨力。

显微镜放大倍数（即放大率）= 物镜放大倍数 × 目镜放大倍数

分辨力：是指显微镜或人眼能够分辨开的物体上两点之间的最小距离或某物体的最小直径的能力。它通常是以这个最小距离或最小直径的数值 d（mm）来表示。

$$d = \lambda / 2NA$$

式中 λ——光波波长，mm；

NA——数值孔径，物镜上标有该数值，mm。

2. 物镜的两种系统

物镜的两种系统一般为干燥系和油浸系。

微生物学研究用的显微镜通常有三种：低倍物镜（10 ×）、高倍物镜（40 ×）、油镜（100 ×）。油镜通常标有黑圈、白圈或红圈，也有的以 OIL 字样表示。

当物镜与标本之间的介质为空气时，称为干燥系，光线通过玻片后，因折射发生散射现象，进入物镜的光线明显减少，就降低了视野的透明度。当物镜与标本之间的介质为一层油质时，称为油浸系统。最常用的香柏油的折射率 $n = 1.52$，与玻璃相近，光线通过载波片后，可直接通过香柏油进入物镜而不发生折射，这样就增加了视野的透明度。更主要的是油镜能增加数值孔径，从而提高了显微镜的分辨力。

另外，了解物镜的工作距离，对我们正确快速掌握显微镜的使用有很大的帮助。它是指标本在焦点上看得最清晰时物镜与样品之间的距离。物镜的焦距、工作距离和虹彩光圈的关系见图 2-27。

从图上可以看出，油镜的焦距和工作距离最短，光圈开得最大，因此使用时镜头离标本十分近，需要特别小心。

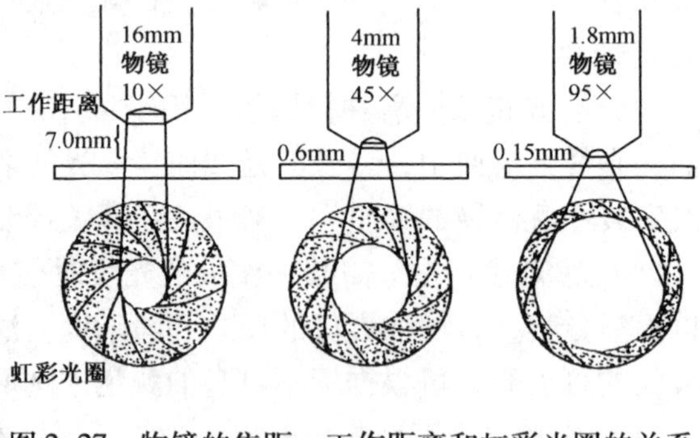

图 2-27　物镜的焦距、工作距离和虹彩光圈的关系

二、显微技术

完整的显微技术应包括样品制片、固定、染色、干燥、镜检、形态描述等步骤，在制片过程中强调使用无菌操作技术。

样品制备是显微技术的一个重要环节，直接影响着显微观察效果的好坏。一般来说，在利用显微镜观察、研究生物样品时，除要根据所用显微镜使用的特点采用合适的制样方法外，还应考虑样品的特点，尽可能地使被观察样品的生理结构保持稳定，并通过各种手段提高其反差。

用显微镜对微生物镜检观察，有活体制片直接观察和制片固定染色观察两种基本方法。

（一）活体观察

可采用压滴法、悬滴法及菌丝埋片法等在明视野、暗视野或相差显微镜下对微生物进行直接观察。其特点是可以避免一般染色制样时的固定作用对微生物细胞结构的破坏，并可用于专门研究微生物的运动能力、摄食特性及生长过程中的形态变化，如细胞分裂、芽孢萌发等动态过程的观察。

（1）压滴法　将菌悬液滴于载玻片上，加盖玻片后立即进行显微镜观察。

（2）悬滴法　在盖玻片中央加一小滴菌悬液后反转置于特制的凹载玻片上后进行显微镜观察，为防止液滴蒸发变干，一般还应在盖玻片四周加封凡士林。

（3）菌丝埋片法　将无菌小块玻璃纸铺于平板表面，涂布放线菌或霉菌孢子悬液，经培养，取下玻璃纸置于载玻片上，用显微镜对菌丝的形态进行观察。

（二）制片、固定与染色观察

一般微生物菌体小而无色透明，在光学显微镜下，细胞体液及结构的折光率与其背景相差很小，因此用压滴法或悬滴法进行观察时，只能看到其大体形态和运动情况。若要在光学显微镜下观察其细致形态和主要结构，一般都需要对它们进行涂片制作及固定染色，从而借助颜色的反衬作用提高样品不同部位的反差。

1. 涂片制作

在一洁净的载玻片中央滴一滴生理盐水或蒸馏水，用无菌的接种环在固体培养基表面取少许菌体，涂成薄片（若为液体培养基，则滴稀释的菌悬液一滴即可），自然干燥。

2. 固定

染色前必须先对涂在载玻片上的样品进行固定，其目的有二：一是杀死细菌并使菌体粘附于玻片上，二是增加其对染料的亲和力。常用酒精灯火焰加热和化学固定两种方法。将自然干燥的涂片通过火焰2～3次进行固定。固定时应注意尽量保持细胞原有形态，防止细胞膨胀和收缩。

3. 染色

一般活的微生物细胞含水量都在80%～90%，因此细胞对于光的吸收和反射与水溶液相差不大，特别是在油镜下观察细胞与背景，几乎无反差，呈现一片透明状态。染色的目的就是通过染料的吸着产生与背景较明显的反差而易于观察。

（1）染色的基本原理　染色过程是物理因素和化学因素作用的结果。物理因素包括细胞及细胞物质对染料的毛细现象、渗透、吸附、吸收作用等；化学因素则是根据细胞物质和染料不同性质而发生化学变化。一般酸性成分对碱性染料较易吸附且稳定。如核酸对碱性染料。同样，碱性成分对酸性染料较易吸附且稳定。实际上，细胞内一些成分是两性物质，其性质与 pH 变化密切相关。而若让酸性成分吸着酸性染料或碱性成分吸着碱性染料，则必须改变它们的某些形式，如使染色反应的 pH 改变，而改变其电离，从而促使其吸着染料。

例：细菌等电点（pI）一般较低，在 2 ~ 5 之间，因此在 pH > pI（中性、碱性或弱酸性）环境中，菌体蛋白质电离后带负电荷，而碱性染料电离后染料离子带正电荷，因此，细菌一般常用碱性染料染色。但若在 pH < pI 的溶液中则应用酸性染料。

（2）染料 微生物学中使用的染料都是含有苯环的有机化合物，由三部分组成：①苯环，连接发色基团和助色基团；②发色基团，能发色，但无助色基团时不能电离成盐类，水溶性小，与细胞的亲和力也差，不能牢固着色，易被除去；③助色基团，它使发色基团具有电离的性质，可成盐，能与细胞牢固结合而成牢固的颜色。如：三硝基苯呈黄色，但它不能电离，因而不能染色；而三硝基苯酚也呈黄色，但它可以电离，因而可用于染色。

按染料的来源可分为天然染料和人工染料。天然染料多从动植物体中提取，成分较复杂，如胭脂红、石蕊、苏木素等；人工染料多从煤焦油中提取，是苯的衍生物，为使它们易溶于水，通常制成盐类。

按照染料电离后所带电荷的性质可分为酸性染料、碱性染料和中性染料。酸性染料电离后染料离子带负电，可与碱性物质结合成盐，如伊红、刚果红、藻红、苯胺黑、苦味酸、酸性复红等；碱性染料电离后染料离子带正电，可与酸性物质结合成盐，如美蓝、结晶紫、碱性复红、孔雀绿、中性红、番红等；中性染料是酸性染料和碱性染料的复合物，也称复合染料，如伊红美蓝、基姆萨染料等。

此外，还有一些染料，如苏丹类，它们的化学亲和力低，不能与被染物成盐类，它的染色能力视其能否溶于被染物而定。这些染料不易溶于水，但溶于脂肪溶剂中。

（3）染色方法 细菌的染色方法如下：

简单染色法：指用一种染料对菌体着色的方法。它可以帮助观察菌体形态，但不能显示菌体结构、不能鉴别微生物。如细菌、酵母菌、霉菌的形态观察采用这种方法。

复染色法：指用两种或两种以上的染料对菌体着色的方法。它可以帮助鉴别一些微生物，也可观察某些菌体结构。如革兰氏染色、抗酸性染色。

结构染色法：指对于不同的结构，采用不同的染色方法。可以用来观察菌体的不同结构。如鞭毛染色法、荚膜染色法。

负染色法（又称衬托染色法）：指仅使被观察物的背景染上颜色，而被观察物本身并不着色的方法。如荚膜的负染色法。

染色结束后，应倾去染色液，小心用水洗涤，直至接近无染色液时为止。再经自然干燥或用吸水纸轻轻将表面水吸干，待镜检观察。

（4）无菌操作　在制片和染色中，我们常常提到无菌操作，它是指防止杂菌污染的操作过程，是制片和染色的关键。

整个操作过程在火焰旁进行，接种棒要在火焰上灼烧灭菌后才能挑菌，而涂片后要在火焰上灼烧除去残余菌后才能放下（见图2-28）。

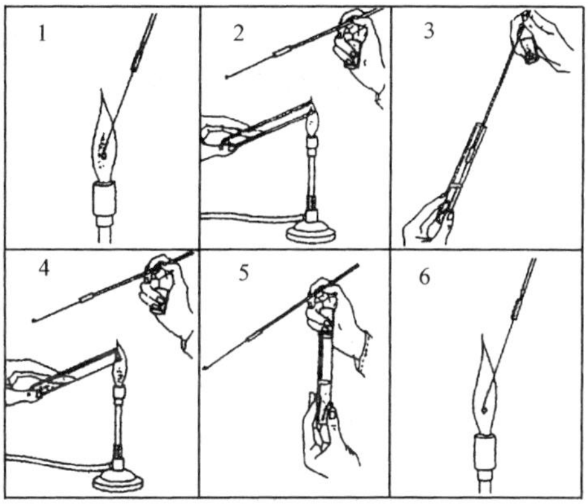

图2-28　无菌操作示意图
1—接种环在火焰上灼烧灭菌
2—烧红的接种环在空气中冷却，
同时打开装有培养物的试管，管口靠近火焰
3—用接种环沾取一环培养物
4—管口、管塞在火焰上灭菌　5—重新塞好试管
6—涂片或接种后，
接种环在火焰上灼烧杀灭残留的培养物

本章小结

可能造成餐饮食品污染，进入厨房的微生物有原核微生物、真核微生物和无细胞结构微生物。原核微生物的细胞直径细小，共同特点是细胞核的结构原始，细胞壁含独特的肽聚糖，细胞内无细胞器的分化。通常革兰氏染色法可把原核微生物分成革兰氏阳性菌和革兰氏阴性菌两大类，它们在结构、功能等方面均有差别。原核微生物细胞的共同结构有细胞壁（支原体例外）、细胞膜、细胞质、核区和各种内含物，部分种类的细胞壁还具有荚膜、鞭毛等特殊构造，少数细菌还可形成高度耐热的芽孢等休眠构造。

真核微生物的细胞直径较粗大，其特点为细胞核由核膜包裹，染色体由DNA和组蛋白组成，细胞内有多种功能专一的细胞器的分化。酵母多以单细胞形式出现，霉菌则呈丝状生长。多数形成各种类型的孢子。具有大型子实体的称为蕈菌，有食用蕈、药用蕈和毒蕈之分。

病毒是一类结构极其简单的细胞内寄生物，为无细胞结构微生物，但它具有确定的形态结构和生物学特性。其基本结构是核衣壳，壳体的基本对称形式是螺旋对称和二十面体对称，有的病毒核衣壳还有包膜。核酸是病毒的遗传物质，为RNA或DNA。病毒的繁殖以复制形式进行。病毒的复制循环包括吸附、侵入、脱壳、病毒大分子的合成和装配与释放等阶段。病毒感染宿主细胞，会给宿主细胞和机体带来种种不利的影响。包括卫星病毒、类病毒、朊病毒在内的亚病毒是一些比病毒更为简单的病毒因子，具有许多不同于病毒的特征。

《伯杰氏细菌鉴定手册》是目前进行细菌分类和鉴定的重要工具书，微生物的表型特征可作为判断亲缘关系的参考，对以实用为目的的分类鉴定和食品病原菌检验仍有重要价值。真菌的分类鉴定可参照 Ainsworth 真菌分类系统和 Loddy 酵母分类系统进行。

显微镜下微生物的大小与形态千差万别、丰富多彩，是区分不同类别微生物的重要依据之一。影响显微观察效果的因素除与显微镜的特性有关外，也取决于样品的制备和观察技术。

习　题

1. 细菌有哪些形态？
2. 细菌革兰氏染色的原理与结果如何？
3. 细菌的基本结构和特殊结构有哪些？概述其功能。
4. 怎样描述细菌的培养特征？
5. 与细菌相比，古生菌有哪些特点？有何用途？
6. 概述酵母细胞结构的构成。
7. 概述霉菌菌丝与孢子的类别。
8. 真菌孢子与细菌芽孢有哪些区别？
9. 大型真菌形态结构特点如何？
10. 病毒的特点有哪些？
11. 概述病毒的复制过程。
12. 微生物分类鉴定的指标有哪些？
13. 比较细菌、霉菌、酵母菌的分类系统及其特点。
14. 以普通光学显微镜为例，说明显微镜的基本构造。
15. 细菌染色法有哪些？
16. 名词解释：

原核微生物、真核微生物、无细胞结构微生物、菌落、菌丝、菌株、噬菌体、亚病毒、朊病毒、包涵体、无菌操作

第三章　厨房微生物的来源与分布

[学习目的] 了解微生物的自然来源，进入厨房的途径，对食品质量可能产生的影响；掌握各类烹饪原料中微生物菌群分布的规律以及对厨房微生物进行计数监测的基本原理和意义。

[主要内容] 厨房常见微生物的可能来源与主要生物学特性，烹饪原料中微生物菌群的分布及其成因，需要重点监测的微生物学指标及相关技术，餐饮食品中微生物的限量标准。

第一节　来自自然环境中的微生物

一、来自空气中的微生物

（一）空气中的微生物

一般情况下，空气中常存在的微生物有球菌、芽孢杆菌和真菌等。大风，特别是当一定环境中有患病者或带菌者存在时，某些病原微生物随尘土及病者咳嗽、痰、唾液及其他排泄物而进入空气，许多传染病就是通过空气而传染给健康人，如流感、白喉、结核杆菌等。

空气的成分和性质，如所含的氧、二氧化碳、温度、气压、气流、悬浮的灰尘和微生物等，不同地域差别很大，即使同一地区也是经常变化的。由于空气缺乏营养物质，加上阳光的照射，对于微生物的生存是不利的，尤其对病原微生物更为不利。但如果大量微生物随着人畜的排泄物通过尘土进入空气中，短时间内就可能有较多的种类和大量微生物存留在空气中。所以，空气中微生物的分布与灰尘的多少，以及地区高度、季节、温度、湿度的不同而有差异。春夏季气候湿热，微生物繁殖迅速，空气中的微生物比冬季多。秋季气候干燥而且多晴天，相对而言日光照射的时间长，杀灭了空气中的部分微生物。刮风时，由于灰尘流动，空气中微生物含量随之增加；而雨雪之后，微生物及灰尘随着雨雪沉降，微生物含量则大为减少。不同地区空气中的微生物含量如表 3-1 所示。

表 3-1　　不同地区空气中的微生物含量

地　　区	$1m^3$ 空气中所含菌数/个	地　　区	$1m^3$ 空气中所含菌数/个
宿　　舍	约 20 万	海洋上空	1～2
城市街道	约 5000	北极（北纬 73°）	1
市区公园	约 200	北极（北纬 80°）	0

空气中的微生物种类繁多，主要是霉菌类，霉菌的孢子能抵抗干燥和紫外线，所以空气中的霉菌孢子可以生存较长时间。其次是酵母，它也具有类似的抵抗力和生存力。此外，还有嗜氧性芽孢杆菌和各种细菌，如球菌、杆菌及八叠球菌等。在宿舍、畜舍和医院周围的空气中，常常有某些致病菌和病毒存在。

（二）空气中微生物的传播

空气中的微生物都是附着在细小的灰尘和飞沫小滴上，随着气流的飘动、飞扬传播于空气中。它们在空气中的悬浮状态、传播的范围大小及驻留时间，决定于它们附着的微粒或小滴的大小、气流的大小和空气中的温度、湿度等因素。

人、动物呼吸道喷射出来的飞沫，其内容物为唾液中的黏液素、蛋白质、盐类和微生物。微生物在小滴内得到蛋白质和黏液素的保护，因而，干燥及其他物理因素对它的影响不大，能够生存较长的时间。微粒或小滴越小越不易沉降、传播也越广，而且易深入人、畜的肺部，其传染性也就大。空气中的细菌学检验，一方面是测定 $1m^3$ 的细菌数，另一方面是检查空气受污染的标志菌——链球菌。

二、来自水中的微生物

水与人类的关系极为密切，水的质量好坏，是直接影响食品质量和人类健康的重要因素。

（一）水中的微生物

水也是微生物广泛分布的天然环境，不论是地面水或地下水，甚至雨水、雪水都含有大量的微生物。水中的微生物，一部分来源于土壤和人、畜生活用水污染，这是主要的来源。另一部分是和尘埃一起由空气落入水中。水和土壤密切接触，因此水中微生物的污染程度，常反映着土壤中微生物的含量和成分。当生活垃圾或工业废物污染水源时，水中微生物的数量和种类也就大大增加。

水中微生物的数量常因地区和生存条件而有显著的差异，在静水池中微生物的含量较多，流水中较少。池水和湖水中微生物的含量，决定于其有机物含量的多少，有机物越多，微生物的发育也越旺盛，生存的时间也越长。澄清的水中微生物数量必然比浑浊的水中少。污浊的水中每 1 mL 的杂菌数可达百万以上，而澄清的水中每 1 mL 只有几千或近百个微生物。即使同一池中，距岸边越近的含菌量多，池中心的含菌量少，而池底的污泥表面的含菌量最多，几乎可形成菌膜。

地下水中所含的微生物一般比地面水少得多，甚至无菌存在。因地下水经土壤过滤，大部分微生物被阻留在土层中，还由于地下水缺乏有机物质，微生物生长繁殖不良之故。但若含水层所在的深度较浅，或过滤不充分，仍可能有大量微生物存在。雨水和雪水中微生物的含量较少，尤其是空气新鲜的乡村和高山上的雨雪水则更少，每

1 mL 中可能只有几个；而由城市上空降落的雨水中，每 1mL 中可能含有几十至几百个细菌。

微生物能够在水中生存发育，主要因有机物存在，通过城市居民区和工业区的河流，汇集大量的有机物，又因居民区生活排污流入河中，其下游水中的含菌量常可比上游高数倍。

水中微生物的数量，还受各种理化因素的影响。阳光照射起着一定的作用，湖水表面的微生物较 5 ~20 cm 深的湖水的微生物少。水的温度也影响着微生物生长繁殖的速度，如夏秋季水中物质转化的生物活性最大，微生物的繁殖速度快，而冬季则缓慢。水中氧含量和氢离子浓度对微生物的生长繁殖是又一个重要因素。此外，水中的原有生物的存在，也影响着微生物的生存发育，例如，藻类和原生物以及水中土著微生物的存在都对外来微生物产生不利的影响。

（二）水中微生物的传播

由水污染传播的传染病，如伤寒、副伤寒、痢疾、霍乱、副霍乱、钩端螺旋体病、传染性肝炎等。这些疾病的发生和流行，都是由于病原体污染水源而引起的。“大灾之年必有大患”，说的是水灾时，粪水、河水混为一体，不洁水源导致疾病的大流行。可见饮水的消毒十分重要。

对饮用水和食品用水的水质基本卫生要求是对人、畜流行病学上安全，水中应不含有病原菌、病毒和寄生虫卵等，没有传染病的危险；毒理学上可靠，水中不含有生物毒性的物质，或有毒物质的浓度在近期或长期饮用时不会产生毒害作用；生理学上应有益无害等方面。

水中的病原菌，主要来源于人和动物的传染性排泄物、分泌物、血液和内脏，尤其是传染病医院、兽医院、屠宰场、皮毛加工厂等所排出的污水、废水、废渣流入水源，主要的病原微生物有：大肠杆菌、粪链球菌、沙门氏菌、志贺氏菌、霍乱弧菌、副霍乱弧菌、芽孢杆菌、变形杆菌、土拉杆菌、布氏杆菌、鼻疽杆菌、巴氏杆菌、猪丹毒杆菌、口蹄疫病毒和猪瘟病毒等。

各种微生物进入水源，可能暂存于水中。但由于水中其他腐物寄生菌的大量繁殖，结果少数的病原菌被数量庞大的腐生菌所压倒，或被噬菌体所毁灭，以致在水中只能生存较短的时间。病原微生物在水中生存时间的长短，与水的性质和种种理化和生物学因素有关。一般在净水中比在含杂菌多的污水中活得久些，天然水源的自净作用常可缩短病原菌的生存时间。少数病原微生物能够在水中生存相当长的时间，而成为人、畜传染病的疫源。

在实际工作中，常以检验水的细菌总数和大肠菌群来间接判断水质受到人、畜排泄物污染的情况。水的细菌总数越多，说明水源受污染越严重。但是水中细菌总数的增加，并不能直接说明是否有病原菌存在，因自然因素的变化，细菌总数的差异很大。但细菌总数大了可以肯定该水源受外来的污染是严重的。

当水源受到人类排泄物、生活污水或工业废水的污染时，水中微生物含量猛增。对水的微生物检验，特别是肠道致病菌的检验，对保证食品的卫生质量和控制人、畜传染病的传播具有重要的意义。

三、来自土壤的微生物

（一）土壤中的微生物

土壤是微生物的主要存在场所，它具有微生物生存所必需的条件，并经常将微生物传播于水和空气中。土壤中存在丰富的有机物和无机物，适当的水分和酸碱度，以及适宜的需氧或厌氧环境，供微生物生存繁殖，还可使微生物不受阳光直接照射。但不同类型的土壤结构、存在有机物和无机物的成分、含水量以及土壤的颜色、酸碱度、二氧化碳浓度等理化特性的差异，使土壤中微生物的种类和数量也不相同。而且常由于施肥、耕作方法、季节以及气候等因素而影响土壤中微生物的分布。

1 g 成熟肥沃的土壤中微生物的含量往往以亿计数。而荒地和沙漠地带的微生物数目则较少，但每 1 g 沙漠的沙土中也含有数以万计的微生物。土壤中微生物的分布，因土层的深度而有所不同。一般土壤表层的细菌含量不是最多，因为表层土壤易受阳光的直接照射，水分蒸发，微生物易死亡。在距表层 10 ~ 20 cm 深的土壤中微生物的含量最多，从 100 ~ 200 cm 深开始减少，但至几十米深的土壤中也仍有不同类型的微生物存在。不过土壤越深，细菌的种类和数量越少，原因在于有机物质被土壤滤过、吸收以及低温、缺氧和营养不足，限制了需氧菌的生长。土壤中的微生物种类繁多，包括有细菌、放线菌、真菌、螺旋体、噬菌体等。这些微生物群在土壤中相互间的关系，可表现为协同作用，也可表现为拮抗作用。各种微生物按一定顺序交替地参与土壤中有机物质的转化过程，不同阶段中，微生物的种类和数量也就发生了差异。土壤内有机物的分解，最初由非芽孢细菌进行，而后由芽孢菌完成。

在不同的季节里，土壤中微生物的含量有显著的改变。土壤中的细菌有两大类，一类为天然生活在土壤中的自养菌，另一类为随着生物排泄而侵入土壤的腐物寄生菌（包括一些致病性细菌）。

（二）土壤中微生物的传播

随着动物尸体、粪便、污水、垃圾等污物进入土壤的微生物，大多属于腐物寄生菌。粪便的污染使大量的大肠杆菌、肠球菌、各种芽孢杆菌、放线菌和真菌等散布于土壤中。病原菌也随着传染性物质进入土壤，并暂时存在于土壤的表层，也可能长期居留在土壤中（如猪丹毒杆菌）。但由于土壤中缺乏病原菌所需要的营养物质和合适的理化因素，更因土壤中常有噬菌体和土著微生物及其所产生的抗生物质等，致使病原菌在土壤中无法长期生存。但芽孢杆菌的抵抗力较强，常可生存较长时间，如炭疽杆菌的芽孢，可以保存在土壤中达数年至几十年；破伤风梭菌、气肿疽梭菌和肉毒梭菌等都能形成芽孢，都能在土壤中长时间生存。而无芽孢的病原菌生存时间均较短，从几小时到数月之久不等。

一般而言，微生物在低温比高温环境中生存时间长些，在潮湿的土壤中比在干燥的土壤中生存时间长 2 ~4 倍。如果土壤中保存着随微生物而来的营养物质（如粪便、痰、脓液），并有适宜的理化条件，又无抗生物质存在，则会有利于病原菌的生存。病原菌在土壤中若不立即死亡，就可能因此污染环境，造成疾病流行，还可能逐渐地适应新的环境，而引起变异，失去原有的致病力。在粪便施肥的熟耕地，以及厕坑、畜厩周围的土壤中细菌的污染程度最大。粪便中的厌氧芽孢杆菌以芽孢形态长期保存于土壤中，常可构成人类伤口感染的威胁；若粪便中有肠道病原菌或寄生虫卵，短期内常成为人类传染病的疫源。

炭疽杆菌随着感染炭疽杆菌动物的尸体和粪便污染牧场草原，造成地区性传染，可持续数十年，这对草食动物是极大威胁。被肠道病原菌污染的土壤，常通过水流和雨水的冲洗，污染水源和其他食品，如蔬菜、水果、肉及肉制品，可能引起肠道传染病的流行。

土壤细菌学检查的目的，在于测定细菌对土壤污染的性质和程度，为改善环境提供鉴定及评价。土壤往往是水的污染来源，所以对土壤的检查，对于供水水源的质量监督和保护均具有一定的意义。土壤的细菌学检查，主要有土壤中细菌数的测定，土壤中大肠菌群的测定，土壤中产气荚膜梭菌的测定。

四、来自动植物的微生物

人和动植物因生活在一定的自然环境中，体表就会受到周围环境中微生物的污染。健康的人体和动物的消化道、上呼吸道中均有一定种类的微生物存在。当人和动物有病原微生物寄生而造成病害时，患者体内就会有大量的病原微生物通过呼吸道和消化道排泄物向体外排出，其中少数菌是人畜共患病原微生物，如沙门氏菌、结核杆菌、布氏杆菌（*Bacterium burgeri*）。它们污染食品和饲料造成人畜共患病或食物中毒。有些菌可造成食品原料的污染，引起食品腐败变质。如水果上的酵母菌、乳酸菌和醋酸菌造成瓜果的腐烂。而且有些植物病原微生物的代谢产物具有毒性，引起食物中毒。

肉类组织致密，外包肌膜、皮肤，微生物只能从表面逐渐入侵（病畜则例外）；肉含糖比鱼高，肉中微生物首先利用的是糖，分解产酸形成酸性环境，能阻止微生物生长。

禽蛋有坚硬的壳，壳内面还有壳膜，是蛋防止外界微生物侵入的天然屏障；蛋白中有溶菌酶、白蛋白等抑菌杀菌物质；蛋的 pH 呈碱性到较强碱性，部分微生物不能耐酸；蛋微生物主要来源于母体及产蛋的环境。

奶类在食品中营养最完全，大多产品是液体，是微生物繁殖良好的培养基，奶传播性疾病爆发时有耳闻。奶中常有较多乳酸细菌以及杀菌物质、抗体，在奶泌出后短时间内，有一定抑菌杀菌能力。奶微生物与奶牛疾病或带菌有关，如牛乳房的葡萄球菌、链球菌、牛体内布氏杆菌、结核杆菌等。牛奶中碳水化合物主要是乳糖，有利于乳酸细菌生长，可以抑制致病菌，也可制备酸奶。

鱼贝水产虽与禽畜肉类均是动物性食品，但鱼有其自身特点。鱼的组织疏松，微生物易于在体内扩散；在解剖上鱼缺乏防御屏障和杀菌物质；鱼缺少碳水化合物，产酸少，不能起抑制微生物作用；鱼生活在水中，鱼微生物种群与水微生物相似。贝类生长于近岸的沿海地带，那里是污水出口处，病原微生物较多；贝类有特殊的富集微生物（主要是肠道细菌和病毒）功能，使它成为食源性疾病爆发的主要媒介。

和其他食品相比，粮食是比较干燥的。粮食中微生物最多的是细菌，但引起人疾病和粮食变质的主要是霉菌，因为细菌生长的水活性要求比霉菌高。粮食蛋白质含量比动物性食品低，脂肪很少，主要是碳水化合物。在碳水化合物中主要是淀粉，霉菌比细菌更能分解淀粉，这也是霉菌生长的原因之一。粮食从土壤中生长，粮食微生物与土壤微生物关系密切。

蔬菜、水果（果蔬）蛋白质及脂肪含量低，主要是碳水化合物、无机盐、微生物以及大量的水分。微生物生长的营养条件不如鱼肉等动物性食品；水果多呈酸性，除表皮外肠道致病菌无法存活；腌制或糖渍的制品渗透压高，细菌很难生长。因有这些特性，在果蔬中能滋长的微生物主要是能耐酸、耐高渗的霉菌和酵母。

五、微生物各生存环境之间的联系

微生物各生存环境之间并非是孤立存在的。在空间上相互重叠或接壤，这使各环境中微生物能够互相渗透、相互作用，不同生存环境间不但含有特有的种群，而且存在着共同的微生物丛。

水与土壤相邻，水中细菌很多也是土壤细菌，反之，水渗透到土壤，经土壤颗粒的过滤后，土壤中也滞留着水细菌。

在水面上水与空气接壤，使两者中微生物得以相互交流，空气中含微生物颗粒沉降到水面，水中微生物可形成气溶胶进入大气。在有陆地的地方空气与土壤交界，土壤微生物随尘土飘扬甚至进入高达 2 万米的上空。

食品加工时多需大量用水，故水是食品微生物的一个来源；加热处理后罐头如果封口不严，冷却水吸入后罐头也可被需氧的、不耐热的微生物侵入；豆腐、饮料生产中水是主要原料，水质好坏直接影响产品质量。

食品在加工、运输、贮存、销售过程中，如包装不良，经常暴露于空气中，易被空气中微生物污染。

以农产品为原料的食品，其中微生物受种植场地土壤微生物的影响。

由此可见，食品与水、空气、土壤都有联系，从这些联系中去研究餐饮食品中的微生物及其与烹饪加工的关系，才能揭示微生物与食物的相互作用规律。

第二节　微生物进入厨房的途径

一、由带菌原料进入厨房

（一）由土壤和水污染的原料进入厨房

由于风的作用，土壤微生物会进入空气中，下雨时再进入水体中。当雨水流入土壤时，土壤微生物也会进入水体中。水中的微生物可通过云的形成藉着下雨落下来再进入土壤中。这样往复的循环使得水和土壤中的微生物在很大程度上是相同的。但是有些水中微生物在土壤中无法存留，尤其是那些水生海洋微生物。需要在海水中生长的水生微生物，它在土壤中无法存留下来。海水中的微生物群主要是革兰氏阴性菌，其中存在的革兰氏阳性菌也只是暂居微生物。土壤、水中的微生物可通过植物性原料、食品生产用水、水产动物以及牧草等途径直接或间接地污染食品。

（二）由空气和尘埃污染的原料进入厨房

大多数的微生物有时能够在食品加工的空气和尘埃中找到，但是可以存留下来的微生物主要是革兰氏阳性菌。在空气和尘埃中还有许多霉菌和一些酵母。一般来讲，空气和尘埃中的微生物的类型是可以经常存在于环境中的微生物，尘埃是微生物主要的来源。厨房保持清洁及湿式作业、食品容器加盖、食品包装与气调加工等，都可减少污染。

（三）由人畜粪肥污染的原料进入厨房

当使用粪肥灌溉作物或当使用受污染的水冲洗食品原料时，肠道微生物就变成水源微生物。肠道微生物菌群包括沙门氏菌等病原菌会沾污到植物上，它们与水、土壤中的微生物一样，污染植物类食品原料。但是只有很少的微生物适合在植物环境中存在。能存留在植物产品中的微生物之所以能够在植物上生存，是由于它们具有能够附着在植物表面不易被洗去的特点，并获得所需的营养。通常污染植物的细菌有肠道菌群以及棒杆菌、短小杆菌、假单胞菌、黄单胞菌等属的植物病原性细菌以及几个霉菌属的植物病原性真菌。

烹饪加工前，不论是动物性原料或植物性原料，都已不同程度地被微生物所污染，由于运输贮藏等原因，常造成食品污染机会的增多，这样就引起了原料中微生物不断增多的现象。尽管有些微生物污染食品后，因环境不适应而死亡，但从所存微生物总数来看，一般不见减少而只有增多。这种微生物增长的现象，特别在一些新鲜的鱼肉类和果蔬类原料中可以明显地反映出来，即使食品原料在加工前的运输和贮藏等过程中曾实施了有力的卫生措施，防止了污染，但早在原料产地已被污染而存在的微生物，如果不经过一定的灭菌处理，是不会自行消失的。

二、由带菌的其他媒介物进入厨房

（一）由病媒生物带入厨房

食品制造储藏的场所正是鼠、蝇、蟑螂等一些小动物经常出没的场所，这些动物体表及消化道均带有大量的微生物，它们也是微生物的传播者。鼠类常是沙门氏菌的携带者，食品被沙门氏菌污染，常同鼠类与食品接触有关。

（二）通过食品容器、运输工具带入厨房

应用于食品的一切用具，如原料的盛装容器、搬运工具、生产加工设备，在未消毒或灭菌前总是带有不同数量的微生物，都有可能成为媒介，使微生物污染食品，遇到包装物品的更换和运输环节的变动就会造成更多的污染。特别是搬运易腐败食品的运输工具和容器，如果用过后未经彻底清洗和消毒而连续使用，就会使工具和容器中残留较多数量的微生物，从而污染以后盛装的食品。食品在加工过程中，通过未经高温的设备越多，造成污染的机会也越多。

（三）由员工带入厨房

烹饪人员的手上及外衣上的微生物常来自土壤、水、尘埃、接触的生食品和其他环境。加工人员的鼻孔、口腔、皮肤及肠道微生物可能会通过不规范的操作进入厨房食品中。

三、由厨房用具引起交叉污染

（一）交叉污染的概念

所谓交叉污染，是指微生物从一种污染源（通常是生的原料）转移到另一种未受污染的食物上（通常指烹煮过的食物）。如果这种食物适合细菌生长，并在温暖的室内放置一段时间，那么转移到食物上的少数细菌将会大量地繁殖起来，最后吃下食物时就会发生食物中毒。

（二）引起交叉污染的原因

引起交叉污染的原因有以下几点：

①加工两种不同食物使用同一块菜板、相同的工作台和其他厨房用具，两次加工之间未把用具彻底洗净。

②由于所用的切菜刀或其他器具每次用完后未彻底洗净。

③制作不同的食品时，每制作一种食品后，操作人员的手未洗净，或者在接触某一细菌源（如鼻、嘴、头发、污染了的炊具或玩赏动物）之后未洗手。

④食物在冰箱中放错了位置。例如，生肉必须放在烹煮过的食物下面，以防止生肉上

的血（常含有病原菌）滴在烹煮过的食物上。

（三）厨房里微生物交叉污染事故的发生

1. 由厨房机械设备引发交叉污染

在繁忙的厨房工作中，一个厨师正在做肝馅饼。他先绞生肝，并打算将馅饼制好放进烘箱里之后再去清洗绞肉机。但是，在第一个厨师制作馅饼时，第二个厨师又来使用绞肉机，绞一些腌牛肉准备做炸肉卷。就这样，生肝上的一些细菌就转移到腌牛肉上。

所有厨房用具使用后立即彻底清洗干净，才能继续使用。

2. 由切配用具引发交叉污染

一位厨师在为孩子们野餐制作夹心面包时，他刚为烤盘切好生肉，匆忙中很快地随手擦擦刀，又继续用它来切一些火腿片。生肉上的血迹留在刀上，在用同一把刀切熟火腿片时，一些病原菌就转移到火腿片上。这些火腿片随后被用来做夹心面包。

在切菜刀切过生肉之后需用去垢剂擦洗，并在热水中冲洗，擦干后再去切熟肉。

3. 由人员操作引发交叉污染

如一位厨师患了重感冒，但他没有告诉领导，像平常一样继续制作甜点心。在给蛋糕浇奶油时，这位厨师要打喷嚏。他自然地避开食品转过脸去，将喷嚏打在手帕里，但他没有洗手，就又继续做他的工作。这样少数细菌就从手帕转移到他的手上，继而又转移到奶油蛋糕上。将蛋糕装上轻便的小车送到餐厅，其中多数蛋糕很快被吃完了，但剩下两份被放在温暖的餐厅里经过数小时。傍晚吃蛋糕的那些人没有发生食物中毒，但等到最后那两份蛋糕被吃下去时细菌数量已增加到足以发生疾病了。

打喷嚏时接触过手帕的手必须洗干净。最好的办法是使用纸手帕，一次用完后即扔掉。

4. 由冰箱引发交叉污染

将生肉放在冰箱的上格，未覆盖的烤鸡放在下格。生肉上的血滴落在下格未覆盖的烤鸡上。血滴中的一些病原菌就这样转移到烤鸡上，但冰箱中的病原菌还不能繁殖，在烤鸡被移至温暖的房间以前，细菌只是保持休眠状态。人们以为吃下这种烤鸡是安全的，因为它是煮熟后经快速冷冻再放进冰箱的。其实从生肉转移到烤鸡上的少量细菌是看不见的。

必须使用不同的冰箱分别存放生食物和熟食物，或者在同一冰箱里生肉块放在底格，熟鸡放在顶格。

第三节　厨房微生物对食品质量的影响

微生物进入厨房、污染食品后，在适宜的温度、湿度和营养满足的条件下，迅速生长繁殖，其引起食品质量的变化包括食品腐败变质、毒物污染等。食品发生腐败变质后不仅使新鲜度下降，食物的营养成分转化成微生物的代谢产物，对人体显示毒性作用，如感官上严重变质、发臭、发黏，则完全失去食用价值，进一步引发购物成本的额外增加，影响经济效益和企业生产经营的正常开展。毒物污染包括细菌毒素、真菌毒素和病原菌污染等。食用带毒食物对人体健康和人身安全可造成严重危害，或者引发重大食物中毒事故。一些感染疫病及带菌、带毒的动植物一旦混入厨房，加工成产品，会引发重大食源性疾患。食用被污染的食品还可能引发严重的传染病爆发与流行，造成食品安全问题。

一、厨房细菌对食品质量的影响

食品中常见的细菌见表3-2。

表3-2 食品中常见的细菌

类型	属名	食品安全问题
革兰氏阴性螺形菌或弯曲菌	弯杆菌属（*Campylobacter*）	食物中毒
	假单胞菌属（*Pseudomonas*）	食品腐败
	盐杆菌属（*Halobacterium*）	高盐咸鱼腐败，产生特殊的红色或粉红色色素
	醋杆菌属（*Acetobacter*）	酒精性饮料变酸
	产碱杆菌属（*Alcaligenes*）	蛋、奶的腐败
	布氏杆菌属（*Brucella*）	人畜（牛、羊）共患传染病
革兰氏阴性需氧杆菌及球菌	沙门氏菌属（*Salmonella*）	食物中毒、食源性传染病
	志贺氏菌属（*Shigella*）	食物中毒、食源性传染病
	耶尔森氏菌属（*Yersinia*）	小肠结肠炎耶尔森氏菌引起食物中毒，鼠疫耶尔森氏菌引起人、啮齿动物传染病
	沙雷氏菌属（*Seratia*）	食品腐败、黏质沙雷氏菌产生特异性红色色素
	变形杆菌属（*Proteus*）	生肉、蛋腐败，食物中毒
	欧文氏菌属（*Erwinia*）	蔬菜腐烂
	埃希氏菌属（*Escherichia*）	粪便中大量存在，少数引起食物中毒
	黄杆菌属（*Flavobacterium*）	牛奶腐败
	弧菌属（*Vibrio*）	食品腐败、食物中毒、传染病
	气单胞菌属（*Aeromonas*）	水生动物病原、食物中毒

可见，能够引起食品腐败的微生物种类较多，而引起食物中毒的微生物种类相对较少。

（一）引起食品腐败的细菌

1. 革兰氏阴性，可产生过氧化氢酶、氧化酶的杆菌

包括假单胞菌属、产碱杆菌属、莫拉氏菌属、醋酸杆菌属、葡萄糖酸杆菌。这类菌生

长很快，且需氧，它们在有氧条件下，低温或者室温下可引起肉、鱼、家禽、蛋及其他富含蛋白质的食品腐败变质。这类菌包括一些嗜冷菌，其中有些菌可在低于0℃的条件下缓慢生长，营养要求较低，并且可分解很多有机化合物。除个别菌种外，它们对外界恶劣的自然条件的抵抗力较低。如低水分活性（晒干的肉）或低 pH（醋腌过的鱼），均可抑制它们的生长。

（1）假单胞菌属　广泛分布在土壤、水域和各种动植物体表，为革兰氏阴性菌、无芽孢、好氧性、端生单鞭毛、能运动或不能运动的杆菌。大部分菌种能在不含维生素、氨基酸的培养基上很好地生长。有些种能产生不溶性的荧光色素和绿脓菌青素、绿菌素等蓝、红、黄橙、绿的色素。本属菌具有分解蛋白质的能力，但能水解淀粉的菌株较少。本属菌是使鱼、肉、肉制品、牛奶、禽蛋、蔬菜及其食品腐败的最重要细菌之一，它们污染食品后，如环境适宜，能在食品表面迅速生长，产生色素和黏液等，致使食物变色、变味，引起食物变质，特别是在低温、好气条件下，能引起冷藏食品的腐败。假单胞菌形成了新鲜食品中最大的细菌属，它们几乎对各种防腐剂都有较强的抵抗力。假单胞菌的主要菌种有：荧光假单胞菌（*Ps. fluorescens*）、腐败假单胞菌（*Ps. putrefaciens*）、卵状假单胞菌（*Ps. ovalis*）、铜绿假单胞菌（*Ps. aeruginosa*）、粪黄假单胞菌（*Ps. synxantha*）。许多假单胞菌还可引起植物病害。

（2）产碱杆菌属　为革兰氏阴性杆菌。这属细菌不能分解糖类产酸，能产生黄色或棕黄色的色素，分布极广，存在于水、土壤、饲料和人畜的肠道内，以及自然界各种腐烂物质中。能引起乳品及其他动物性食品腐败，产生黏性物质。能在培养基上产碱（特别是在石蕊乳中）。

（3）莫拉氏菌　这些革兰氏阴性短杆菌有时也被划入不动杆菌属，它们与后者之间的区别在于对青霉素的敏感性，氧化酶阳性。也有人将不动杆菌与莫拉氏菌属中的非运动性革兰氏阴性杆菌分离建立交联单胞菌（*psychrobacter*），其特点是葡萄糖发酵过程中不产酸，它们通常存在于肉类、家禽、鱼类或水体中。

（4）醋杆菌属　多数为水果、果汁、酿造食品的腐败菌，如醋化醋杆菌（*A. aceti*）、弱氧化醋杆菌（*A. suboxydans*）。

（5）葡萄糖酸杆菌属　这类菌可产生雾气及把软饮料中的葡萄糖氧化成葡萄糖酸。

2. 革兰氏阴性，可产生过氧化氢酶，不产生氧化酶的杆菌

这一类可发酵的微生物包括肠道菌群，除能污染一些天然的富含蛋白质的食品外，还有一些如着色性欧文氏菌等，可引起植物病害，如软腐病、枯萎病、坏死病等。同时它们还能在较低温度下生长。这类微生物对食品保存的传统处理方法没有太大的抵抗力。

（1）欧文氏菌属　一些着色性欧文氏菌可引起植物病害，如软腐病、枯萎病、坏死病等，及引起细菌性腐败，但不产酒精。

（2）埃希氏菌属　该属是目前细菌中研究最为广泛的属，部分菌株能引起由食物传染的肠胃炎。大多数在天然的含高蛋白的食物中生长。

（3）柠檬酸菌属　这些肠道细菌进行缓慢的乳糖发酵，所有菌株都能够利用柠檬酸盐作为惟一碳源生长。费氏柠檬酸杆菌是其中与食品关系最密切的菌株，它与其他菌株不同，通常存在于蔬菜或新鲜的肉上。

（4）变形杆菌属　细菌体形态常不规则，使菌体显示多形性。广泛分布于动物肠道、土壤、水域和食品中。有些菌种如普通变形杆菌（*P. vulgaris*），分解蛋白质能力很强，是食品的腐败菌，并能引起食物中毒。

（5）黄杆菌属　是长杆菌，无芽孢，广泛分布于海水、淡水、土壤、鱼、蔬菜、牛奶中，对碳水化合物的作用较弱。其中许多菌种耐低温，本菌属能产生脂溶性而难溶于水的各种色素，如黄、橙、红色，可引起乳、鱼、禽、蛋等多种食品的腐败。

（6）哈夫尼菌（*Hafnia*）　这类革兰氏阴性肠道杆菌在冷冻肉制品以及蔬菜制品的腐败中起着十分重要的作用。蜂房哈夫尼菌是该属中惟一与食品有关的菌株，能运动，对赖氨酸与鸟氨酸敏感。

3. 革兰氏阳性，可产生过氧化氢酶，不形成芽孢的杆菌

这类代表菌种为棒状杆菌，具有多形性，表现为颗粒状和棒状，多为嗜温菌，通常寄生于人和动物的皮肤上。但有些属于嗜冷菌，多寄生于植物中。因此此菌常污染蔬菜和其他食物。由于对某些防腐剂如亚硫酸盐等具有相对的耐受能力，因此常成为某些食物腐败菌丛中的优势菌。该类菌具有耐 CO_2 的能力，可在低氧、真空包装、冷藏的肉类中生长。

4. 革兰氏阳性，可产生过氧化氢酶的球菌

由于革兰氏阳性的球菌很多寄生于动物的皮肤上，因此它们的分布非常广泛。需氧的微球菌属、葡萄球菌属常存在于肉制品、奶制品中。在真空包装中，某些微球菌可被控制。但在较高的温度下，可促进某些葡萄球菌的生长。有些菌种有很强的耐热能力，可在经巴氏消毒的奶中存活。

（1）微球菌属（*Micrococcus*）　细菌呈球状，单生、双生或多次分裂，分裂面无规律，形成不规则簇形、四叠或立体形，好氧、不运动，在食品中常见，是食品腐败细菌。某些菌株能产生粉红色、橘红色或红色色素，感染这些菌后，会使食品发生变色。微球菌属具有较高的耐盐性和耐热性。有些菌种适于在低温环境中生长，引起冷藏食品腐败变质，以嗜冷菌著称。

（2）葡萄球菌属（*Staphylococcus*）　细菌呈球形、单生、双生或呈葡萄串状，不运动，兼性厌氧。本属菌广泛分布于自然界，如空气、土壤、水域及食品中，也经常存在于人和动物的皮肤上。某些菌种是引起人畜皮肤感染或食物中毒的潜在病原菌。如人和动物的皮肤或黏膜损伤后而感染金黄色葡萄球菌，可引起化脓性炎症；食物被该菌污染，人误

食后可引起毒素型食物中毒。

5. 革兰氏阳性，不产生过氧化氢酶，不形成芽孢的杆菌或球菌

乳酸菌这个名词是指一群细菌而言，它包括：乳杆菌属、球菌属和明串珠菌属等。它们都有使乳糖发酵形成乳酸的能力，可使食物腐败，继而变酸或同时产气。该菌广泛存在，特别是存在于易发酵的天然物质如牛奶、水果汁、蔬菜中。它们常常可以在革兰氏阴性菌群被抑制的食物上繁殖。此类菌与其他的腐败菌相比对低 pH 有更强的耐受力，有一些甚至可在 pH 3.6 的条件下繁殖。一些足球菌属有较强的耐盐性。乳酸菌在许多食物中的繁殖通常不会引起食物的不愉快的感官变化，它的繁殖可以指示食物的贮存条件不当，特别是食物在较高温度下存放时间过长。由于它的繁殖，使食品 pH 下降，又抑制了许多有危害的微生物的生长。

（1）乳杆菌属（*Lactobacillus*） 本属菌为革兰氏阳性、不产色素的长杆菌，有时呈短的球状杆状，链状排列，不运动，厌氧或兼性厌氧，能发酵糖类，产生乳酸。在 pH3.3～4.5 条件下，仍能生存。常见于乳制品、腌制品、饲料、水果及土壤中。常用于生产乳酸及乳酸发酵食品，如泡菜、酸奶等。某些乳酸菌如嗜酸性乳杆菌、保加利亚乳杆菌，还常用于发酵饮料。

（2）链球菌属（*Streptococcus*） 本菌呈球形或卵圆形，直径为 0.5～1 μm，呈短链或长链状排列，无鞭毛，不能运动的兼性厌氧菌，广泛分布于水域、尘埃以及人、畜粪便与人的鼻咽部。有的是人、动物的病原菌，也是乳、乳制品和肉食中常见的污染菌。乳链球菌用于乳制品发酵。粪链球菌（*S. faecalis*）的数量常被作为粪便污染的指标。

（3）明串珠菌属（*Leuconostoc*） 该菌属的菌体呈球形或卵圆形，在某些条件下，如在酸性果实和蔬菜中，其细胞可伸长而变成尖形，甚至拉长成杆状体。菌体排列呈链状，常存在于水果、蔬菜中。

乳酸菌作为食品细菌的作用有两方面，一方面是有益的，可利用该菌制造乳酪、酸牛奶、发酵奶油以及进行蔬菜、果实的酸发酵等。另一方面，它又是引起食品腐败的最重要的菌群之一。乳酸菌适应性广，能在 0℃ 左右低温、45℃ 高温、10% 高浓度食盐溶液以及 pH 为 4.0 左右的条件下生长，并且有或无氧存在都可以生长。对大多数食品防腐剂有强的抵抗性。因其在食品保存方面有难以控制的性质，故作为腐败细菌具有特别重要的意义。乳酸菌适于乳中生长，引起乳和奶油酸败，又能在肉、香肠、火腿等肉制品上良好生长，引起异臭，特别是真空包装肉制品腐败的主导菌，同时也是引起蔬菜腐败的原因。明串珠菌的某些菌种能在含高浓度糖的食品中生长，引起糖浆、冰淇淋配料等酸败。

（4）漫游球菌（*Vagococcus*） 该属菌能够依靠周生鞭毛运动，革兰氏阳性，过氧化氢酶阴性，能够在 10℃ 下生长，但不能在 45℃ 生长。能在 4.5% NaCl 的溶液中生长，但不能在 6% NaCl 溶液中生长，不能在 pH 9.6 下生长。该属至少有一个菌株产生 H_2S，通常

存在于鱼类、粪便、水或食物中。

(5) 片球菌属 (*Pediococcus*)　这些异型发酵的球菌属于乳酸菌，成对或四叠状排列。其中乳酸片球菌是其原始菌株，因能引起50多岁男性的白血病而引起重视。

(6) 肉杆菌 (*L. carnis*)　意即新鲜肉类上的细菌，曾归入乳酸杆菌属，绝大多数在0~45℃生长，有些能够发酵葡萄糖产气。它们与乳酸杆菌的区别在于不能在醋酸盐培养基上生长。在代谢过程中能够合成油酸。通常存在于真空包装肉、鱼或禽制品中。

6. 革兰氏阳性，可产生过氧化氢酶，可形成芽孢的杆菌

此类杆菌包括嗜冷菌、嗜常温菌和嗜热菌，计48种。大多数生活在土壤中，因此易污染食品。可形成芽孢，分别抵抗低温、常温和高温。这类菌包括一些严格的需氧菌，但也有兼性厌氧菌。因此它们在各种包装的食品中均可生长。它们具有形成芽孢的能力，因此在加热、煮沸及巴氏消毒的食品中也可存活。它们在pH 4.0以上的经热处理的食品中经常出现。在食品中，芽孢杆菌属 (*Bacillus*) 可分为四群：

(1) 第一群芽孢杆菌　在自然界中分布最广也是食品中常见的菌类，特别是含淀粉食品的重要腐败菌。在食品表面繁殖、产生黏液，多数情况下产生褐色素。本属群包括枯草芽孢杆菌、蜡样芽孢杆菌、巨大芽孢杆菌等，其中以枯草芽孢杆菌分布最广。

(2) 第二群芽孢杆菌　包括芽孢膨大的菌种，第二群虽比第一群分布窄，但在食品中容易见到。本属群包括环状芽孢杆菌 (*B. circulans*)、凝结芽孢杆菌 (*B. coagulans*) 和嗜热脂肪芽孢杆菌 (*B. stearothermophilis*) 等三种菌，能在高温中繁殖，其芽孢具有很强的耐热性，因而是罐装、瓶装食品和包装加热食品重要的腐败细菌。

(3) 第三群芽孢杆菌　包括多黏芽孢杆菌 (*B. polymyxa*)、软化芽孢杆菌 (*B. macerans*)，能分解糖，产生气体，常导致瓶装食品、香肠等发生伴随产气的腐败。

(4) 第四群芽孢杆菌　芽孢较大、球形、端生。在自然界分布不广。但泛酸芽孢杆菌 (*B. pantothenticus*)、球形芽孢杆菌 (*B. sphaericus*) 会造成鱼、肉、香肠呈斑点状腐败。

7. 革兰氏阳性，不产生过氧化氢酶，可形成芽孢的杆菌

为严格厌氧的梭状芽孢杆菌属，由90多种杆菌组成，包括耐热菌、嗜常温菌和嗜冷菌。大多数的梭状芽孢杆菌有较高的分解蛋白质能力，因此可使食品彻底腐败，还能引起经高温处理的食品的腐败。

梭状芽孢杆菌属 (*Clostridium*)：是专性厌氧菌。芽孢膨大，有的位于中央，使菌体呈梭状；有的在一端，使菌体呈鼓槌状。本菌属原栖息地为土壤。肉毒梭菌 (*Cl. botulinum*) 和产气荚膜梭菌 (*Cl. perfringens*) 是使食物中毒的细菌，毒性极大。肉毒梭菌产生的肉毒毒素，只要30 g，就能使全世界50亿人中毒死亡。

梭状芽孢杆菌属的腐败细菌，在高温、低氧化还原电位环境下，给予充足的营养就能迅速繁殖。其腐败活性极高，能大量产生丁酸、丁醇、丙酮等恶臭产物，造成罐装食品腐

败。其中酪丁酸梭菌（*Cl. tyrobutyricum*）使牛乳腐败；生孢梭菌（*Cl. sporogenes*）、腐败梭菌（*Cl. putrificum*）使肉类腐败；丁酸梭菌（*Cl. butytyticum*）使酱菜腐败。

（二）引起食物中毒的细菌

尽管在过去的几十年中，食品质量控制、卫生标准制定等都有了很大的发展与进步，但是食物中毒在世界各地仍普遍存在。可引起食物中毒的微生物类型并不是很多，它们包括可感染的细菌和可产毒的细菌（见表3-3）。

表3-3　主要的可导致食物中毒的微生物

生长温度	热抵抗力	
	低	高
	生长菌体	芽孢
低	单核细胞增多性李斯特氏菌（INF） 结肠耶尔森氏菌（INF） 副溶血性弧菌（INF） 沙门氏菌属（INF）	肉毒梭状芽孢杆菌E型和非蛋白水解B型（Tox） 蜡样芽孢杆菌（Tox） 枯草芽孢杆菌（Tox）
中	大肠杆菌肠致病株（INF） 金黄色葡萄球菌（Tox）	产气荚膜梭状芽孢杆菌（INF） 肉毒梭状芽孢杆菌A型和非蛋白水解B型（Tox）
高	空肠弯曲菌与结肠弯曲菌（INF）	—

注：INF——通过感染而引起食物中毒的微生物。
Tox——通过所产生的毒素而引起中毒的微生物。

还有一些比较少见的可引起食物中毒的菌种，包括志贺氏菌属、肠球菌属、绿脓杆菌等。

（1）沙门氏菌属（*Salmonella*）　有大约2000个不同的血清型，它们的危害各不相同，但都有引起人感染的能力。一些菌株有致死性。大多数源于家禽等动物性食物。为革兰氏阴性、无芽孢的杆菌，对目前的传统食品处理工艺，它的抵抗力并不很强，在适宜温度下可在非酸性且高水分的食品中生长。

（2）空肠弯曲菌（*Campylobacter*）　常常寄生于各种动物的肠道中，经常污染肉、禽类食物及未经消毒的奶类食物。它可以生长的最低温度较高，约为30℃，为需氧菌，对外界环境因素如氧分压、干燥、寒冷等相对敏感。它的感染剂量相当低，大约只有上百个菌体即可。

（3）李斯特氏菌（*Listeria*）　该属中一些种是羊、牛脑炎、流产的致病菌。单核细胞增多性李斯特氏菌污染未经消毒的牛奶、软干酪引起食物中毒，对人体免疫系统和孕妇有较高的毒性。该菌可在0℃左右生长，存在于某些冷冻贮存食品中。

（4）耶尔森氏菌（*Yersinia*）　该菌可感染儿童发生类似阑尾炎的症状。该菌引起的食物中毒大多与巧克力奶、巴氏消毒后的奶以及饮用未经消毒的泉水有关。耶尔森氏菌耐低温，在接近0℃条件下有较慢的增殖能力。

(5) 弧菌 (*Vibrio*)　副溶血性弧菌对盐耐受力较强，可在海鱼及鱼制品中生长，生食海产品易引起中毒。一些弧菌污染饮水可引起霍乱、副霍乱疫病流行。

(6) 大肠杆菌 (*Escherichia*)　近年由致病性大肠杆菌引起的食物中毒受到全球的重视。出血型大肠杆菌，特别是 O_{157} : H_7 血清型会引起严重的出血性结肠炎，并有尿毒症、肾衰等并发症。

(7) 金黄色葡萄球菌 (*Staphylococcus aureus*)　通常情况下可在正常人或动物的鼻腔、咽喉和皮肤上生长，因而它污染食品的范围很广泛。产生的肠毒素中A型肠毒素毒性最强，也是引起食物中毒最常见的毒素类型，具耐热性，在已充分加热的食物中仍可存活。在低水分活性条件下它们可良好地生长。但在高盐食品中，其生长受到抑制。

(8) 肉毒梭菌 (*Clostridium botulinum*)　为严格厌氧菌，广泛分布于土壤、海水、干燥的泥土、粪便、腐烂的蔬菜中。食物中存有A、B、E、F型肉毒毒素时，可引起人的肉毒中毒。一些菌株可分解蛋白质引起腐败变质，另一些不分解蛋白质的菌株具嗜冷性，可在3 ~ 4℃的低温下生长。除加热外，pH、亚硝酸盐也是决定食品中肉毒梭菌能否生存的重要条件。

(9) 产气荚膜梭菌 (*Clostridium prefringens*)　其芽孢在自然界中广泛存在，特别是在土壤、人和动物的肠道和粪便中都有分布，可污染的食品和原料种类很多，特别见于一些禽肉类食品。根据细菌外毒素类型可分5个类型 (A ~ E型)，在食物中毒中A型菌最常出现。

(10) 枯草芽孢杆菌 (*Bacillus cereus*)　广泛分布于土壤和垃圾中，通常情况下许多食物都带有少量此菌。某些食品如调味品、稻米、牛奶中带有较多的枯草杆菌。过去长期认为枯草杆菌为非致病菌，但现在认为有两种不同类型的食物中毒可由枯草杆菌引起，因为该菌可产生两种不同的肠毒素，即引起呕吐和腹泻反应的毒素。中毒食品多见于缓慢冷却的蒸煮食品或长期贮存的熟食品。

二、厨房常见真菌对食品质量的影响

（一）与食品质量有关的霉菌

常见与食品质量有关的霉菌除了引起食品霉变外，有些能产生霉菌毒素，在食品中造成残留，可对食品安全带来严重危害。与食品质量有关的霉菌包括接合菌亚门 (Zygomycotina) 接合菌纲 (Zygomycetes) 毛菌目 (Mucorales) 的毛霉属、根霉属，子囊菌亚门 (Ascomycotina) 不整囊菌纲 (Plectomycetes) 散囊菌目 (Eurotiales) 的曲霉菌属、青霉菌属、红曲菌属，核菌纲 (Pyrenomycetes) 球壳菌目 (Sphaeriales) 的脉孢菌属、毛壳菌属、麦角菌属，肉座菌目 (Hypocreales) 的赤霉菌属，半知菌亚门 (Deuteromycotina) 丝孢纲

（Hyphomycetes）丝孢目（Hyphomycetales）的木霉属、头孢霉属、白僵菌属、地霉属、链格孢属、枝孢属、轮枝孢属等，以及瘤座孢目（Tuberculariales）的镰刀菌属。

（1）毛霉属（*Mucor*） 毛霉生长迅速，产生发达的菌丝。菌丝一般为白色，不具隔膜，不产生假根，是单细胞真菌，以孢囊孢子进行无性繁殖，孢子囊黑色或褐色，表面光滑（见图3-1）。菌落呈灰白色或带褐色，呈疏松的棉絮状。有性繁殖则产生接合孢子。毛霉在自然界分布广泛，空气中也有很多它的孢子。一些毛霉常在果实、果酱、蔬菜、糕点、乳制品和肉类上生长引起霉变。常见的毛霉有：大毛霉（*M. mucedo*）、总状毛霉（*M. cracemosus*）、鲁氏毛霉（*M. rouxianus*）等。毛霉中也有一些有益菌种。

（2）根霉属（*Rhizopus*） 根霉与毛霉的很多特征相似，主要区别在于，根霉有假根和匍匐菌丝（见图3-2）。根霉气生性强，大部分菌丝匍匐生长在营养基质的表面，这种气生菌丝称为匍匐菌丝。匍匐菌丝生节，从节向下分枝，形成假根状的基内菌丝，称为假根。假根起着固定和吸收养料的作用。这是根霉的重要特征。根霉菌丝体白色、无隔膜，单细胞，在培养基上交织成疏松的絮状菌落，生长迅速，可蔓延覆盖整个表面。根霉有性繁殖产生接合孢子。根霉广泛分布于自然界，如黑根霉（*R. nigricans*），常引起谷物、瓜果、蔬菜类食品的腐败。也有一些有益菌株，如华根霉（*R. chinensis*）是制作酒曲和酒药的菌株。

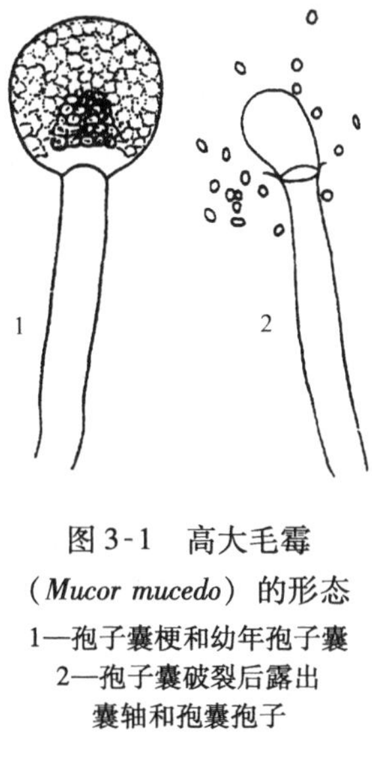

图3-1 高大毛霉（*Mucor mucedo*）的形态

1—孢子囊梗和幼年孢子囊
2—孢子囊破裂后露出囊轴和孢囊孢子

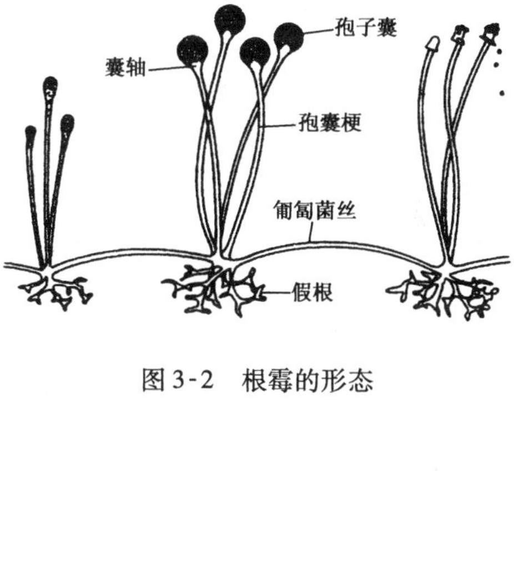

图3-2 根霉的形态

（3）曲霉菌属（*Aspergillus*） 曲霉菌丝有隔膜，为多细胞霉菌。在幼小而活力旺盛时，菌丝体产生大量的分生孢子梗。分生孢子梗顶端膨大成为顶囊，一般呈球形。顶囊表面长满一层或两层辐射状小梗（初生小梗与次生小梗）。最上层小梗呈瓶状，顶端产生成串的球形分生孢子。以上几部分结构合称“孢子穗”或“孢子头”。孢子呈绿、黄、橙、褐、黑等颜色，肉眼可以观察到。分生孢子梗生于足细胞上，并通过足细胞与营养菌丝相连。曲霉孢子穗的形态，包括分生孢子梗的长度、顶囊的形状，小梗着生是单轮还是双轮，分生孢子的形状、大小、表面结构及颜色等，都是菌种鉴定的依据。本属分生孢子呈绿、黄、橙、褐、黑等各种颜色，故菌落颜色多种多样，而且比较稳定，是分类的主要特征之一。曲霉中少数种形成有性阶段，产生子囊（见图3-3）。

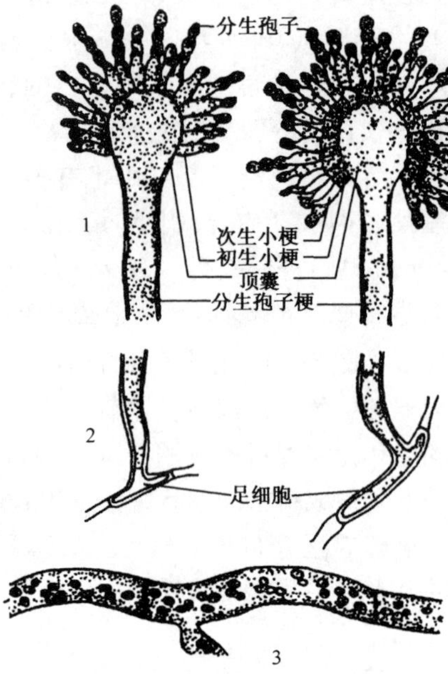

图3-3 曲霉的形态
1—分生孢子梗具有单列和双列小梗 2—足细胞
3—菌丝，有隔膜和多核的情形

曲霉广泛分布于土壤、空气、谷物中，在湿热相宜条件下，引起食品霉变，如桃子、柑橘、无花果等水果的黑色腐烂。某些菌株能够引起油类（如棕榈油、花生油或玉米油）的腐败。本属的产毒霉菌主要包括黄曲霉（*A. flavus*），产生黄曲霉毒素，该毒素能引起动物急性中毒死亡，如长期食用含微量黄曲霉毒素的食物，能引起肝癌；寄生曲霉（*A. parasiticus*）的菌株也都能产生黄曲霉毒素；杂色曲霉（*A. versicolor*）和构巢曲霉（*A. nidulans*）均产生杂色曲霉素，该毒素引起肝和肾的损害，并能引起肝癌；赭曲霉（*A. ochraceus*）产生赭曲霉毒素，该毒素是一种强的肾脏毒和肝脏毒。曲霉中也有一些菌株用于发酵。

（4）青霉菌（*Penicillium*） 青霉菌的菌丝分枝，有隔，为多细胞。菌丝发育成直立的分生孢子梗，孢子梗上半端经多次分枝，产生几轮对称或不对称的扫帚状的分枝，最后产生许多小梗再于小梗顶端产生成串的球形或卵形的青色分生孢子（见图3-4）。青霉菌按分生孢子梗的形态可分四组，即单轮青霉组、对称二轮青霉组、多轮青霉组和不对称青霉组。青霉菌有性世代不常发生，可根据其无性世代的各种特征如孢子穗的形态构造进行分类。

青霉菌分布极广，许多是常见的有害菌，引起谷物、水果、食品等变质。该属菌株在食品上的特征颜色是蓝色或蓝绿色，柑橘上的蓝色和绿色霉点，苹果、葡萄、梨以及核果上的蓝色霉点大多是由该属菌株引起的。产毒青霉种类较多，黄绿青霉

(*P. citreoviride*) 产生黄绿青霉素，为一种很强的神经毒；橘青霉（*P. citrinum*）产生橘青霉素，一种强的肾脏毒；圆弧青霉（*P. cyclopium*）的代谢产物为圆弧偶氮酸，该毒素是一种神经毒素；岛青霉（*P. islandicum*）产生黄天精和环氯素，两者均为肝脏毒，能引起动物的肝损害，并能引起肝癌；展开青霉（*P. patulum*）产生展青霉素，该毒素能引起动物中毒死亡，它也是一种神经毒素；纯绿青霉（*P. viridicatum*）产生赭曲霉毒素和橘青霉毒素；皱褶青霉（*P. rugulosum*）产生皱褶青霉素，该毒素是一种肝脏毒素；产紫青霉（*P. purpurogenum*）和红色青霉（*P. rubrum*）均产生红青霉毒素，为一种肝脏毒素。

（5）脉孢菌属（*Neurospora*）　旧称链孢霉属。菌落初为白色粉粒状，后变为淡黄色、淡红色绒毛状。菌丝无色透明，有隔膜，多核，有分枝，蔓延生长。分生孢子梗呈双叉分枝，分生孢子球形，成串状。孢子呈粉红色或橙黄色。有性繁殖产生子囊孢子。子囊壳坚硬，黑色。子囊棒状，子囊孢子长圆形。幼年子囊孢子无色，后变成黑色或黑绿色，带有纵的纹饰，如叶脉，故称脉孢霉（见图3-5）。

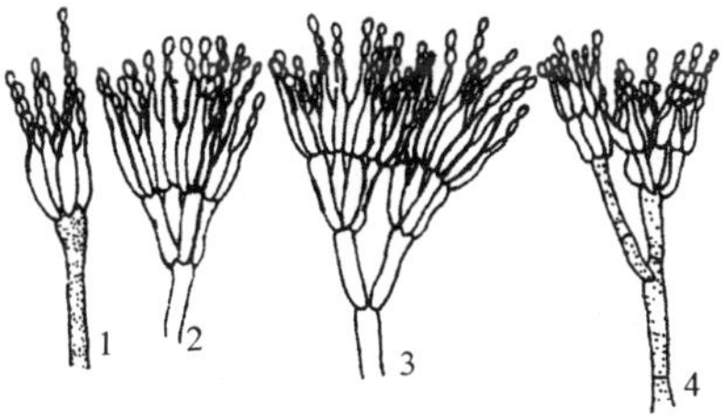

图3-4　青霉属孢子穗的类型

1—单轮生青霉群　2—对称二轮生青霉群

3—多轮生青霉群　4—不对称生青霉群

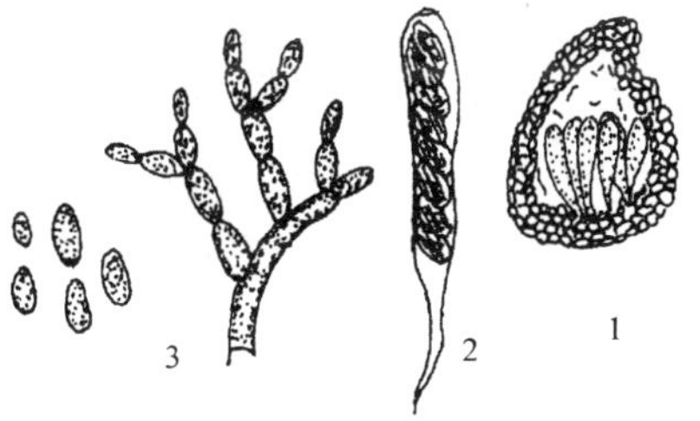

图3-5　脉孢菌属的形态

1—子囊壳　2—子囊与子囊孢子

3—分生孢子梗与分生孢子

脉孢菌属分布广泛，空气中常有本属孢子存在，为实验室中常出现的杂菌。分生孢子呈粉红色或橙黄色，在玉米蕊及面包上生长常见到粉红色的发霉斑点，也常污染其他食品。

（6）毛壳菌属（*Chaetonium*）　菌丝有隔膜，透明，交织。子囊壳表生，球形或卵形，顶端有一孔口。子囊壳壁易破裂，表面着生各种形式的附属丝，通常分化为须根，侧生附属丝和顶生附属丝（见图3-6）。本属菌腐生，主要生于纤维性物质上，有的种具有很强的分解纤维素的能力，谷壳上常有这类真菌存在。球毛壳菌（*C. globosum*）分布很广，从土壤、各种植物种子上均可分离到，能产生球毛壳菌素（*Chaetoglobosin*）和黑毛霉毒素（*Chetomin*）。

（7）麦角菌属（*Claviceps*） 本菌属侵染黑麦、大麦、小麦、燕麦等作物以及多种禾本科牧草和杂草形成麦角。麦角于土壤中越冬，春天萌芽产生一束有长柄的子座。子座头内部周缘形成子囊果，内含子囊以及子囊孢子。子囊孢子成熟后由子囊射出，借风、昆虫等传播，侵染寄主植物的花。结果在子房内形成大量菌丝，并在子房上产生大量卵圆形的分生孢子，由昆虫以及其他碰撞物接触而传播。充满菌丝团的子房，最后转变为紫黑色至黑色的角状菌核即麦角（见图3-7）。

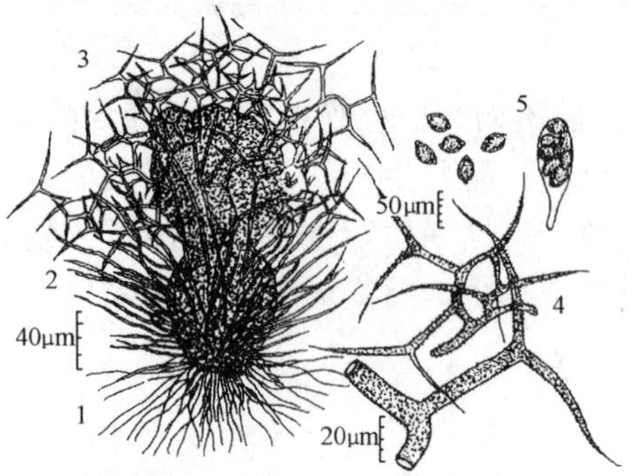

图3-6 毛壳菌属的形态

1—须根 2—侧生附属丝 3—顶生附属丝

4—放大的顶生附属丝 5—子囊和子囊孢子

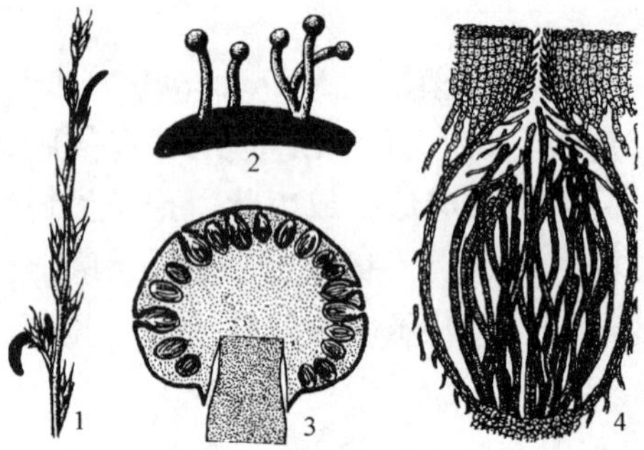

图3-7 麦角菌的形态

1—长有麦角的燕麦草

2—麦角及其萌发出的子座

3—子座头部纵切面，示子囊果着生方式

4—子囊果纵切面，示子囊生长方式及形状

麦角所含毒素有麦角柯宁碱（ergocornine）、麦角胺（ergotamine）、麦角新碱（ergometrine）、麦角生碱（ergosine）、麦角克碱（ergocristine）以及麦角环肽（ergocryptine）等，可引起人和动物的以抽搐、坏疽为主的中毒症。

（8）木霉属（*Trichoderma*） 广泛分布于自然界，能造成谷物、水果、蔬菜霉变，也有一些有益菌株。木霉的菌落呈棉絮状或致密丛束状，产孢丛束区常排列成同心轮纹，菌落绿色，不产孢处白色。菌丝无色，有隔膜，具有瘦长简单的分生孢子（见图3-8）。木霉有绿色木霉、康氏木霉和白色木霉等。绿色木霉（*T. viride*）产生木霉素，能引起牛、猪、家禽脏器出血。

（9）单端孢霉属（*Trichothecium*） 菌落薄，生长迅速，絮状蔓延。开始为白色羊毛状，以后便呈粉红色或纯黄色粉末状。分生孢子梗细长、直立、有隔、不分枝，顶端着生分生孢子。分生孢子呈梨形，有隔，多为2 ~ 4室（见图3-9）。此菌在粮谷、土壤中常分离到，特别是玉米上最多。在霉坏的花生、腐烂的苹果上也常分离到。

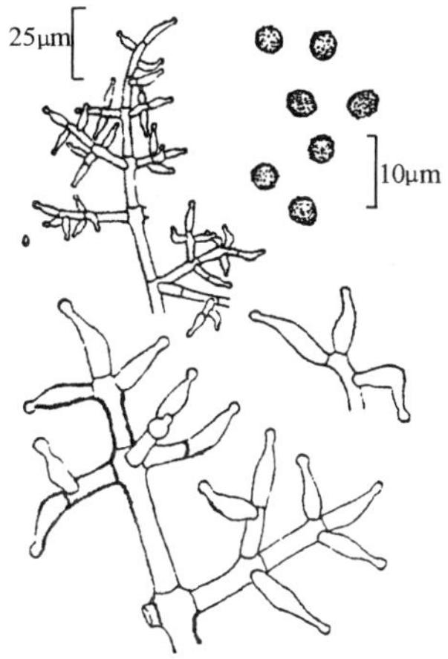

图 3-8　绿色木霉的形态

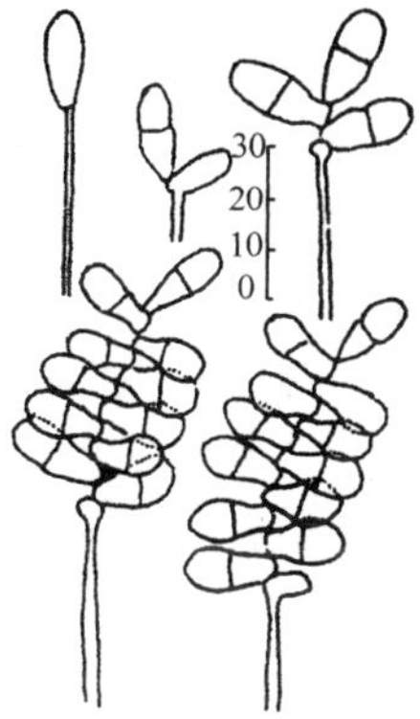

图 3-9　单端孢霉属形态

（10）葡萄孢霉属（*Botrytis*）　菌落絮状，灰白色或淡褐色，菌丝体灰色，故又俗称“灰霉”，分生孢子梗细长、直立，顶端形成树枝状分枝，分枝顶端的细胞膨大，在短的小梗上簇生分生孢子，外观像一串葡萄（见图3-10）。常产生外形不规则的黑色菌核。此属菌腐生或寄生，在许多植物上寄生时，引起“灰霉病”。与苹果、梨、黑莓、草莓、葡萄、柑橘以及一些核果的灰色腐败有关。多分布于粮食种子的外部，尤其是玉米籽粒及枯死的谷粒表面。也是蔬菜的腐败菌。

图 3-10　葡萄孢霉属的形态

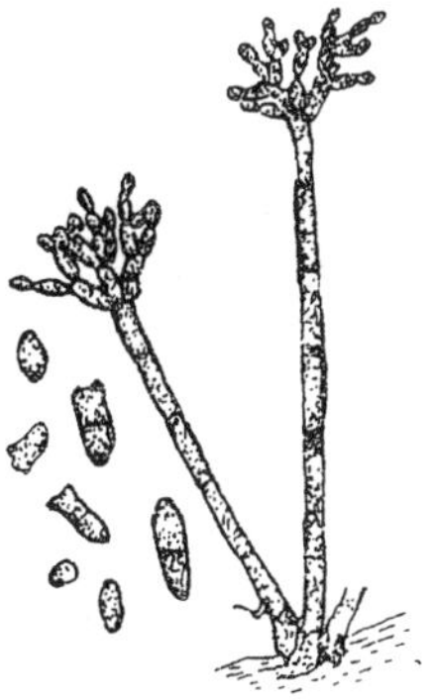

图 3-11　枝孢霉属的形态

（11）枝孢霉属（*Cladosporium*）　旧称芽枝霉属，菌落呈厚绒状，结构致密，生长局限，颜色由深绿至近黑色，背面蓝黑色或绿黑色。分生孢子梗暗色，有隔膜，近顶端及中部有不规则分枝，单生或簇生。从分生孢子梗顶端生出，形成树枝状分枝的分生孢子链。低倍显微镜下观察时，犹如一簇簇小树丛（见图3-11）。该属中有些菌株是牛肉和冷冻羊肉产生黑点的污染菌，有些菌株破坏黄油及人造黄油，有些菌株则引起核果的轻微腐败以及葡萄的黑色腐烂。这些野生菌株通常寄生或腐生于植物体上，如大麦及小麦中，能在低温下发育危害食品和粮食。

（12）链格孢霉属（*Alternaria*） 旧称交链孢霉属，其特征为分生孢子呈倒棒状，顶部延长成喙状，淡褐色，有壁砖状分隔，常数个形成链状（见图3-12）。为土壤、空气中常见的腐生菌，也是某些植物的寄生菌。能导致苹果、无花果等水果褐变，甚至腐烂，也能引起茎类蔬菜和柑橘类植物的腐烂。这些野生真菌菌株主要存在于小麦中。另外在新鲜粮食食品上也经常能分离到，畜肉中也能发现，某些种可产生毒素。

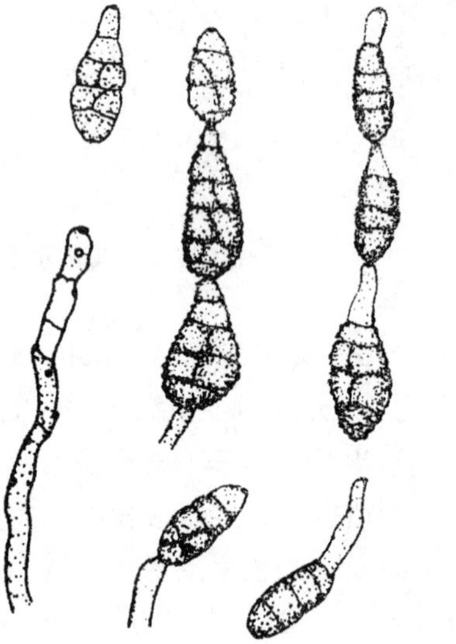

图3-12 链格孢霉属的形态

（13）镰刀菌属（*Fusarium*） 本属菌气生菌丝发达，从气生菌丝生长出分生孢子梗和分生孢子，或由培养基内的营养菌丝直接生出黏孢层。黏孢层内含有大量的分生孢子。分生孢子分大小两种类型，大型分生孢子是镰刀形，分隔，隔数不等，形态多样，如线形、纺锤形、柱形、腊肠形等。小型分生孢子生于分枝或不分枝的分生孢子梗上，大多数是单细胞，偶尔有少数分隔，形态多样，如卵形、梨形、椭圆形、逗点形、圆形等（见图3-13）。分生孢子集群时，呈黄色、粉红色或橙黄色。有些菌种能产生菌核。该属某些种可以引起小麦、水稻等产生病害，有些使水果、蔬菜发生腐败，有些还是人及动物的致病菌。

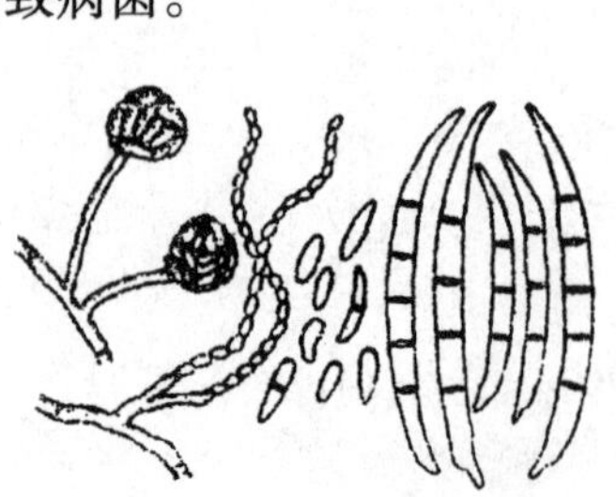

图3-13 串珠镰刀菌的形态

在本属的产毒霉菌中，禾谷镰刀菌（*F. graminearum*），引起小麦、大麦的赤霉病，感染玉米和水稻等，能产生T-2毒素、脱氧雪腐镰刀菌烯醇和玉米赤霉烯酮；串珠镰刀菌（*F. moniliforme*）主要寄生于禾谷类作物，如稻谷、甘蔗、玉米和高粱等，其代谢产物为串珠镰刀菌素、玉米赤霉烯酮、伏马菌素；三线镰刀菌（*F. tricinctum*）主要寄生于玉米和小麦的种子上，可产生T-2毒素、丁烯酸内酯和玉米赤霉烯酮等有毒代谢产物；雪腐镰刀菌在小麦、大麦和玉米谷物上生长，可产生镰刀菌烯醇、雪腐镰刀菌烯醇和乙二酸雪腐镰刀菌烯醇等有毒代谢产物；梨孢镰刀菌（*F. poae*）寄生于谷类，可产生 T-2 毒素、新茄病镰刀菌烯醇和丁烯酸内酯；拟枝孢镰刀菌（*F. sporotricoides*）主要寄生于小麦、燕麦、玉米和甜瓜等作物上，产生 T-2 毒素、丁烯酸内酯和新茄病镰刀菌烯醇；木贼镰刀菌（*F. equiseti*）主要寄生于大豆种子和幼苗、小麦、大麦和黑麦上，能产生玉米赤霉烯酮、新茄病镰刀菌烯醇和丁烯酸内酯；茄病镰刀菌可引起蚕豆的枯萎病，还可造成多种栽培作物如花生、甜菜、马铃薯、番茄、芝麻、玉米和小麦的根腐、茎腐和果实干腐等，并能产生新茄病镰刀菌烯醇和玉米赤霉烯酮；尖孢镰刀菌（*F. oxysporum*）寄生于玉米、小麦和大麦的种子上，可产生玉米赤霉烯酮和 T-2 毒素。

在镰刀菌毒素中，玉米赤霉烯酮可引起动物雌性激素样综合征，串珠镰刀菌素是一种危害心肌的毒物。伏马菌素是一种具有促癌活性的物质；T-2 毒素、雪腐镰刀菌烯醇、脱氧雪腐镰刀菌烯醇都属于单端孢霉烯族化合物（trichothecenes），具有细胞毒性、免疫抑制作用、致畸作用、弱致癌作用。

（二）与食品质量有关的酵母

酵母菌是一类具有极大经济价值的菌类，与人类的关系十分密切，如用于面包、酒精、食用酵母等的制造。同时，酵母菌又是引起食品腐败变质的一类菌。这与酵母菌特有的一些特征有关。如在低氧分压下生长，能引起发酵型的食品变质；由于有好冷性酵母的存在，以致造成冷冻食品安全性的威胁；高渗透压酵母能生长在高糖浓度的糖浆、果汁、果酱以及高浓度盐渍物中，可造成这类食品的变质；某些酵母是发酵生产的污染菌。除此之外，少数酵母菌能引起人类疾病和鹅口疮。

食品中常见的酵母菌在分类上主要隶属于子囊菌和半知菌。子囊菌亚门的酵母菌可进行有性繁殖，产生子囊孢子；半知菌亚门的酵母菌不能以有性的方式繁殖。常见酵母中属子囊菌亚门（Ascomycotina）半子囊菌纲（Hemiascomycetes）内孢霉目（Endomycetales）的为酵母菌属、克鲁维酵母菌属、汉逊酵母菌属、毕赤酵母菌属和裂殖酵母菌属等，属半知菌亚门（Deuteromycotina）芽孢纲（Blastomycetes）隐球酵母目（Cryptococcales）的假丝酵母属、隐球酵母属、酒香酵母属、红酵母属、球拟酵母属等，以及掷孢酵母目（Sporobolomycetales）的掷孢酵母属等。

（1）酵母属（*Saccharomyces*） 该属细胞呈球形、卵形、丝状或假丝状，多极出芽，能发酵多种糖类。无性繁殖为芽殖，有性繁殖能形成子囊孢子。种类较多，分布极广，能从多种食品中分离得到。本属可用于酒、酒精和面包等的制造，亦能引起水果、蔬菜的发酵腐败。如鲁氏酵母（*S. rouxii*）、掷孢酵母（*S. bisporus*）、蜂蜜酵母（*S. mellis*）能在高浓度糖、高浓度盐食品中生长，引起蜂蜜、果酱等食品变质，以及在酱油、盐渍食品表面生成灰白粉状皮膜，随着时间的增长，皮膜逐渐变成黄褐色。

（2）汉逊酵母属（*Hansenula*） 细胞为球形、细长形或卵圆形，常形成假菌丝。营养繁殖为多端芽殖，有性生殖产生子囊孢子。常存在于柑橘、葡萄及其制品和浓缩果汁中。

（3）有孢汉逊酵母属（*Hanseniaspora*） 为葡萄酒酵母，以两端出芽生殖，多以柠檬形细胞形式存在。其子囊包含 2 ~ 4 个帽形孢子，能发酵糖，可在大量食品特别是无花果、马铃薯、草莓、柑橘中存在。

（4）毕赤酵母属（*Pichia*） 具不同形态，多端芽殖，多数种形成假菌丝。产生子囊孢子，能氧化，耐受乙醇，在酒类饮料表面生成干而皱的白色薄膜。

（5）假丝酵母属（*Candida*） 本属呈亮白色，不含类胡萝卜素，尚未发现有性生殖，属半知菌亚门，无性生殖为多极芽殖。细胞呈球形、圆柱形，并能形成假菌丝。对糖有强的分解能力。在液体表面能形成干而皱的皮膜，如糙醭假丝酵母（*C. mycoderma*）。

假丝酵母广泛分布于果汁、贮藏谷物、乳制品等食物中。这个属的大多数菌株是新鲜的碎牛肉或家禽中最普通的微生物，其中有些种是人类及动物的致病菌。此属内少数种如产朊假丝酵母（*C. utilis*）能利用农副产品或碳氢化合物和工业有机废弃物生产单细胞蛋白质（SCP），也有一些菌株与乳酒、啤酒、淡色啤酒、果汁发酵有关。

（6）德巴利酵母属（*Debaromyces*） 细胞有不同形状，多端芽殖，有时形成假菌丝，产生子囊孢子。它是日常食品中最常见的酵母，能在24% NaCl 溶液以及 $A_w \leq 0.65$ 的条件下生长。可从变质的肉、香肠、酒中分离到，常引起香肠黏滑，并能在盐水和奶酪中生长，引起橙汁、酸奶酪的腐败。汉逊德巴利酵母可引起食物中毒。

（7）隐球酵母属（*Cryptococcus*） 不产孢子，多侧枝出芽生殖。不能发酵糖，菌体为透明、红色或橙色，产节孢子。普遍存在于植物、土壤、草莓以及其他水果、海洋鱼类、河虾及新鲜的碎牛肉中。

（8）酒香酵母属（*Brettanomyces*） 为不产孢子的酵母，多端出芽繁殖，形态多样，卵形、细长等均有，细胞常形成链状，能在有氧条件下利用葡萄糖发酵产乙酸。一些种能从腐败的泡菜、水果、蔬菜中分离到，也能引起啤酒、葡萄酒、软饮料、腌渍制品的腐败，一些种参与淡色啤酒的后发酵。

（9）克勒克酵母属（*Kloeckera*） 不产生子囊孢子，营养繁殖为两端芽殖，常存在于被果蝇污染的水果上。某些种能引起酒的异味和混浊。

（10）醭酵母属（*Mycoderma*） 常生长在啤酒、泡菜卤、果汁及其制品上，产生很厚的一层“醭”。葡萄醭酵母（*M. vini*）与啤酒、醋及其相关产品的表面“生花”有关。

（11）红酵母属（*Rhodotorula*） 本属的细胞呈圆形、卵形或长形，多边芽殖，能产生红色或黄色色素，很多种能形成荚膜，致使菌落黏稠，如黏红酵母（*glutinis*）、胶红酵母（*mucilaginosa*），致使食品上产生红色斑点。本属菌在空气中最常见，都没有酒精发酵的能力。有少数种类为动物及人类的致病菌。本属菌中有较好的产脂肪菌种，有的菌体内脂肪含量可高达干物质的50% ~60%，故又称脂肪酵母。

（12）球拟酵母属（*Torulopsis*）　本属属于半知菌亚门，细胞呈球形、卵形、椭圆形，多边出芽繁殖，对多种糖有分解作用。某些菌种耐高渗透压，故能在高浓度糖和盐的基质中生长。常见于蜜饯、蜂蜜、果汁、乳制品、鱼贝等食品中，还造成冷冻食物的腐败。造成酿酒业危害的所谓“野酵母”多属于此属，也有一些能产生甘油的有益菌。

（13）丝孢酵母菌（*Trichosporon*）　多端芽殖，细胞连接呈菌丝状，为假菌丝，能形成出芽孢子、节孢子，出芽孢子连接成短链状。在液体培养基中生长能产生浮膜。常在多种食品如肉、啤酒中出现。

第四节　微生物在烹饪原料中的分布

一、肉类中微生物的分布

（一）畜、禽肉中微生物的来源

1. 宰前微生物污染

畜、禽在宰前长期的饲养过程中，它们的体表及呼吸道等天然孔道都带有大量微生物。既有正常的菌丛，也有某些致病性微生物，尤其是感染某些人畜共患病的病原微生物，如埃希氏菌、沙门氏菌、炭疽杆菌、结核杆菌、布氏杆菌和猪丹毒杆菌等，这些畜禽则可能在其肌肉和内脏内部带有相应的细菌。

2. 宰后微生物污染

畜、禽在屠宰、加工过程中，若不严格按操作规程进行，就可能使肉、禽尸污染各种微生物。如放血方法不合适——水平放血，就可能导致皮肤、被毛上的微生物侵入切断的血管，沿血管侵入到肌肉和器官。畜禽的被毛、皮肤上常存在着大量的细菌、真菌。据测定1 g皮毛中有几千、几万甚至几亿个细菌。屠宰、加工等操作不当或没用充足的流水冲洗，或用同一块毛巾擦洗，就可能使畜、禽肉尸的表面受到污染。加工中若不慎损坏了肠道，肠道内容物外溢，即可使畜禽肉和内脏器官受到严重污染。脱毛、剥皮、去内脏、分割肉（禽）等过程及运输、保藏、再加工、销售等均可造成交叉污染的机会。另一方面，若加工人员正患某种传染病，或虽病状消失但仍在带菌（毒）期，或由病畜禽及啮齿动物对宰后的畜、禽肉均可造成污染。

同整肉相比，碎肉容易含有更多的微生物，这是因为：

①商品肉馅由各种肉块的修整下脚料组成，在处理过程中，这些肉块通常被大量的微生物污染，而直接由大块肉加工成的肉馅通常含有较少的微生物。

②碎肉具有更大的表面积，这一点就可以在某种程度上说明微生物菌落增加。可以料

想随着碎肉颗粒的减小，其表面积增大，最终造成其表面的微生物增多。

③碎肉表面积的增大有利于好氧细菌生长，它们通常是低温腐败菌。

④切肉机、切肉刀、盛肉的器皿都很少进行防止微生物污染所必需的经常和全面的清洗。

⑤由于加工肉都经过碎肉机，带菌肉细菌大多分布于淋巴结，淋巴结通常包埋在肥肉中，绞碎的肉会含有更多的微生物。

畜、禽淋巴系统中的淋巴结，常含有大量由淋巴液滤过留下来的各种病原微生物，如葡萄球菌属、梭菌属、沙门氏菌属、分枝杆菌属和假单胞菌属。有时即使见不到病变和受损的迹象，但仍可通过实验室检验证明它们的存在。

家禽的呼吸不仅通过肺，而且也通过气囊分布在翅膀和大腿等可食部位的肌肉内，因此，当它们在临死前极力拍打翅膀，在烫毛时就可能有一定数量的细菌进入气囊，使禽肉受到污染。

即使细菌仅污染畜、禽肉尸的表面，也将由于畜禽肉本身含有丰富的营养物质，在适宜的湿度和气温条件下能很快繁殖，并使蛋白质腐败分解。在这种受污染的畜禽肉尸表面，每 $1cm^2$ 的表面积上，往往含有数万、数十万甚至数十亿个细菌。完整的肉组织结构，是防止细菌深入深部的天然屏障，有时即使表面已有腐败的臭味，而其 1～2cm 深处的内部却仍找不到细菌。所以只要保持肉组织的完整，并保存于适宜的低温环境下，就可以让畜禽肉尸贮藏较长时间。

（二）畜、禽肉常见污染的微生物

畜、禽的体表被毛中常存在着大量的来自粪便、土壤和水中的微生物，因此，常可导致畜、禽在宰杀和加工的各个环节中污染畜禽的肉尸。常见的微生物如下。

1. 腐生微生物

肉类腐生微生物有细菌、霉菌、酵母菌，但主要是细菌。

细菌常见的有假单胞菌属、无色杆菌属、黄杆菌属、微球菌属、不动杆菌属、莫拉氏菌属、芽孢杆菌属、变形杆菌属、产碱杆菌属、梭状芽孢杆菌属、埃希氏菌属、链球菌属、乳杆菌属、微杆菌属等，梭菌可能出现于肉的深部。

霉菌有枝孢属、枝霉属、毛霉属、青霉属、链格孢霉属、根霉属、丛梗孢属、曲霉属和侧孢霉属等。酵母菌有假丝酵母属、球拟酵母属、隐球酵母属、红酵母属、丝孢酵母属等。

2. 病原微生物

肉中含有的病原微生物依动物的疾病种类以及具体环境条件不同而不同。有些微生物仅对某些牲畜有致病作用，但对人体无致病作用；而有些是对人畜都有致病作用的微生物。可能存在的病原微生物有沙门氏菌、炭疽杆菌、布鲁氏杆菌、结核杆菌、猪丹毒杆菌、李斯特氏菌、假结核耶尔森氏杆菌、产气荚膜梭菌、猪瘟病毒、口蹄疫病毒、猪水泡病病毒、鸡新城疫病毒等，其中沙门氏菌最为常见，而对人类的安全威胁最大的是炭疽杆菌。

空肠弯曲菌性肠炎在10年前还很少看到，近年流行很广，鸡等动物是主要宿主。据报告上海鸡粪样品空肠弯曲菌检出率达90%，另报告美国火鸡的阳性率达100%。可见在禽中此菌非常普遍。经交叉污染试验表明，生的鸡放在菜盆内、砧板上使其受污染，盆及砧板46% ~ 50%染上空肠弯曲菌，5% ~ 6% 染上沙门氏菌。然后以蔬菜及煮过的鸡接触污染的盆及砧板，再检测生蔬菜及煮过的鸡，空肠弯曲菌检出率分别为9%及10%。拿过生鸡的手，空肠弯曲菌阳性率79%。这说明带有空肠弯曲菌的鸡在加工过程中容易污染环境，污染的环境又可污染清洁食品。

（三）脏器中常见污染的微生物

这里涉及的脏器类原料主要指肝脏、肾脏、心脏、舌头等。它们与这些动物的骨骼肌肉的不同之处在于前者具有较高的pH和糖原水平，特别是肝脏。新鲜牛、猪肝脏的pH范围为6.1~6.5，而肾脏则为6.5~7.0。这些制品中微生物数量通常较少，这些微生物主要包括革兰氏阳性球菌、棒状杆菌、需氧芽孢杆菌、不动杆菌、莫拉氏杆菌及假单胞菌，其中微球菌、链球菌和棒状杆菌是新鲜肝、肾和心脏中三种主要的菌种。

二、蛋类中微生物的分布

现代生活中，不论是发达国家或发展中国家，禽蛋尤其是鸡蛋，都是提供人们日常生活中蛋白质的主要来源之一。但不论哪个部门需要蛋与蛋制品，都要求质量优良，特别是作为蛋糕、面条、烘烤食品和色拉的调味等配料，因其只经稍许加工后，即供人们食用，其质量的优劣直接影响着人们的身体健康。

（一）蛋中微生物的来源

完整无损的鲜蛋，其蛋壳和壳膜是一层天然屏障，能防止微生物的侵入。且因鲜蛋中有丰富的溶菌酶，能杀灭和溶解很多细菌，尤其是对革兰氏阳性菌和真菌的作用更大。所以刚下的蛋，在蛋壳上和蛋内容物中是无菌的或仅带少量细菌。但往往却能在蛋中检出多种微生物，甚至还可以查出某些病原微生物，以致引起人类食物中毒或传染病的微生物，其主要来源有如下几种渠道。

（1）蛋的形成过程中受到污染　当禽类患某种传染病时，病原微生物经血液循环进入卵巢，因此在蛋的形成过程中受到这些病原微生物的污染。

（2）产蛋时受污染　某些细菌由泄殖腔逆行向上污染输卵管，因此，就可能当产蛋时附着于蛋壳上，在蛋向外排出时，由于空气的冷却作用，使卵的内部收缩，以致这些细菌随空气穿透蛋壳进入卵内。

（3）经蛋壳污染 蛋壳上有大量的毛细气孔，若蛋壳在禽巢内受粪便、垫草上的微生物污染，这些微生物即可通过毛细气孔而进入壳内。

此外，蛋在收购、运输、贮存过程中，还可因人手及装蛋的容器上的微生物污染，致使蛋壳表面带有大量的微生物。据调查，一个蛋壳表面的细菌可达400万~500万个，最多达数亿个细菌。

（二）禽蛋中微生物的种类

（1）细菌 大肠菌群、无色芽孢菌属、假单胞菌属、沙雷氏菌属、变形杆菌属、产碱杆菌属和枯草芽孢杆菌、灵杆菌和荧光杆菌等为最常见的污染菌。主要的致病性细菌有鸡白痢沙门氏菌、鸡伤寒沙门氏菌、肠炎沙门氏菌和鼠伤寒沙门氏菌等，还有大肠杆菌、绿脓杆菌等。在作为色拉调味汁用的蛋黄中，可能产毒金黄色葡萄球菌是个严重问题。细菌在进入蛋内后到达蛋黄的速度与贮藏的温度和污染的程度有关。肠炎沙门氏菌（*S. enteritidis*）从蛋白进入蛋黄的速度，在30℃条件下，1d即可在蛋黄中检测到试验菌；而在7℃条件下，14d之后，蛋黄中仍没有检出试验菌。细菌进入蛋黄的速度还与蛋龄有关，如1日龄蛋的蛋黄被染菌的速度明显低于储藏4周的蛋，并且蛋黄染菌的速度与染菌数量呈正比。

（2）真菌 主要菌群包括毛霉、青霉、曲霉、交链孢酶、芽枝霉和分枝孢霉等，鲜蛋中偶尔能检出球拟酵母。

（三）液体蛋、冰蛋和干蛋品中的微生物污染

在将蛋加工制成液体蛋和冰蛋的过程中，常由于蛋壳上的污染菌，以及不良的加工环境而污染。在加工过程中，常因带有细菌的碎蛋壳混入液体蛋中，致使蛋浆受到再次污染。蛋液本身富含营养，若未能及时冻结，常可使微生物迅速繁殖。液体蛋中常见的细菌主要有微球菌、假单胞菌、产碱杆菌、变形杆菌和埃希氏菌等。

三、乳类中微生物的分布

鲜乳是一种营养非常丰富的液体食物，其中含有人类身体必需的多种营养成分，而且很容易被机体吸收，是加工点心、西餐、饮料和汤类菜肴的常用原料。

（一）乳中微生物的来源

（1）乳房内的微生物 乳汁在乳房内就常含有细菌，即使严格按无菌操作规程挤出的牛乳，每1mL所含的细菌仍可达数百个。它来自体内和体外两方面。前者是因产乳畜感染某种疾病，该病原微生物随血液循环、淋巴循环而进入乳汁中；后者因乳头的排乳与外界相通，当乳房乳头受外界的泥土、粪便等污染，细菌即从乳头孔逆行而进入乳孔，并在乳房内生长繁殖。

（2）畜体外的微生物 乳房、乳头表面、饲料、牛的粪便、垫草、地面的污泥、挤乳工人的手、牛的皮肤和被毛及揩擦的毛巾等都带有细菌，并都可以通过挤乳时进入乳汁中。在此后的加工、运输、贮存过程中，可被外界环境中的微生物污染。

（二）乳中常见的微生物

乳中常见的微生物，不论其种类或数量均较其他食物多。主要有细菌和真菌两大类。

（1）细菌类 乳汁中常见的非病原菌，如乳酸链球菌、乳酪链球菌、嗜热链球菌、液化链球菌、乳酸杆菌、枯草芽孢杆菌、荧光假单胞菌、腐败假单胞菌、黄杆菌、产碱杆菌、地衣芽孢杆菌等。常见的病原菌有结核分枝杆菌、布氏杆菌、炭疽杆菌、葡萄球菌、溶血链球菌、大肠杆菌、沙门氏菌、伤寒杆菌、副伤寒杆菌、志贺氏菌和小肠结肠炎耶尔森氏菌、蜡样芽孢杆菌等。

（2）真菌类 如乳卵胞霉、乳酪卵胞霉、衣绿曲霉、黑念珠霉和蜡样芽枝霉等。

四、鱼类中微生物的分布

水产品历来是人们喜爱的主要食物之一。我国有数千公里的海岸线，有具较大经济价值的鱼、虾和贝类250余种。它们富含蛋白质、钙、磷、铁、锌等多种人类生理必需的营养物质和微量元素。但由于水产品从捕捉到投入市场，需经过加工、运输、贮藏、销售等环节，经常受到微生物的污染。

与微生物关系密切的是鱼的消化系统与呼吸系统。鱼的消化器官有口腔、咽喉、食道、胃、肠、肛门。口咽包括：齿、舌、鳃耙等。鳃耙是一种滤食器官，在鳃弓内侧，可以滤食浮游生物。以浮游生物为食料的鱼，它的鳃耙细密，可以防止浮游生物流失，这些浮游生物也常是微生物的依附载体，当浮游生物被阻留时，微生物也随之滞留在鳃上。

生活着的鱼如果是健康的，微生物不大可能侵入皮肤细胞，但整体来说鱼体防御屏障不及其他动物性食品，鱼的脂肪中不饱和脂肪酸含量多，容易氧化而酸败，脂肪层薄，加上鱼肉结构疏松，使微生物一旦入侵容易蔓延。海鱼尚有氧化三甲胺（trimethylamineoxide，TMAO），易被细菌还原为三甲胺，发出特有的腥臭味。鱼肉pH 6.2 ~ 7.2，死后呈碱性，这与鱼体含糖少有关。体表、体内的正常菌丛在鱼死亡后成为腐败的主要原因。其所携带的能致病的微生物，一部分只对鱼致病，另一部分对人致病，食鱼致病的肠道感染或食物中毒比较常见。许多种鱼产生组胺可发生组胺中毒，有的鱼（如河豚、毒梭鱼）是具有毒性的鱼。一些鱼类毒素的形成也与微生物的直接或间接参与有关。

鱼食性差异影响鱼肠内细菌的组成。蓝子鱼食植物性饲料，黑鱼吃杂食性食饵。摄食动物性食饵者如鲶鱼、海鳗以埃希氏菌、链球菌、魏氏梭菌等分解蛋白质的细菌占优势；摄食植物性食饵者如蓝子鱼以嗜酸杆菌、双歧杆菌等居多。

（一）鱼类原料中微生物的来源

（1）来源于水 各种鲜活鱼、虾、贝类的组织内是无菌的。但由于它们生活在有各种微生物大量生长繁殖的环境中，因此，这些鱼、虾、贝类的体表、鳃及消化道内均有一定数量的微生物存在。

（2）来源于捕后的污染　捕获后的各种水产品，经过运输、加工、贮藏等环节，不可避免地污染了大量的微生物。曾有人证实，鱼体表面含有 10^2 ~ 10^7 个/cm^2 细菌，其肠液内可含 10^3 ~ 10^8 个/mL 细菌。因此，剖开鱼腹若不慎损坏肠道，则可使大量细菌溢出造成污染。

（二）鱼、虾、贝类中微生物的类型

不同的水域其所处的地带、气温不同，营养条件各异，其中的微生物类型也各不相同，因此，鱼、虾、贝所带的微生物也不同。

（1）海洋鱼类原料所带的细菌　常见的有无色杆菌属、黄杆菌属、莫拉氏菌属、假单胞菌属和副溶血性弧菌等，有时还会带某种病毒。

（2）淡水鱼类原料所带的细菌　除上述细菌外，还有产碱杆菌属、乳单胞杆菌属、乳杆菌，甚至猪丹毒杆菌和某些病毒，人工密集饲养的河鳗、甲鱼还常发生气单胞菌属（*Aeromonas*）的感染。

（3）鱼类原料中的真菌　鱼上也有酵母菌，在鲑鱼中酵母占所有微生物的1%，有德巴利氏酵母属、球拟酵母属、假丝酵母属、红酵母属、毕赤氏酵母属及隐球酵母属。酵母常见于鳃和黏液层，鱼中真菌不如在畜肉中多，其原因可能是鱼体上水膜使其与空气隔绝之故。

（4）加工鱼的微生物菌群　捕获后加工的鲜鱼，由于和外界接触，被污染的机会更多，污染的微生物种类也更多，如金黄色葡萄球菌、大肠杆菌、沙门氏菌、变形杆菌、伤寒杆菌、霍乱弧菌、肉毒梭菌、猪丹毒杆菌、枯草芽孢杆菌甚至志贺氏菌等。

五、粮食谷物中微生物的分布

粮谷类是世界上储藏量最大的食物，在我国，仅国家粮库就储藏有上千亿千克。由于粮食上带有种类繁多的微生物，加上粮食中含有丰富的碳水化合物、蛋白质、脂肪及无机盐等营养物质，一旦条件合适，粮食中的微生物就会活动，不但会导致粮食品质的劣变，而且还可能产生毒素污染，严重影响人类食用的安全性。

微生物侵染粮食的途径很广，它们可以从粮食作物的田间生长期、收获期及储藏、运输和加工各个环节上感染粮食谷物。

（一）粮谷类原料微生物的主要来源

粮食微生物的主要来源是土壤。土壤中的微生物可以通过气流、风力、雨水、昆虫的活动以及人的操作等方式，带到正在成熟的粮食籽粒或已经收获的粮食上，它们中有的可以直接侵入籽粒的皮层，有的沾附在籽粒表面，有的混杂在籽粒中。

当粮食收获入库后，仓库中害虫和螨类的活动也影响粮食微生物区系。各种害虫身体表面常常带有大量的霉菌孢子，借助它们的活动，孢子可以到处传播。有些害虫以霉菌孢子为食料，如长角谷盗、赤拟谷盗和锯谷盗可吃杂色曲霉的孢子，在这些害虫排泄物中会有大量的活孢子存在；同时害虫咬损粮粒造成伤口，有利于微生物的侵染；害虫大量繁殖，使粮食水分增加，粮温升高，也有利于微生物的生长繁殖。

在粮食仓库和加工厂的各种机器、包装、器材和运输工具上沾有大量的微生物，尤其在缝隙中尘介杂质和粮食碎屑粉末积聚，可导致微生物大量孳生，从而使粮食在加工或运输过程中受到污染。

（二）粮谷类原料中微生物的分布

微生物如附着在粮粒的表皮或稻壳上，称为外部微生物；也可以侵入到粮粒表皮内部，称为内部微生物。通常以每克粮食及粮食食品上微生物的个数来表示。每克粮食中的细菌数量从一万个到一亿个以上，一般为几万到几百万个。每克粮食中的霉菌数量从几百个到几万个，霉变的粮食多达几十万到几千万个。尘介杂质多、土粒多的不干净粮食上微生物数量也多。破碎粮粒营养物质外露更易遭受微生物侵染，所以破碎粮粒上微生物也很多。

（三）粮谷类原料微生物菌群的构成

从数量上看，粮食上的微生物以细菌和霉菌为多，放线菌和酵母菌较少。从对粮食的危害方面看霉菌最重要。

1. 细菌

新收割的粮食上，细菌在个体数量上占优势，通常可占总带菌量的90%以上。类群上主要是一些寄生性细菌及一些利用禾本科植物生长分泌物为营养的细菌，前者一般为植物病原菌，后者一般对植物生长无害，也被称为“附生细菌”，如草生欧文氏菌、荧光假单胞菌、黄杆菌、黄单胞菌等均为谷物类粮食中常检出的细菌类群。

细菌在粮食上的数量虽多，但对储粮安全的重要性远不及霉菌。因为细菌的生长一般需要有游离水存在；另一方面，细菌对大分子物质的分解能力相对较弱，而粮食大多有外壳包裹，细菌难以侵入完整的粮粒，对粮食品质的破坏性较霉菌低。通常粮食在受到霉菌破坏，变质、发热后，细菌才可能利用霉菌对粮食的降解产物而大量生长，导致粮食温度继续升高。

2. 放线菌

粮食上经常可分离到放线菌，但一般其数量远少于细菌，类群方面以链霉菌属的放线菌为主，如白色链霉菌、灰色链霉菌等。因为土壤中存在着大量放线菌，因此放线菌在粮食上的存在数量与粮食中尘粒、杂质的含量有关。放线菌对储粮稳定性的影响与细菌类似，其危害一般也是在粮食受到霉菌破坏而发热的后期才表现出来。

3. 酵母菌

粮食上酵母菌数量一般较少，而且常见酵母菌对粮食大分子物质的分解能力较弱，由酵母菌导致粮食变质的情况很少发生。粮食上检出的酵母菌一般为比较耐干燥的酵母菌群，常见的有假丝酵母及红酵母等。在密闭高湿环境下酵母菌繁殖产生酒精味，影响粮食的正常品质。

4. 霉菌

霉菌是引起粮食变质的主要微生物类群，种类庞杂，适应性强，难以进行有效防范。从与粮食的相互关系上看，霉菌有寄生菌、腐生菌和兼寄生菌。寄生菌一般都是植物病原菌。腐生菌在粮食上数量最多，包括各类可对粮食品质产生严重危害的青霉、曲霉等，是粮食储藏期间需要重点关注的微生物类群。兼寄生霉菌是一类粮食储藏的条件危害菌，如链格孢霉、蠕孢霉、枝孢霉、链孢霉、弯孢霉、黑孢霉等，当粮食处于较高的温度和较高的水分含量条件下时，这些霉菌可以在粮食上生长并危害粮食品质。粮食的霉菌类群可谓非常齐全。

六、果蔬中微生物的分布

蔬菜和水果的主要成分是碳水化合物和水，特别是水的含量比较高，适于微生物的生长繁殖。

（一）新鲜果蔬中微生物的来源

新鲜果蔬表面附着有大量微生物，一般每平方厘米有几百个、几千个至几百万个。例如，经过充分洗涤过的番茄表面，每平方厘米有 400 ~ 700 个微生物；如果是没有洗涤过的番茄，每平方厘米至少有几千个。再如花椰菜，在没有洗涤过的表层组织上，每克含有 100 万 ~ 200 万个微生物；虽经过洗涤，且认为达到清洁程度的花椰菜，其表层组织每克也有 20 万 ~ 50 万个微生物。

微生物可通过种种途径污染果蔬。一般来说，正常的果蔬内部组织是无菌的，但有时在水果内部组织中可以有微生物存在。例如一些苹果、樱桃的组织内部可分离出酵母菌，番茄中分离出球拟酵母、红酵母和假单胞菌。这些微生物在开花期即已侵入并生存在植物体内，但这种情况仅属少数。另外，果蔬在田间因遭受植物病原菌的侵害而发生病变，这些病变的果蔬即带有大量植物病原微生物，并可在果蔬收获前从根、茎、叶、花、果实等处侵入果蔬，或者在收获后的包装、运输、销售、储藏等过程中侵入果蔬。在收获前后由于接触外界环境如土壤、水、空气等，果蔬表面可污染大量的腐生微生物，同时也能被人畜病原微生物所污染。

水果和蔬菜的表皮及表皮外覆盖的一层蜡质状物质有防止微生物侵入的作用，但果蔬的表皮有自然孔口（气孔、水孔），而且当果蔬表皮组织受到昆虫的刺伤或其他机械损伤而出现伤口时，微生物就会从这些孔口、伤口侵入果蔬内部，有的微生物也可突破完好无损的表皮组织而侵入果蔬内部。

（二）果蔬原料中微生物菌群的分布

蔬菜平均含水88%、糖8.6%、蛋白质1.9%、脂肪0.3%、无机盐0.84%，维生素、核酸和其他一些化学成分的含量加在一起也不超过1%。从营养组分来看，蔬菜很适合霉菌、细菌和酵母菌的生长，蔬菜变质就是由其一种或多种微生物引起，但细菌和霉菌是较常见和主要的微生物。

1. 细菌

蔬菜上常见的细菌有欧文氏菌属、假单胞菌属、黄单胞菌属、棒杆菌属、芽孢杆菌属、梭状芽孢杆菌属等，但以欧文氏菌属、假单胞菌属为最重要。欧文氏菌属、某些假单胞菌属（如边缘假单胞菌，*Pseudomonas marginalis*）、芽孢杆菌以及梭状芽孢杆菌可引发蔬菜细菌性软化腐烂。它们能分泌果胶酶，分解果胶，使蔬菜组织软化，有时有水渗出，并产生臭气。引起蔬菜发生软化腐烂的细菌中，以欧文氏菌最为常见，这类菌可危害多种蔬菜，其代表性的菌种有胡萝卜软腐欧文氏菌（*Erwinia carotovora*）、软腐病欧文氏菌（*E. aroideae*）等，可使块根类作物、十字花科植物、葫芦、茄科蔬菜、洋葱和花椰菜等产生一种软化、有恶臭气味的湿性腐烂。在贮藏期间软腐细菌可引起这些植物的腐烂症。大部分欧文氏菌在低温下也能生长，能危害低温贮藏中的蔬菜。

某些假单胞菌、黄单胞菌、棒杆菌可引起蔬菜发生其他类型的病害，例如使蔬菜发生细菌性枯萎、溃疡、斑点、坏腐病等等。芹假单胞菌（*Pseudomonas apii*）使莴苣发生枯萎，而栖菜豆假单胞菌（ *P. phaseoilcola*）使蚕豆枯萎，边缘假单胞菌可使莴苣叶出现斑点，疱病黄单胞菌（*Xanthomonas vesicatouria*）可使番茄、辣椒产生细菌性斑点，菜豆黄单胞菌（*X. phaseoli*）使蚕豆枯萎，豇豆黄单胞菌（*X. vignicola*）可使豇豆发生溃疡。

2. 霉菌

常见并广泛分布于蔬菜中的霉菌有灰葡萄孢霉（*Botrytiscinerea*）、白地霉、根霉属、疫霉属（*Phytophthera*）、刺盘孢属（*Colletotrichum*）等，它们可感染很多种类的蔬菜。灰葡萄孢可从未损坏的表皮侵入蔬菜，也可由伤口、自然孔口等处侵入，使蔬菜发生灰霉腐烂，即在患处表面覆盖一层灰色绒毛状菌丝，使组织变软而腐烂。白地霉可使很多蔬菜发生酸腐烂或出水性软化腐烂。以黑根霉（*Rhizopus stolonifer*）为代表的根霉菌可从伤口、自然孔口侵入蔬菜，使蔬菜发生根霉软化腐烂，被害组织软化，出现黑色斑点。疫霉属的一些菌株使蔬菜发生疫霉腐烂，例如，致病疫霉（*Phytophthora infestans*）可侵染马铃薯、番茄、茄子。辣椒疫霉（*P. capsici*）可侵染番茄、茄子、辣椒、瓜类。葱疫霉（*P. polti*）可侵染葱类。马铃薯在储藏期间容易发生疫霉腐烂，即在附有疫霉的地方，颜色呈灰色，而且很软，很容易用手按出一个手指印来，切开该处，可以看到灰色或暗褐色的受病害的组织，在储藏过程中，这块组织会慢慢扩大到整个块根，若储存的地方比较潮湿，还能传染给没有病害的马铃薯块茎。刺盘孢属使蔬菜发黑腐烂，在患处产生暗黑色的凹陷，病斑发黏。

第五节　评价食品质量的微生物计数技术

检测食品中微生物数量的意义，一是作为食品被微生物污染程度的标志；二是反映食品的新鲜程度，预测食品保藏期限或保质期；三是间接反映食品是否有受致病菌污染的可能，提示是否有必要进一步进行致病菌的专项检验。

一、微生物计数指标

食品的卫生状况如何，要按照国家颁布的《食品卫生标准》来判定，凡符合标准的，才是合格食品。不符合的，只能禁止生产经营。与微生物有关的计数指标有细菌总数、大肠菌群、致病菌、霉菌和酵母菌五项。这些项目也都有国家标准检验方法。

（一）细菌总数指标（Bacteria count）

国家卫生标准中的细菌总数是指在普通营养琼脂培养基上在一定条件下（需氧情况下，36℃ ±1℃，48 ±2 h）培养生长的菌落总数。其实际计出的细菌总数只是一些能在营养琼脂上生长、好氧性的嗜中温细菌的活菌总数。

对于冷冻食品或其他食品，有时需计数低温菌或高温菌总数，这时可采用其他培养条件。如一般嗜冷菌检验采用 20 ~25℃，5 ~7d 或 5 ~10℃，10 ~14d；嗜热菌采用 45 ~55℃，2 ~3d 的方法。我国对水产品的培养温度，由于其生活环境水温较低，故多采用 30℃培养温度。

（二）大肠菌群指标

大肠菌群（Coliform group）系指一群好氧及兼性厌氧，在37℃经24h能分解乳糖产酸产气的革兰氏阴性无芽孢杆菌。它包括肠杆菌科（Enterobacteriaceae）的埃希氏菌属（*Escherichia*）、柠檬酸杆菌属（*Citrobacter*）、克雷伯氏菌属（*Klebsiella*）、产气肠杆菌属（*Enterobacter*）等。其中以埃希氏菌属为主，称为典型大肠杆菌，其他三属习惯上称为非典型大肠杆菌。

大肠菌群一般直接或间接来自人与温血动物的粪便。检测食品中大肠菌群的意义在于：

（1）它可作为粪便污染食品的指示菌　大肠菌群的高低，表明了食品被粪便污染的程度和对人体健康危害性的大小。如食品有典型大肠杆菌存在，即说明受到粪便近期污染。这主要是由于典型大肠杆菌常存在于排出不久的粪便中，而非典型大肠杆菌主要存在于陈旧粪便中。

（2）作为肠道致病菌污染食品的指示菌　食品安全性的主要威胁包括食物中毒的发生和食源性传染病的流行，它们多数由肠道致病菌引起，如沙门氏菌、志贺氏菌、变形杆菌等。肠道病患者或带菌者的粪便中，有一般细菌存在，也有肠道致病菌存在。若对食品逐批或经常检验肠道致病菌有一定困难，费用开支也大。而大肠菌群容易检测，且与肠道致病菌有相同来源，一般条件下在外界环境中生存时间也与主要肠道致病菌相近，故常作为肠道致病菌污染食品的指示菌。

大肠菌群的检验在我国是采用样品三个稀释度九管的乳糖胆盐发酵三步法，包括初发酵试验（即乳糖胆盐发酵试验）、分离培养（伊红美蓝琼脂生长试验、革兰氏染色反应）和证实试验（乳糖复发酵试验），以进一步验证纯种菌株是否符合大肠菌群定义的要求。大肠菌群检验结果，采用100mL（g）样品中大肠菌群 MPN 表示。

（三）致病菌指标

食品中不允许有致病性病原菌存在，所有食品均不得检出致病菌。病原菌种类繁多，在国家食品卫生标准中，要求检验的致病菌至少有 15 种。在一般检验中，只能根据不同食品可能污染情况作针对性重点检测，依此来判断食品中有无致病菌存在。例如，肉、禽、蛋类食品必须做沙门氏菌检查；低酸性罐头食品必须做肉毒梭菌及其毒素的检查；多种发酵性食品规定肠道致病菌和致病性球菌（如金黄色葡萄球菌、溶血性链球菌等）为检测重点。另外在特定条件下，有时也选用一些更优越的如对低酸食品选用大肠杆菌指标，冷冻食品选用肠球菌指标。对食物中毒事故的排查要结合流行病学特点进行。一些食物中毒由细菌的毒素引起，由于毒素抗性较强，故这类细菌毒素也是检测致病菌的重要方面。

（四）霉菌和酵母菌指标

霉菌和酵母菌可造成食品腐败变质，也有些霉菌可产生霉菌毒素。霉菌和酵母菌也是评价食品卫生质量的指示菌，并以霉菌、酵母菌的计数、霉菌毒素的残留量来判定其被污染的程度。

二、微生物计数方法

测定食品中菌数的方法有国家食品卫生标准中规定的平板菌落总数测定法、最近似数测定法，也有先进的电阻抗测量法，生产一线可借鉴使用的还有显微镜直接计数法，以及实验室常用的比浊法等。

（一）平板菌落计数法（SPC 法）

1. 原理

平板菌落计数法简称 SPC 法（standard plate count），它依据单个细胞在培养基上生长繁殖形成肉眼能够看到的菌落数，来计算样品中的含菌数。全世界许多国家和国际食品微生物规范中引用了多种形式的平板菌落计数法。

用平板菌落计数法对食品中细菌、真菌计数。它是根据微生物在固体培养基上所形成的菌落，即由一个单细胞繁殖而成且肉眼可见的子细胞群体这一生理及培养特征进行的。也就是说一个菌落代表一个单细胞。计数时，首先将待测样品制成均匀的、一系列不同的稀释液，并尽量使样品中的微生物细胞分散开来，使其成单细胞存在（否则一个菌落就不代表一个菌）。再取一定稀释度、一定量的稀释液接种到培养皿中，使其均匀分布于培养基内。经培养后，统计由单个细胞生长繁殖形成的菌落，即可计算出样品中的含菌数。

此法所计算的菌数是培养基上长出来的菌落数，因此不包括死菌，所以又称活菌计数，一般用于成品检定以及食品、水源污染程度的检定。

2. 方法

平板菌落计数的一般步骤是：①采样：无菌手续取样，以 25 g（或 mL）被检食品为检样，剪碎，置于 225 mL 灭菌生理盐水中组成 1∶10 均匀稀释液。② 样液稀释：按 10 倍递增稀释，注意避免稀释过程中的交叉污染，按微生物数目的多少估计，选择 3 个适宜稀释度，供制作平板。③ 平板制作：在灭菌平皿内移入 1 mL 稀释液，加入约 15 mL 融化的琼脂培养基，混匀，冷却。每个稀释度制作 2 个平板。④ 倒平板及培养：将平板翻转后置于适当温度下培养一定时间。⑤ 平板计数：选择一定菌落数的平板为计数平板，用菌落计数器逐一计数，对每个稀释度的 2 个平板取其算术平均值。⑥ 结果报告：按两稀释液比例关系确定检样的报告值。以个 / g（mL），cfu / g（mL）（colony forming unit，菌落形成单位）表示。

3. 应用

菌落计数法适于食品、饮水中细菌、霉菌和酵母的计数。但所用稀释液、培养基、培养条件、稀释度选择规则和计数规则均有区别。

对厨房、餐厅空气样品的细菌菌落计数、采样时采用撞击法和沉降法。①撞击法：抽吸定量空气快速撞击带有固体培养基的平皿表面进行培养计算每皿中的菌落数。②沉降法：将盛有固体培养基的平皿置于厨房各加工车间或餐厅内欲检测的地点，打开皿盖经暴露一定时间后，将平皿盖好经培养、计数生长的菌落数，换算成 cfu / m^3。

对餐具、加工用具、大块肉食品等，使用表面积采样法，通过灭菌棉棒拭擦、灭菌滤纸粘贴等方法，取得单位面积样品中的细菌数，结果以 cfu / m^2 表示。对筷子则常以无菌小试管洗涤采样，结果以 cfu /支表示。

（二）稀释培养测数技术（MPN 法）

1. 原理

稀释培养测数法也叫最近似值测定或最可能数测定法（the most probable number，MPN）。当混匀的食品或水质检样经过一系列稀释和等量分配成为小样品时，有些小样品中含样品量极少，以致其中不再含有需检验的细菌。在一定的小样品中存在或不存在细菌，可被用来对原始样品中的菌数作统计估计。最近似数（MPN）法就是将样品多次稀释至无菌的计数方法。

2. 方法

我国现行国家标准中将大肠菌群 MPN 测定确定为 3 个稀释度 9 管法，即将最适宜的 3 个稀释梯度的检验稀释液接种于 9 支试管培养基中，每个稀释度接种 3 支。经培养后，记录每组出现的长菌管数，再依据不同稀释度长菌管数，查阅 MPN 最大可能数检索表，就可计算出原样品中微生物的估计数量。

3. 应用

MPN 法不是一种精确的分析方法，但这一方法仍被普遍采用，主要原因是：该方法具有操作相对简单、不同实验室得到的结果相似率较高、使用适当的选择性培养基还可检测出特殊的微生物菌群等优点。MPN 法还常用于粪大肠菌群、大肠杆菌和厌氧菌计数。

（三）其他计数技术

1. 显微镜直接计数技术（DMC 法）

（1）血球板计数　将食品样品水浸液或微生物培养液经稀释后，滴加于血球计数板上，在显微镜下边观察边对微生物细胞计数，最后计算出单位体积样品中的微生物数目。

血球计数板是 1 块特制的厚玻璃片，玻片上有 4 条沟和 2 条嵴，中央有 1 短横沟和 2 个平台，两嵴的表面比两个平台的表面高 0.1 mm，每个平台上刻有不同规格的格网，中央 1 mm^2 面积上刻有 400 个小方格（见图 3-14），由 25 个大格及每大格内 16 个小格组成。当专用盖玻片置于两条嵴上，从 2 个平台侧面加入菌液后，400 格小方格（1mm^2）计数室上形成 0.1mm^3 的体积。通过对一定大格内微生物数量的统计，可计算出 1mL 菌液所含的菌体数。

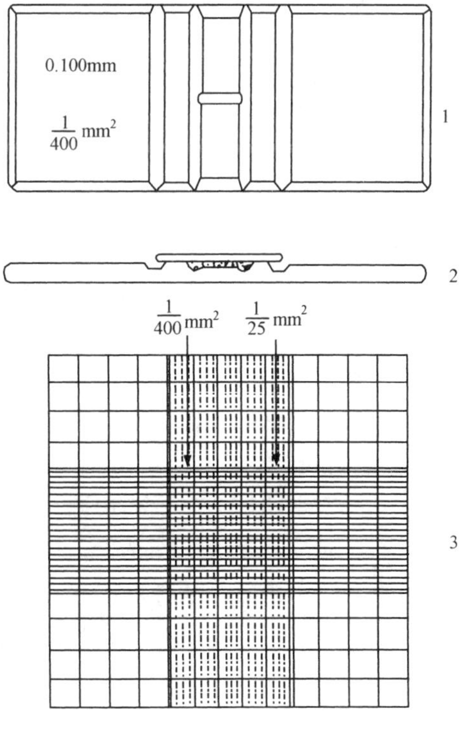

图 3-14　血球计数板规格

1—俯视图（中间平台分为两半，各刻有一个方格网）

2—侧面图（中间平台与盖玻片之间有高度为 0.1mm 的间隙）

3—计数网的区分和分格

本方法适于酵母菌和霉菌孢子的数量测

定，若要测定细菌数时误差较大。本法测得的是菌体总数，并不能区分是活菌体还是死菌体。

（2）涂片计数　涂片计数法的原理是将定量的微量检样均匀涂于玻片上，确定面积的区域，经镜检观察得到视野中的细菌数，再换算成单位检样中的细菌数。对液体样品可直接计数，固体样品需做适当稀释，然后才能计数。其优点是操作简便、快速，可在数十分钟内得到结果，并可观察细菌的形态，了解哪些细菌占优势。

用微量加样器将0.01 mL经适当稀释的样品均匀涂布于载玻片上1 cm^2 面积的方格内，经干燥、固定、革兰氏染色后，用显微镜油镜观察计数每个视野的菌数。

在计数前先用物镜测微尺测出显微镜油镜视野的直径，然后将染色的载玻片置于载物台上进行计数，计算10 ~ 15个视野的细菌总数，求出每个视野的平均菌数（X），再换算出每克或每毫升样品内的细菌数。

$$细菌数 = \left(\frac{X}{3.14 \times r^2}\right) \times 10^4 \times \beta \ [个/g\ (mL)]$$

式中　r——显微镜油镜视野的半径，mm；

β——稀释倍数。

涂片镜检法适于计数单细胞的细菌，常用于鲜乳、乳制品发酵剂的菌数快速检测。

（3）触片计数　触片法又叫压印片法，用于肉品生产加工过程的检测。用点燃的酒精棉球在肉表面消毒一次，再用火焰消毒手术刀、剪子、镊子，待冷却，将肉样切成1.5cm^2（约蚕豆大）的小块。用镊子夹取小肉块，在载玻片上做成4 ~ 5个压印，用火焰固定，经用瑞氏染色液染色后，水洗，干燥，镜检。以一个视野中看不到或只有一个细菌者为新鲜肉，2 ~ 30个者为次质肉，31个以上者为变质肉，以此对肉质进行粗略判定。触片法也用于病变淋巴或可疑脏器、肝、肾、脾中致病菌的初步检验。

2. 比浊计数技术

这种技术的原理是：微生物使菌悬液呈现混浊，并通过散射和吸收来阻断光线。微生物数目越多，透过悬浮液的光越少，被散射的光就越多，通过光电比色计或分光光度计测定参比光通过微生物菌悬液时的损耗，即可对菌悬液中的微生物进行定量。

比浊法多用于实验室研究，如测定温度对微生物生长的影响、消毒剂的作用效果、菌种保藏效果的评价等。

也有使用标准浊度管比浊的方法。通过将菌悬液的浊度管与标准的10倍递增稀释浊度管相比较，快速检测悬浮液中细菌数的近似值。

3. 电测量计数技术

微生物生长繁殖过程中由于代谢增殖，使介质的阻抗降低，通过检测培养基中阻抗的减少来达到细菌检测的目的，这种方法称为阻抗/电导方法，是一种快速检测技术，它既可用于食品的微生物质量检测，也可用于食品环境对微生物的影响的研究。

根据细菌生长会引起培养基中电导率变化这一原理，已设计出商品化自动检测设备（见图3-15）。

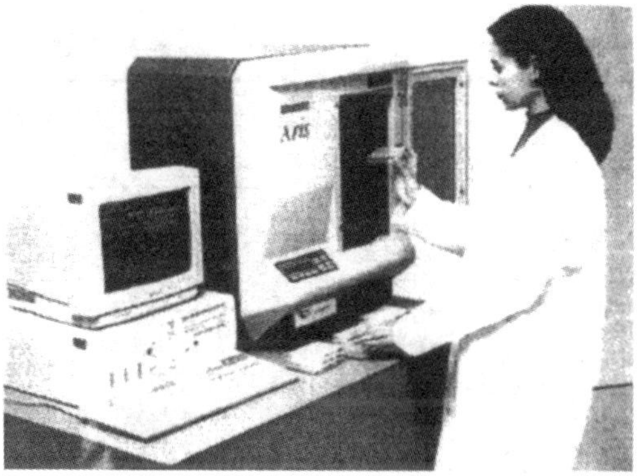

图3-15　细菌自动检测设备

细菌自动检测设备的优点如下：

（1）能同时处理大量的样品，并能够自动监视电阻抗的变化，然后使用系统内置软件，根据校准曲线就可得出样品中微生物的数量。

（2）起始微生物的浓度越高，检测时间越短；也就是说，样品的污染程度越严重，就越容易被检测出。自动检测设备通过软件可以连续处理多个样品管的检测鉴定，并对每个试管应用合适的分析程序。由于样品的校准曲线已输入软件中，对于不同样品而言，可以选用不同的微生物学标准，并同时对多项指标实施同步检测。

（3）能将初始微生物数量超过最大允许值的样品直接通过计算机的显示屏显示出来，能同时检测成批的易腐败和较易腐败的食品。例如，可以将仪器放在靠近走廊的玻璃窗内，使显示屏朝向玻璃窗。将白天生产的易腐败或较易腐败的食品样品放入仪器中检测。检测后储存于冰箱或冷冻库中保存，夜间运送到超市中。在装载前，负责冷藏的人员应时刻检查监视器，确定成品中是否有不满足质量要求的产品（通常显示器上不满足要求的产品批号的灯变红或者有红色闪烁），如有则及时剔出。通过仪器采用颜色标记显示不合格样品，不需要实验室人员的现场参与，节约人力。

酵母菌等微生物在培养基中的生长不会引起电导率的变化，应使用间接导电分析法。采用间接法时，检测电极不是放在培养基中，而是放在吸收溶液中检测释放出的 CO_2 含量。间接导电分析技术可以使用直接法不能使用的选择性培养基进行致病菌的检测。

三、微生物计数结果的评价

标准（standard）是对重复性事物和概念所做的统一规定。它以科学技术和实践经验的综合结果为基础，经有关方面协商一致，由主管机构批准以特定形式发布，作为共同遵守的准则。

食品卫生标准就是指对食品的具有卫生等意义的指标及其检验方法所作的技术规定。它是食品生产经营部门进行生产经营活动和食品卫生监督部门进行管理的共同准则和依据，是食品质量保证的重要组成部分，是消费者健康得到保证的法律依据。

下面列举部分肉制品的微生物限量标准，以供对计数结果的判定（见表3-4）。

表3-4 部分肉制品的微生物限量标准

食　品	细菌总数/[cfu/g（mL）]	大肠菌群/[MPN/100g（mL）]	致　病　菌	霉菌及酵母菌/[cfu/g（mL）]
酱卤肉类	出厂≤30 000 销售≤80 000	≤70 ≤150	不得检出肠道致病菌及致病性球菌	—
烧烤肉	出厂≤5 000 销售≤50 000	≤40 ≤100	不得检出（系指肠道致病菌和致病性球菌）	—
肴肉	≤50 000	≤90	不得检出（系指肠道致病菌和致病性球菌）	—
肉灌肠	出厂≤2 000 销售≤50 000	≤30	不得检出（系指肠道致病菌和致病性球菌）	—
肉类罐头	—	—	符合罐头食品商业无菌要求	—
辐射熟肉制品 辐射扒鸡	≤500	≤30	不得检出（系指肠道致病菌和致病性球菌）	—
西式蒸煮、烟熏火腿	出厂≤10 000	≤40	不得检出	—
肉松（太仓式）	≤30 000	≤40	不得检出（系指肠道致病菌和致病性球菌）	—

需指出的是，中国烹饪的工艺技术理论研究工作起步较晚，目前尚未形成中式面点、饭粥和各大类冷热菜肴的卫生标准体系，对烹饪原料、初加工制品、半成品、成品的微生物学动态研究工作还不够系统，套用现有食品的相应标准，又难以完美。因而今后由政府部门组织有关研究部门和高等院校开展以上系统研究工作，及制定与我国餐饮业生产实际相适应的微生物学标准体系，是一项十分紧迫的任务。

本章小结

餐饮食品的原料大多数属于动物、植物，其生长、生产、加工过程中不可避免地接触空气、土壤、水体中的微生物，其中一些属于病原菌，另一些属于腐生菌、寄生菌，它们构成了烹饪原料中的初始菌群，进而进入厨房。

影响微生物进入厨房的因素还包括来自食品容器、运输工具、机械设备等因素的交叉污染，厨房操作人员的更衣、洗手消毒及对病源微生物的控制，养成无菌操作的理念，可以减少各种人为的污染。

进入厨房的微生物无论如何都存在着风险，轻者引起食物新鲜度的下降、发生腐败变质，重者产生各种毒素引起食物中毒、食品中残留及引起慢性毒性作用，引起人畜共患性传染病，人体肠道传染病病原菌的传播及疫病的流行，而加强检测则是行之有效的控制手段之一。

微生物检测的任务包括对微生物数量的测定与对微生物菌种的鉴定等方面，要按照国家颁布的卫生标准进行食品质量的判定，餐饮业更应建立自身的微生物限量标准体系，以满足企业经营连锁化、国际化的需要。

习　题

1. 为什么菜肴端向餐桌的时间距进餐时间越短越好?
2. 为什么不能用池塘水洗涤生食瓜果?
3. 为什么煮熟的米饭还可能变质?
4. 简述进入厨房的微生物的主要来源。
5. 举例说明厨房里微生物交叉污染是怎样发生的。
6. 易引起食品腐败的常见细菌有哪几类?试举例说明。
7. 果蔬发生腐败变质时，怎样才能率先鉴定出其致腐菌?
8. 芽孢杆菌属分为哪四群?概述其代表种及与食品质量的关系。
9. 哪些肠道菌可引起食物中毒?经常引起中毒的食品有哪些?
10. 污染食品的主要霉菌有哪几种?它们在形态结构方面有哪些不同?
11. 哪些霉菌能在粮食谷物上产生真菌毒素?请举例说明。
12. 常见引起腐败变质的酵母有哪些?
13. 食生鸡蛋安全吗?
14. 你是怎样理解“粮谷的微生物菌群非常齐全”这一观点的?
15. 为什么应加快建立中餐食品微生物标准体系?
16. 名词解释:

SPC 法、MPN 法、DMC 法、触片法、比浊法、电导率法、菌落总数、cfu、大肠菌群

第四章　厨房微生物的生长

[学习目的] 了解微生物生长所需的营养要求，领会微生物生长量、生长速率、生长曲线的基本概念，熟练地分析各种内外因素对厨房微生物生长的影响，掌握人工培养条件下微生物生长的观察技术与检测技术。

[主要内容] 微生物的营养、生长与繁殖，生长过程的影响因素，微生物的代谢活动，微生物的人工培养与生长特性的观察。

第一节　微生物生长应满足的营养要求

微生物与其他生物一样，需要不断地从生长的外部环境中吸取所需要的各种营养物质，合成自身的细胞物质和提供机体进行各种生理活动所需要的能量，才能使机体进行正常的生长与繁殖，保证其生命的连续性，同时产生各种代谢产物，这一过程称为微生物的营养。营养物可为微生物正常生命活动提供结构物质、能量、代谢调节物质和良好的生理环境。

一、微生物生长所需营养素

微生物的营养要素有六种，包括碳源、氮源、能源、生长因子、无机盐和水，见表4-1。

表4-1　　微生物和动物、植物营养要素的比较

生物类型 营养要素	动物（异养）	微生物		绿色植物（自养）
		异养	自养	
碳源	糖类、脂肪	糖、醇、有机酸等	二氧化碳、碳酸盐	二氧化碳、碳酸盐
氮源	蛋白质或其降解物	蛋白质或其降解物、有机氮化物、无机氮化物、氮	无机氮化物、氮	无机氮化物
能源	与碳源同	与碳源同	氧化无机物或利用光能	利用日光能
生长因子	维生素	一部分需要维生素等生长因子	不需要	不需要
无机盐	无机盐	无机盐	无机盐	无机盐
水分	水	水	水	水

（一）碳源

凡能够提供微生物营养所需的碳元素（碳架）的营养源，称为碳源（carbon source）。微生物可利用的碳源范围极其广泛（见表4-2）。

表4-2　微生物需要的碳源

类　型	元素水平	化合物水平	培养基原料
有机碳	C·H·O·N·X C·H·O·N C·H·O C·H	复杂蛋白质、核酸等 多数氨基酸、简单蛋白质 糖、有机酸、醇、脂类等 烃类	牛肉膏、蛋白胨、花生饼粉等 一般氨基酸、明胶等 葡萄糖、蔗糖、各种淀粉、糖蜜等 天然气、石油及其不同馏分、石蜡油等
无机碳	C·O C·H·X	CO_2 $NaHCO_3$、$CaCO_3$	CO_2 $NaHCO_3$、$CaCO_3$ 等

注：X指除C、H、O、N外的任何其他一种或几种元素。

从碳源种类来看，分为有机碳源和无机碳源两大类。凡必需利用有机碳源的微生物，称为异养微生物，大多数微生物属这类。凡能利用无机碳源的微生物，则是自养微生物。微生物的碳源非常广泛，在元素水平上可归为六种类型。

微生物的碳源虽然很广，但对异养微生物来说，其最适碳源是“C·H·O”型。其中，糖类是最广泛利用的碳源，其次是醇类、醛类、有机酸和脂类等。在糖类中，单糖优于双糖和多糖，已糖优于戊糖，葡萄糖、果糖优于半乳糖、甘露糖。在多糖中，淀粉明显优于纤维素或几丁质等纯多糖；纯多糖优于琼脂等杂多糖或其他大分子多糖如木素。

上述碳源谱是从整个微生物界的角度来讨论的。如果针对某一具体微生物来看，那么不同种的微生物其具体碳源利用范围差异很大。

对于异氧微生物来说，它的碳源同时又能充作能源，这时，可认为碳源是一种双功能的营养物。

异养细菌虽必须利用各种有机碳源，但不少种类尤其是生长在动物的血液、组织和肠道中的致病微生物，还需要少量二氧化碳才能正常生长。因此，在培养它们时，常要提供10%（体积分数）的二氧化碳；在其他好氧微生物生长时，如果用氢氧化钾除去二氧化碳，也往往对其生长有所抑制。

在微生物发酵生产中，常根据不同微生物的营养需要，利用各种农副产品如玉米粉、米糠、麦麸、马铃薯、甘薯以及各种野生植物的淀粉，作为微生物生产廉价的碳源。

（二）氮源

凡能提供微生物生长繁殖所需氮元素的营养源，称为氮源（nitrogen source）。与碳源相似，微生物能利用的氮源种类也是十分广泛的（见表4-3）。

表4-3 微生物所需的氮源

类　型	元素水平	化合物水平	培养基原料水平
有机氮	N·C·H·O·X	复杂蛋白质、核酸等	牛肉膏、酵母膏、饼粕粉、蚕蛹粉等
	N·C·H·O	尿素、一般氨基酸、简单蛋白质等	尿素、蛋白胨、明胶等
	N·H	NH_3、铵盐等	$(NH_4)_2SO_4$ 等
无机氮	N·O	硝酸盐等	KNO_3 等
	N	N_2	空气

微生物的氮源种类有许多特点。一般说来，异养微生物对氮源利用的顺序是“N·C·H·O”或“N·C·H·O·X”类优于“N·H”类，更优于“N·O”类，而最不易被利用的则是“N”类。

从微生物所能利用的氮源种类来看，分为3类：①空气中分子态的氮，只有少数具有固氮能力的微生物（如固氮菌、根瘤菌）能利用。②无机氮化合物如铵态氮（NH_4^+）、硝态氮（NO_3^-）和简单的有机氮化物（如尿素），大多数微生物可以利用。它们能把非氨基酸的简单氮源（如尿素、铵盐、硝酸盐和氮气）自行合成所需要的氨基酸，可称为“氨基酸自养型微生物”。③有机氮化合物，大多数寄生性微生物和一部分腐生性微生物需要有机氮化合物（如蛋白质、氨基酸）为必需的氮素营养，这类微生物可称为“氨基酸异养型微生物”。

对微生物的氮源作这种分类具有重要的实践意义。因为人类需要外界提供氨基酸和蛋白质，而这些营养成分往往又是他们食物中较缺少的。为了充实人的氨基酸营养，除了继续向绿色植物索取外，今后要更多地利用氨基酸自养型的微生物，让它们将人或动物原来无法利用的廉价的尿素、铵盐、硝酸盐或大气中的氮转化成菌体蛋白（SCP及食用蕈等）或含氮的代谢产物（谷氨酸和其他氨基酸等），以丰富人类的食物资源。

在实验室和发酵生产中，常以铵盐、硝酸盐、牛肉膏、蛋白胨、酵母膏、鱼粉、血粉、蚕蛹粉、豆饼粉和花生粉作为微生物的氮源。

（三）能源

能源（energy source）即是能为微生物的生命活动提供最初能量来源的营养物或辐射能。

异养微生物的能源就是其碳源，因此，微生物的能源就显得十分简单：

能源谱
- 化学物质
  - 有机物：化能异养微生物的能源（同碳源）
  - 无机物：化能自养微生物的能源（不同于碳源）
- 辐射能：光能自养和光能异养微生物的能源

化能自养微生物的能源物质都是一些还原态的无机物质，例如，NH_4^+、NO_2^-、S、H_2S、H_2 和 Fe^{2+} 等，能氧化利用这些物质的微生物都是细菌，如硝酸细菌、亚硝酸细菌、硫化细菌、硫细菌、氢细菌和铁细菌等。

还原态无机养料常具有双功能（如 NH_4^+ 既是硝酸细菌的能源，又是其碳源）甚至还有三功能的（能源、碳源、氮源）营养物；有机物常有双功能或三功能，如“N·C·H·O”类营养物常是异养微生物的能源、碳源兼氮源。

（四）生长因子

生长因子（growth factor）是一类对微生物正常代谢必不可少且不能用简单的碳源或氮源自己合成的有机物。它的需要量一般很少。广义的生长因子除了维生素外，还包括碱基、卟啉及其衍生物、甾醇、胺类、C_4 ~ C_6 的分枝或直链脂肪酸，以及需要量较大的氨基酸；狭义上的生长因子一般仅指维生素。

生长因子虽是重要的维生素，但它与碳源、氮源和能源不同，并非任何一种微生物都需从外界吸收。有些微生物能自身合成大量的维生素及其他生长因子，因此，它们可作为维生素等的生产菌。在对微生物进行人工培养时，可视需要加入富含生长因子的酵母膏、玉米浆、肝浸液、麦芽汁或其他新鲜的动植物组织浸液，也可加入复合维生素溶液。

（五）无机盐

无机盐是微生物生长必不可少的一类营养物。它们参与酶的组成、调节酶的活性，维持细胞结构的稳定性，调节和维持细胞的渗透压平衡、控制细胞的氧化还原电位和作为某些微生物生长的能源物质等。

（六）水

水在微生物的代谢中起着重要作用。水的生理功能：①水是微生物细胞的重要组成成分，占活细胞总量的90%左右；②机体内的一系列生理生化反应都离不开水；③营养物质的吸收与代谢产物的分泌都是通过水来完成的；④水的比热容高，又是热的良好导体，因而能有效地吸收代谢过程中放出的热，并迅速地散发出去，避免细胞内温度突然升高，故能有效地控制温度的变化。

二、微生物的营养类型

微生物在其长期进化过程中，由于生态环境的影响，逐渐分化成各种营养类型。

根据微生物生长所需要的碳源物质的性质，可以将其分成无机营养型（自养型）微生物和有机营养型（异养型）微生物两大类。有机营养型微生物必须以适宜的有机化合物为养料，不能以 CO_2 为生长的惟一碳源；无机营养型可以以 CO_2 为生长的主要碳源或惟一碳源，不需要有机养料。

根据微生物对能源要求是光能或是化学能的不同，又可将其分为光能营养型微生物和化能营养型微生物。

根据微生物生长所需要的碳源和能源的不同，微生物的营养类型可分为四类：光能自养型、光能异养型、化能自养型、化能异养型（见表4-4）。

表4-4 微生物的营养类型

营养类型	能源	氢供体	基本碳源	实　例
光能无机营养型（光能自养型）	光	无机物	二氧化碳	蓝细菌、紫硫细菌、藻类
光能有机营养型（光能异养型）	光	有机物	二氧化碳及简单有机物	红螺菌科的细菌（即紫色无硫细菌）
化能无机营养型（化能自养型）	无机物*	无机物	二氧化碳	硝化细菌、硫化细菌、铁细菌、氢细菌、硫黄细菌等
化能有机营养型（化能异养型）	有机物	有机物	有机物	绝大多数细菌和全部真核微生物

*为 S、Fe^{2+}、NH_4^+、NO_2^-、H_2 等。

进入厨房的微生物绝大多数均属化能异养型微生物，根据摄取死或活的有机物这一习性不同可将化能异养型进一步细分为以下几种：①腐生型：从无生命的有机物获得营养物质。引起食品腐败变质的某些霉菌和细菌就属于这一类型。如引起腐败的梭状芽孢杆菌、毛霉、根霉、曲霉等。②寄生型：必须寄生在活的有机体内，从寄主体内获得营养物质才能生活称为寄生，这类微生物称寄生微生物。寄生又分为绝对寄生和兼性寄生。如果只能在一定的活生物体内寄生生活的称绝对寄生。寄生菌是引起人、动物、植物以及微生物病害的病原微生物，如病毒、噬菌体、立克次氏体。③兼性寄生型：有些微生物既能在活的生物体上生活，又能在死的有机残体上生长的称为兼性寄生微生物。如人和动物肠道内普遍存在的大肠杆菌，它生活在人和动物肠道内是寄生，随粪便排出体外，又可以在水、土壤和粪便之中腐生。又如引起瓜果腐烂的瓜果腐霉的菌丝可侵入果树幼苗的胚芽基部进行寄生，也可以在土壤中长期进行腐生。

三、营养素进入细胞的方式

大多数的微生物是属于渗透营养型的微生物。营养物质进入微生物细胞是一个复杂的生理过程。据目前所知，细胞壁起的作用不大，仅仅是简单地排阻分子质量过大（>600u）的溶质进入，而起作用的是细胞膜，它成为控制营养物进入和代谢产物排出的主要屏障。一般认为，细胞膜以四种方式控制物质的运送，即简单扩散、促进扩散、主动运送和基团移位。其中以主动运送为最重要。它们间的主要差别如下：

- 物质运送类型
  - 细胞膜上无载体蛋白：简单扩散
  - 细胞膜上有载体蛋白
    - 不消耗能量：促进扩散
    - 消耗能量
      - 运送前后溶质分子不变：主动运送
      - 运送前后溶质分子改变：基团移位

第二节　微生物生长与繁殖

一、微生物生长与繁殖的概念

微生物在适宜的外界环境条件下，不断地吸收营养物质，并按自身的代谢方式进行新陈代谢，如同化作用大于异化作用，其结果是原生质的总量（包括重量、体积、大小）不断地增加，称为微生物的生长现象。

单细胞微生物如细菌的生长，往往伴随着细胞数目的增加。当细胞增长到一定程度时，就以二分裂方式，形成两个相似的子细胞，子细胞又重复上述过程，使细胞数目增加，称为繁殖。在多细胞微生物中，例如某些霉菌，细胞数目的增加如不伴随着个体数目的增加，只能称生长，不能称繁殖。例如菌丝细胞的不断延长或分裂产生同类细胞均属生长，只有通过形成无性孢子或有性孢子使得个体数目增加的过程才称繁殖。

一般情况下，当环境条件适合，生长与繁殖始终是交替进行的。从生长到繁殖是一个由量变到质变的过程，这个过程就是发育。

个体生长⟶个体繁殖⟶群体生长

群体生长 = 个体生长 ＋ 个体繁殖

微生物的生长繁殖是其在内外各种环境因素相互作用下的综合反映。当微生物处于一定的物理、化学条件下，生长、发育正常，繁殖速率也高；如果某一或某些环境条件发生改变，就会杀灭或抑制微生物的生长繁殖。

二、微生物生长繁殖的方式

（一）细菌的繁殖

细菌最普通的繁殖方式就是裂殖，通常表现为横分裂。绝大多数类群在分裂时产生大小相等和形态相似的两个子细胞，称为同形分裂。但有少数细菌分裂后，却能形成两个大小不等的子细胞，称为异形分裂。

细菌分裂时首先从细胞核染色体DNA的复制开始，形成新的双链，随着细胞的生长，每条DNA各形成一个核区，同时在细胞赤道附近的细胞膜从外向中心作环状推进，然后闭合在两核区之间产生细胞质隔膜，使细胞质分开。进而细胞壁也由四周向中心逐渐伸展，把细胞质膜分成两层，每一层分别形成子细胞膜。接着横隔壁亦分成两层，并形成两个子细胞壁，最后分裂为两个独立的子细胞（见图4-1）。

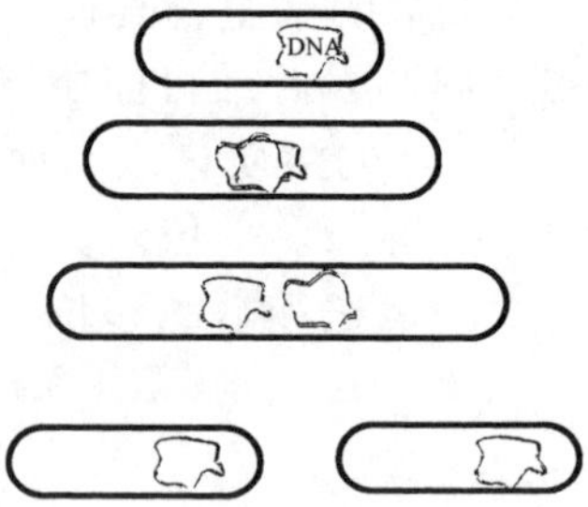

图4-1　细菌的分裂过程

细菌的繁殖速度以代时G表示，即增殖一次所需要的时间，以分钟（min）数表示。

（二）酵母的繁殖

酵母均具有无性繁殖和有性繁殖两种繁殖方式。无性繁殖又分为出芽繁殖和分裂繁殖，有的可形成厚垣孢子或节孢子。有性繁殖产生子囊孢子。

1. 无性繁殖

（1）芽殖法　芽殖法是酵母细胞中最普遍的繁殖方式，成熟的酵母细胞在芽体形成的起始阶段，由于水解酶的作用，水解细胞壁多糖的结果使细胞壁变薄。母细胞的液泡产生一根小管，同时在细胞表面形成一个小的突出体，称为泡。小管穿过细胞壁进入突出体，母细胞的核分裂成两个子核，一个随母细胞的细胞质流入突出体内，形成芽体，当芽体长大到最大体积时，其头部就形成一块隔壁，当隔壁层分离，芽体继续生长，便成为一个新的个体，即成为酵母的子细胞。如果酵母菌生长旺盛，在子细胞尚未与母细胞脱离前，即可在子细胞上长出新的芽体，如此继续出芽，形成假菌丝（见图4-2）。

（2）裂殖　裂殖仅为少数种类酵母菌，如裂殖酵母属（*Schizosaccharomyces*）所特有的繁殖方式。首先是细胞延长，核分裂为二，细胞中央出现隔膜，将细胞横分为两个具单核的子细胞。

2. 有性繁殖

当酵母菌发育至一定阶段后，两个性别不同的细胞各伸出小突起相互接触、融合，形成一个通道。两个单倍体的细胞核移到融合管道中结合形成二倍体细胞核。通过接合而获得新遗传性状的受体细胞称为接合子，二倍体接合子可在融合管的垂直方向形成芽，然后二倍体核移入芽内。此二倍体芽可以从融合管道脱落下来，开始二倍体营养细胞的生长繁殖。很多酵母菌的二倍体细胞可以进行多代的营养生长繁殖。在适合条件下，二倍体细胞的核可进行减数分裂，形成4个或8个子囊孢子。形成子囊孢子的细胞称为子囊（见图4-3）。

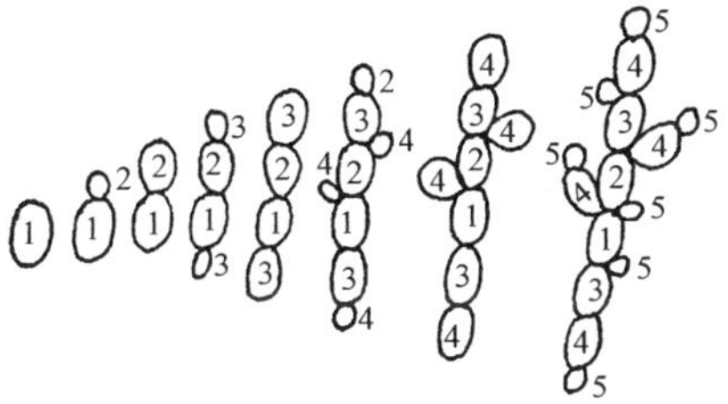

图4-2　酵母菌假菌丝的形成

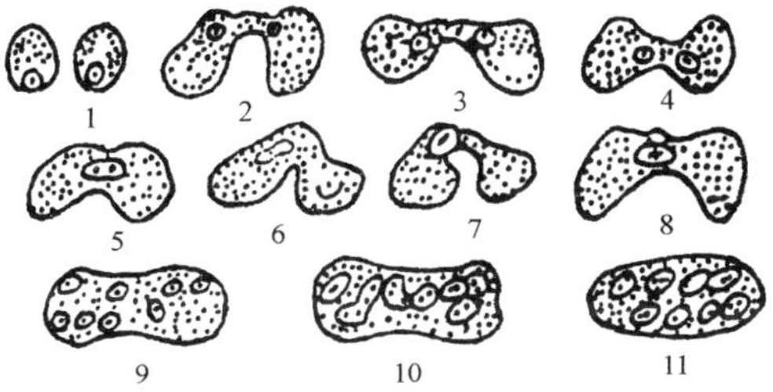

图4-3　子囊形成过程

1、2、3、4—两个细胞结合　5—接合子

6、7、8、9—核分裂　10、11—核形成孢子

酵母菌形成子囊时，若由两个形状和大小相似的细胞进行结合，称为同型配子结合。若系两个形状和大小不同的细胞进行结合，则称为异型配子结合。通常处于幼龄的酵母菌细胞，在合适的环境条件下才易形成子囊孢子。在适宜的条件下，子囊孢子又可萌发成新的菌体。

（三）霉菌的繁殖

霉菌经过一段营养生长期后，便开始进行繁殖。霉菌的繁殖能力很强，而且方式也多样化。主要以各种各样的孢子作为繁殖单位。霉菌的孢子常成千成万地产生，数量大得惊人。霉菌的繁殖方式按其生物学性质，可分为无性繁殖和有性繁殖。无性繁殖是指不经过两性细胞结合而直接由菌丝分化形成孢子的过程，所产生的孢子叫无性孢子。霉菌的无性繁殖，大多数是通过产生无性孢子来实现的。常见到的无性孢子有：游动孢子、孢囊孢子、分生孢子和厚垣孢子等。有性繁殖是经过不同性别细胞的结合，经质配、核配、减数分裂形成孢子的过程，而产生的孢子叫有性孢子。霉菌有性孢子大致可归纳为四种类型：卵孢子、接合孢子、子囊孢子和担孢子。

三、微生物生长曲线

微生物生长繁殖的速度非常快，一般细菌在适宜的条件下，20 ~ 30 min 就可以分裂一次。如果不断迅速地分裂，短时间内可达惊人的数目，但实际上是不可能的。在培养条件保持稳定的状况下，定时取样测定培养液中微生物的菌体数目，发现在培养的开始阶段，菌体数目并不增加，一定时间后，菌体数目增长很快，继而菌体数目增长速度保持稳定，最后增长速度逐渐下降以至等于零。如果以培养时间为横坐标，以单细胞增长数目的对数值作纵坐标，就可画出一条生长曲线。这生长曲线（growth curve）代表了单细胞微生物从生长开始到衰老死亡的一般规律。

根据微生物的生长速率常数（growth rate constant），即每小时的分裂代数的不同，一般把典型的生长曲线粗分为延滞期、对数期、稳定期和衰亡期四个时期（见图4-4）。

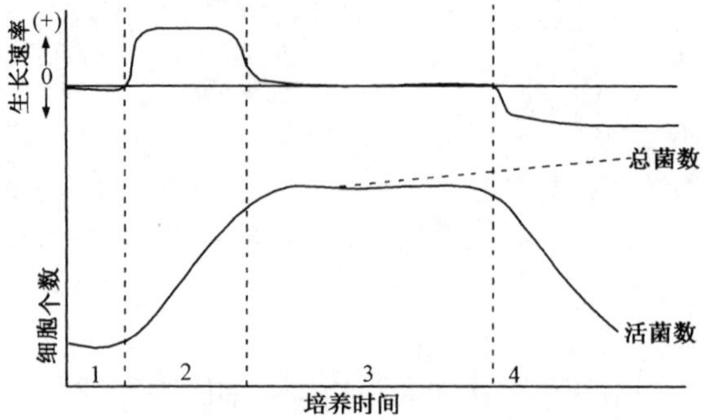

图4-4　单细胞微生物的生长曲线
1—延滞期　2—对数期　3—稳定期　4—衰亡期

（1）延滞期（lag phase）　又称适应期、缓慢期、调整期或停滞期，是指把少量微生物接种到新培养液开始的一段时间。延滞期细胞数目不增加，甚至还可能减少。延滞期有如下特点：①生长的速率常数为零；②细胞的体积增大，DNA 含量增多，为分裂做准备；③合成代谢旺盛，核糖体、酶类和 ATP 的合成加快，易产生诱导酶；④对不良环境敏感，例如 pH、NaCl 溶液浓度、温度和抗生素等化学物质导致的不良环境。

为了提高生产效率，发酵生产中常采取措施缩短延滞期，其方法主要有：①以对数期的菌体作种子菌。因对数期的菌体生长代谢旺盛，繁殖力强，抗不良环境和噬菌体的能力强，采用对数期的菌体作种子，延滞期就短。②适当增大接种量。生产上接种量的多少是影响延滞期的一个重要因素。接种量大，延滞期短；接种量小，则延滞期长。一般采用3%～8%的接种量，根据生产上的具体情况而定，最高不超过10%。③培养基增加营养成分。为了缩短培养基的营养成分差异，常在种子培养基中加入生产培养基的某些营养成分，即使种子培养基尽量接近发酵培养基。通常微生物生长在营养丰富的天然培养基中比营养单调的组合培养基中快。

（2）对数期（logarithmic phase）　又称指数期，指在生长曲线中，紧接着延滞期后的一段时期。此时菌体细胞生长的速率常数 R 最大，分裂快，细胞每分裂一次的增代时间（即代时，generation time）短，细胞进行平衡生长，菌体内酶系活跃，代谢旺盛，菌体数目以几何级数增加，群体的形态与生理特征最一致，抗不良环境的能力强。

在对数期中，以下三个参数尤为重要。

① 繁殖代数（n）：

$$x_2 = x_1 \cdot 2^n$$

以对数表示：

$$\lg x_2 = \lg x_1 + n \lg 2$$

$$n = \frac{\lg x_2 - \lg x_1}{\lg 2} = 3.322\ (\lg x_2 - \lg x_1)$$

② 生长速率常数（R）：根据生长速率常数定义可知：

$$R = \frac{n}{t_2 - t_1} = \frac{3.322\ (\lg x_2 - \lg x_1)}{t_2 - t_1}$$

③ 代时（G）：根据平均代时的定义可知：

$$G = \frac{1}{R} = \frac{t_2 - t_1}{3.322\ (\lg x_2 - \lg x_1)}$$

影响微生物对数期增代时间的因素较多，主要有：

①菌种：不同微生物代时差别大，即使是同一菌种，由于培养基成分和物理条件（如培养温度、培养基的 pH 和营养物质性质）的不同，其对数期的代时也不同。但是，在一定条件下，各种菌的代时是相对稳定的，多数为 20 ~ 30 min，有的长达 33h，快的只有 9.8 min（见表 4-5）。

表 4-5　不同细菌的代时

细　菌	培养基	温度/℃	代时/min
漂浮假单胞菌（*Pseudomonas natriegenes*）	肉汤	27	9.8
大肠杆菌（*Escherichia coli*）	肉汤	37	17
蜡样芽孢杆菌（*Bacillus cereus*）	肉汤	30	18
嗜热芽孢杆菌（*Bacillus thermophilus*）	肉汤	30	18
枯草芽孢杆菌（*Bacillus subtilis*）	肉汤	55	18.3
巨大芽孢杆菌（*Bacillus megaterium*）	肉汤	30	31
乳酸链球菌（*Streptococcus lactis*）	肉汤	37	26
嗜酸乳杆菌（*Lactobacillus acidophilus*）	牛乳	37	66 ~ 87
伤寒沙门氏菌（*Salmonella typhi*）	牛乳	37	23.5
金黄色葡萄球菌（*Staphylococcus aureus*）	肉汤	37	27 ~ 30
霍乱弧菌（*Vibrio cholerae*）	肉汤	37	21 ~ 38
丁酸梭菌（*Clostridium butyricum*）	玉米醪	30	51
结核分枝杆菌（*Mycobacterium tuberculosis*）	组合	37	792 ~ 932
梅毒密螺旋体（*Treponema pallidum*）	家兔	37	1 980

②营养成分：同种细菌，营养丰富的培养基，其代时就短，反之则长。

③培养温度：温度是影响微生物生长速率的重要物理因素。大肠杆菌在不同温度下的

代时见表4-6。

表4-6　大肠杆菌在不同温度下的代时

温度/℃	代时/min	温度/℃	代时/min
10	860	35	22
15	120	40	17.5
20	90	45	20
25	40	47.5	77
30	29		

（3）稳定期（stationary phase）　又称最高生长期或恒定期。处于稳定期的微生物其特点是：新繁殖的细胞数与衰亡细胞数几乎相等，即是正生长与负生长达动态平衡，此时生长速度逐渐趋向于零。

出现稳定期的原因主要有：①营养物质特别是生长限制因子的耗尽，营养物质的比例失调，例如C/N比值不合适等；②酸、醇、毒素或过氧化氢等有害代谢产物的累积；③pH、氧化还原电位等环境条件越来越不适宜等。

稳定期是以生产菌株或与菌体生长相平行的代谢产物，例如单细胞蛋白、乳酸等为目的的一些发酵生产的最佳收获期，也是对某些生长因子例如维生素和氨基酸等进行生物测定的必要前提。稳定期的微生物，在数量上达到了最高水平，产物的积累也达到了高峰。这时，菌体的总产量与所消耗的营养物质之间存在着一定关系。此外，由于对稳定期到来的原因进行研究，促进了连续培养技术的产生和研究。生产上常通过补料、调节温度和pH等措施，延长稳定期，以积累更多的代谢产物。

（4）衰亡期（decline phase或death phase）　稳定期后，微生物死亡率逐渐增加，以致死亡数大大超过新生数，群体中活菌数目急剧下降，出现了“负生长”（R为负值），此阶段叫衰亡期。这时，细胞形态多样，例如产生很多膨大、不规则的退化形态；有的细胞内多液泡，革兰氏染色反应为阳性的变成阴性；有的微生物因蛋白水解酶活力的增强发生自溶（autolysis）；有的微生物在这时产生抗生素等次生代谢产物；对于芽孢杆菌，芽孢释放往往也发生在这一时期。

四、微生物生长量的测定

微生物特别是单细胞微生物，体积很小，个体生长很难测定，意义也不大。通常测定微生物生长是测群体的生长，而测定繁殖都是建立在计数技术这一基础上。

（一）测体积法

将待测培养液放在刻度离心管中作自然沉降或进行一定时间的离心，然后观察沉降物的体积。

（二）称干重法

采用离心法或过滤法测定，一般干重为湿重的10%~20%。

离心法是将待测培养液离心，再用清水洗涤，离心后干燥，可用105℃或红外线烘干，也可在较低的温度如80℃下进行真空干燥，然后称干重。如一个细菌细胞一般重10^{-12}~10^{-13}g。

过滤法既可用于细菌，也可用于真菌的干重测定。丝状真菌可用滤纸过滤，细菌可用醋酸纤维膜过滤。过滤后，可用少量无菌水洗涤，再真空干燥（40℃），称干重。

（三）生理指标测定法

与生长量相平行的生理指标很多，它们均可作生长量测定的相对值，如含氮量、含碳量以及磷、DNA、RNA、ATP含量，有时也以产酸、产气、产二氧化碳（用标记葡萄糖作基质）、耗氧、黏度和产热等为指标，做生长量的测定。

（四）计数法

常用的有直接镜检计数、平板菌落计数、液体稀释培养计数、比浊计数等。

随着科学技术的发展，出现了一些快速测定方法，如测试纸显色法（含专用培养基和活菌指示剂）、DNA指纹技术、PCR扩增等快速测定法。

第三节　微生物生长的影响因素

影响微生物生长的因素很多，包括食品内在因素和外在因素，内在因素是动植物组织自身固有的因素，如pH、含水量、氧化还原电位、营养成分、抗微生物成分等；外在因素指环境因素，如温度、相对湿度、气体及其他微生物的存在等。食品中微生物的生长状况是由这些内外因素综合作用的结果。

一、食品内部因素

（一）pH

微生物生长的pH范围极广，一般在2 ~ 8之间，有少数种类还可以超出这一范围。事实上，大多数种类都生长在pH5 ~ 9之间。

不同的微生物都有其最适生长pH和一定的pH范围，即最高、最适和最低三个数值。在最适pH范围内微生物繁殖速度快，在最低或最高pH的环境中，微生物虽然能生存和生长，但生长非常缓慢而且容易死亡。一般霉菌能适应的pH范围最大，酵母菌适应的范围较小，细菌最小。霉菌和酵母菌生长最适pH在5 ~ 6之间，而细菌的生长最适pH在7左右。一些最适生长于pH偏碱性范围内的微生物，有的是嗜碱性，称嗜碱性微生物（basophile），如硝化菌、尿素分解菌、根瘤菌和放线菌等。有的不一定要在碱性条件下生活，但能较耐碱的条件，称耐碱微生物（basotolerant microorganism），如若干链霉菌等。生长在pH偏酸性范围内的微生物也有两类：一类是嗜酸微生物（acidophile），如硫杆菌属等；另一类是耐酸微生物（acidotolerant microorganism），如乳酸杆菌、醋酸杆菌、许多肠杆菌和假单胞菌等（见表4-7）。对细菌来说，嗜酸菌指能在pH 0 ~ 5.0的范围生长者，嗜中性菌指能在pH 5.0 ~ 8.5范围生长者，嗜碱性菌指能在pH 7.0 ~ 11.5范围生长者。

表4-7　　不同微生物生长的pH范围

微生物	pH		
	最低	最适	最高
嗜酸乳杆菌	4.0~4.6	5.8~6.6	6.8
金黄色葡萄球菌	4.2	7.0~7.5	9.3
大肠杆菌	4.3	6.0~8.0	9.5
伤寒沙门氏菌	4.0	6.8~7.2	9.6
放线菌	5.0	7.5~8.5	10
一般酵母菌	3.0	5.0~6.0	8.0
黑曲霉	1.5	5.0~6.0	9.0

不同的微生物有其最适的生长pH范围，同一微生物在其不同的生长阶段和不同的生理、生化过程中，也要求不同的最适pH。这对发酵过程中pH的控制、积累代谢产物特别重要。微生物会改变环境的pH，即改变培养基的原始pH。当使用碳氮比例高的培养基，如培养真菌的培养基，经培养后其pH常会明显下降，因而pH调节是微生物培养中的一项重要工作。pH调节措施如下：

pH调节措施
- "治本"
  - 过酸时
    - 加适量氮源：如尿素、硝酸钠、NH_4OH或蛋白质
    - 提高通气量
  - 过碱时
    - 加适量碳源：糖、乳酸、油脂等
    - 降低通气量
- "治标"
  - 过酸时：加氢氧化钠、碳酸钠等碱中和
  - 过碱时：加硫酸、盐酸等酸中和

（二）干燥

1. 干燥对微生物的影响

微生物在生长过程中，因缺少水分而造成的干燥可能会有几种不同的结果。有些微生物可以迅速死亡；有些微生物随着干燥环境的延续而逐渐死亡；还有一些微生物可以较长

期存活下来，但已不能进行生长繁殖。

干燥能引起微生物细胞内蛋白质的变性和盐类浓度的增高，这是抑制微生物生长或促使微生物死亡的主要原因。

2. 影响干燥作用的因素

（1）微生物类别　在同一干燥的环境中，不同种类微生物对干燥的抵抗力是不一样的。从微生物的营养细胞来说，霉菌中菌丝抗干燥力最弱；细菌以螺旋菌的抵抗力最弱，革兰氏阳性球菌最强；酵母的营养细胞也有相当的抗干燥力，在一般干燥环境中，可生存较长的时间。霉菌和酵母的孢子具有很强的抗干燥能力，尤以细菌的芽孢对干燥的抵抗力特别大，有些芽孢在干燥环境中能生存 10 年以上。有荚膜的细菌也有较大的抵抗力。食品中细菌的生长比霉菌生长要求更高的水分活度，革兰氏阴性菌对水分活度的要求比革兰氏阳性菌要高。绝大多数腐败细菌在 A_w 低于 0.90 以下就无法生长，而霉菌在 A_w 低至 0.8 时也能够生长。食物中毒的细菌中，金黄色葡萄球菌在 A_w 低到 0.86 时还能够生长，而肉毒梭状芽孢杆菌在 A_w 低于 0.94 时就不能生长。据报道，在各种细菌中，最低的 A_w 的细菌是嗜盐细菌，其 A_w 为 0.75，而嗜旱霉菌和嗜渗透压酵母分别能在 A_w 为 0.65 和 0.61 条件下生长。使用盐来控制 A_w 时，最高的 A_w 水平在 0.80 以下（见表 4-8）。

表 4-8　食品重要微生物生长的最低水分活度（A_w）

微　生　物	A_w	微　生　物	A_w
大多数细菌	0.90	灰葡萄孢霉	0.93
大多数酵母	0.88	葡枝根霉	0.93
大多数霉菌	0.80	刺囊毛霉	0.93
肉毒梭状芽孢杆菌，E 型	0.97	嗜盐细菌	0.75
假单胞菌	0.97	嗜旱霉菌	0.61
不动杆菌	0.96	嗜渗透压酵母	0.61
大肠杆菌	0.96	普鲁兰丝孢酵母	0.91
产气肠杆菌	0.95	金黄色葡萄球菌	0.86
枯草芽孢杆菌	0.95	柠檬链格孢霉	0.84
肉毒梭状芽孢杆菌 A、B 型	0.94	淡蓝色曲霉	0.70
产蛋白假丝酵母	0.94	圆锥曲霉	0.70
副溶血性弧菌	0.94	鲁氏接合酵母	0.62

（2）菌龄　幼龄的微生物对干燥的敏感性比老龄微生物大，容易死亡。

（3）干燥的速度　在高速地失去水分的过程中，不容易使微生物死亡。缓慢干燥时，微生物死亡最多。在干燥过程中，微生物死亡最快的是在干燥的早期。

(4) 温度　在干燥环境中的温度越高，微生物越容易死亡；在低温下干燥，微生物抗干燥能力强，不易死亡。干燥后存活的微生物若处于低温下，能长久地保存其活力，若保存于室温中，则容易死亡。

(5) 基质　相同种的微生物在不同基质中干燥时，能保存其活力的程度也不同。例如在蒸馏水中的微生物经失水干燥后能生存的时间较短；在含有糖、淀粉、蛋白质等物质中存在时，微生物经干燥后的生存时间较长。

A_w、温度与营养之间存在着一定的关系。首先，在任何温度下，随着 A_w 的下降，微生物生长的能力逐渐降低；第二，在最适生长温度下，微生物生长的 A_w 范围最广；第三，营养物能够拓宽微生物生存的 A_w 的范围，因为温度以及营养物含量的变化都能使微生物在较低的 A_w 条件下生长。

(6) 空气　经真空干燥后并在真空环境中贮存的微生物可长期保存其活力。而已经干燥的食品如暴露于潮湿空气中会重新造成微生物的生长及变质。

(三) 氧化还原电位

1. 微生物对氧化还原电位的要求

就像与 pH 的关系那样，各种微生物对其培养基的氧化还原电位（Eh）也有不同的要求。一些好氧菌生长的 Eh 为 +0.3 ～ +0.4V，兼性厌氧菌在 +0.1V 以上时进行好氧呼吸产能，在 +0.1V 以下时则进行发酵产能；而厌氧菌只能生长在 +0.1V 以下的环境中。

在实验室为了培养专性厌氧菌，除应驱走空气中的氧外，还应在培养基中加入适量的还原剂，包括巯基乙酸、抗坏血酸（维生素 C）、硫化钠、半胱氨酸、铁屑、谷胱甘肽或疱肉（瘦牛肉粒）等，以降低它的氧化还原电势。

2. 食品氧化还原电位与微生物的生长

食品中有利于维持还原条件的物质是肉中的—SH、抗坏血酸、水果与蔬菜中的还原糖。至于食品的 Eh，植物类食品尤其是植物的汁 Eh 值往往为 300 ~ 400mV，好氧细菌和霉菌通常是这类食品腐败的原因。

大块肉的 Eh 值大约为 -200mV；碎肉的 Eh 大约是 200mV。已经发现各种奶酪的 Eh 在 -20 ~ -200mV 左右。僵硬前肌肉的 Eh 与僵硬后相反，如马的里脊肉 Eh 在刚死亡时为 250mV，此时梭状芽孢杆菌不能生长。屠宰后 30h，在没有细菌生长条件下 Eh 降到 -130mV；当细菌开始生长时，Eh 已降至 -250mV。梭状芽孢杆菌的生长是在 Eh 为 -36mV 以下。结果显示：厌氧细菌在肌肉开始僵直时才进行繁殖，因为僵硬之前的 Eh 较高，肉中的—SH 是影响其 Eh 的一个因素。

食品的氧化还原电位可根据食品原料的特征性 O/R 电势、食品中抗电势变化的平衡能力、食品周围环境的氧的压力和大气接触食品的途径加以确定。

（四）渗透压

渗透压（osmotic pressure）是某水溶液中一个可用压力来量度的物化指标，它表示两种不同浓度的溶液间若被一个半渗透性薄膜隔开时，稀溶液中的水分子会因水势的推动而透过隔膜流向浓溶液，直至浓溶液中所产生的机械压力足以使两边水分子的进出达到平衡为止，这时由浓溶液中的溶质所产生的机械压力即为它的渗透压值。渗透压的大小是由溶液中所含有的分子或粒子的质点数所决定的，等重的物质，其分子或离子越小，则质点数越多，因而产生的渗透压就越大。

大多数微生物适于在等渗的环境下生长，若置于高渗溶液（如20% NaCl）中，水将通过细胞膜进到细胞周围的溶液中，造成细胞脱水而引起质壁分离，使细胞不能生长甚至死亡；若将微生物置于低渗溶液（如0.01% NaCl）或水中，外环境中的水从溶液进入细胞内引起细胞膨胀，甚至破裂致死。

一般微生物不能耐受高渗透压，因此，可利用高浓度的盐或糖保存食品，如腌渍蔬菜、肉类及果脯蜜饯等。糖的浓度通常在50% ~70%，盐的浓度为5% ~15%。由于盐的相对分子质量小，并能电离，在二者百分浓度相等的情况下，盐的保存效果优于糖。

有些微生物耐高渗透压的能力较强，如鲁氏酵母。另外嗜盐微生物（如生活在含盐量高的海水中）可在15% ~30%盐溶液中生长。

（五）食品的营养组成

微生物对于能源、氮源、维生素及相关的生长因子、矿物质和水的需要，以霉菌对它们的要求最低，其次是酵母、革兰氏阴性菌和革兰氏阳性菌。食品中的微生物能够利用糖、醇和氨基酸作为能源。还有少数微生物可以利用像淀粉和纤维素这样的复杂碳水化合物，通过首先将它们降解成单糖以后作为能源。脂肪也可以被微生物用作能源，但是脂肪只能被极少数的食品微生物所利用。异养微生物的主要氮源是氨基酸，还有大量的其他含氮化合物能够作为各种微生物的氮源。例如有些微生物能够利用核苷酸和自由氨基酸，而其他的微生物则可以利用多肽和蛋白质。一般来讲，几乎所有的微生物在利用像高分子蛋白质这样比较复杂的化合物之前，都会首先采用像氨基酸这样的简单化合物作为氮源。微生物对于多糖和脂肪的利用情况也是如此。

微生物只需要少量的维生素B，几乎所有天然食品往往都含有足够量的维生素B来满足那些不能自身合成基本需要量的微生物。一般来讲，革兰氏阴性菌的合成能力最差，在生长前必须利用1 ~2种这样的化合物。革兰氏阳性菌和霉菌可合成并满足自身所需的所有或大多数的化合物。因此，发现这两种微生物可在维生素B含量低的食品中生长。水果的维生素B含量往往较低，加上水果的低pH和Eh，这些都有助于解释为什么这些食品通常都是霉菌腐败而不是细菌腐败的原因。

（六）抗微生物成分

对微生物的侵染有些食品表现得非常稳定，这是因为其中存在某些天然的具有抗菌能力的物质。已知有些种的食物拥有重要的具有抗菌能力的油。这些物质包括丁香中的丁香酚、大蒜中的蒜素、肉桂中的肉桂醛和丁香酚、芥菜中的芥子油（异硫氰酸烯丙酯）、藿香中的丁香酚和麝香草酚以及欧洲牛至中的香芹酚（异丁香酚）和丁香酚。牛奶中含有多种抗微生物物质，包括乳铁蛋白、共凝集素、乳过氧化酶系统。在某些条件下乳酪蛋白也有抗菌能力。

鸡蛋中含有溶菌酶，溶菌酶与伴清蛋白一起可以赋予鸡蛋相当有效的抗菌系统。水果、蔬菜、茶、糖蜜和其他植物中的羟基肉桂酸的衍生物（p－香豆酸、阿魏酸、咖啡酸和绿原酸）具有抗细菌和抗霉菌的作用。

十字花科（大白菜、抱子甘蓝、芜菁等）植物的细胞液泡含有硫代葡萄糖苷。在创伤和机械损伤处，硫代葡萄糖苷能够产生异硫氰酸盐，产生抗菌作用。

牛乳中的乳过氧化酶、硫氰酸和过氧化氢都有抗微生物的作用，对革兰氏阴性嗜冷菌例如假单胞菌相当敏感。

（七）生物结构

有些食品自身的外层结构能在食品对付腐败微生物的侵染以及破坏中起到极好的抵抗作用，这些生物结构包括种子的种皮、水果的外皮、坚果的壳、动物的皮毛以及鸡蛋的壳。对于像核桃和胡桃这样的坚果，它们的壳或外层结构足够抵御所有微生物的侵染。当然，一旦外壳破碎，坚果肉就会受到霉菌的侵染。如果鸡蛋的外壳和鸡蛋的膜完好无损，在合适的温度和适度条件下贮藏时，能够防止几乎所有微生物的侵染。与外层未受损坏的水果相比，外层损坏了的水果和蔬菜就会较快地发生微生物性腐败。牛肉和猪肉的皮层能够阻止这些食物遭受侵染，部分原因是由于皮层比新鲜的切口表面干燥得更快。

食品的多个内在因素结合在一起是防止动植物受到微生物侵染的自然途径或方法。通过检测每个因素在食品中的实际情况，人们可以预测可能生长的微生物的一般类型，也能预测这种食品的整体稳定性。这些检测还可以辅助评价食品的存放期及其生产过程中可能存在的风险。

二、食品外部因素

（一）温度

以食品中重要的微生物生长的温度范围作为选择不同食品适宜的贮藏温度的主要依据，这是十分有益的（见图4-5）。

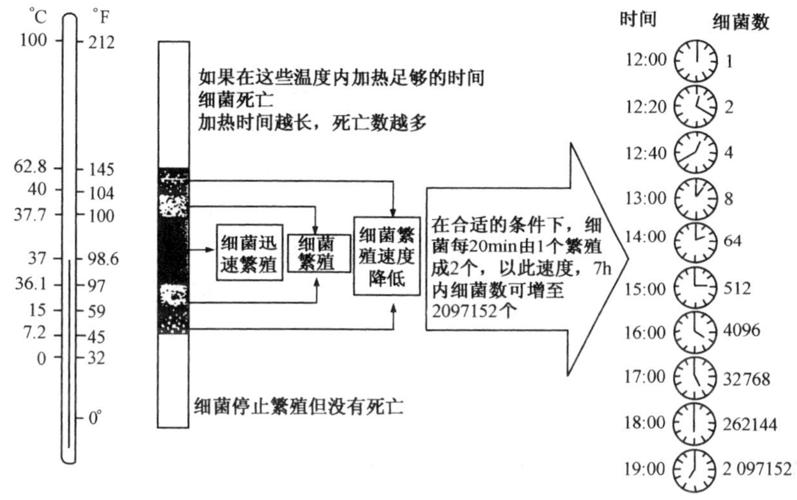

图 4-5　温度和时间对细菌生长的影响

1. 微生物生长温度的基点

温度是影响微生物生长繁殖最重要的因素之一。任何微生物的生长温度尽管有高有低，但都有最低生长温度、最适生长温度和最高生长温度这三个重要指标，这就是生长温度的三个基本点。

生长温度三基点
- 最低生长温度（一般为 -5 ～ -10℃，极端为 -30℃）
- 最适生长温度
  - 嗜冷菌（<20℃）
  - 嗜中温菌（20～45℃）
  - 嗜热菌（>45℃）
- 最高生长温度（一般为 80～95℃，极端为 105～300℃）

（1）最低生长温度　是指微生物能进行繁殖的最低温度界限。处于这种温度条件下的微生物生长速率很低，如果低于此温度则生长完全停止。不同微生物的最低生长温度不一样，这与它们的原生质物理状态和化学组成有关系，也可随环境条件而变化。

（2）最适生长温度　是指某菌分裂代时最短或生长速率最高时的培养温度。同一微生物，不同的生理生化过程有着不同的最适温度，最适生长温度并不等于生长量最高时的培养温度，也不等于发酵速度最高时的培养温度或累积代谢产物量最高时的培养温度，更不等于累积某一代谢产物量最高时的培养温度。要根据微生物不同生理代谢过程温度的特点，采用分段式变温培养或发酵。例如，嗜热链球菌的最适生长温度为 37℃，最适发酵温度为 47℃，累积产物的最适温度为 37℃。

（3）最高生长温度　是指微生物生长繁殖的最高温度界限。在此温度下，微生物细胞易于衰老和死亡。微生物所能适应的最高生长温度与其细胞内酶的性质有关。例如细胞色素氧化酶以及各种脱氢酶的最低破坏温度常与该菌的最高生长温度有关。

最高生长温度如进一步升高，便可杀死微生物。这种致死微生物的温度界限即为致死温度。致死温度与处理时间有关。在一定的温度下处理时间越长，死亡率越高。细菌在10min被完全杀死的最低温度称为致死温度。测定微生物的致死温度一般在生理盐水中进行，以减少有机物质的干扰。

高温对微生物的致死作用已广泛应用于用具的灭菌和消毒。利用高温灭菌的方法分干热（如灼烧、干热空气）和湿热两类。在同样的温度下，湿热灭菌由于菌体蛋白易凝固而较干热灭菌的效果好。

灼烧灭菌法是通过物质的实际燃烧来杀灭微生物的灭菌方法。此法灭菌彻底、迅速，但使用范围有限，常用于接种工具、污染物品以及实验动物尸体等废弃物的灭菌。

干热空气灭菌法是在干燥箱中利用热空气杀死微生物的方法。一般为150~160℃处理1~2h，该法适用于玻璃器皿、金属用具、油类、粉剂及类似物品的灭菌。

湿热灭菌是利用水作为传热媒介杀灭微生物的方法，有煮沸灭菌和高压蒸煮灭菌等方法。高压蒸煮灭菌方法常用0.1MPa（相当于121℃）处理15~20min，多用于液体类灭菌。

2. 微生物生长活动的温度类型

微生物按其生长温度范围，可分为低温微生物、中温微生物和高温微生物三类（见表4-9）。

表4-9 微生物的生长温度类型

微生物类型		生长温度范围/℃			分布特点
		最低	最适	最高	
低温型	专性嗜冷	-12	5~15	15~20	两极地区
	兼性嗜冷	-5~0	10~20	25~30	海水及冷藏食品上
中温型	嗜室温型	10~12	20~35	40~45	腐生菌
	嗜体温型	10~12	34~40	40~45	寄生菌
高温型					温泉、堆肥、土壤表层等

（1）低温型的微生物　又称嗜冷微生物（psychrophile），可在较低的温度下生长，其适温在10~15℃之间。它们常分布在地球两极地区的水域和土壤中。常见的产碱杆菌属、假单胞菌属、黄杆菌属、微球菌属等常使冷藏食品腐败变质。有些肉类上的霉菌在-10℃仍能生长，如芽枝霉；荧光极毛菌可在-4℃生长，并造成冷冻食品变质腐败。

低温也能抑制微生物的生长。在0℃以下，菌体内的水分冻结，生化反应无法进行而停止生长。有些微生物在冰点下就会死亡，主要原因是细胞内水分变成了冰晶，造成细胞脱水或细胞膜的物理损伤。厨房里常用低温保藏食品。

（2）中温型的微生物　绝大多数微生物属于这一类。最适生长温度在20～40℃之间，最低生长温度10～20℃，最高生长温度40～45℃。它们又可分为嗜室温和嗜体温性微生物。嗜体温性微生物多为人及温血动物的病原菌，它们生长的极限温度范围在10～45℃，最适生长温度与其寄主体温相近，在35～40℃之间，人体寄生菌为37℃左右。引起人和动物疾病的病原微生物、发酵用的微生物菌种以及导致食品原料和成品腐败变质的微生物，都属于这一类群的微生物。

（3）高温型微生物　它们适于在45℃以上的温度中生长，如芽孢杆菌属（*Bacillus*）、梭状芽孢杆菌属（*Clostridium*）、嗜热脂肪芽孢杆菌属（*Bac. stearothermophilus*）、高温放线菌属（*Thermoactinomyces*）、甲烷杆菌属（*Methanobacrium*）及温泉中的细菌，其次是链球菌属和乳杆菌属。有的可在近于100℃的高温中生长。这类高温型微生物给罐头制作和发酵生产会带来一定难度。高温型的微生物耐热机理可能是菌体内的蛋白质和酶比中温型的微生物更能抗热，尤其蛋白质对热更稳定。同时，高温性微生物的蛋白质合成机构——核糖体和其他成分对高温抗体也较大；细胞膜中饱和脂肪酸含量高，它比不饱和脂肪酸可以形成更强的疏水键，因此可保持在高温下的稳定性并具正常功能。

每一类群的微生物都有一定的生长温度范围（或称温距），在这三类微生物不同的生长温度范围之间，可以找到一个三种生理类群共同被适应生长的温度范围，即25～30℃之间，在这个温度范围内，不论是嗜热、嗜冷或嗜温的微生物都有生长的可能，并且这温度范围与嗜温微生物的最适生长温度相接近，又可看到这个温度范围之间也是绝大多数细菌、酵母菌和霉菌能够较良好生长的范围。因此，在25～30℃之间，各种食品都有可能因微生物活动而迅速变质。若温度高于或低于这共同能生长的温度范围，微生物能适应活动的主要类群就有了改变（见表4-10）。

表4-10　　不同温距中微生物活动的主要类群

低温 <10℃	中温25～30℃	高温 >40℃
霉菌	霉菌	细菌（少数）
酵母（少数）	酵母	
细菌（少数）	细菌	

3. 微生物生长速度与温度的关系

微生物生长速度与温度的关系常以温度系数 Q_{10} 来表示，即温度每上升10℃后的微生

物的生长速度与微生物未升高温度前的生长速度的比。即

$$温度系数\ Q_{10}=\frac{在（t+10℃）的生长速度}{t\ 时生长速度}$$

多数微生物的温度系数 Q_{10} 值为 1.5 ~ 2.5，也就是在一定的温度范围内，温度提高 10℃，微生物生长速度增加 1.5 ~ 2.5 倍。不同的微生物，它们在最适温度下，增代时间各不相同。例如，霍乱弧菌为 20min，枯草芽孢杆菌为 30min，结核杆菌则为 18h。同种微生物在不同温度下的增代时间也各不相同。

（二）相对湿度

相对湿度以 RH 表示。贮藏环境的 RH 值对食品的 A_w 和食品表面微生物的生长非常重要。食品贮藏应避免让食品从空气中吸取水分的 RH 值条件，否则食品本身表面和表面下 A_w 值就会增加，微生物就能够生长。当把低 A_w 值的食品放置在高 RH 值的环境中时，食品就会吸收水分直到建立起平衡为止。同样，高 RH 值的食品在低 A_w 值的环境中时就会失去水分。

表面遭受腐败性霉菌、酵母和某些细菌污染的食品应该在低 RH 值条件下进行贮藏。在选择合适的 RH 值环境时，应该同时考虑抑制微生物在食品表面生长以及保持理想的食品品质两个方面。通过改变贮藏环境的气体组成，可以在不降低 RH 值的同时阻止表面腐败。

（三）气体

氧气对微生物的生命活动有着重要影响。按照微生物与氧气的关系，可把它们分成好氧菌（aerobe）和厌氧菌（anaerobe）两大类。好氧菌又可分为专性好氧、兼性厌氧和微好氧菌；厌氧菌分为专性厌氧菌、耐氧菌。

（1）专性好氧菌（strict aerobe） 要求必须在有分子氧的条件下才能生长，有完整的呼吸链，以分子氧作为最终氢受体，细胞有超氧化物歧化酶（SOD，superoxide dismutase）和过氧化氢酶，绝大多数真菌和许多细菌都是专性好氧菌，如米曲霉、醋酸杆菌、荧光假单胞菌、枯草芽孢杆菌和蕈状芽孢杆菌等。食品的真空包装有助于抑制专性好氧菌的生长。

（2）兼性厌氧菌（facultative aerobes） 在有氧或无氧条件下都能生长，但有氧的情况下生长得更好。有氧时进行呼吸产能，无氧时进行发酵或无氧呼吸产能；细胞含 SOD 和过氧化氢酶。许多酵母菌和许多细菌都是兼性厌氧菌，例如酿酒酵母、大肠杆菌和普通变形杆菌等。

（3）微好氧菌（microaerophilic bacteria） 指只能在较低的氧分压下才能正常生长的微生物。也通过呼吸链以氧为最终氢受体而产能。例如霍乱弧菌、一些气单胞菌、拟杆菌属和发酵单胞菌属。

（4）专性耐氧菌（aerotolerant anaerobes）　一类可在分子氧存在时进行厌氧呼吸的厌氧菌，即它们的生长不需要氧，但分子氧存在对它也无毒害。它们不具有呼吸链，仅依靠专性发酵获得能量。细胞内存在 SOD 和过氧化物酶，但无过氧化氢酶。一般乳酸菌多数是耐氧菌，如乳链球菌、乳酸乳杆菌、肠膜明串珠菌和粪链球菌等，乳酸菌以外的耐氧菌如雷氏丁酸杆菌。

（5）厌氧菌（anaerobe）　厌氧菌的特征是分子氧存在对它们有毒，即使是短期接触空气，也会抑制其生长甚至死亡；在空气或含 10% 二氧化碳的空气中，它们在固体或半固体培养基的表面上不能生长，只能在深层无氧或低氧化还原电势的环境下才能生长。其生命活动所需能量是通过发酵、无氧呼吸、循环光合磷酸化或甲烷发酵等提供。细胞内缺乏 SOD 和细胞色素氧化酶，大多数还缺乏过氧化氢酶。常见的厌氧菌有罐头腐败菌，如肉毒梭状芽孢杆菌、嗜热梭状芽孢杆菌、拟杆菌属、双歧杆菌属以及各种光合细菌和产甲烷菌等。

绝大多数微生物都是好氧菌或兼性厌氧菌。厌氧菌的种类相对较少，但近年来已发现越来越多的厌氧菌。

厌氧菌的氧毒害机理是因厌氧菌缺乏 SOD，易被菌体内产生的超氧化物阴离子自由基毒害致死。

（四）微生物的相互作用

在食品环境中很少只形成单一的微生物区系，许多种微生物常常生长在一起，形成十分混杂的群体，使微生物与微生物之间，微生物与其他生物之间，有着非常复杂而多样化的相互关系，表现为互生、共生、寄生、拮抗和猎食。

1. 互生

两种或两类群能单独地生活的微生物，当它们生活在一起时可以互为对方创造良好的生活条件，或者一种微生物的生命活动（主要是代谢产物）改善了另一种微生物的生活条件，这种关系称为互生（mutualism）。所以，互生的有利条件可以是单方面的，也可以是双方面的。例如，具有水解淀粉、蛋白质等大分子化合物能力的菌为不具备分解这类物质能力的菌提供营养。又如，好氧微生物的生存为厌氧微生物创造厌氧条件等。在自然界，微生物之间的互生关系十分普遍，广泛存在，其影响也最大。

2. 拮抗

微生物之间对营养、氧气的争夺，或是一种微生物在其生命活动过程中能产生一种对他种微生物呈现有害作用的代谢产物，或者改变其他环境条件，从而抑制其他微生物的生长发育，甚至毒害或杀死他种微生物，这种关系称为拮抗（antagonism）。

（1）一般性干涉　微生物的一般性干涉，是指在同一环境或栖息处其他微生物对某种微生物产生的一般性的、非特异性的抑制或毁坏。如人类病原菌受到皮肤一般生物群的拮抗作用，一般鼻孔中无害的葡萄球菌菌群可防止强致病性葡萄球菌的群居，表明无害菌株防止随后进入的强毒菌株的栖息。

对食品进行微生物的干涉试验表明，冷冻饼上自然的微生物群抑制了接入的金黄色葡萄球菌、大肠杆菌，饼上的金黄色葡萄球菌受到大约10^5个/g 的自然微生物菌群的抑制；食品传播的病原菌在自身微生物群为10^5个/g 的新鲜碎牛肉上不能生长。已证实足够多的好氧细菌对鲜肉中肉毒梭状芽孢杆菌的抑制作用，就好像新鲜碎肉中的细菌群对酵母和霉菌的抑制一样。

微生物一般性干涉要求自身微生物菌群的数量大大多于被抑制的微生物，干涉菌群通常不是同源微生物。对干涉的机理包括对营养物的竞争，吸附或附着位点的竞争，提供不良环境，或这几个因素的综合作用。

加入到食品中将能够产生保护作用的微生物称之为保护菌，保护菌应该具有的特性有：①不会危害健康；②赋予产品有益的作用；③对感官特性不会产生负面影响；④在不良条件下可以作为“指示菌”。

一些具有传统风味的发酵食品能够长期保藏，就可能得益于微生物的一般性干涉作用。已表明乳酸拮抗作用、pH 抑制、杀细菌素、有机酸、过氧化氢、双乙酰及其他物质的产生都可能抑制了病原菌和腐败菌的生长。例如，泡菜就是利用乳酸菌在乳酸发酵过程中产生大量乳酸，使环境中的 pH 下降，而抑制腐败微生物的发育；酵母菌在酒精发酵中产生酒精，也可以抑制其他微生物生长。

（2）特异性拮抗　特异性拮抗是指某种微生物在生活过程中能产生某种或某类特殊的代谢产物，可选择性地抑制或杀死他种微生物，这种特殊物质统称为抗生素。许多种真菌、放线菌和细菌等都能产生特殊的代谢产物。目前人们已发现抗生素有 2 000 多种，广泛用于卫生保健、疾病防治、食品保藏等方面。

3. 共生

两种生物生活在一起，双方相互依赖，彼此获益的关系为共生（symbiosis）。共生显示出共同生活比分开单独生活更为有利，而且在形态上常常形成特殊共生体，甚至在生理上也产生在互生条件下所特有的生理特性。例如，真菌与蓝细菌或藻类共同生活会形成一种名叫地衣（lichen）的新有机体，这种有机体具有特定的形状和结构，它们在生理上也紧密地相互依存、相互有利，真菌菌丝吸收水分和养分供给蓝细菌和藻类，而蓝细菌或藻类通过光合作用把水和无机养分合成为有机物质。

4. 寄生

一种生物生活在另一种生物体内，从中摄取所需的营养进行生长繁殖，使后者受损害甚至死亡的现象称为寄生（parasitism）。营寄生生活的生物称为寄生生物，被寄生的生物称为寄主或宿主。一种微生物可寄生于另一种微生物上，如细菌、放线菌常被噬菌体所寄生，微生物还可寄生于植物、动物和人体上。蛭弧菌（一种很小的细菌）可寄生于大肠杆菌或某些革兰氏阴性菌体内。

5. 猎食

某些真菌和原生生物能猎取细菌及孢子为食物的现象称为猎食（predation）。

三、内外因素的综合作用

前面已单独讨论了以食品为介质，影响微生物生长的食品自身内部因素及食品周围环境的外部因素。在厨房生产实践中，往往需要将多种因素或技术同时用来控制食品中微生物的生长。

20 世纪 80 年代中期，德国人 Leistner 提出了“栅栏技术”的概念，其实它应用在某些食品中已经有了一个世纪的历史。举个简单的例子，在防止 A 组肉毒梭状芽孢杆菌芽孢的发芽中，能够阻止发芽和生长的内在因素和外在因素是：$pH < 4.6$，$A_w < 0.94$，10% NaCl，120mg/kg $NaNO_2$，培养温度 <10℃，以及具有大量的好氧微生物群。在肉制品配方中运用了“栅栏”概念的食品包含了以上一系列控制目标。许多抑制的因素都可以用作食品系统的栅栏，越来越多的品质稳定的新开发食品都可能已经包含了“栅栏”这一理念。

第四节　微生物生长过程中的代谢活动

微生物要维持其生命，必须进行各种代谢活动，代谢是指其生物体内进行的各种化学反应。微生物细胞直接同生活环境接触，新陈代谢十分旺盛，加上微生物的种类繁多，代谢的类型又多种多样，因此，其代谢活动极容易受到外界环境的影响而发生变化。微生物的代谢作用是由微生物体内一系列有一定次序的、连续性的生物生化反应所组成，绝大多数的生化反应是在特定酶参与下进行的。

代谢活动包括分解代谢（异化作用）和合成代谢（同化作用）两个方面。分解代谢是将复杂的营养物质分解为简单的化合物（例如将蛋白质分解为氨基酸，将葡萄糖分解为丙酮酸及 CO_2 与水），一方面提供合成菌体成分的原料，一方面从物质分解中获取能量以供代谢所需。合成代谢则是将简单的化合物合成为复杂的菌体成分，以保证细菌的生长繁殖。分解代谢与合成代谢相辅相成，同时进行。

一、微生物的代谢过程

（一）分解代谢过程

1. 糖的分解代谢

营养物质中的多糖类物质，先经细胞分泌的胞外酶的作用，分解为单糖（葡萄糖），然后才被吸收作用。由多糖→单糖→丙酮酸这一基本过程，各细菌都一样；丙酮酸的进一步分解，则需氧菌和厌氧菌有所不同。需氧菌将丙酮酸通过三羧酸循环可彻底分解为CO_2和水，在此过程中亦可产生种种中间代谢产物；厌氧菌则发酵丙酮酸，产生多种酸类（如甲酸、乙酸、丙酸、丁酸、乳酸、琥珀酸等）、醛类（如乙醛）、醇类（如乙醇、乙酰甲基甲醇、2，3－丁烯二醇、异丙醇、丁醇等）、酮类（如丙酮）。在无氧条件下，不同细菌对丙酮酸发酵途径不同，产物也不一样。

2. 蛋白质的分解代谢

蛋白质的分解，一般是先由细菌分泌胞外酶，将复杂的蛋白质分解为短肽或氨基酸，吸收入菌体，然后再由胞内酶将肽类分解为氨基酸。明胶液化、酪蛋白胨化等，都是蛋白质分解的反应。

能分解氨基酸的细菌很多，其分解能力也各不相同。氨基酸的分解有脱氨与脱羧两种方式。脱氨反应是靠细菌脱氨酶的作用，氨基酸经氧化、还原、水解等方式脱去氨基，生成氨和各种酸类。脱羧作用是由细菌的氨基酸脱羧酶作用，使氨基酸的羧基脱出，生成胺类（如组胺等）和CO_2。

（二）合成代谢过程

与其他生物细胞相似，微生物能以营养物质为原料，合成菌体的各种成分如蛋白质、多糖、脂类、核酸，还形成一些毒素、色素、抗生素、维生素等。

（三）能量代谢过程

细菌代谢所需的能量，除少数自氧菌可营光合作用外，绝大多数都是通过生物氧化作用而取得的。

氧化通常有三种形式：加氧、脱氢、失去电子。细菌的生物氧化很少是加氧反应，主要是脱氢和失去电子。

细菌获得能量的基质（生物氧化的底物）主要是糖类，通过糖的氧化释放能量，并以高能磷酸键（ADP、ATP）的形式储存能量。

细菌在有氧或无氧条件下进行生物氧化，其氧化过程、代谢产物和所产生的能量多少均有不同。以无机物为受氢体的生物氧化过程称为呼吸（respiration），其中以游离的分子为受氢体者，称需氧呼吸，而以其他无机化合物（如硫酸盐、硝酸盐等）为受氢体的，则为厌氧呼吸。以各种有机化合物为受氢体的，称为发酵（fermentation）。需氧呼吸在有氧条件下进行，厌氧呼吸和发酵均在无氧条件下进行。

二、微生物中的酶

微生物的代谢活动绝大多数是在特定酶的参与下进行的酶促反应。不同的微生物具有不同的酶系统，才使微生物表现出某些生理生化特性的不同。因此，微生物的一切生命活动取决于酶。没有酶就没有微生物种类繁多的生命活动现象。

酶是微生物合成的大分子有机物，除少量核酸也具有酶的活性外，绝大多数酶都是由蛋白质构成的。它具有很强的催化活性和高度的专一性，故称为生物催化剂。对食品而言，一些微生物酶可用于生产保健食品、食品添加剂，另一些酶则使食品具有毒性或使人体致病。

（一）微生物酶的种类

按照产生的条件可将微生物酶分为①固有酶，微生物在所处的营养基质中能固定产生的酶；②适应酶，又称诱导酶，这种酶的产生取决于营养基质中有无某些作用物质（底物）的存在。

按照催化反应的类型分为：①水解酶，是在水分子参与下，能催化大分子有机化合物，水解成比较简单的小分子化合物的酶；②氧化还原酶，是能催化生物体内各种物质的氢原子或电子转移的氧化还原反应的酶类；③转移酶，催化某些基团（如磷酸基、醛基、酮等），由一种化合物分子转移到另一种化合物分子上；④裂解酶，能催化一种化合物分裂成两种化合物；⑤合成酶，能催化两种化合物结合而形成一种新物质的酶；⑥异构酶，能催化一对同分异构体分子间的相互转化的酶。

按照微生物酶存在和作用部位不同，可分为：①胞外酶，由微生物细胞产生后分泌到细胞外，在细胞外起催化作用的酶类；②胞内酶，由微生物细胞产生后只能在细胞内起催化作用的酶类。

（二）与微生物酶有关的生化试验

根据微生物酶系的不同，可以设计一些简单的生物化学试验，帮助进行菌种的鉴定，如呼吸酶类试验、毒性酶类试验以及部分代谢试验等。

1. 呼吸酶类试验

（1）氧化酶（细胞色素氧化酶）试验　氧化酶即细胞色素氧化酶，在有分子氧和细胞色素 C 存在时，能氧化盐酸二甲基对苯二胺，并和 α－萘酚结合，生成吲哚酚蓝（靛酚蓝），呈蓝色反应。

（2）过氧化氢酶试验　大多数好氧或兼性厌氧微生物能产生过氧化氢酶，将过氧化氢分解而释放出氧气。一般厌氧微生物则不产生这些酶。

（3）硝酸盐还原试验　某些微生物如沙门氏菌，能把培养基的硝酸盐还原成亚硝酸盐。在酸性环境下，亚硝酸盐能与对氨基苯磺酸作用，生成对重氮苯磺酸。当对重氮苯磺酸与α-萘胺相遇时，结合成为紫红色的偶氮化合物 N-α-萘胺偶氮苯磺酸。

2. 毒性酶类试验

（1）卵磷脂酶试验　有些微生物能产生卵磷脂酶，即 α－毒素，在有钙离子存在时，能迅速分解卵磷脂，生成脂肪和水溶性磷酸胆碱。当这些微生物在卵黄胰蛋白胨培养液中生长时，可出现白色沉淀。

（2）血浆凝固酶试验　致病性葡萄球菌（*staphylococcus*）能产生血浆凝固酶，它们可以直接作用于血浆中的纤维蛋白，也可作用于血浆凝固酶原，使之成为血浆凝固酶，从而使抗凝的血浆发生凝固。在检验葡萄球菌属时，常以它们能否凝固抗凝的人或兔的血浆作为区别是否致病性的依据。

（3）链激酶试验　A 型溶血性链球菌（*Streptococcus hemolyticus*）能产生链激酶（即溶纤维蛋白酶），该酶能激活人体血液中的血浆蛋白酶原，使成为血浆蛋白酶，而后溶解纤维蛋白。在检验溶血性链球菌时，常以它们能否溶解凝固的人的血浆来判定是否是 A 型溶血性链球菌，溶化时间越短，表示该菌产生的链激酶越多。

三、微生物的代谢产物

（一）微生物分解性代谢产物和细菌的生化试验

各种微生物均含有各自独特的酶系统，用于进行合成代谢及分解代谢，在代谢过程中产生的分解产物及合成产物也有各自的特点，可借以区别和鉴定微生物的种类。利用这种特点来鉴别微生物的方法称为生化试验或生化反应。

在进行生化试验时，必须用纯培养，严禁其他种类微生物的污染，否则即可出现错误的结果。生化试验项目很多，应根据检验目的需要适当选择。

1. 糖类代谢试验

这类试验主要用于观察微生物对某些糖类分解能力以及不同的分解产物，从而进行微生物鉴定。

（1）糖发酵试验　不同的微生物可对各种糖类、醇类、糖苷类等进行分解，但其分解能力和分解产物均因不同的微生物而不同。如大肠杆菌能分解乳糖和葡萄糖，而沙门氏菌只能分解葡萄糖，不能分解乳糖。大肠杆菌有甲酸解氢酶，能将糖所生成的甲酸进一步分解成二氧化碳和氢气，故产酸又产气，而沙门氏菌无甲酸解氢酶，分解葡萄糖仅产酸而不产气。

在进行大肠菌群测定时，就是根据这一原理而采用乳糖发酵试验。当大肠菌群分解乳糖而产酸时，可使培养基内的溴甲酚紫指示剂由蓝色变成黄色，产生的气体可在倒置的小管内观察。

常用于糖发酵试验的糖类、醇类、糖苷类如戊糖（阿拉伯糖、木糖、鼠李糖）、己糖（葡萄糖、果糖、甘露糖、半乳糖）、双糖类（麦芽糖、乳糖、蔗糖、海藻、纤维二糖、蜜二糖）、三糖类（棉子糖、落叶松糖）、多糖类（菊糖、淀粉、肝糖、糊精）、醇类（甘油、赤霉糖醇、核糖醇、甘露醇、山梨醇、肌醇）及糖苷类（水杨苷、七叶苷、松柏苷）。

（2）V-P 试验（Voges－Proskauer test）　某些微生物如产气杆菌等，能在分解葡萄糖产生丙酮酸后，再使丙酮酸脱羧成为中性的乙酰甲基甲醇（acetylmethyl carbinol），乙酰甲基甲醇在碱性环境下被空气中氧所氧化，生成二乙酰（diacetyl），二乙酰与培养基中含胍基（guanidino）的化合物发生反应，生成红色化合物，即为 V-P 试验阳性。大肠杆菌不生成乙酰甲基甲醇，V-P 试验为阴性。

（3）甲基红试验（methyl red test）　某些微生物如大肠杆菌（*E. coli*）、志贺氏菌（*Shigella*）等，在糖代谢过程中能够分解葡萄糖产生丙酮酸，丙酮酸进一步分解而生成甲酸、乙酸、乳酸、琥珀酸等，酸类增多使培养基的酸度增加，当培养基的 pH 降至 4.5 以下，甲基红指示剂呈红色（即为阳性反应）。

在 V-P 试验中，产气杆菌分解葡萄糖所产生的 2 分子酸性的丙酮酸转变为 1 分子中性的乙酰甲基甲醇，故生成的酸类较少，培养液最终 pH 为 5.4，高于 4.5，以甲基红作指示剂时溶液呈黄色，为甲基红试验阴性反应。

（4）β－半乳糖苷酶试验（ONPG 试验）　β－半乳糖苷酶是一种诱导酶，它只催化它的“天然”底物乳糖及 β－半乳糖苷化合物的水解。因此，某些能产生 β－半乳糖苷酶的微生物，只有在含有乳糖或 β－半乳糖苷化合物的培养基中生长时，才有该酶的活力。实验时常在培养基中加入乳糖类似物 *O*－硝基苯酚－β－半乳糖苷（*O*—nitrophengl—β—galactosine，ONPG），当培养基由无色转变成深黄色时，说明 ONPG 被 β－半乳糖苷酶分解，产生深黄色的化合物 *O*－硝基苯酚。

2. 蛋白质及氨基酸代谢试验

（1）靛基质（吲哚）试验　某些微生物如大肠杆菌、变形杆菌、霍乱弧菌等含有色氨酸酶，能分解培养基中的色氨酸，产生靛基质。当它与对二甲氨基苯甲醛作用时，形成玫瑰靛基质而呈红色。

（2）硫化氢试验　某些微生物（如沙门氏菌、变形杆菌等）能分解蛋白质中的含硫氨基酸（如胱氨酸、半胱氨酸等），产生硫化氢。硫化氢遇到铅盐或铁盐，则发生作用而生成黑色的硫化铅、硫化铁。

（3）尿素酶试验　某些微生物能产尿素酶，分解培养基中的尿素而产生氨，使培养基变成碱性，酚红指示剂变红色。

（4）氨基酸脱羧酶试验　某些微生物含有氨基酸脱羧酶，使氨基酸脱羧，产生胺类和二氧化碳。胺类的形成能使培养基变碱性而使指示剂变色。常用于脱羧酶试验的氨基酸有鸟氨酸、赖氨酸和精氨酸。

（5）苯丙氨酸脱氨酶试验　某些微生物具有苯丙氨酸酶，能将苯丙氨酸氧化脱氨，形成苯丙酮酸。苯丙酮酸遇到三氯化铁时，即呈现蓝绿色。本试验可用于多种微生物的鉴定。

3. 有机酸盐及铵盐利用试验

（1）柠檬酸盐利用试验　某些微生物利用铵盐作为惟一的氮源，同时利用柠檬酸盐作为惟一的碳源。它们可在柠檬酸盐培养基上生长，并分解柠檬酸钠而生成碳酸钠，使培养基变碱性。此时，培养基中的指示剂——溴百里酚蓝就由原来的草绿色变成蓝色。

（2）丙二酸盐利用试验　琥珀酸脱氢是三羧酸循环的一个重要环节。丙二酸与琥珀酸会竞争琥珀酸脱氢酶，在丙二酸浓度较高的情况下，琥珀酸脱氢酶不能释放出来催化琥珀酸脱氢反应，故抑制了三羧酸循环。因而微生物的生长也受到了抑制。而有些微生物在丙二酸钠培养基上能够生长，并使培养基变碱，溴百里酚蓝也从草绿色变为蓝色，说明这些微生物能够利用丙二酸盐。

细菌的生化反应是鉴别细菌的重要手段，其中吲哚（I）、甲基红（M）、V-P（V）、柠檬酸盐利用（C）四种试验常用于鉴定肠道杆菌，合称为IMViC试验。例如大肠杆菌与产气杆菌同属肠道杆菌，形态相似，不易区别，可用IMViC试验来鉴别，大肠杆菌对这四种试验反应的结果分别为++--，产气杆菌则为--++。

（二）微生物合成性代谢产物

微生物从体外吸收各种营养物质，在细胞内各种酶的催化下，通过复杂的转化与组成，合成各种分子结构复杂的有机物质，如蛋白质、脂类、多糖类、核酸等，用以构成细胞的各个部分，为个体生长、发育、繁殖提供物质基础，这个过程就是微生物的合成代谢。

1. 细胞结构成分

（1）碳水化合物　微生物吸收有机碳化物或由二氧化碳合成的碳水化合物在细胞内经过一系列的转化，与各种单糖、有机酸、醛、醇等形成各种复杂的有机碳化物，如糖缩聚成淀粉、纤维素、几丁质、肝糖等，以及由糖、醛和有机酸缩聚成糖醛酸和果胶物质。有的成为细胞壁的构成物质，有的成为细胞内的贮藏物质（如肝糖粒、淀粉粒），有的形成细胞的荚膜和黏液层（如多聚糖、糖醛酸）。

（2）脂类物质　微生物将有机酸（如脂肪酸）或无机酸（磷酸、硫酸）与醇类（如丙三醇）合成各种脂类物质，主要与蛋白质组合成脂蛋白成为细胞质的基本组成成分，或者参与质膜的结构。一些细菌、酵母、霉菌细胞内合成的脂类物质，常以油脂滴作为贮藏物质存在于原生质中。

（3）氨基酸和蛋白质　微生物吸收的氮素营养经转化形成氮或胺化物后与有机酸化合成氨基酸，各种微生物按照自身固有的遗传信息，再合成多肽，进而合成各种各样的蛋白质。

（4）核苷酸及核酸　核苷酸是由核糖、碱基（嘌呤或嘧啶）和磷酸组成的。核酸是由核苷酸大量聚合而成的大分子化合物。微生物细胞中的核糖有两种形式：核糖及脱氧核糖，因而就能合成核糖核酸（RNA）和脱氧核糖核酸（DNA）。核糖核酸的碱基是腺嘌呤（A）、鸟嘌呤（G）、胞嘧啶（C）、尿嘧啶（U），脱氧核糖核酸的碱基则是腺嘌呤（A）、尿嘌呤（G）、胞嘧啶（U）、胸腺嘧啶（T）。DNA是生物体的遗传物质基础，主要存在于细胞核内，具有传递遗传信息的功能。RNA则能作为遗传信息、氨基酸的运载工具和核糖体的组成成分，进行蛋白质和酶的合成。

2. 次生代谢产物

一般将微生物从外界吸收各种营养物质，通过分解代谢和合成代谢，生成维持生命活动的物质和能量的过程，称为初级代谢。而次级代谢是指微生物在一定的生长时期，以初级代谢产物为前体，合成一些对微生物的生命活动无明显功能的物质的过程。这一过程的产物即为次级代谢产物或次生代谢产物。次生代谢产物大多是分子结构比较复杂的化合物。根据其作用，可将其分为抗生素、激素、毒素、生物碱及维生素等。次生代谢产物独立于细胞结构之外，非微生物本身生活所必需，也不是酶活性所必需的物质，它们是微生物细胞正常代谢途径不通畅时增加了支路代谢而产生的物质，往往在微生物生长停止后期才开始合成。次级代谢途径即使被阻断，也不会影响菌体生长繁殖。次生代谢产物通常都是限定在某些特定微生物中形成的，并非微生物共性代谢产物。次生代谢产物有：

（1）抗生素　抗生素是某些微生物产生的对本身无害，但对其他微生物有杀害或抑制作用的物质。如放线菌中的链霉菌产生的链霉素，产黄青霉产生的青霉素。除作医用、农用外，抗生素也用于食品防腐。

（2）激素　激素是一类少量就可以提高生物生理活性的物质，如赤霉菌产生的赤霉素，少量就可以刺激作物的生长。

（3）毒素　毒素是由微生物产生的对生物细胞具有杀害作用的物质。如黄曲霉产生的有致癌性的黄曲霉毒素，肉毒梭状芽孢杆菌分泌的肉毒毒素，毒蕈产生的毒蕈毒素等。

（4）色素　色素是指微生物代谢过程中产生的有色物质，有的积累在细胞内，有的分泌在细胞外。色素分为水溶性色素和脂溶性色素两种。水溶性的色素常分泌出细胞使培养基着上紫、红、黄、绿、褐、灰、黑等颜色。脂溶性的色素积累在细胞内使菌体或孢子带上各种颜色。如霉菌的菌丝，孢子常呈现各种不同颜色。有的色素可用于食品，如红曲霉属（*Monascus*）的红曲色素。

（5）生物碱　如某些霉菌合成麦角生物碱，可用作降血压治疗药。

（6）维生素　指某些微生物在特定条件下合成远远超过产生菌本身正常需要的那部分微生物，目前各类医用维生素均由这类菌合成。

第五节　观察微生物生长的培养技术

一、培　养　基

培养基（medium 或 culture medium）是人工配制的适合于不同微生物生长繁殖或积累代谢产物的混合营养物质的集合，所以，任何培养基都应具备微生物所需要的六大营养要素，而且比例是合适的。培养基配置好后，必须立即进行灭菌，否则很快引起杂菌生长，并破坏其固有成分和性质。

(一) 培养基种类

培养基的种类繁多，可根据构成培养基的成分、物理性状及用途将培养基分成若干类型。

1. 天然、组合与半组合培养基

(1) 天然培养基（complex medium，undefined medium） 指利用动植物或微生物或其提取物制成的培养基，不明确其中的营养成分。如培养各种细菌所用的肉汤蛋白胨培养基、培养酵母菌的麦芽汁等。天然培养基的优点是取材方便、营养丰富、种类繁多、配制方便；缺点是确切成分不明确，也不稳定，因而在做精细的科学试验时，会导致数据不稳定。因此，天然培养基只适合配制实验室的各种基本培养基及大生产中的种子培养基或发酵培养基。

一些具有独特风味的发酵食品如酸奶、饮料酒、腐乳、酱类等也都是以天然原料为基质，培养特定的微生物，使其生长、繁殖、积累代谢产物而制得的。

(2) 组合培养基（defined medium） 又叫合成培养基（synthetic medium)，是一类用几种化学试剂配制而成的、各成分的量都确切知道的培养基。例如培养细菌的葡萄糖铵盐培养基、培养放线菌的淀粉硝酸盐培养基（即高氏一号培养基)、培养真菌的蔗糖硝酸盐培养基（即察氏培养基）等。组合培养基的优点是成分精确、重复性好，缺点是价格较贵、配制较烦琐。因此，一般用于营养、代谢、生理、生化、遗传、育种、菌种鉴定和生物测定等定量要求较高的研究工作中。

(3) 半组合培养基（semi - defined medium） 即一部分由营养素类天然成分组成，一部分由化学试剂组成的培养基，称半组合培养基。例如，培养真菌用的马铃薯蔗糖培养基等。严格地讲，凡是含有未经特殊处理的琼脂的任何组合培养基，实质上都只能看作是一种半组合培养基。

2. 固体、液体与半固体培养基

(1) 固体培养基（solid medium） 外观呈固体状态的培养基，叫固体培养基。根据固体的性质又可把它分为4种类型：①凝固培养基：如果在液体培养基中加入1% ~2%琼脂或5% ~12%明胶作凝固剂，就可以制成遇热可融化、冷却后则凝固的固体培养基，叫凝固培养基，在各种微生物学实验工作中有极其广泛的用途；②非可逆性凝固培养基：如由血清凝固成的固体培养基或由无机硅胶配制成的凝固后就不能再融化的固体培养基，其中的硅胶平板是用于化能自氧微生物分离、纯化的固体培养基；③天然固体培养基：如培养各种真菌用的麸皮、米糠、木屑、纤维、稻草粉等配制成的固体培养基；④滤膜：是一种坚韧且带有无数微孔的醋酸纤维薄膜，如果把它制成圆片状覆盖在营养琼脂或浸有培养液的纤维素衬垫上，就形成了具有固体培养基性质的培养条件。滤膜主要用于含菌量很少的水中微生物的过滤、浓缩，再揭下滤膜，把它放在含适量营养液的衬垫上进行培养，待生长出菌落后，可计算出单位水样中的含菌量。

固体培养基应用很广，可用于菌种的分离、鉴定、菌落计数、杂菌检验、选种、育种、菌种保藏，生物活性物质的生物学测定，获得大量真菌孢子等。

（2）半固体培养基（semi - solid medium）　在固体培养基中，如凝固剂含量低于正常量，培养基呈现在容器内倒放时不致流下，但剧烈振荡后能破碎的状态，这种固体培养基即称半固体培养基，琼脂一般加0.5%。

半固体培养基用于细菌的动力观察（在半固体直立柱中央进行穿刺接种，培养后观察细菌的运动能力）、微生物趋化性的研究、各种厌氧菌的培养以及菌种保藏等。

（3）液体培养基（liquid medium）　液体培养基是指培养基呈液体状态，主要用于各种生理、代谢研究和获得大量菌体。绝大多数发酵培养基都采用液体培养基。

3. 基础、加富、选择与鉴别培养基

（1）基础培养基（basic medium）　含有一般微生物生长繁殖所需基本营养成分的培养基称为基础培养基。这种培养基的组成，能基本满足一般微生物所需的营养物质，可供培养一般微生物用。如肉浸液和肉浸液琼脂，是适用于培养细菌的一种基础培养基。由于该类培养基中含有一般细菌生长繁殖所需要的最基本的营养物质，如牛肉膏、蛋白胨、NaCl、H_2O等，故可供微生物生长繁殖之用。

在基础培养基中加入某些特殊需要的营养成分，还可构成不同用途的其他培养基，以达到更有利于某些微生物生长繁殖的目的。

（2）加富培养基（enrichment medium）　加富培养基是指在基础培养基中加入某些特殊需要的营养成分配制而成的营养更为丰富的培养基。加富培养基一般用于培养对营养要求比较苛刻的微生物。在研究致病菌时常需采用加富培养基。如培养某些致病菌常需要在基础培养基中加入血液、血清、动物与植物的组织液等。在基础培养基中添加特定的营养成分，使更加有利于欲要分离的目标微生物的生长繁殖。如用液体培养基培养，可使微生物菌体中欲要分离的目标微生物随培养时间的延长在数量上逐渐占据优势，以利于下一步分离；如用固体琼脂培养基，可使微生物群体中欲要分离的微生物较早形成菌落而利于分离。

（3）选择性培养基（selected medium）　用于从混杂的微生物菌群中选择性地分离某种或某类微生物而配制的培养基称为选择性培养基。选择性培养基是根据某种微生物的特殊营养要求或针对某化学、物理因素的抗性而设计的培养基，其目的是使混合菌种中的劣势菌大量生长成优势菌，从而提高该菌的筛选效率。

当样品中某种微生物的数量很少时，如直接采用平板划线或稀释法进行分离，则效果不佳。这时可采用加富培养基，即利用该分离对象对某一营养物质有“嗜好”的原理，在培养基中加入营养物，使该微生物大大增殖成优势的微生物，以达到富集培养的目的。也可利用该分离对象对某种抑菌物质的抗性，在培养基中加入该抑菌物质，抑制其他微生物的生长，而使分离对象大量生长，这样达到富集培养的目的。常用的抑制剂有染料（结晶紫）、抗生素和去氧胆酸，有利于选择培养的理化因素有温度、氧气、渗透压等。

（4）增菌培养基（enrichment medium） 在肠道菌群检验时，常常首先使用增菌培养基对食物样品做增菌培养。增菌培养基中，多采用抗生素为选择性抑制剂，如万古霉素、两性霉素等，使适合于病原菌数目少的中毒食品或病人粪便标本中某一致病菌的生长，而不适合其他菌的生长，使目的菌检出率大大提高，从而获得满意的结果。

（5）鉴别培养基（differential medium） 用于鉴别不同微生物类型的培养基称为鉴别培养基。鉴别培养基主要用于微生物的分类鉴定和分离或筛选产生某种或某些代谢产物的微生物菌株。在培养基中加入有能与某种菌的代谢产物发生显色反应的指示剂，通过肉眼可观察出该菌落与外形相似的其他菌落的区别。

常见选择性培养基如伊红美蓝培养基（Eosin Methylene blue，EMB）。伊红和美蓝两种苯胺染料可抑制革兰氏阳性细菌和一些难培养的革兰氏阴性细菌。在低酸度时，这两种染料结合形成沉淀，起着产酸指示剂的作用。样品中的多种肠道菌在 EMB 培养基上产生相互易区分的特征菌落，因而易于辨认。特别是大肠杆菌，分解乳糖强烈而产生大量的混合酸，菌体带 H^+，故可染上酸性染料伊红，又因伊红和美蓝结合，所以菌株被染上深紫色，从菌落表面反射光中还可看到绿色金属光泽。

如要了解某种微生物利用葡萄糖时是否产酸，就在葡萄糖为惟一碳源的培养基中加入一定量的1%溴麝香草酚蓝酒精溶液。溴麝香草酚蓝是一种在 pH 6.8 左右时呈浅草青色，pH 低于 6.6 时变黄，pH 高于 7.0 时变蓝的指示剂。当培养的细菌能利用葡萄糖产酸，则使培养基呈酸性而变黄色，从而使利用葡萄糖产酸这一特性得以被鉴定。

（6）厌氧培养基 使培养基本身成为无氧环境的培养基称为厌氧培养基。专性厌氧菌需在无氧环境中才能生长。进行厌氧培养的方法，一是将普通培养基放在无氧环境中培养，另一个办法则是在培养基中加入还原剂，降低培养基的氧化还原电位，并在培养基面上用凡士林或石蜡封住，使与外界空气隔绝。

常用的厌氧培养基有疱肉培养基（肉浸液中加入煮过的肉渣，其中含有不饱和脂肪酸和谷胱甘肽，具有还原性）、牛心脑浸液培养基等。

4. 其他培养基

培养基若按实验室使用目的不同，可分为分离培养基、菌种保存培养基、生化试验培养基、抗生素敏感试验培养基等，还可将其分为还原培养基、转移培养基、分析培养基、计数培养基等。

培养基按培养的微生物对象不同，又可分为需氧菌培养基，厌氧菌培养基，真菌培养基，螺旋体、支原体、衣原体培养基，病毒培养基等。

（二）培养基的成分

培养基主要成分有营养物质、水分、凝固剂、抑制剂、指示剂等。

1. 营养物质

（1）蛋白胨　在细菌培养基中加入蛋白胨，它主要作为氮源，也可用作碳源。蛋白胨是由蛋白质（如酪蛋白、纤维蛋白）经酶或酸碱分解而成。由于蛋白质的来源和消化程度不同，因而制得的朊和胨质量相差很大。胰蛋白胨含有各种游离氨基酸，最易被细菌所利用。此外，蛋白胨在培养基中还具有缓冲作用，并具有在高温下不凝固、遇酸不沉淀等优点。蛋白胨经喷雾干燥呈粉末状，吸水性较强，保存时应干燥密封，防止潮解结块。

（2）牛浸汁及牛肉膏　由一定量的蒸馏液作为浸出剂，将牛肉组织中可溶性成分溶于水中，该水溶液即称为浸出液。在不影响其有效成分的温度下，将其浓缩成膏状，称为牛肉浸膏；喷雾干燥呈粉末状，称为浸膏粉。

肉浸汁含有可作为氮源和碳源的物质，由于加热后大部分蛋白质已凝固，仅留小部分氨基酸和其他含氮物质，如肌酸、黄嘌呤、尿素和核苷酸等，以刺激细菌的生长。

（3）糖与醇类　糖、醇类含有碳源。制备培养基用的糖、醇种类非常多，常用的有单糖（如葡萄糖、阿拉伯胶糖）、双糖（如乳糖、蔗糖）、多糖（如菊糖、淀粉），醇类有甘露醇、卫矛醇、侧金盏花醇等。

（4）血液　以血液制备的培养基，除增加培养基中蛋白质、多种氨基酸、糖类及无机盐等营养成分外，且能提供辅酶、血红蛋白等特殊生长因子。此外，血液在培养基中还可以测定细菌的溶血作用。

（5）鸡卵与动物血清　有小部分细菌可直接利用鸡卵或动物血清作为营养物质，故鸡卵和血清可用于制备某些特殊的培养基。此外，鸡卵和血清还具备凝固剂的作用，使培养基凝固呈固体培养基，便于观察细菌菌落的生长情况。

（6）无机盐类　制备培养基时常加入氯化钠、硫酸盐、磷酸盐和含钠、钾与镁等元素的化合物。氯化钠（5g/L）除构成菌体中作为酶的激活剂外，还可借此维持一定的渗透压。磷酸盐（磷酸钾、磷酸钠与磷酸镁）及核苷酸为细菌良好的磷源，在培养基中具有缓冲作用。

（7）生长因子　在制备培养基时，常于肝浸液、肉浸液、酵母浸液和含血液培养基中加入某些氨基酸、维生素、嘌呤或嘧啶碱等物质，以促进某些细菌生长的需要。

2. 水分

制备培养基常用蒸馏水，不含杂质，也可用自来水、井水、河水等，但此类水质常含有钙、钠、镁等，可与蛋白胨或肉浸液中磷酸盐生成不溶解性的磷酸钙或磷酸镁，经高压灭菌后，可析出很多沉淀。因此，若以自来水、井水等配制培养基，最好先经煮沸，使部分盐类沉淀过滤后方可使用。

3. 凝固物质

配制固体培养基的凝固物质有琼脂、明胶和卵蛋白及血清等。

（1）琼脂　是从石花菜或紫菜等海藻中提取的胶体物质，其化学成分主要为多糖。以琼脂制成的培养基在98℃中能融化，于45℃以下能凝固。它对细菌本身无营养价值，纯属培养基中的赋形剂，自然界中仅有极少数细菌能分解它。

根据琼脂含量的多少，可配制不同性状的培养基。在固体培养基中含琼脂粉10～12g/L，依据当时气温的不同，配制使用量应酌情增减。真菌培养用培养基，因系酸性，琼脂用量应适当增加（13～15g/L）。对色泽较深的琼脂使用前可用流水冲洗脱色。

（2）明胶　是由动物胶原组织（如皮和肌腱等）经沸水溶解熬制而成，主要含蛋白质。由于此类蛋白质缺乏必要的氨基酸，故营养价值不大。明胶制成的培养基在24℃以上溶解，20℃以下凝固，故不能在37℃中培养，因有些细菌分解明胶而使其液化，故明胶通常不用作赋形剂，而是用于制备鉴别培养基。

4. 抑制剂

在制备某些培养基时需加入一定种类的抑制剂来抑制非检出菌的生长或使其少生长，以利于检出菌（目的菌）的生长。抑制剂种类很多，不同的培养基可采用不同的抑制剂，常用的有胆盐、煌绿、玫瑰红酸、亚硫酸钠、去氧胆酸钠、某些染料、月桂酸盐、十六烷基溴化铵以及多种抗生素等物质。这类物质具有选择性抑制作用。

5. 指示剂

为便于了解和观察细菌是否分解糖类物质，常在某些培养基中加入一定种类的指示剂，如酚红、溴甲酚紫、溴麝香草酚蓝、中性红、中国蓝、甲基红和酸性复红等都是常用的酸碱指示剂。美蓝和刃天青是常用的氧化还原指示剂。

（三）培养基的制备

1. 制备程序

不同类型培养基有着各自不同的制备程序，但配制一般培养基的主要程序可分为：调配、溶化、矫正pH、澄清过滤、分装、灭菌及鉴定等主要步骤。

（1）调配　按培养基处方准确称取各种成分，混悬于蒸馏水中，先在三角烧瓶中加入少量蒸馏水，再加入蛋白胨等各种成分，以防止蛋白胨等粘附于瓶底，然后再以剩余的水冲洗瓶壁。

（2）溶化　将各种成分混匀于水中，最好以流通蒸汽溶化半小时，如在电炉上溶解应随时搅拌，如有琼脂成分时更应注意防止外溢。溶解完毕，应注意补足失去的水分。

制备大量培养基时，除玻璃器皿外，还可用搪瓷桶、铝锅等容器加热溶化，但不可用铜或铁锅，以免金属离子进入培养基中，影响细菌的生长。

（3）矫正 pH pH 比色计应准确可靠，一般培养基需矫正 pH 至 7.4 ~ 7.6，此外亦有需要酸性或碱性的培养基。培养基在高压灭菌后其 pH 降低 0.1 ~ 0.2，故矫正时应比实际需要的 pH 高 0.1 ~ 0.2。

（4）过滤澄清 培养基配成后一般都有沉渣或混浊，需过滤澄清使其清晰透明方可使用。常用的过滤澄清方法如下：①液体培养基：液体培养基必须澄清，以便观察细菌的生长情况，常用滤纸过滤，亦可在加热前加入用水稀释的鸡蛋白少许（每 100mL 培养基用一个鸡蛋白），100℃加热后保持 60 ~ 70℃，40 ~ 60min，使其不溶性物质附于凝固蛋白而沉淀，然后再以虹吸法析出上清或以滤纸过滤。此外，在加碱时必须煮沸 4 ~ 10min，以便析出沉淀，过滤除去，以免高压灭菌时再出现沉淀。②固体培养基：如系琼脂培养基，于加热融化后需趁热以绒布或两层纱布中夹脱脂棉过滤；亦可用自然沉淀法，即将琼脂培养基盛入铝锅或广口搪瓷容器内，以高压（103.43 kPa）蒸汽融化 15min 后，静置高压锅内过夜，次日将琼脂倾出，将底部沉渣除去，再融化即可获得清晰的琼脂培养基。

（5）分装 根据需要将培养基分装于不同容器如三角烧瓶、试管等中，分装的量不宜超过容器的 2/3，以免灭菌时外溢。①基础培养基：应常贮有无菌的基础培养基，以便临时分装或配制鉴别培养基等。分装的量根据使用目的和要求决定，但必须定量分装，便于应用。一般常分装于三角烧瓶或盐水瓶内，灭菌后待用。②琼脂斜面：分装量约为试管容量的 1/5，灭菌后须趁热放置斜面，斜面长度约为试管长度的 2/3。③半固体培养基：分装量约为试管长的 1/3，灭菌后直立凝固待用。④高层琼脂：分装量约为试管长度的 1/3，灭菌后趁热直立，待冷后凝固待用。⑤琼脂平板：将灭菌（或加热融化）后的培养基，冷却至 50℃左右，以无菌手续倾入灭菌平皿内，内径 9cm 的平皿倾注培养基 13 ~ 15mL（MH 琼脂平板每只 25mL），轻摇平皿底，使培养基平铺于平皿底部，待凝固后即成。倾注培养基时，切勿将皿盖全启开，以免空气中尘埃及细菌落入。

新制成的平板培养基，表面水分较多，不利于细菌的分离，通常应将平皿倒扣搁置于 37℃培养箱内约 30min，待平板表面干燥后使用。

（6）灭菌 不同成分、性质的培养基，可采用不同的灭菌方法。①高压蒸汽灭菌法：高压灭菌的温度与时间随培养基的种类及数量的不同有所差别，一般培养基少量分装时高压（103.43kPa）灭菌 15min 即可，培养基分装量较大，可高压（103.43kPa）灭菌 30min，含糖的培养基高压（55.1kPa）灭菌 15min，以免糖类被破坏。②流通蒸汽灭菌法：凡不耐高热的物质如糖类、明胶、血清、牛乳及鸡蛋等培养基的灭菌，可用流通蒸汽灭菌，温度通常是 100℃，加热 15 ~ 30min 可杀死细菌繁殖体。③血清凝固器灭菌：含血清、鸡蛋的培养基，可用血清凝固器进行间歇灭菌，第 1 天加热至 75℃维持 30min，每次灭菌完后取出培养基放在 37℃温箱中培养 1 夜，第 2 天再灭菌，连续 3 次即可达到灭菌目的，最后放冷暗处或冰箱中保存备用。④水浴低温灭菌法：此法较为少用，将血清、腹水、组织液等配制的培养基在水浴中加热56～57℃，维持1h，以保持呈液体状态，连续5～7d水浴灭菌。⑤过滤除菌法：可用于糖溶液、尿素液、血清、腹水及其他因加热易破坏的物质，可用滤菌器过滤除菌。

（7）鉴定　鉴定也即质量的检查。每批培养基制成后须经鉴定方可使用，鉴定时将培养基置37℃温箱内培养24h后，证明无菌，同时用已知菌种检查在此培养基上生长繁殖及生化反应情况，符合要求者方可使用。

（8）保存　制成的培养基不宜保存过久，以少量勤做为宜。每批应注明日期，平日少量分装的试管培养基均宜存放在4℃冰箱内，其他基础培养基等可保存于冷藏处。

2. 培养基制备过程中的质量控制

（1）制备培养基用化学药品，均需化学纯以上纯度。

（2）培养基内各种成分应称量精确，商品培养基按处方称量。

（3）培养基的酸碱度必须准确测定，特别对含有指示剂的培养基更要注意，否则每批培养基颜色不一致，可能影响培养基反应的观察和细菌的生长，药敏培养基尤为重要。

（4）培养基的酸碱度须于冷却后测定，因培养基所含成分不同，在热和冷时测定酸碱度相差很大，如不含缓冲剂的培养基，蛋白胨的成分含量很低，培养基热时pH为7.2，但冷却后pH可达7.8。故须在冷却后测定为宜。

（5）培养基不可过度加热，否则将影响培养基的酸碱度。

（6）培养基制好后不宜贮存过久，因为它能吸收空气中的CO_2，其反应也可使培养基变酸，尤其是糖发酵管更易变酸。肉浸液和琼脂等培养基贮存过久后，用前必须重新调pH。

（7）制备培养基所用的一切玻璃器皿，应为中性硬质玻璃，否则会影响培养基的酸碱度。

（8）培养基必须保持澄清，以便观察细菌生长情况，一般用棉花、绒布或滤纸滤清，过滤时应保持不凝固的必要温度。如经过滤，培养基仍不清，可用鸡蛋白澄清法处理。即取一个鸡蛋白盛于玻璃杯内，搅拌成泡沫状为止，将此掺入冷至50℃左右的1 000mL琼脂培养基内，充分混合均匀，置于高压灭菌器内115℃，30min，培养基呈透明状时，再用绒布或滤纸过滤。

（9）因蛋白胨经高压后可影响培养基pH，所以要根据本实验室所用的蛋白胨性质，预先测定其规律。

（10）制造或盛装培养基时，不宜用铜锅或铁锅。因为如果培养基内含铜量每1 000mL超过0.3mg时，细菌即不易生长；含铁量每1 000mL内超过0.14mg时，即会妨碍细菌毒素的产生。

（四）培养基的选用与设计

在科研和生产实践中，要求我们自己去选择和设计培养基，如建立高产菌筛选模型等。

1. 选用与设计原则

（1）目的明确　在设计新培养基前，先要明确拟培养哪一种菌？获何产物？是进行一般研究还是作精密的生理生化或遗传研究？用于生产的产物及应具备的底物性质如何？是用作实验室研究还是大生产用？是供定性、定量检验还是同时进行定性定量检验？根据不同目的，建立最佳试验方案。

（2）营养协调　确定培养对象后，根据其营养需要确定营养组成，对培养基中碳源和氮源的比例、pH 的高低、渗透压的大小、生长因子需否、特殊成分的添加方法等都要考虑到，综合考虑全面因素，才能配制出较好的培养基。

（3）条件适宜　包括培养基灭菌条件、培养温度与培养时间的选择，是需氧培养还是厌氧培养，要考虑可能影响目的菌生长的各种理化条件，培养过程中培养基成分的变化及补救办法等。

（4）经济节约　在设计生产用培养基时，应考虑以粗代精、以简代繁、以“野”代“家”原则。以“野”代“家”即是以野生原料代替栽培植物原料，如木薯、薯芋、土茯苓等都是富含淀粉质的野生植物，可以部分取代粮食用于发酵生产中的碳源。

2. 设计方法

（1）按生态模型设计　根据微生物生长的生态环境，分析该处一定具有微生物生长繁殖所必需的营养和其他条件，就可以模拟该天然基质或直接取用该天然基质来作培养基。

（2）参阅文献设计　多查阅、分析和利用文献上一切对自己研究对象直接或间接有关的信息，对设计新培养基有着重要的参考价值，因此，要及时收集相关文献资料。

（3）借助工具设计　在设计试验新配方时，常常要对各种因子进行比较和反复试验，工作量极大。借助正交试验设计、优选法等行之有效的数学工具，可显著提高工作效率。

（4）比较试验　要设计出一种优化的培养基，还得经过具体试验和比较才能最后予以确定。试验一般遵循由定性到定量，规模由小到大，由实验室到工厂，由琼脂平板培养到摇瓶培养再到发酵罐中试验等逐级扩大的试验过程。

二、培养技术

（一）微生物培养的常用器皿及其灭菌

试管、玻璃烧瓶、平皿等是最为常见的培养微生物的器皿，在使用前必须先行灭菌，使容器中不含任何微生物。

培养基可以加到器皿中后一起灭菌，也可在单独灭菌后加到无菌的器具中。有些培养器皿可采用高温干热灭菌。为了防止杂菌特别是空气中杂菌的污染，试管及玻璃烧瓶都需采用适宜的塞子塞口，通常采用棉花塞，也可采用各种金属、塑料及硅胶帽，它们只可让空气通过，而空气中的其他微生物不能通过。平皿（culture dish）是由正反两平面互扣而成，这种器皿是专为防止空气中微生物的污染而设置的。

（二）微生物的接种

为了对某些研究材料中所含有的微生物和已获得的微生物纯菌种进行研究，首先要使菌种保藏下来，以供研究用。因此，就要将微生物的纯菌种或含有微生物的材料（如水、食品、空气、土壤和排泄物等）转移到培养基上，这个过程就叫做微生物的接种。

将微生物接种在培养基中，不同的培养基有不同的接种方法。即使同一培养基，因实验的要求不同，也可采用不同的接种方法。微生物的接种技术是生物科学研究中的一项最基本的操作技术。为了确保纯种不被杂菌污染，在整个接种过程中，必须进行严格的无菌操作。用接种环或接种针在无菌条件下把微生物由一个培养器皿转接到另一个培养容器中进行培养，是基本的接种操作。要避免操作过程中由于打开器皿引起内部被环境中其他微生物污染，应在火焰附近进行熟练的无菌操作，或在无菌箱或操作室内无菌的环境下进行操作。操作箱或操作室内的空气可在使用前一段时间内用紫外灯或化学药剂灭菌。有的无菌室通无菌空气维持无菌状态。

常用的接种方法有：

稀释涂布法：稀释涂布法是一种有效而常用的微生物纯种分离方法。它是将一定浓度、一定量的菌液用玻璃涂布棒均匀地涂布在固体培养基表面，使长出单个菌落而达到分离的目的。

划线法：将纯种或含菌材料用微生物接种针在固体培养基表面进行划线，使微生物细胞能分散在培养基表面，并使接种量在培养基表面起着稀释作用，使微生物细胞或孢子尽量以分散状态存在，然后让其长成一个个纯种单菌落。这是进行微生物分离时的一种常用接种方法。

倾注法：将少量稀释的含菌样品先放入无菌的培养皿内，然后倾入已融化并冷却至48℃左右的琼脂培养基，使它与含菌材料均匀混合，冷却使其凝固。

点植法：将纯种含菌材料用接种针在固体培养基表面的几个点接触一下，这种方法常用于霉菌的接种。

穿刺法：用接种针将微生物纯种穿刺到培养基中去。穿刺法常应用于半固体和明胶深层培养基。通过穿刺进行培养后，可以有助于了解菌种对氧需要情况及有无动力产生以及是否液化明胶。

浸洗法：用接种针挑取含菌材料，将其插入液体培养基中，将菌洗入培养基内。有时也可将某些固形含菌材料直接浸入培养液中，把附着在表面的菌体洗下。

液体接种法：是一种用移液管、滴管、移液枪或接种环等将菌液移接到液体三角烧瓶、试管或固体培养基中的一种接种方法。

（三）微生物的需氧培养与厌氧培养

经微生物接种后的培养基放置在一定的环境中，并提供合适的生长条件，使微生物在培养基中生长繁殖，这一过程就是微生物的培养。由于不同的微生物需要的条件不完全相同，因此就有不同的培养方法。

1. 需氧培养

对于好氧的微生物，必须在有氧的环境中培养。在实验研究中，液体或固体培养基经接种后，保温培养在有氧的条件下，因为培养基在试管内或其他容器内总是有空气接触。为了加快繁殖的速度或进行大量的液体培养时，就必须采用通气搅拌或振荡方法来充分供氧。但在通气培养时所供给的空气必须是净化的无菌空气。

2. 厌氧培养

培养厌氧微生物时，必须除去培养基中的氧气或使氧化还原电势降低，并在培养过程中一直能保持与外界氧隔绝，这样才能促使厌氧微生物的生长。在培养基中保持无氧环境的方法很多。

（1）用物理法去除氧和隔绝氧的方法　厌氧罐法是一种采用物理除氧的特制设备的培养方法。只要抽取罐内空气使之成真空，即为厌氧环境。也可把菌种接种在固体或半固体培养基的深部；还可将菌种接种在液体培养基中后，在液面封盖无菌矿物油。

（2）用化学除氧的方法　是在放置培养物的密封容器中，用焦性没食子酸与碱性溶液（氢氧化钠、碳酸钠等）混合，使之发生反应，大量吸收氧，造成厌氧环境，进行厌氧性微生物培养的方法。也可在容器中利用黄磷和氧发生燃烧以除氧；还可在容器中放置亚硫酸氢钠和碳酸钠，使其混合发生反应而吸收氧。

（3）用生物法除氧的方法　加组织的培养基培养法即在液体培养基内加入新鲜的肝、肾、心、脑、肉等组织作为还原物质，以吸取培养基中的游离氧，新鲜的动物或植物组织具有呼吸作用可以消耗氧。常用的有肝片肉汤、肉渣汤（疱肉）等培养基。如在这些培养基表面加一层灭菌的液体石蜡以隔绝空气进入，则效果更佳。在厌氧微生物培养时，与需氧微生物共同培养，使氧消耗，以利厌氧微生物生长更好。

（4）二氧化碳培养法　有些微生物如布氏杆菌等，需在含10%二氧化碳的环境中才能良好生长。常用的培养方法有蜡烛缸法、硫酸－碳酸钠法等。

三、培养结果的观察

（1）固体培养基上菌落特征的观察 具体观察菌落的大小、形状、边缘、表面、隆起度、颜色及透明度特征。常先用肉眼观察，再用放大镜仔细观察，必要时可用低倍显微镜观察。

（2）液体培养基内培养性状的观察 观察液体的混浊度，是均等混浊还是混有颗粒絮状或丝状生长物等；观察液体底部有无沉淀物，是絮状还是颗粒状；在液体的表面有无菌膜，在容器的四周壁有无菌环；培养液颜色以及是否产气等。

（3）半固体培养基中培养特征的观察 主要观察其需氧与运动情况。看半固体培养基的上部或下部深层生长，是沿穿刺线生长或是树根样生长。在明胶培养基上主要观察是否液化及液化的形状。不同微生物在半固体琼脂柱中的生长状态见图4-6。

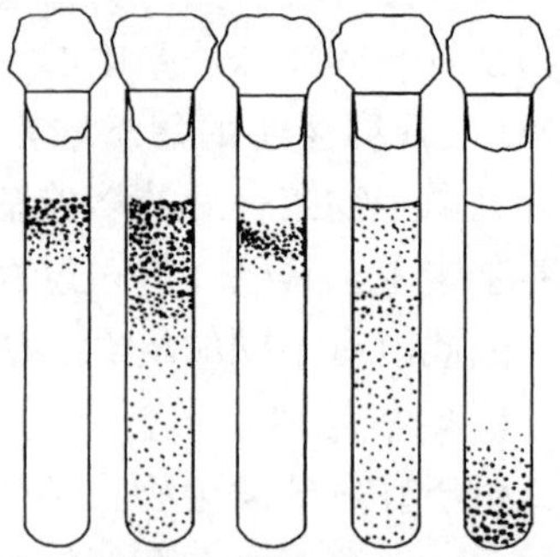

图4-6 不同微生物在半固体琼脂柱中的生长状态

本章小结

微生物种类的多样性决定了其营养要求和营养类型的多样性，在食品或人工培养条件下，微生物生长的首要条件是营养必须得到满足，它包括碳源、氮源、能源、无机盐及生长因子等。微生物以渗透的形式吸收营养物质，根据细胞膜上有无载体蛋白参与、是否消耗能量、运送前后的溶质分子是否发生化学结构改变可分为简单扩散、促进扩散、主动吸收、基因转位等方式。根据所需能源、碳源不同，微生物的营养类型可分为化能异养型、化能自养型、光能异养型和光能自养型。

生长与繁殖是两个既有区别又有联系的概念。单细胞微生物的群体生长可以分成生长延滞期、对数生长期、稳定期和衰亡期4个时期。可用测定微生物细胞数量、营养物质的消耗等推测微生物的生长、繁殖的基本规律。

与其他生物相似，微生物在生长过程中，有规律地进行着各种代谢活动，并维持能量的平衡。微生物合成自身的细胞物质包括多糖、核苷酸与核酸、多肽与蛋白质、脂肪酸等，在初级代谢的同时，还进行着对自身生存十分重要的次级代谢，形成多种有经济开发意义的次级代谢产物。微生物对糖的发酵、对氨基酸与无机盐的利用、所含酶的种类，是进行微生物生化试验和菌种鉴定的重要内容。

厨房食品中微生物的生长，受到食品本身因素的作用如pH、含水量、氧化还原电位、营养组成、组织结构，同时受到周围环境中温度、相对湿度、气体构成等外部条件的影响，这些因素从性质上可归为化学性、物理性、生物性因素。食品表面或中间微生物菌群的相互作用已越来越受到学术界重视。一种厨房食品是否有微生物生长及最终的菌群构成，将取决于这些错综复杂的内外因素综合作用的结果。

根据微生物生长所需营养要求及适宜 pH 等条件，可设计配制不同的培养基。

习　题

1. 简述微生物所需要的营养物质及其功用。
2. 什么叫生长因子？它包括哪几类化合物？
3. 举例说明微生物的四种营养类型。
4. 简述微生物对营养物吸收的主要方式，并比较它们的异同点。
5. 说明微生物生长与繁殖概念的区别与联系。
6. 说明细菌、酵母菌和霉菌的繁殖方式。
7. 何谓细菌的对数性生长？评价生长量、生长速度的方法有哪些？
8. 根据温度、氧气和 pH 生长条件的不同，微生物常分为哪几类？
9. 为什么干货类烹饪原料保藏期较长？
10. 在评估餐饮食品中微生物生长的危害时，为什么必须将食品的内外因素综合考虑？
11. 试述 IMViC 试验的原理。
12. 与食品有关的微生物次生代谢产物有哪些？有何实际意义？
13. 培养基的类别？
14. 如何设计培养基？
15. 概述培养基配制过程。为什么说 pH 调节是微生物培养中一项非常重要的工作？
16. 区别下列概念：

自养与异养、腐生与寄生、裂殖与芽殖、无性繁殖与有性繁殖、干热灭菌与湿热灭菌、一般性干涉与特异性拮抗、好氧菌与厌氧菌、呼吸与发酵、合成代谢与分解代谢、初级代谢与次级代谢、鉴别培养基与选择培养基、加富培养基与增菌培养基、接种与培养

第五章　厨房微生物的危害

[学习目的] 了解病原菌一旦随同食物进入人体后对健康的危害作用，掌握监测病原菌的方法和原理，从而为控制危害打下基础。

[主要内容] 微生物毒力与致病性的关系，肠道致病菌、致病性球菌及其他常见病原菌的生物学特性，对人体致病作用与检验方法，腐败菌与产毒真菌的危害。

第一节　微生物的致病作用

一、病原菌的概念

绝大多数细菌对人和动植物无害，甚至有益，此类细菌称为非病原菌（nonpathogenic bacterium）；只有极少数细菌可引起人和动植物的病害，此类细菌称为病原菌（pathogenic bacteria）；一些细菌在正常情况下，是共栖菌（commensal），但在一定条件下，也能引起人和动植物病害，此类细菌称为条件病原菌（opportunist bacterium），如大肠埃希氏菌。另外，还有一些细菌本身并不一定侵入动物机体，而是以其有毒代谢产物，随同食物或饲料进入人或动物机体，而呈现毒害作用，此类细菌称为腐生性病原菌（saprobic pathogenic bacterium），如肉毒梭菌。

二、病原菌的致病性

一种病原菌是否引起人体生病，取决于其病原性和毒力。

病原性（pathogenicity）是指一定种类病原菌，在一定条件下能在特定寄主体内引起感染的能力。它是病原菌种的特征。

毒力（virulence）是指同一种病原菌的不同菌株的病原性在程度上的差异，即一定菌株的病原性的大小。它是菌株的特征。构成病原菌毒力的因素可归纳如下：

毒力
- 侵袭力
  - 荚膜及其他物质
  - 酶类
- 毒素
  - 外毒素
  - 内毒素

1. 病原菌的侵袭力（invansiveness）

侵袭力是指病原菌突破动物机体的防御屏障，在机体内生长繁殖、蔓延扩散的能力。

它是由荚膜及其他表面物质和酶类构成的。

（1）荚膜及其他表面物质　细菌的荚膜具有抵抗吞噬细胞的吞噬和消化的能力，而能使细菌在体内得以迅速繁殖和扩散。所以，病原菌中有荚膜者毒力强大，无荚膜者往往毒力很弱或无毒力。

除荚膜外，某些病原菌的表面物质如溶血性链球菌的M-蛋白质、大肠艾希氏菌的K-抗原和伤寒杆菌的Vi抗原等，也具有抗吞噬或其他有助于侵袭的作用。

（2）酶类　某些病原菌在生长繁殖过程中，可产生一些与侵袭力有关的酶类。

①透明质酸酶（hyaluronidase）：透明质酸（hyaluronic acid）是动物组织细胞间具有胶合剂作用的多糖物质。某些病原菌如葡萄球菌、链球菌、产气荚膜梭菌等所产生的透明质酸酶，能够水解透明质酸，使细胞间隙扩大，通透性增高，因而有利于细菌在组织内蔓延扩散。故也将此酶称为扩散因子（spreading factor）。

②纤维蛋白溶酶（fibrinolysin）：亦称链激酶（stretokinase），某些病原菌，如葡萄球菌和链球菌可产生此种酶。该酶能将凝固的纤维蛋白迅速溶解，从而解除了使病原菌被局限的状态，有利于它在组织中迅速蔓延扩散。

③胶原酶（collagenase）：是某些细菌如产气荚膜梭菌，所产生的一种蛋白分解酶。它能分解肌肉和网状结缔组织的胶原（collagen），从而使肌肉崩解、软化和坏死，因此有利于病原菌的侵袭和蔓延。

④凝固酶（coagulase）：有某些病原菌如金黄色葡萄球菌，可产生此种与纤维蛋白溶酶作用相反的酶。它可以加速血浆凝固，从而保护细菌免被吞噬细胞的吞噬。

⑤卵磷脂酶（iecithinase）：某些病原菌如产气荚膜梭菌，能产生此种酶。它可以分解细胞膜上的卵磷脂，从而导致组织细胞崩解和红细胞溶解。

⑥脱氧核糖核酸酶（deoxyribonuclease）：有某些病原菌，如链球菌，可产生此酶。它可以在水解动物组织时释放出黏稠的DNA，从而使脓液变稀，有利于进一步扩散。

2. 病原菌的毒素（toxin）

为生物在正常代谢过程中所产生的具有抗原性的有毒物质，可引起宿主机体不同程度的病理反应。毒素可区分为外毒素、内毒素两类。

（1）外毒素（exotoxin）　外毒素是某些病原菌在生长繁殖过程中所产生，并分泌到周围环境中的一种毒性代谢产物。若将产生外毒素的细菌培养物用过滤器过滤除菌，即可获得外毒素。

外毒素主要是由某些革兰氏阳性菌所产生，如肉毒梭菌产生的肉毒毒素、破伤风梭菌产生的破伤风毒素、白喉棒状杆菌产生的白喉毒素。但也有少数革兰氏阴性菌可产生外毒素，如痢疾志贺氏菌产生的神经毒素，霍乱弧菌产生的肠毒素。

外毒素毒性极强，如1 mg A型肉毒毒素晶体即可杀死2 000万只小白鼠；破伤风毒素对小白鼠的致死剂量为10^{-6}mg。

外毒素的毒性作用具有高度特异性。一种外毒素选择性作用于一定的组织器官，引起特征性的病理过程和临床表现。如破伤风毒素选择性地作用于脊髓前角运动神经细胞，引起肌肉的强直痉挛；肉毒毒素选择性地作用于眼神经和咽神经，引起眼肌和咽肌麻痹。

外毒素具有良好的抗原性，可刺激动物机体产生特异性抗体，这种抗体称为抗毒素（antitoxin）。

外毒素的化学成分为蛋白质，分子质量在 27 000 ~ 900 000u 之间。其毒性极不稳定，对热敏感，一般在 60 ~ 80℃，10 ~ 30 min 即失去毒性。也易被某些化学物破坏，如可被蛋白酶水解，被氧化剂和重金属盐类破坏。

外毒素经常可用 0.3% ~ 0.4% 甲醛溶液处理，使其毒性完全丧失，而保留其抗原性，称为类毒素（toxiod）。类毒素常被用于预防相应的传染病。

（2）内毒素（endotoxin）　内毒素存在于菌细胞内，是大多数革兰氏阴性细菌细胞壁的结构成分，只有当细菌细胞崩解时才能释放出来。

内毒素的毒性比外毒素要弱得多，而且其毒性作用也没有特异性。不同的内毒素，对动物机体引起基本相同的中毒反应，即发热、腹泻、血管收缩机能紊乱、糖代谢紊乱，严重时甚至引起休克。

内毒素的化学组成是磷脂-多糖-蛋白的复合物，其毒性成分是脂多糖，特别是其中的类脂 A 毒性较强。内毒素性质稳定，对热抵抗力强，80 ~ 100℃、1h 始被破坏，对其他理化因素作用的抵抗力也较强。

内毒素抗原性弱，往往仅能刺激机体产生微量的抗毒素。内毒素用甲醛溶液处理也可降低毒性，但不能成为类毒素。

外毒素与内毒素的主要区别归纳如表 5-1 所示。

表 5-1　外毒素与内毒素的区别

区别要点	外毒素	内毒素
存在部位	细菌细胞在生长繁殖过程中分泌至周围环境中	存在于菌细胞内，为细胞壁结构成分，细菌细胞崩解时才释放出来
产生菌	主要为某些革兰氏阳性菌产生，也有少数阴性菌可产生	大多数革兰氏阴性菌所具有
化学成分	蛋白质	磷脂-多糖-蛋白复合物
稳定性	性质不稳定，对热敏感，紫外线、氧化剂、重金属盐可破坏	性质稳定，耐热，不被紫外线、氧化剂、重金属盐破坏，能被酸水解
抗原性	强	弱
毒性作用	毒性极强，对组织器官有特异性选择作用，引起特异性毒性反应	毒性较弱，对组织器官无特异性选择作用，引起相同的毒性反应

需要指出，病原菌的毒力，有些主要由侵袭力构成，如肺炎球菌；有些主要由毒素构成，如破伤风梭菌；但大多数病原菌兼有侵袭力与毒力两者的作用。

在餐饮业频发的食物中毒中，凡由细菌内毒素引起的中毒称为细菌感染性食物中毒，由细菌外毒素引起的中毒称为细菌毒素性食物中毒。一些细菌既有内毒素又有外毒素，其引起的中毒称为混合型食物中毒。

三、病原菌的抗原性

（一）抗原

凡是能刺激机体产生抗体，并能与相应抗体发生特异性结合的物质称为抗原（antigen）。

细菌的结构虽然简单，但其蛋白质以及与蛋白质结合的多糖和类脂等，都具有不同强度的抗原性。主要的细菌抗原有以下几种：

（1）菌体抗原　是细菌的主要抗原，存在于细胞壁上，其主要成分为脂多糖。一般称菌体抗原为 O 抗原。细菌的 O 抗原往往由数种抗原成分所组成，近缘菌之间的 O 抗原可能部分或全部相同，因此，某些细菌可根据 O 抗原的组成不同进行分群。如沙门氏菌属，按 O 抗原的不同分成 42 个群。O 抗原耐热，在 121℃温度下 2h 不会被破坏。

（2）鞭毛抗原　存在于鞭毛中，亦称 H 抗原。由蛋白质组成，也具有不同的种和型的特异性，故通过对 H 抗原构造的分析，可作菌型鉴别。H 抗原不耐热，在 56～80℃条件下，30～40min 会遭到破坏。在制取 O 抗原时，常据此用煮沸法消除 H 抗原。

（3）表面抗原　是包围在细菌细胞壁最外面的抗原，故称为表面抗原。随菌种和结构的不同可有不同的名称，如肺炎双球菌的表面抗原称为荚膜抗原，大肠杆菌、痢疾志贺氏菌的表面抗原称为包膜抗原或 K 抗原，沙门氏菌属的表面抗原则称为 Vi 抗原等。

（4）菌毛抗原　是存在于菌毛中的抗原，也具有特异的抗原性。

（5）外毒素和类毒素　细菌外毒素具有很强的抗原性，能刺激机体产生抗毒素抗体。

（二）抗体

与抗原相对应的是抗体（antibody），它是机体受抗原刺激后，在体液中出现的一种能与相应抗原发生反应的球蛋白，亦称免疫球蛋白（immunoglobulin，简称 Ig）。抗体在机体内能在其他防御机能协同作用下，杀灭病原微生物。但某些抗体在机体内与相应抗原相遇后能引起变态反应，如青霉素过敏。

根据抗体获得方式可将抗体分为：

（1）免疫抗体　是指动物患传染病后或经人工注射疫苗后产生的抗体。

（2）天然抗体　是指动物先天就有的抗体，而且可以遗传给后代。

根据作用对象不同，可将抗体分为：

（1）抗菌体抗体　是指细菌或内毒素刺激机体所产生的抗体，如凝集素等。此抗体作用于细菌后，可凝集细菌。

（2）抗毒性抗体　是细菌外毒素刺激机体产生的抗体，又称抗毒素，具有中和毒素的能力。一些病毒也能刺激机体产生抗体，具有阻止病毒侵害细胞的作用。

（三）抗体抗原反应

抗原与相应抗体无论在体外或体内均能发生特异性结合，并根据抗原的性质、反应条件及其他参与反应的因素，表现为各种反应，统称为免疫反应。若这种抗原抗体反应表现在体外，如在玻片上、试管内或反应盘中，则称之为血清学反应。血清学反应可用于临床上对疫病的快速诊断，也可用于实验室对食物中毒病原菌的快速检测和血清分型的鉴定。

1. 凝集反应

细菌、细胞等颗粒性抗原悬液加入相应抗体，在适量电解质存在的条件下，抗原抗体发生特异性结合，且进一步凝集成肉眼可见的小块，称为凝集反应（agglutination）。其参与反应的颗粒性抗原称为凝集原（agglutinogen），参与反应的抗体称为凝集素（agglutiinin）。

（1）玻片法　通常为定性试验，用已知抗体检测未知抗原。鉴定分离菌种时，可取已知抗体滴加在玻片上，直接从培养基上刮取活菌混匀于抗体中，数分钟后，如出现细菌凝集成块现象，即为阳性反应。该法简便快速，除鉴定菌种外，尚用于菌种分型。

（2）试管法　本法为定量试验，用已知抗原测定受检血清中有无某种抗体及其相对含量。操作时将待检血清用生理盐水作连续的两倍稀释，然后于各管中加入等量抗原悬液，在37～50℃中放置一定时间后观察凝集的程度，判定血清中抗体的效价。发生明显凝集现象的最高血清稀释度即为该血清中的抗体效价（liter），也称抗体的滴度，以表示血清中抗体的相对含量。

2. 沉淀反应

可溶性抗原（如血液蛋白、细菌培养滤液、细菌浸出液、组织浸出液等）与相应抗体结合，在有适量电解质存在的条件下，形成肉眼可见沉淀物。参加反应的可溶性的抗原称为沉淀原（precipitinogen），参加反应的抗体称为沉淀素（precipitin）。沉淀原可以是多糖、蛋白质或它们的结合物等。同凝集原比较，沉淀原的分子小，单位体积内所含的抗原量多，与抗体结合的总面积大。在做定量试验时，为了不使抗原过剩而生成不可见的可溶性抗原抗体复合物，应稀释抗原，并以抗原的稀释度作为沉淀反应的效价。

沉淀反应的试验方法有环状法、絮状法和琼脂扩散法三种基本类型。

（1）环状法　将已知的抗血清放入小口径（一般在0.6cm以下）沉淀管的底部，然后小心地加入经适当稀释的抗原溶液于抗血清表面，使两种溶液成为界面清晰的两层。数分钟后在液面交界处出现白色沉淀环，为阳性反应。环状法（ring precipitation test）常用于抗原的定性试验，例如诊断炭疽芽孢杆菌的Ascoli氏试验。

（2）絮状法 在凹玻片上滴加抗原与相应抗体，如出现肉眼可见的絮状沉淀物，即为阳性反应。

（3）琼脂扩散法 琼脂扩散法（agarose diffusion method）又称免疫扩散试验，含有大量水分的半固体琼脂凝胶如同网状支架，可溶性抗原与抗体可以在其网间自由扩散。若抗原与抗体相对应，又有适量的电介质存在，则在两者相遇且分子比例恰当处形成白色沉淀线（带）。沉淀物在琼脂凝胶中能长期保持固定位置，不仅便于观察，并可染色保存。

四、食源性疾病

与微生物有关的食源性疾病有食源性传染病、食物中毒和慢性食源性疾患三大类。

（一）食源性传染病

我国餐饮业从业人员上岗前，必须先取得健康证，凡患有痢疾、伤寒、病毒性肝炎等消化道传染病、活动性肺结核、化脓性或渗出性皮肤病等者均不得参加直接接触入口食品的工作。

食品作为一种商品，其检疫形式有产地检疫、运输检疫、过境口岸检疫等。还有一些非贸易性检疫，其范围包括对国际邮包、展品、援助品、交换赠送品、礼品以及旅游携带食品的检疫等。

传染病检疫检验方法包括临床诊断、流行病学调查、微生物学检验等。微生物学检验的一般步骤是病料采集、病料涂片镜检、分离培养与鉴定、血清学试验、动物接种试验。

动物接种试验通常选择对该种传染病病原体最敏感的动物进行人工感染试验。一般应用的实验小动物有家兔、小白鼠、豚鼠、家禽、鸽子等。将病料用适当的方法进行人工接种，然后根据对不同动物的致病力、症状和病理变化特点来帮助诊断，当实验动物死亡或经一定时间杀死后，观察体内变化，并采取病料进行涂片检查和分离鉴定加以验证。

（二）食物中毒

1. 食物中毒的概念

食物中毒，广义的是指人们误食了被某些微生物及其所产生的毒素污染的食物，被有毒化学物质污染的食品，或其他有毒生物组织（如甲状腺、肾上腺、毒蕈等），致使食用者发生急性、慢性的中毒，且发生以胃肠炎为主的疾病。有材料证明，各国的食物中毒事件中，细菌及其毒素引起食物中毒占70%～80%，中毒人数占90%以上。

引起细菌性食物中毒的原因大致有下列几种：

（1）食物原料选择不严，其中含有大量细菌（如有病动物的肉、蛋、乳）或已腐败变质，采购时未加以选择。

（2）新鲜食品在加工、运输、销售过程中不注意卫生，受细菌或其毒素污染，食用前又没有充分加热。

（3）烹调方法不当，如大的肉块烧煮的时间短，油炸煎炒食品未熟透，常导致中毒的发生。

(4) 生熟食交叉污染，如用原盛放过生食品的容器、用具以及拿生食品的手等又接触熟的食品，造成交叉污染，是最常见的食物中毒的原因之一。

(5) 接触食品的人员患有肠道传染病，或带菌者，常使细菌污染食品造成食物中毒。

(6) 剩菜常因细菌的落入并生长繁殖，若加热不足，也可引起中毒。

食物中毒与传染病的根本区别，在于食物中毒的流行病学上的特点是：

(1) 与饮食密切相关。

(2) 不吃者不发病。

(3) 原因食品除掉后，不再有新病例出现。

(4) 突然爆发但没有拖尾现象，也没有相互传染的现象。

(5) 有一定的多发季节，一般于每年的4~11月份，以6~9月份为高峰期。

(6) 可从病人和原因食物中分离到同样的病原菌。

能引起食物中毒的微生物种类有细菌、霉菌及其毒素。常见的细菌有沙门氏菌、埃希氏大肠杆菌、变形杆菌、志贺氏菌、副溶血性弧菌、葡萄球菌、蜡样芽孢杆菌、产气荚膜梭菌和肉毒梭菌等。霉菌有黄曲霉、青霉和镰刀菌的毒素。近10多年来见于报道的另一些食物中毒性细菌，如空肠弯杆菌、小肠结肠耶尔森氏菌、嗜水气单胞菌、类志贺邻单胞菌、河弧菌、拟肽弧菌和椰毒假单胞菌酵米面亚种、单核细胞增生性李斯特氏菌等。

若遇食物中毒事件，应及时进行调查和检验。调查的主要内容包括食物的种类、进食的时间、食用的人数及数量、发病人数、潜伏期、临床症状等。对调查的情况详细记录并进行分析。与此同时，采集检验样品，样品可采集剩余的食物、盛器、餐具中的残余食物，病人的呕吐物、洗胃液、腹泻物、血液和尿液等。采集到的样品不准加入任何防腐剂。贴上标签后立即送实验室检验，一般不应超过4h。

2. 细菌性食物中毒的类别

细菌性食物中毒可分为两类：即感染型食物中毒和毒素型食物中毒。

(1) 感染型食物中毒　这类食物中毒是由于食品受某些细菌污染并在其中生长繁殖，如沙门氏菌、副溶血性弧菌等病原菌或所谓条件性致病菌，如大肠杆菌、变形杆菌、蜡样芽孢杆菌和肠球菌等。当人们吃了含有上述不同种类的大量细菌的食物后，出现以胃肠炎为特征的症候群。这类细菌常污染的动物性食品有肉制品（特别是大块肉、碎肉和内脏）；蛋及蛋制品，特别是水禽蛋类；海产品及鱼制品，如梭子蟹、黄泥螺、炸鱼、熏鱼等。此外，某些蔬菜如芋泥、凉拌菜、生菜等也时有报道。

此类食物中毒的一些特征：

①潜伏期短：一般仅数小时至24h，平均为12h左右。与进入体内的细菌量和饮食者的体质有关。

②病程较短：通常为1～3d。

③临床症状：主要表现为急性胃肠炎，如恶心、呕吐、腹泻等。若因细菌内毒素引起者，可能出现中枢神经症状——头痛、体温升高，甚至还有抽搐现象。

④病者的排菌时间短，不易造成带菌现象。

（2）毒素型食物中毒　这类中毒是指食品受细菌污染后，不仅适宜其生长繁殖，并且具有适宜于产生毒素的特定条件。如由金黄色葡萄球菌、肉毒梭菌、产气荚膜梭菌等产生的毒素，这种毒素被人食后引起食物中毒，并且在没有活菌存在的情况下，能同样发病。这类细菌常污染乳及乳制品（冷饮类）、淀粉类（如米饭、粥、酒酿）、罐头制品（各类肉类罐头、禽类罐头）以及发酵制品。

毒素型食物中毒的特征为：

①潜伏期：长短不一，金黄色葡萄球菌肠毒素引起的中毒为2～5h，肉毒梭菌毒素引起的为2h至10d，甚至10d以上。

②病程：长短不一，金黄色葡萄球菌引起者可迅速痊愈，而由肉毒梭菌所致者却恢复缓慢，可长达2～3周。

③临床症状：毒素中毒的肠胃型症状不明显，如葡萄球菌引起的常有频繁的呕吐、腹痛，但很少出现腹泻，体温正常或仅微升高。肉毒梭菌引起者初期有恶心、呕吐，时有腹泻而多数为便秘，主要表现为神经症状：痉挛、虚脱、运动神经和分泌机能失调，如运动困难，不能抬头，瞳孔放大，光反应迟钝，头痛，言语和吞咽困难，病人常有死亡恐惧感。

3. 细菌性食物中毒的检测

（1）检验样品的采集　根据检样的性质，按一定的原则和方法采集。

①可疑食品的采集：可疑食品是食物中毒检验最重要的样品，需首先考虑采集。而可疑食品的确定，应将患者的食谱进行仔细排队，综合患病者的潜伏期以及患者共同食用的食物，同时排查食物在加工、贮存过程中，最可能污染该食物并大量繁殖的病原体。

可疑食品确定后，按无菌操作技术，尽最大可能收集到残余食物。如果残余食物很难得到时，可考虑用无菌生理盐水洗出这种食品的残渣，并跟踪追采这种食品的半成品和原料以及可能污染的用具，如切过该食物的砧板或曾盛过该食物的容器，均应以无菌生理盐水刮洗液作为样品。采集的样品量一般需200g左右。

采集此类样品更应注意其代表性，采集的对象若为肉及其制品时，应从不同部位采取；家禽样品需取完整或残余部分；罐头则采取残剩部分或打开备食的罐头，也可在缺少残剩的情况下，采取同一日期生产的未开罐头，尤其是同批的“胖听”罐头。

②患者材料的采集：首先应选择同样症状且较严重的病例，其次应尽可能采集到发病初期数小时的材料，以利确诊。采集的材料主要有三种：患者的呕吐物、洗胃液；患者的粪便；患者的血液。

呕吐物的采集：这种样品的检查意义很大，一般采集100g左右。由于胃酸使该样品为酸性，不利于细菌的存活，所以应在采到的呕吐物内及时加入10%苏打，予以中和（以pH试纸测定），以保持细菌的活性。

血样的采集：应采集早期典型患者的血液。急性期必要时可做血液培养（指菌血症阶段），而主要是用来检查患者血液中的抗体，以证实从可疑食物中分离到的细菌是否为食物中的病原体。一般需采血两次以上，第一次在发病初期，第二次在病后2周左右，若患者血中抗体呈明显上升趋势，即可证实其为某病原菌所致。

③其他材料的采集：在细菌性食物中毒的调查、检验过程中，除必须确定病原微生物外，还必须弄清这些作为病原的细菌是哪里来的，怎样污染侵入食品中的，又是在何种情况下，促使这些细菌大量生长繁殖和产生毒素的。如可疑为葡萄球菌引起的食物中毒，则应注意食品从业人员中，有否害疮疖等皮肤化脓性患者；若可疑为痢疾或其他肠道菌所致，应及时对食品从业人员做肠道菌的带菌检验，以明确食物中毒菌的来源。

（2）样品的运送

①装检验样品的容器需经煮沸或用其他加热灭菌法处理后方可使用，但不得用消毒剂处理容器。

②采集到的检样中不准加入任何防腐剂。

③容器外应贴有标签，并附一份写明发生中毒情况、采样时间和检验目标的详细说明书。

④采集的检样应立即送检，并注意冷藏，防止外界气温的影响。

（3）样品的处理

①固体检样：按无菌要求，剪碎后置无菌乳钵内，加入适量灭菌海砂研细，再加入无菌生理盐水作1:5稀释，充分混匀，稍沉淀后，取上清液进行接种和涂片染色镜检。

②粪便或呕吐物：加入少量无菌生理盐水，充分搅拌混匀、静置，待其中粗块下沉后，取上层液接种及涂片镜检。

③洗胃液：加入无菌试管低速离心后，取沉淀物进行检查。

④罐头检样：按罐头食品的检验要求和方法进行。

⑤血液检样：急性期采取静脉血5mL，注入50mL肉汤培养基中送检。血清样品为采自急性期及恢复期患者的血液分离血清，冷藏送检（应注意该样品务必采自同一患者）。

（4）细菌性食物中毒的检验程序

①直接涂片染色镜检：从形态学上初步观察细菌的类型和菌量的多少。

②一般活菌数的测定：主要用于葡萄球菌的食物中毒。对蜡样芽孢杆菌和变形杆菌以及粪链球菌等食物中毒也有一定意义。

③分离培养：鲜血琼脂平板用于检查和分离葡萄球菌、链球菌和蜡样芽孢杆菌等；却浦

曼氏琼脂平板用于葡萄球菌食物中毒的检验，葡萄球菌食物中毒潜伏期特别短，本培养基的检查效果好，它具有一定的抑制和选择作用；普通琼脂平板常用于蜡样芽孢杆菌和其他未知致病菌的检查；EMB（或中国蓝）平板用于分离致病性大肠杆菌、变形杆菌、志贺氏菌等；SS或DC平板、MM（氯化镁孔雀绿）增菌肉汤均用于分离沙门氏菌；4%氯化钠琼脂平板用于分离副溶血性弧菌，必要时可用4%氯化钠肉汤增菌；鲜血琼脂平板厌氧培养主要用于肉毒梭菌和产气荚膜梭菌的分离培养，肉毒梭菌可同时用葡萄糖培养基增菌，效果较好。

④患者血清凝集试验：用患者急性期和恢复期采集到的血清，与分离自中毒检查的病原菌做试管凝集试验，观察其凝集价是否呈上升趋势，若恢复期血清凝集价较发病初期明显增高，即有诊断价值。沙门氏菌、变形杆菌、副溶血性弧菌以及致病性大肠杆菌的食物中毒，其血清学诊断意义较大。

⑤外毒素的测定：一般指对葡萄球菌的肠毒素和肉毒梭菌毒素的测定。葡萄球菌引起的食物中毒既有肠毒素的作用而且是主要的，但又不能与感染型食物中毒截然分开，所以不仅要检查肠毒素，也要做一般的检查。肉毒毒素的测定对疑为肉毒梭菌引起的食物中毒是主要的依据。由于检验技术的不断改进，实验证明，致病性大肠杆菌、副溶血性弧菌、产气荚膜梭菌等引起的食物中毒，虽然它们都是以毒素作用为主，但一般的常规检查仍然很重要，不可偏废。细菌性食物中毒检验程序见图5-1。

4. 病人的救治

不论是感染型或毒素型食物中毒都应及时进行治疗。应尽早进行原因疗法，以使早日控制流行、缩短病程，促使早日恢复健康。由葡萄球菌、链球菌引起的中毒，可用四环素、黄连素、磺胺等药物治疗。蜡样芽孢杆菌所致者可用氯霉素。沙门氏菌、变形杆菌所致者用四环素和氯霉素较适宜。副溶血性弧菌引起的可用氯霉素。

（三）慢性食源性疾患

慢性食源性疾患是指食物中有害物质引起的对代谢和生理功能的干扰，致癌、致畸、致突变等作用对健康的潜在性损害。致癌是指毒物具有引起毒性肿瘤的特性。致畸指毒物作用于妊娠母体引起新生儿畸形。致突变指引起遗传物质的突然性变异，往往是致癌、致畸作用的预兆。霉菌在食品中引起霉变的同时，产生多种真菌毒素，它们在食品中的含量常常甚微，故短期摄入不会出现损害，只有长期慢性摄入才可能造成健康损害。近年来，慢性食源性疾患正在日益受到重视。

一些烹调方法可以对真菌毒素起部分降解作用，要从根本上消除真菌毒素的影响，就要做好防霉去毒工作。农业部门应建立和落实减低真菌毒素污染的良好的农业操作规范，餐饮部门应在对各类原料进行监测和危险性评估的基础上，合理烹调配膳，限制易受污染食品的利用，以降低膳食中的实际含量。

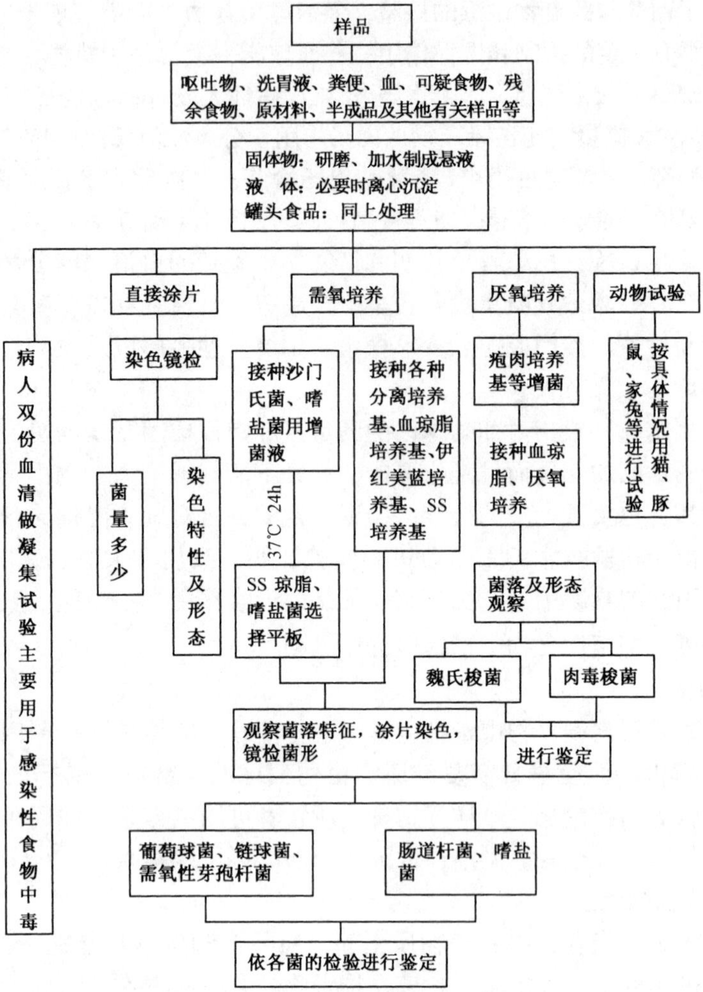

图 5-1 细菌性食物中毒检验程序

第二节 致病性肠杆菌的危害

一、肠杆菌科概述

本科是细菌中最常见的一个大群，在分类上同属一科，即肠杆菌科（*Enterobacter iacee*）。本科中细菌种类多，按其形态、生化反应、抗原构造、DNA 碱基组成及 DNA 的相关性进行分类，除菊欧文氏菌（*E. chreysanthemi*）外，已测的所有种均含肠道杆菌的共同抗原（Enterobacterial Common Antigen，ECA）。其代表属为埃希氏菌属。

本科大部分是肠道共生菌，也有人或其他动物的病原菌，常经患者、带菌者及其粪便污染食品、水和土壤等，而引起食物中毒或传染。

本科中共有11个属的细菌曾从人或动物体中分离到，它们是：埃希氏菌属、沙门氏菌属、爱德华氏菌属、柠檬酸杆菌属、志贺氏菌属、克雷伯氏菌属、肠杆菌属、哈夫尼菌属、灵菌属、变形杆菌属以及耶尔森氏菌属。

沙门氏菌属、志贺氏菌属、耶尔森氏菌属等引起人体食物中毒或食源性传染病。埃希氏菌属为正常肠道菌，其中少数菌型可引起肠道疾病及在一定条件下发生肠道外感染。其他菌属多为正常菌群，偶尔可致腹泻或条件性致病，如宿主机体状态改变或细菌侵入肠道以外的部位，即可发生菌血症、脑膜炎、肺炎、肾盂肾炎或伤口感染等。

（一）生物学特性

（1）形态与培养　本科细菌为革兰氏阴性、两端钝圆、中等大小的杆菌，（0.3～1.0）μm×（1.0～6.0）μm。无芽孢、不抗酸，多数具周身鞭毛，有动力，但志贺氏、克雷伯氏、耶尔森氏及塔特姆菌属无动力。有些菌有荚膜，如克雷伯氏菌和灵菌属的一些菌株。大多数菌有菌毛，可吸附于宿主及其他细胞上，经性菌毛传递遗传物质。属需氧、兼性厌氧菌。在普通琼脂和麦康凯培养基上生长良好。形成中等大小、湿润、浅灰色的S形菌落，液体培养基中呈均匀混浊生长，一般都能在含0.5%胆盐的培养基上生长。

（2）生化反应　可分解多种糖类和蛋白质，生成各种代谢产物，藉以鉴别菌属、菌种。肠道致病菌一般不分解乳糖，而非致病菌多能分解，因此，乳糖发酵试验是区别该科细菌的重要依据之一。发酵葡萄糖迅速产酸或产酸产气。还原硝酸盐为亚硝酸盐。氧化酶阴性。触酶氧性。DNA或G+C含量为37%～59%。

埃希氏菌属：包括普通大肠杆菌、致病性大肠杆菌和粪大肠杆菌等。本属菌共同特征是能迅速分解乳糖产酸产气。

沙门氏菌属：包括引起伤寒、副伤寒、肠炎沙门氏菌等许多种，能运动，不分解乳糖和尿素。

志贺氏菌属：除个别菌型外，一般不分解乳糖，不能运动，能引起人体的细菌性痢疾。

变形杆菌属：为条件致病菌，能引起人类食物中毒及食品变质。分解尿素、不发酵乳糖。具有鞭毛，运动活泼，在琼脂平板上呈蔓延性生长。

耶尔森氏菌属：包括鼠疫杆菌、结肠炎杆菌和伪结核杆菌。鼠疫杆菌系烈性传染病鼠疫的病原菌。伪结核杆菌引起啮齿类和火鸡疾病。结肠炎杆菌引起人体食物中毒。

克雷伯氏菌属：包括肺炎杆菌、产气杆菌等。生化反应活泼。有的有荚膜，有的有色素。偶尔引起感染发病。

(3) 抵抗力　本科细菌不耐热，加热至60℃，30min可杀死。能耐低温。但干燥后易死亡。对消毒剂（如石炭酸、漂白粉、甲醛、戊二醛等）敏感，乙醇可使其变性。耐胆盐及在不同程度上抵抗染料的抑菌作用，此特征可用于制作选择性培养基。

（二）致病性

肠杆菌科细菌所致疾病见表5-2。

表5-2　常见肠杆菌科细菌所致疾病

菌　属	代表种或株	所致疾病等
埃希氏菌属	大肠杆菌	泌尿道感染、出血性结肠炎
志贺氏菌属	痢疾杆菌	食物中毒、痢疾
沙门氏菌属	猪霍乱杆菌	伤寒、副伤寒、肠炎、食物中毒
柠檬酸菌属	费氏柠檬酸杆菌	肠内常住菌
爱德华菌属	迟钝爱德华菌	肠炎（罕见）
克雷伯氏菌属	肺炎杆菌	肺炎、泌尿道感染
肠杆菌属	阴沟肠杆菌	肠内常住菌
灵菌属	灵杆菌	创伤感染、腐生菌
变形杆菌属	普通变形菌	食物中毒
摩根菌属	摩氏摩根菌	食物中毒、创伤感染
欧文氏菌属	草生欧文菌	条件致病菌
耶尔森氏菌属	鼠疫杆菌	鼠疫
	结肠炎杆菌	肠炎

二、沙门氏菌病

1885年沙门（Salmon）与史密斯（Smith）在猪体中首先分离到沙门氏菌。本属细菌所致的病称沙门氏菌（*Salmonella*）病，在动物中广为传播，人的传染及带菌也很普遍。因传染源或污染食品，使人发病。世界各地食物中毒中，沙门氏菌常占首位或第二位。在我国细菌性食物中毒也以沙门氏菌引起的占首位，但沿海省市的细菌性食物中毒，以副溶血性弧菌引起最多。

本属菌种类多、分布广，至今已有2 000种以上。其有的根据发现疫病的动物品种命名，有的以疾病或临床症状名称命名，有的结合动物名称和疾病两者加以命名，也有的以疾病首发城市名命名。由于品种太多故新命名者多以抗原式命名。沙门氏菌的分类依次由亚属、组、血清型（种）、抗原结构逐级进行。

本属中有些细菌对人致病，如伤寒杆菌、副伤寒杆菌；有些对动物致病；也有对人和动物都可致病的，即所谓人兽共患病病原。畜禽中猪、牛、马、羊、猫、犬、鸡、鸭等，野生动物中狮、熊、鼠类以及冷血动物、软体动物、节肢动物等均可带菌。该属菌还可在食品中繁殖，人们可因误食患病动物的肉、乳、蛋或由病鼠尿等污染的食物而发病。

（一）病原菌生物学特性

1. 形态与染色

本菌为革兰氏阴性短小杆菌，大小（1～3）μm×（0.4～0.95）μm。无芽孢，一般无荚膜。除鸡白痢沙门氏菌、鸡伤寒沙门氏菌外，都有周身鞭毛，能运动，偶然有无鞭毛的变种。除鸡白痢、鸡伤寒、甲型伤寒沙门氏菌等外，多数菌有菌毛，能吸附于细胞表面，可凝集红细胞。沙门氏菌形态见图5-2。

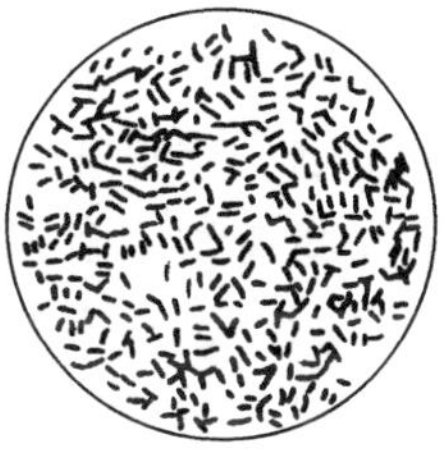

图5-2　沙门氏菌

2. 培养特性

该菌需氧或兼性厌氧，生长温度为10～42℃，最适为37℃。pH6.8～7.8，最适pH7.2～7.4。于普通培养基上，37℃，18～24h大多数生长成圆形或近似圆形、光滑、半透明、边缘整齐的菌落，直径2～3mm，粗糙型菌落则边缘不整齐，表面干燥。伤寒杆菌有时出现侏儒型菌落。乙型副伤寒杆菌、猪霍乱杆菌可呈黏液状生长。鸡白痢、鸡伤寒、羊流产和甲型副伤寒杆菌等，于普通培养基上生长贫瘠，菌落小而透明。培养基中加入硫代硫酸钠、胱氨酸、血清、葡萄糖、甘油、淀粉、脑浸液或胶体硫等，有助于本属菌生长。液体培养基中呈均匀混浊生长。在培养基中也有S-R型变异。

3. 生化反应

本属细菌不发酵乳糖（与大肠杆菌不同）、蔗糖、侧金盏花醇，不产生吲哚，V－P阴性，不分解尿素，发酵葡萄糖、麦芽糖、甘露醇和山梨醇产酸产气。其中鸡伤寒及部分鸡白痢杆菌产酸不产气，大多数鸡白痢杆菌不发酵麦芽糖。猪伤寒杆菌不发酵甘露醇。

于鉴别或选择培养基上，菌落直径1～1.5mm，透明或半透明，因不分解乳糖，其菌落色泽与志贺氏菌相同。能产生H_2S的菌株，在SS琼脂和HE琼脂（Hektoen enteric agar）上呈中心黑色的菌落，在亚硫酸铋琼脂上为黑色菌落，其周围绕以黑色或棕色的大圈，对光观察，有金属光泽。该琼脂很适合于从粪尿中分离本菌。

4. 抵抗力

加热60℃，30min可杀死本菌。粪便中分别可存活2～3周及1～2个月。于潮湿处，其生长期4～5周，干燥的垫草中间可活1～5个月。牛乳及肉中可活数月。水煮或油炸大块鱼、肉及香肠时，若内部温度达不到热毙点时，该菌仍可存活，常发生食物中毒。在冰冻土壤中能过冬，－25℃低温中可存活10个月左右。在10%～15%食盐的腌肉中能存活2～3个月。对生姜敏感，5%石炭酸及0.2%升汞5min即可杀死。可耐一定浓度的孔雀绿、煌绿、结晶紫、复红和亚硒酸钠等，故可用于制备沙门氏菌的选择培养基。大多数菌株能耐一定浓度的磺胺类、土霉素及链霉素等抗菌素。

（二）病原菌的危害

1. 流行特点

（1）沙门氏菌的致病类型　人类沙门氏菌感染有三种类型：

①肠热型：即伤寒和副伤寒，分别由伤寒杆菌和副伤寒杆菌、肠炎杆菌引起。病菌随污染食物、饮料进入小肠。人类感染所需的病菌数通常在10个以上。

②肠炎型（食物中毒）：是最常见的沙门氏菌感染。主要因食入大量鼠伤寒、猪霍乱、肠炎、汤卜逊及丙型副伤寒等菌污染的食物而引起。

③败血型：多见于儿童或原有慢性病的成人。多由猪霍乱、丙型伤寒、鼠伤寒及肠炎杆菌等引起。

（2）沙门氏菌引起食物中毒的原因

①用病畜禽的肉制成了食品；

②病畜禽及带菌动物粪便污染了食物；

③带菌者在加工过程中使食物被污染；

④用不洁的水处理食品。典型发病表现为集体食物中毒。

2. 临床症状

本菌引起的食物中毒，主要呈急性肠胃炎。潜伏期最短6～8h，长者达48～72h，一般为12～24h，体温可升高到38～40℃。主要症状为发热、头痛、恶心、腹泻、腹痛、出冷汗及全身不适、疼痛，有时伴有白细胞减少。病程2～3d，经及时抢救、治疗，一般很少死亡，严重者因治疗不及时或不当而死亡。

（三）病原菌检验

参照GB/T4789.04—2003。

三、志贺氏菌病

志贺氏菌属（*Shigella*）有4个群（种）：A群为痢疾志贺氏菌（*S. dysonteriae*），B群为福氏志贺氏菌（*S. flexneri*），C群为鲍氏志贺氏菌（*S. boydii*），D群为宋内志贺氏菌（*S. sonnei*）。其中痢疾志贺氏杆菌由日本Shiga首先发现，引起人类的细菌性痢疾，简称菌痢，其发病率在我国占急性传染病的前列。

志贺氏菌食物中毒，实际上是食源性的菌痢爆发。但其他各型也可能引起食物中毒。近几年来，国内文献报道的几次志贺氏菌食物中毒，都是由于炊事人员带菌，用手操作，污染了冷菜，而导致用膳者中菌痢爆发。引起中毒的食物有凉拌黄瓜、西瓜果拼、凉拌叶菜、冷盘肉等。一般是在制作并受到污染以后到食用，中间有一个细菌繁殖的时间。如头天制作，第二天供食用而发生中毒。中毒爆发时间常在 7 ~ 10 月间，与菌痢流行季节相符。

（一）病原菌生物学特性

1. 形态染色

本菌为革兰氏阴性杆菌，其大小为（0.5 ~ 0.7）μm ×（2 ~ 3）μm。无荚膜、无芽孢、无鞭毛，有菌毛。

2. 培养特性

兼性厌氧。营养要求不高，于普通营养琼脂培养基上生长良好。在 10 ~ 40℃，pH 6.4 ~ 7.8均可生长，最适温为37℃，pH 为7.2 ~ 7.4。于普通营养琼脂上经18 ~ 24h 培养，菌落圆形、微凸、光滑湿润、无色半透明、边缘整齐，直径约2mm。宋内志贺氏菌菌落较大，较不透明，且常出现粗糙扁平菌落。在普通肉汤中呈均匀混浊状，无菌膜，无沉淀。于 SS 琼脂上，菌落形态类似于沙门氏菌，为无色半透明中等大小或较小的菌落。因其不产生 H_2S，故在琼脂上菌落中心不形成黑色。宋内志贺氏菌可迟缓发酵乳糖，故菌落呈玫瑰红色，注意勿当成是大肠杆菌。

3. 生化反应

志贺氏菌为革兰氏阴性、需氧、无动力、无芽孢的杆菌，都能发酵葡萄糖，有的能发酵甘露醇。发酵糖类时不产生气体，但有少数例外。不发酵水杨苷及侧金盏花醇，不能在西蒙氏柠檬酸盐琼脂上生长，不能水解尿素及液化明胶，不能形成乙酰甲基甲醇，只有宋内志贺氏菌缓慢发酵乳糖，不产生 H_2S 及不发酵肌醇。DNA 的 G + C 为 50 ~ 52mol% 。

根据志贺氏菌属细菌对甘露醇的分解能力不同，可分为两组：一组不分解甘露醇，为痢疾志贺氏菌成员；二组分解甘露醇，为福氏、鲍氏、宋内志贺氏菌成员，其中福氏、鲍氏志贺氏菌不发酵乳糖，宋内志贺氏菌迟缓发酵乳糖。加做吲哚试验可进一步分型。

4. 抵抗力

本菌的抵抗力较大肠杆菌和沙门氏菌属略低，一般于水中可生存数日，在冰中能存活96d，牛乳中可保持活力 1 ~ 2 月，在潮湿土壤中可活 34d，37℃水中可活 20d，粪便中于20℃左右的室温下能活 11d，在太阳直接照射下 30min 可杀死，于 56 ~ 60℃，10min 即被杀死。对化学消毒剂敏感，在 1% 石炭酸中 15 ~ 30min 死亡，0.1% 升汞、5% 石炭酸可立即被杀死。对 75% 酒精、2% 来苏尔、1% 漂白粉液、0.1% 新洁尔灭等均很敏感，易被杀死。对氯霉素、庆大霉素、链霉素、四环素、磺胺药、奎酮酸类、黄连素等敏感，易出现耐药变异株（经 R 因子传递），对青霉素有相当抵抗力。

（二）病原菌的危害

菌痢是夏秋季消化道急性传染病，春初也有发生。当少量细菌，即几十到几百个进入体内，就可能致病。主要传染源是急性、慢性病人及带菌者，属自限性疾病。猴、犬可自然感染，但作为传染源的实际意义很小。

1. 流行特点

菌痢在热带、亚热带往往于雨季流行，战时也易流行，如第一次、第二次世界大战时于军队中广为流行。该病之发生，无种族、性别、年龄之分，以幼儿感染较严重。本菌经食物、手指、粪便及苍蝇在人群中传播。痢疾志贺氏菌在中美、南美广泛散播。本病发生于世界各地。1969 年在危地马拉发生菌痢 111 000 例，死亡 8 000 人。

人对志贺氏菌的易感性极高，也可致灵长类肠道病。其传播与伤寒类似，苍蝇的传播比伤寒更为严重。已证明免疫带菌者的存在，但不如伤寒传染的重要。

2. 临床症状

（1）急性细菌性痢疾　分为急性典型、非典型和中毒性菌痢三型。

①急性典型菌痢：一般表现为发热、腹痛、腹泻、大便次数增多、粪便内含脓血与黏液，常伴有里急后重等严重症状。若及时治疗，预后良好，病程 5 ~ 10d。治疗不彻底可转为慢性。

②非典型菌痢：不易诊断，常因延误治疗而转为慢性，成为带菌者。

③中毒性菌痢：主要见于小儿，各型菌都可发生。主要由内毒素造成各种病理变化：因循环障碍导致内脏淤血、周围循环衰竭（休克）。一些主要功能器官血液供应不足，心力衰竭，脑水肿，急性肾功能障碍，严重者可造成血管内凝血、中枢神经抽搐、昏迷等。呼吸衰竭表现为呼吸增快或不规则现象。

（2）慢性细菌性菌痢　病程超过两个月者为慢性。

①慢性迁延型：病程长，持续轻重不等的痢疾。粪便成形或较稀，带黏液或少量脓血，次数较多，腹部有压痛。有时便秘与腹泻交替出现。

②慢性隐匿型：一年内有痢疾史，近日无临床症状，粪便培养阳性。

③急性发作型：平时完全如健康人一样，发作时表现为急性菌痢，呈脓血便，便次增多，但全身中毒症状不重，可于上述两型的基础上发生。

（3）带菌者　多有长期带菌者，分健康带菌者、恢复期带菌者及慢性带菌者三型。它们是本病流行的重要来源。

食堂、餐馆和一切从事食品工作的人员必须定期做粪便细菌培养检查，以发现志贺氏菌带菌者。发现带菌者时，应当改变他们的工作，并给予治疗，必须连续 3 次培养阴性方可认为已治愈。在菌痢发病季节，应当密切注意炊事人员的健康状况，以便及时发现现症病人和轻症病人。

（三）病原菌的检验

参照 GB/T4789. 5—2003。

四、大肠杆菌病

1885 年 Buchner 首先描述了大肠杆菌，1886 年埃希氏（Escherich）在粪便中发现此菌，称为普通大肠杆菌（Bact. coli common），并详加研究。Castellani 等 1920 年开始使用埃希氏菌属（*Escherichia*）这个命名。埃希氏菌属包括大肠杆菌（*E. coli*）和蟑螂埃希氏菌（*E. blattae*）。现在多将大肠杆菌分为致病性大肠杆菌和非致病性大肠杆菌两大类。

非致病性大肠杆菌广布自然界，为人、动物肠道中所固有的细菌丛，每 1g 粪便含大肠杆菌 10^9 个，该菌于回盲瓣（ileocecal valve）部数量最多，并能合成维生素 B、维生素 K 及叶酸供动物营养。如肠道内大肠菌不减少或不因内服大量磺胺剂而抑制其生长时，则体内的维生素 B 复合物不致因食物不足而缺乏。本菌产生的大肠菌素可抑制某些病原微生物在肠道内繁殖，特别是对新侵入的病原菌，使其不能定居。

能致病的大肠杆菌：当宿主免疫力下降或该菌侵入肠外组织、器官，可致肠道外感染。该菌的某些血清型菌株致病性强，使肠道直接感染，称病原性大肠杆菌。按血清型、致腹泻机理等，将其分为：产毒性大肠杆菌（*enterotoxigenic E. coli*，ETEC），致病性大肠杆菌（*enteropathic E. coli*，EPEC），侵袭性大肠杆菌（*entero invasive E. coli*，EIEC），出血性大肠杆菌（*enterohemorrhagic E. coli*，EHEC），及一类新定的腹泻病原——肠凝聚性大肠杆菌（*enteroagglomerate E. coli*，EAggEC）等五种。一般认为凡能产生耐热性肠毒素（ST）或不耐热肠毒素（LT）的，均可引起食物中毒。

致病性与非致病性大肠杆菌在形态、培养特性、理化特性上不易区分，只能以不同的抗原构造来区分。大肠杆菌用作被粪便污染的检测指标。当饮水或食物中检测到大肠杆菌时，即被证明受粪便污染，且有沙门氏菌属或志贺氏菌属存在的可能。在分子生物学和基因工程的实验中，大肠杆菌为其重要的材料和研究对象。

（一）病原菌生物学特性

1. 形态染色

为革兰氏阴性直杆菌，（1.1～1.5）μm×（2.0～6.0）μm。在渗出液内或幼龄培养物中，呈球杆状且形成短链，陈旧培养物大多呈长形杆菌如丝状。无芽孢，某些菌株尤其是从肠道外部位分离的菌株具有荚膜或微荚膜。为周毛菌，具鞭毛 6～8 根，有运动力，有普通菌毛和性菌毛，运动力则因培养基不同有显著差别：有的运动活泼，有的运动迟缓，甚至有的菌株不运动。

2. 生长要求与培养特性

需氧或兼性厌氧，15～45℃均可发育，最适生长温度为 37℃，pH 为 7.4～7.6。在普通培养基上发育良好。S 型菌株经 37℃，18h 培养后形成直径 2～3mm 的圆形凸起、光滑、乳白色、边缘整齐的菌落。在血琼脂平板上，有些菌株产生 β 溶血环。在麦康凯培养基上为玫瑰红色菌落，在SS琼脂上本菌一般不能生长，少数生长的菌落，因其发酵乳糖而呈红色，沙门氏菌及志贺氏菌属为无色菌落。于液体培养基中生长导致均匀混浊，形成菌膜，管底有黏性沉淀，培养物常有特殊的臭味。

3. 生化特性

凝固牛乳，不液化明胶，发酵葡萄糖、麦芽糖、乳糖、木糖、阿拉伯糖、甘露醇等，均产酸产气。某些不典型菌株则迟缓或不发酵乳糖，约50%菌株分解蔗糖。凡发酵乳糖产酸产气，IMViC试验为“+、+、-、-”者是典型的大肠杆菌，表明被检物已被粪便污染，有传播肠道传染病的危险性。发酵糖类后形成的酸以乳酸为主，有少量蚁酸和醋酸。产生CO_2、H_2，产气量大致相等。

4. 抵抗力

本菌对热的抵抗力较其他肠道菌强，甚至经55℃加热60min或60℃加热15min仍可有部分菌存活。各菌株间差异很大，除少数抗热菌株外，均可被巴氏消毒法杀死。于土壤、水、潮湿的环境中能存活数月。在温度较低的粪便中存活更久。胆盐、亚硒酸盐、焦性磷酸钠及煌绿染料等，对本菌有选择性抑制作用。对磺胺、庆大霉素、丁胺卡那霉素、链霉素、金霉素、先锋霉素等较敏感，水中含0.2mg/kg的游离氯可杀死本菌，故常用漂白粉作饮水消毒。青霉素作用甚弱，易产生耐药菌株，对土霉素不敏感。

（二）病原菌的危害

1. 流行特点

婴儿出生后数小时肠道内就出现大肠杆菌，并伴随终生。它是需氧性肠道菌的典型菌。

健康人肠道致病性大肠杆菌带菌率一般为2%～8%，高者达44%。感染了病原性大肠杆菌的人、动物就成为传染源。经该菌或其毒素污染食物而传播。苍蝇、蟑螂为该菌食物中毒的传播媒介。人群中普遍易感，并可重复感染。其流行特征为突然发病，时间较集中。患者限于误食同一种被污染的食物，病情轻重与误食量多少有关。常爆发流行于集体用膳单位，当停食污染食物，即可控制。多发于夏秋，因气温较高，该菌易在食物中生长繁殖释放毒素。

在流行病学调查中可用大肠杆菌产生的大肠杆菌素（colicin）分型。大肠杆菌素为脂多糖蛋白质复合物，能抑制他种大肠杆菌，对其他肠道菌也有抑制作用。该菌素有20多型，对大肠杆菌分型有一定特异性。也可用大肠杆菌对不同噬菌体的敏感性分型，称噬菌体型。如O_{111}性大肠杆菌又可细分为28个噬菌体型。用大肠杆菌间生物拮抗作用，抑制病原性大肠杆菌，即经非致病的、定居性、竞争性强的大肠杆菌与乳酸杆菌制成口服生物制剂，可以建立正常肠道菌群，增强抗病能力，现常称这类产品为益生菌制品。

2. 临床症状

本菌引起的下痢，潜伏期为2～24h，主要为腹泻。因致病菌种不同，有以下五种类型：

（1）ETEC型　是婴儿、旅游者腹泻中常见病菌。呈轻度腹泻，也可出现严重霍乱样症状，鉴定ETEC主要应检测大肠杆菌肠毒素，并鉴定血清型。中毒食品为奶酪、水产品、饮水。

（2）EPEC型　是婴儿腹泻的主要病菌，严重者可致死。成人少见。多见带菌者，表明其幼年时接触该菌后已获免疫。死于EPEC的患者，其十二指肠、空肠、回肠上段有大量本菌繁殖。切片标本中有本菌粘附绒毛上，使刷状缘破坏、绒毛萎缩、上皮细胞排列紊乱和功能受损导致严重腹泻。本菌中毒食品为猪肉、肉馅饼及饮水。

（3）EIEC型　所致疾病很像细菌性痢疾。腹泻为脓性血便，似里急后重状，故又称志贺氏菌样大肠杆菌（Shigelloid *E. coli*），侵害年龄较大的儿童和成年人。定位于结肠，侵袭肠黏膜上皮细胞。产生内毒素，破坏细胞形成炎症、溃疡，引起腹泻。本菌中毒食品多为奶酪、土豆色拉、罐装鲑鱼、饮水。

（4）EHEC型　产生志贺氏菌毒素样细胞毒素。主要引起出血性肠炎、血性便。呈散发或爆发，潜伏期3～9d，前期症状表现为腹部痉挛性疼痛和短时间的发热、呕吐，1～2d内出现腹泻，后导致出血型肠炎，突发性腹痛和便血。约有10%发展为肾出血，引起急性肾衰。1996年7月，日本大阪有62所小学9 000多人发生*E. coli* O_{157}:H_7食物中毒，12人死亡，中毒原因由生食凉拌萝卜丝引起。1997年又发生，震惊全世界。本菌中毒食品还有生及半生的牛肉糜（馅）、发酵香肠、生牛乳、酸奶、苹果酒、苹果汁、色拉油凉拌菜、豆芽、饮水、汉堡包、三明治等。

（5）EAggEC型　为一些导致发展中国家儿童持续性腹泻（>14d）的病菌。典型症状为发烧，高达38℃，血便、呕吐。

（三）病原菌检验

检验包括分离培养及生化鉴定、血清学试验、肠毒素试验等步骤。

1. 检样采集与处理

采取中段尿液、血液、脓液、胆汁、穿刺液及粪便（患儿或幼病畜）。如无粪便，以肛拭于投药前采样。将肛拭以磷酸盐缓冲液湿润，然后轻轻插入肛门4～6cm，婴幼儿于2～3cm处，在直肠内旋转擦取直肠黏膜黏液后取出。置保存液内送检，如不能立即检查，可置2℃冰箱中暂存。

2. 分离培养

粪便立即用麦康凯平板划线分离，常可直接获纯培养。血液宜增菌后，平板分离培养。其他如脓液、粪便及尿便沉渣均可直接划线培养于血平板、EMB或中国蓝平板鉴别培养基上，37℃培养18～24h后，观察菌落，涂片革兰氏染色镜检，并移植于三糖铁斜面上培养，按肠道杆菌鉴定。

TSI斜面产酸或不产酸，底层产酸，H_2S阴性，KCN阴性和尿素阴性的培养物为大肠艾希氏菌。TSI底层不产酸，或H_2S、KCN、尿素有任一项为阳性的培养物，均非大肠艾希氏菌。必要时做氧化酶试验。

3. 生化试验

选取可疑菌落移植于普通琼脂斜面上纯培养后，做生化和血清学鉴定（见表5-3）。

表5-3 大肠杆菌与其他乳糖发酵菌的鉴别

试验 菌名	动力	葡萄糖	乳糖	麦芽糖	蔗糖	甘露醇	硫化氢	脲酶	吲哚	甲基红	V-P	柠檬酸盐	苯丙氨酸脱氨酶	赖氨酸脱羧酶	鸟氨酸脱羧酶	氧化酶	氰化钾
大肠杆菌	+	○	○	○	+/-	○	-	-	+	+	-	-	-	+/-	+/-	-	-
产气杆菌	+	○	○	○	+/-	○	+	-	-	-	+	+	-	-	+/-	-	+
肺炎杆菌	-	○	○	○	○	○	-	±	-	-	+	+	-	+	-	-	+
阴沟杆菌	+	○	○	○	○	○	-	±	-	-	+	+	-	-	+	-	+
灵 杆 菌	+	+	±	+	+	+	-	-	-	-	+	+	+	+	+	-	+

注：+—阳性；-—阴性；○—产酸产气；±—可疑。

4. 血清学检查

取上述分离得的可疑菌与各种OK多价血清做玻板凝集反应，用生理盐水作对照，观察2min，若凝集，再与OK、O分型血清逐个做玻板凝集反应，如与OK分型血清凝集，而O分型血清不凝，即该菌株有K抗原，应将菌液置100℃水浴中加热15～60min，以破坏K抗原后，再与OK、O血清做检查，凝集者即该血清型为病原型大肠杆菌。活菌液与OK分型血清、O分型血清均呈强度凝集时，即该菌株缺少K抗原。若与某组OK血清凝集，可再挑3～5个类似的平板上占优势的菌落，做鞭毛凝集，阳性者，初步定为大肠杆菌。将该菌落所余部分移入斜面，37℃培养24h后，取出置4℃冰箱，做进一步鉴定。

5. 毒素试验

将经生化反应确定为大肠杆菌的菌株5株，接种于肉汤中，于36±1℃培养24h，在3000r/min下离心30min，取上清液经过滤后分成两份，一份60℃加热30min供ST测定，另一份不加热供LT测定。也可于大肠杆菌菌落周围切取6mm直径的琼脂块，浸泡在0.4mL pH7.0的PBS溶液中，置冰箱中过夜，供ST测定。

（1）乳鼠灌胃试验　肉汤培养物滤液或浸出液内加入2%伊文思蓝溶液0.2mL作为标

记，用已消毒的装有塑料小管的注射器，将待检液0.1mL注入1～4日龄乳鼠胃内。3～4只为一组，注入同一材料。禁食3～4h后用氯仿处死，取出全部肠管，分别称其重量（含积液）及剩余尸体体重。以肠管重量与剩余尸体重之比大于0.09者为阳性，0.07～0.09者为可疑。本试验用于测定ST，其作用在3～4h反应最强，以后积液减少，17h变为阴性。乳鼠的个体差异对反应的影响较小。

（2）双向琼脂扩散试验　把被检菌株按5点环形接种于Elek培养基，于36℃±1℃培养48h，在每株细菌的菌苔上放一片多黏菌素B纸片，（36±1）℃经5～6h，使肠毒素渗入琼脂。在5点环形菌苔各5mm处的中央，挖一个直径4mm的圆孔，并滴一滴琼脂补底，于平板中央孔内加LT抗毒素30μL。用已知产LT和不产毒菌株作对照。置（36±1）℃经15～20h观察结果。菌苔和抗毒素孔之间呈白色沉淀带者为阳性，无沉淀带者为阴性。

现已有酶联免疫吸附试验测定大肠杆菌肠毒素的方法。

五、变形杆菌性食物中毒

变形杆菌于1885年由霍塞尔（Hauser）首先自粪便等标本内分离到。变形杆菌属（*Proteus*）有4个种：普通变形杆菌（*P. vulgaria*）、奇异变形杆菌（*P. mirabilis*）、莫尔根变形杆菌（*P. morganii*）和雷极变形杆菌（*P. rettgeri*）。

这类菌广泛分布于自然界，营腐生生活，污水、堆肥、垃圾、土壤里很常见。若污染食物，可发生食物中毒，有的引起婴儿腹泻，其中普通变形杆菌、奇异变形杆菌能引起食物中毒。

（一）病原菌生物学特性

1. 形态与染色

大小为（1～3）μm×（0.4～0.6）μm。为革兰氏染色阴性，两端钝圆的小杆菌，呈多形性，有球形或弯曲成丝状。无芽孢、无荚膜。幼龄培养物具周身鞭毛，运动活泼。莫尔根变形杆菌的某些菌株在30℃以上不形成鞭毛。有菌毛，可粘附于植物和真菌细胞表面，但不与动物组织细胞表面相吸附。

2. 生长要求与培养特性

需氧或兼性厌氧。营养要求不高，于普通培养基上生长良好。在湿润的琼脂表面呈扩散生长，为厚薄交替、同心圆形的波状薄膜，称为蔓延生长现象。在培养基中加入0.1%石炭酸、4%乙醇、0.25%苯乙醇、0.4%硼酸、同型血清、胆盐或提高琼脂浓度5%～6%，或提高培养温度至40℃等，可呈单个菌落。莫尔根变形杆菌无蔓延生长。液体培养基中呈均匀混浊生长，形成菌膜。生长温度为10～43℃，最适温度为20℃，能溶血。而某些菌株产腐败的臭味，有黏性。SS培养基上能生长并呈圆形、扁平、半透明的菌落，蔓延生长受到抑制，易与其他肠道杆菌混淆。

3. 生化特性

变形杆菌符合肠杆菌科特征，其共同的生化性状是均具苯丙氨酸脱氨酶，无赖氨酸脱羧酶、精氨酸双水解酶，均能迅速水解尿素，不利用丙二酸盐，能在 KCN 肉汤内生长，均不分解乳糖、棉子糖、纤维二糖、阿拉伯糖、卫矛糖、山梨醇。葡萄糖产酸，可产生少量气体，产气量一般占倒管的 10% ~15%。

分解糖类的能力较弱，一般只能发酵少数几种糖，普通变形杆菌和奇异变形杆菌能迅速产生大量 H_2S，液化明胶，而莫尔根变形杆菌和雷极变形杆菌无此特征。奇异变形杆菌和莫尔根变形杆菌能使鸟氨酸脱羧，雷极变形杆菌绝大多数菌株能发酵甘露醇，但其余种别则不能。

4. 抵抗力

本菌对外界的抵抗力与其他肠道杆菌相似，为中等抵抗力，于室温下可存活约数周，土壤、污水中达 2 ~3 个月，易被热力和消毒剂杀死。如 56 ~60℃，0.5h，100℃煮沸，很快即死。该菌自然耐药株多，一般对卡那霉素、庆大霉素、氨苄青霉素、新霉素、头孢霉素等均敏感。对链霉素、氯霉素及四环素的抵抗力随菌株不同而异，对多黏菌素具耐药性。有的菌株产青霉素酶，可耐受高浓度的青霉素。

（二）病原菌的危害

1. 流行特点

变形杆菌经常见于人和动物肠道。健康人肠道中带菌率为 1.3% ~10.4%，其中 52% ~76.9% 为奇异变形杆菌，其次为普通变形杆菌和莫尔根变形杆菌（狗、其他哺乳动物和爬虫肠道中也有该菌）。动物带菌率为 0.9% ~62.7%，其中狗粪为 1.36% ~2.7%，动物园兽类为 34.2%，牛为 0.9%。腹泻者带菌率达 13.3% ~56%。消化不良者为 17.5%，并从伤口、烧伤、呼吸道、眼、耳及咽喉的感染中分离得变形杆菌。食品的带菌率：夏秋季高达 11.3% ~60%，冬春季较低为 3.8% ~14%，鱼虾类带菌率较高：3.8% ~11.8%，鲜肉为 7.9%，主要是外界污染。

变形杆菌为条件致病菌，一般对人无害，只有变形杆菌严重污染的食品才导致中毒。即当这些活菌在肉中大量繁殖，人们误食了这种食物，于一定条件下，引起食物中毒。因此，仅从检样中检出变形杆菌尚难定论。故于变形杆菌食物中毒检验时，除分离、鉴定该菌外，还要测定其在每克食品中的最近似数。

变形杆菌引起的食物中毒是比较常见的，特别是误食熟食类、凉拌类及病死畜禽的肉后，更易发生。其原因除上述外，还因食堂、饮食店卫生条件差，制度不严，生熟食物交叉污染，如处理生熟食品的炊具、容器未及时消毒和分开使用，扩大了污染范围，并于 20℃以上放置较长时间，食前又未再充分加热，食后极易中毒。

2. 临床症状

变形杆菌性食物中毒，其症状与其他肠杆菌引起者相似，潜伏期一般为3～20h，最短者仅1h，体温一般在30～40℃，主要症状为恶心、呕吐、如剧烈刀绞样腹痛、腹泻、头痛、发热、全身无力等。具有脱羧酶的莫尔根变形杆菌、普通变形杆菌，可使新鲜的组氨酸脱羧形成组胺，当其被误食后导致过敏性组胺中毒。其潜伏期30min～2h，全身或上身皮肤潮红，似酒醉样或起荨麻疹，有刺痒感，头痛，一般不发热，病程数小时至1～2d。及时治疗可很快恢复，病程1～3d，多数预后良好。过敏者可用抗组胺药，如口服扑尔敏4mg，每日3次，或口服苯海拉明25mg，每日三次及其他对症治疗。治疗前要做药敏试验，选用敏感药物。普通变形杆菌、莫尔根变形杆菌的抗药性强，奇异变形杆菌稍次。

（三）病原菌检验

检验项目包括分离培养、生化试验、血清学试验、动物试验及菌数测定等。

（1）检样采集与处理　依发病情况不同决定采样法。一般采粪便、呕吐物、剩余食物、疮面分泌物、脓、尿、血液、脑脊髓液，立即送检，如不能及时检验，需将其置于甘油生理盐水中备检。

（2）分离培养　将检样接种于血平板或肠道菌选择、鉴别培养基上，如SS、DC琼脂、EMB或麦康凯培养基各一个，并接种GN增菌液一管，于37℃培养18～24h后再接种上述平板，37℃培养24h后，观察。变形杆菌的蔓延生长菌落较易识别，可做生化反应鉴定。但在SS、DC培养基上因受限制多呈单个菌落，其直径2～3mm，有时边缘稍扩散。对光观察，周围呈淡蓝色，中心稍厚。对不发酵乳糖的可疑菌落需做生化反应。变形杆菌对脲酶呈阳性。

（3）最近似数测定　把检样磨碎制成悬液，以无菌生理盐水按原检样量做连续递增稀释。用无菌吸管分别吸取每种稀释度的悬液0.1mL接种于琼脂斜面底部凝结水内，切勿碰到斜面，置37℃培养24～48h，观察。变形杆菌自下而上蔓延生长，以出现生长的最大稀释度乘10，即为检样中变形杆菌最近似数（个/g）。

（4）血清学试验　对分离到的可疑菌株扩大培养，制成H抗原、O抗原悬液。H抗原是用普通琼脂培养物以无菌生理盐水洗下制成悬液，加入0.2%甲醛；O抗原是于浓菌液中加入等量的95%酒精，置37℃过夜，离心沉淀，弃去上清液，沉淀物用无菌生理盐水稀释，其含菌量为10亿个/mL，取患者病后7～8d及12～15d的血清分别进行试管凝集反应。

血清分型：用铂耳挑纯培养物做玻片凝集反应，按血清凝集情况查抗原表定型。

莫尔根变形杆菌分为两个血清型：即A型（分3个亚型）和B型。用两型菌制备的多价血清，可确定莫尔根菌种。再用特异血清确定其型别。当食物中毒，判断莫尔根变形杆菌的病因作用时，须考虑：因本菌常见于食品及排泄物中，只有当分离到的细菌与食物中毒病愈者的血清呈阳性凝集反应时才能确定。

（5）动物试验　将可疑食物及分离得到的疑似菌株分别喂饲小白鼠、豚鼠或家兔等，观察其是否出现寒战、竖毛、腹泻等病状，并做细菌分离鉴定。

第三节　其他致病菌的危害

一、致病性球菌的危害

（一）葡萄球菌食物中毒

葡萄球菌（*Staphylococus*）最早是在1871年由Von Recklinghausen和Waldeyer从化脓性病灶中发现的。Vaughan和Sternberger于1884年确认葡萄球菌引起食物中毒。

葡萄球菌按其产生色素不同，分为金黄色葡萄球菌（*S. auteus*）、白色葡萄球菌（*S. albus*）和柠檬色葡萄球菌（*S. citreus*），现按生理生化特性分为金黄色葡萄球菌、表皮葡萄球菌（*S. epidermidis*）和腐生葡萄球菌（*S. saprophyticus*）。现归属于葡萄球菌属的菌株有32种，与食品关系密切的是金黄色葡萄球菌。葡萄球菌广泛分布于自然界，如空气、水、土壤和物品上，还常见于人和动物的皮肤及与外界相通的腔道中。大部分是不致病的腐物寄生菌。能引起葡萄球菌性食物中毒者，多为金黄色葡萄球菌的产毒菌株。有些人的皮肤、鼻腔部还可带致病性菌株。

1. 病原菌生物学特性

（1）形态与染色　典型的菌体呈圆球形，直径0.4～1.2μm，平均0.8μm，大小不一。少数菌株的幼龄培养看见荚膜或黏液层。无芽孢、无鞭毛。致病性的金黄色葡萄球菌其菌体较小，排列、大小较为整齐。但从败血症患者的血、骨髓中分离到的菌株有的呈细胞壁缺陷、多形性。在脓液、乳汁或液体培养基中，菌体可向一个平面分裂，为单个或常排列呈双或短链，易误认为链球菌。葡萄球菌易被碱性染料着色，为革兰氏阳性菌，当衰老死亡或被白细胞吞噬后的菌体及对青霉素具抗药性的菌株可呈革兰氏阴性。某些药物影响下，可诱导成L型。葡萄球菌形状见图5-3。

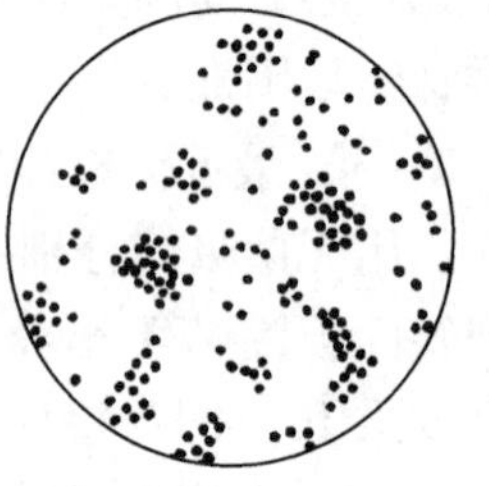

图5-3　葡萄球菌

（2）培养特性　葡萄球菌与其他革兰氏阳性球菌相比，为兼性厌氧菌。营养要求不高，耐盐性较强，在含7.5%～15% NaCl的培养基中仍能生长。在普通培养基上生长良好，能产生色素（为脂色素）。

（3）生化特性　本属菌大多数可分解葡萄糖、乳糖、麦芽糖、蔗糖、甘露醇产酸，金黄色葡萄球菌在厌氧条件下分解甘露醇。液化明胶，甲基红阳性，V-P弱阳性，产氨和少量H_2S。不产生吲哚，还原硝酸盐。凝固牛乳有时被胨化。金黄色葡萄球菌凝固酶多为阳性，可形成大量核酸酶。触酶阳性。DNA的G+C含量为30%～40%。葡萄球菌生化性状见表5-4。

表5-4　　三种葡萄球菌的主要生化性状

试　　验		金黄色葡萄球菌	表皮葡萄球菌	腐生葡萄球菌
菌落色素		金黄色、橙色	白色	大多白色或柠檬色
血浆凝固酶		+	-	-
甘露醇	需氧产酸	+	d	d
	厌氧产酸	+	-	-
α溶血素		+	-	-
生物素（生长需要）		-	+	NT
耐热性核酸内切酶		+	-	-
细胞壁成分	核糖醇	+	-	+
	甘　油	-	+	d
	A蛋白	+	-	-
	对新生霉素	敏　感	敏　感	耐　药
	致病性	强	弱或无	无
	噬菌体分型	多数能	不　能	不　能

注：+—90%以上阳性；-—大多数（90%或以上）是阴性；d—90%以下菌株为阳性，少数为阴性；NT—未测。

（4）致病性　金黄色葡萄球菌致病力最强，而表皮葡萄球菌致病力较弱，腐生葡萄球菌一般不致病。实验动物中家兔最易感，小白鼠、豚鼠也可发病。该菌的致病性取决于其产生毒素和酶的能力，主要有以下几种毒素和酶：

①葡萄球菌溶血素（Staphyolysin）：由多数致病性葡萄球菌产生。按抗原型、溶血性等不同，将其分为α、β、γ、δ、ε五种，对人有致病作用的主要是α溶血素。该毒素主要产自人源菌株。α溶血素为外毒素，是一种蛋白质，具有良好的抗原性。对多种哺乳动物红细胞有溶血作用，其中以兔红细胞最敏感。

②杀白细胞素（leucocidin）：是一种可溶性物质，具抗原性。可破坏多种动物白细胞和巨噬细胞。

③肠毒素（enterotoxin）：该毒素经100℃煮沸30min不被破坏，也不受胰蛋白酶影响。因此当其污染食品后，用普通烹调法难以避免中毒。临床分离的金黄色葡萄球菌，约1/3可产肠毒素，是一种蛋白质，具抗原性，该毒素分为A、B、C_1、C_2、C_3、D、E和F 8个型。A型肠毒素引起的食物中毒最多，B型次之，C型较少。

④剥脱性毒素（exfoliativetoxin）：又称表皮溶解毒素，具抗原性，是烫伤样皮肤综合征的原因。因该毒素可使表皮内连接细胞层裂开而引起上述症状。

⑤凝固酶（coagulase）：致病性葡萄球菌多数能产生此酶，具抗原性，凝固酶是鉴别葡萄球菌有无致病性的重要标志。凝固酶试验阳性葡萄球菌有金黄色葡萄球菌以及中间型葡萄球菌。

⑥其他：还有透明质酸酶、溶纤维蛋白酶、DNA 酶、卵磷脂酶、蛋白酶、磷酸酶及脂酶等。由以上各种致病因素可致多种疾患：如食物中毒、败血症、菌血症及人和动物的化脓性感染。

（5）抵抗力　葡萄球菌耐热性较一般无芽孢菌强，常需 80℃，1h 才被杀死，对干燥抵抗力较大，于干燥脓汁中可生存数月。盐腌食物可能发生葡萄球菌肠毒素的食物中毒。3% ~5% 石炭酸 3 ~5min 致死，对磺胺、青霉素及广谱抗生素敏感。本菌在自然条件下可发生变异，因抗生素类广泛应用，对抗生素有抗药性的菌株增多，故选药时要做药敏试验。

2. 病原菌的危害

（1）流行特点　据查，一般鼻咽部带菌率为 20% ~50%，医务人员的带菌率可高达 70%，成为交叉感染的来源。当调查金黄色葡萄球菌感染患者的鼻腔时，其带菌率高达 83.3%。金黄色葡萄球菌常可引起食物中毒（毒素型）、皮肤黏膜、各组织器官的化脓性炎症，是最常见的化脓性球菌。还可引起烫伤样皮肤综合征及毒素性休克综合征等。它还可致猫、猴、猿患急性胃肠炎。

据统计，葡萄球菌引起的食物中毒多发于 5 ~9 月的高温期，其他季节也有，远较沙门氏菌食物中毒常见。当食品受污染后，在 25 ~30℃仅 5h 即产生毒素，一般经 8 ~10h 可产生大量肠毒素（见表 5-5）。产肠毒素的最佳 pH 为 6.8。

表 5-5　葡萄球菌在食品中增殖情况

食　　品	37℃下 1g 食品中菌数的平均增长倍数	
	6h 后	24h 后
奶类	195	190000
肉	112	184000
鱼	133	195000
炒蛋	195	500000

（2）临床症状　本菌中毒为毒素型食物中毒。潜伏期多为 2 ~3h，最短为 15min，偶然达 8h。该菌以发病急及消失快为特征。首先唾液分泌亢进，紧接着出现恶心、呕吐、腹痛、水样腹泻、腹部痉挛。恶心、呕吐为必然发生症状，轻症不腹泻、不发烧、病程短，几小时至一两天可恢复，预后良好。严重病情则有血便及吐出物中含有血液，

头痛、肌肉痉挛、流汗、虚脱等现象也常发生。本病死亡率很低，偶因强烈恶心及呕吐致心脏麻痹意外死亡。儿童对肠毒素比成年人敏感，因此儿童发病率较高，病情也比成人严重。

3. 病原菌的检验

金黄色葡萄球菌的检验参照 GB/T4789.10—2003。

（二）链球菌病

发现葡萄球菌的一些学者，还从脓性渗出物中发现了呈链状排列的球菌。1873 年 Rivolta 描述了从患有腺疫的马体中检出的链球菌。1883 年 Rosenback 将从人脓肿中检出的链条状球菌命名为化脓性链球菌。链球菌（*Streptococcus*）在自然界分布较广，在人体正常寄居鼻咽腔和肠道常可引起咽峡炎、扁桃体炎、肺炎等，也可引起猩红热、产褥热等急性感染，还通过食品引起食物中毒，一些种具有高度的致病性。

链球菌有 20 多种，有以病菌宿主命名的，如马链球菌（*S. equinus*）、牛链球菌（*S. bovis*）、鸟链球菌（*S. avium*）；有以所致疫病命名的，如化脓性链球菌（*S. pyogenes*）、肺炎链球菌（*S. pneumonia*）、咽峡炎链球菌（*S. angniosus*）、兽疫链球菌（*S. zooepidemilis*）、停乳链球菌（*S. dysgalactiae*）；有以细菌的分布特点命名的，如唾液链球菌（*S. salivarius*）、乳房链球菌（*S. uberis*）、粪链球菌（*S. faecalis*）等。

根据其抗原结构、群的特异性 C 抗原的不同，可进行血清学分群为 A、C、G 群等，其中 A 群占 90%。另按其在血平板上的溶血情况可分为甲类溶血链球菌、乙类溶血链球菌等。对人类有致病性的大多为乙类溶血性链球菌。

引起链球菌（*Streptococcus*）食物中毒的食品常见的是肉类和乳品，在新鲜肉、碎肉、乳酪、牛奶、冷冻海产、冷冻水果、蔬菜及果汁中均可分离到本菌。

1. 病原菌生物学特性

（1）形态与染色　本菌为圆形或椭圆形，直径 0.5 ~ 1.0μm，呈双或呈链排列，链的长度依种和菌株或培养基成分的不同而变化，有的长链可达 50 个细胞。少数菌株有荚膜，无芽孢，通常不运动。革兰氏阳性，老龄培养可呈阴性。

（2）生长要求　大多数为兼性厌氧菌，一些为专性厌氧菌，可在 10 ~ 45℃生长，最适温度为 37℃，pH 为 7.5。普通培养基上生长稍差，在培养基中需添加某些矿物质元素（S、P、Na 等）、维生素 B、氨基酸（丙氨酸、精氨酸、天冬氨酸等）等。在血液培养基上生长良好。

（3）培养特性

①葡萄糖肉汤：于 37℃培养 18 ~ 24h，呈均匀混浊生长。可降低 pH 至 4.4 ~ 4.0。

②血琼脂平板：菌落灰色、透明、圆形、凸起，表面光滑。其溶血性不定，有些菌株为 β 溶血或 γ 溶血，少数为 α 溶血。

甲型（α）溶血性链球菌，通常亦称为草绿色链球菌，菌落周围有草绿色溶血环，1～2mm宽，镜下可见溶血环内尚有残存未溶解的红细胞。

乙型（β）溶血性链球菌，亦称为化脓性链球菌或溶血性链球菌，能产生溶血毒素，可使菌落周围形成一个有2～4mm宽、界限分明、完全透明的无色溶血环，这类细菌致病力强，常引起人和动物多种疾病以及食物中毒。

丙型（γ）链球菌，不产生溶血素，不能溶解红细胞，菌落周围无溶血环，此型链球菌无致病性，常存在于乳类及粪便中。

③KF链球菌琼脂：在KF链球菌琼脂（Kenner）上各链球菌菌落特征如下：

粪链球菌（*S. faecalis*）：圆形，中央突起，边缘整齐，直径0.5～2mm，呈紫红色。10倍放大镜观察，菌落中心为暗紫色，四周有密集的暗紫色颗粒。

尿链球菌（*S. faecium*）：菌落形态、大小与粪链球菌大致相同；菌落中央突起部呈粉红色，周围为灰白色。以10倍放大镜观察，菌落中心呈红色，周围无色，其上有稀疏的放射状条纹。

坚忍链球菌（*S. durans*）：与粪链球菌相似，但色更淡，呈淡粉红色。

牛链球菌（*S. bovis*）：与尿链球菌相似。

鸟链球菌（*S. avium*）：与坚忍链球菌相似。

马链球菌（*S. equinus*）：与粪链球菌相似，只是菌落更小。

（4）生化特性　触酶阴性与葡萄球菌相区别。链球菌营化能有机营养型的发酵代谢，均能分解葡萄糖，发酵糖类的主要产物是乳糖，不产气。对乳糖、甘露醇、水杨苷、山梨醇、蕈糖、棉子糖、七叶苷，分解能力因菌株不同而不同。人类溶血链球菌可分解山梨醇等阴性。有的种发酵有机酸（苹果酸和柠檬酸）和氨基酸（丝氨酸与精氨酸），营养要求复杂而多样。链球菌不被胆汁溶解，不分解菊糖。链球菌与肠球菌、乳球菌的生化鉴别见表5-6。

表5-6　　链球菌与肠球菌、乳球菌的鉴别

项　目	链球菌属	肠球菌属	乳球菌属
6.5% NaCl肉汤	－	+	－
40%胆汁葡萄糖肉汤	－	+	+
pH9.6葡萄糖肉汤	－	+	－
0.1%美蓝牛奶	－	+	+
10℃生长	－	+	+
45℃生长	－	+	－
耐热60℃，30min	－	+	±

注：+—大多数阳性；－—大多数阴性；±—可疑。

（5）抵抗力 链球菌对不良环境抵抗力大：在冰冻食品、干燥食品中生存力高；引起食物中毒的粪链球菌能在6.5% NaCl肉汤中生长，可耐65℃，30min。常以此作为冷冻食品的指示菌。

（6）致病性 本菌的某些种可引起食物中毒。当食品中有大量活菌存在，即每1g含10^8～10^9个时，可使人发生中毒症状。本菌还可致泌尿道、胆道、伤口感染及败血症、心内膜炎、腹腔脓肿等病症。

凡溶血性链球菌均具有致病性，产生的毒素和酶有溶血素、杀白细胞素、透明质酸酶、蛋白酶、链激酶、脱氧核糖核酸酶、核糖核酸酶、二磷酸吡啶核苷酸酶等。

某些链球菌产生的溶血素称为链球菌溶血素（streptolysin），分为溶血素O和S两种。

①溶血素O：系含硫氢基的蛋白质，对氧敏感，耐热，遇氧后被氧化而暂时失去溶血能力。遇有还原剂时可重新恢复溶血作用。溶血素O可破坏白细胞和血小板，并具有抗原性。

②溶血素S：对氧稳定，但对热和酸敏感。在血液平板上可产生明显的β型溶血。其溶血作用较溶血素O缓慢，也具有破坏白细胞和血小板的作用。

2. 病原菌的危害

（1）流行特点 链球菌广泛分布于自然界，如人、动物的肠道中、植物表面、食品、土壤中，特别存在于屠宰场、猪肉制品的腌制场所，也发现阴沟污水中有大量的本菌存在。

粪链球菌及其变种与人肠道的关系比其与动物肠道的关系更为密切，具有高度显示人粪污染指标的特性。尿链球菌及其变种、坚忍链球菌及其变种在猪肠道内的检出率比粪链球菌要高。牛链球菌及其变种、马链球菌及其变种分别在牛、马的肠道内检出率较高。人、猪、牛、羊的粪便中粪链球菌的检出率稍高于大肠菌群，粪链球菌还常见于不同温度的牛奶中，并参与牛奶的腐败变质。

在10℃以下保存牛奶很少凝固，高于这一温度时，因凝乳酶和产酸的共同作用，几天内形成凝块。在20℃时，细菌群中约90%由链球菌组成，致使牛乳迅速凝结。有的还参与牛奶腐败变质：如在37～50℃时，粪链球菌参与牛乳变酸；粪链球菌液化亚种参与牛奶蛋白质分解，从而加速了腐败变质。

（2）临床症状 本菌引起的食物中毒，潜伏期常比沙门氏菌食物中毒短，但比葡萄球菌食物中毒长。症状比葡萄球菌中毒轻。发病快者仅3h，慢的达36h，平均6～12h，病程持续1～2d。主要症状有恶心、腹痛、下痢及偶尔呕吐，很快可恢复。

肺炎链球菌（*S. pneumoniae*）可经外源性传染引发人类的大叶性肺炎、脑膜炎等疾患。

兽疫链球菌（*S. zooepidemicus*）可引发羊、猪的败血症，动物链球菌可引发人的交互感染，严重者致人死亡。

3. 病原菌的检验

溶血性链球菌检验参照GB/T4789.11—2003。

二、弧菌与弯曲菌病

弧菌科细菌有100多种。弧菌属（*Vibrio*）、气单胞菌属（*Aeromonas*）、邻单胞菌属（*Plesiomonas*）和发光杆菌属（*Photobacterium*），因具有相似的生物学性状，如氧化酶阳性（麦氏弧菌除外），具有端极鞭毛，能运动，均归属于弧菌科（*Vibrionaceae*）。现气单胞菌已从弧菌科中分出，另立气单胞菌科（*Aeromonadaceae*）。

弧菌属成员有近40种，其中霍乱弧菌（*V. cholerae*）、拟态弧菌（*V. mimicus*）、副溶血性弧菌（*V. parahaemolycus*）、河弧菌（*V. fluvialis*）、霍利斯弧菌（*V. hauisae*）、溶藻弧菌（*V. alginolyticus*）、辛辛那提弧菌（*V. cincinnatiensis*）、弗尼斯弧菌（*V. furnissii*）、麦氏弧菌（*V. metschnikovii*）、创伤弧菌（*V. vulnificus*）、海鱼弧菌（*V. damsela*）、鲨鱼弧菌（*V. carchariae*）等12个种与人类感染有关。邻单胞菌属只有一个种即类志贺邻单胞菌（*P. shigelloides*）可引起食物中毒和伤口感染。气单胞菌属包括嗜水气单胞菌（*A. hydrophila*）、豚鼠气单胞菌（*A. caviae*）等11个种，除引起甲鱼、河蟹等爬行动物和鱼的致死性传染病外，还可引起人体食物中毒。

厨房加工涉及的弧菌中以霍乱弧菌致病性最强，引起的霍乱为烈性肠道传染病，表现为剧烈吐泻和脱水，严重者可致死；其在水产品肠道有一定带菌量，但通过加强炊事人员体格健康检查、隔离带菌者、注射霍乱疫苗等，预防伤口感染，确保饮用水卫生，可以实施有效控制。而副溶血性弧菌引起海产品食物中毒发病率最高，必须重点加以防范。

（一）副溶血性弧菌食物中毒

日本的藤野于1950年从大阪的一起食物中毒中最早发现副溶血性弧菌（*Vibrio parahemolyicus*），它是分布极广的海洋细菌，尤其在夏秋（6~10月，以6月份最高）季节的沿海地区，易因误食大量带有副溶血性弧菌的海产品，引起爆发性食物中毒。于非沿海地区，常因误食此菌污染的食品，如腌雪菜等也常有中毒发生。本菌为嗜盐性弧菌，多见于近海岸的海水、海底沉积物及鱼类、贝类等中。

1. 病原菌生物学特性

（1）形态与染色　革兰氏阴性单鞭毛弧菌，鞭毛长约为菌体的两倍以上，运动活泼，仅次于霍乱弧菌。有报道该菌可有周鞭毛，无芽孢、无荚膜。因培养基不同及培养的不同时间，菌体可呈多形性。其大小0.7~1.0μm，丝状体可长达15μm，一般排列不规则，多数散在，有时成对。SS琼脂上：呈卵圆形，两极浓染，中间淡或不着色，少数呈杆状。血琼脂上：多为卵圆形，少数球杆状，也有丝状。嗜盐琼脂上：多数为两头小中间稍胖的球杆菌。罗氏双糖培养基上：24h培养，菌体基本相似，48h以后其形态变化很大，有球状、杆状、棒状、丝状、弧状、卵圆形或逗点状等，其大小差异很大。同一菌体的染色性差异也很大。鲜血琼脂厌氧培养：48h后菌体呈细短杆状及球杆状，着色均匀。

本菌的多形性与球状体是它与气单胞菌属在形态学上的主要区别。

（2）生化特性　生化反应培养基须含3% NaCl，致病性副溶血性弧菌可使人或家兔的红细胞溶血，称 Kanagawa 试验阳性。该菌的溶血作用是因具耐热性溶血素所致，这种溶血素的分子质量约为42000u，是种酸性蛋白质，对心脏有毒性，是一种即时性致死毒。而非致病性弧菌的溶血性则为阴性。本菌 DNA 的 G + C 含量为46% ~47%。副溶血性弧菌的生化性状见表5-7。

表5-7　副溶血性弧菌生化性状

葡萄糖产酸	+	甲基红	+	甘露醇	+	鸟氨酸	+/-
葡萄糖产气	-	V-P	-	H_2S	-	精氨酸	-
蔗　糖	-	柠檬酸盐	-	吲　哚	+	溶血性	+/-
乳　糖	-	赖氨酸	+				

注：+—阳性；-—阴性；+/-—多数为阳性，少数阴性。

2. 病原菌的危害

（1）流行特点　世界各地都有该菌食物中毒的报告。据测定海产鱼的带菌情况为：黑鱼含菌高达93%、梭子蟹79.8%、带鱼41.2%、黄鱼27.3%、竹荚鱼约65%。若误食被本菌污染的食品，如乌贼、蛤蜊、牡蛎、蛏子、梭子蟹、烹调的蟹、小虾、大红虾、章鱼、海蜇、海泥螺、毛蚶以及蛋品、肉类、蔬菜，腌菜（腌雪菜、腌芥菜、腌白菜）等均可致病，也与食物容器或砧板生熟不分、污染有关。

我国华东地区沿岸海水的副溶血性弧菌检出率为57.4% ~66.5%，夏秋季检出率较高，海产鱼虾的平均带菌率为45.6% ~48.7%，夏季可高达90%以上，秋季为55%，冬春季为0 ~30%。咸鱼、贝类的带菌率高达42.4%。沿海地区的塘水、河水、井水中本菌检出率为30% ~40%，该区的淡水鱼虾，夏秋季带菌率高达50% ~69.5%。距海岸较远地区的淡水鱼，带菌率夏秋季为2.7% ~3.7%，冬春季为0.9%。渔区渔民、单位职工的带菌率为11.7%，有肠道病史的居民、渔民的带菌率分别为31.6%、34.8%。带菌者是本菌的传染源之一，粪便、生活污水是主要传染源，苍蝇也可传播。

（2）临床症状　潜伏期2 ~4h，多数为10 ~12h，这与患者年龄、抵抗力、感染菌量及其毒力等有关，发病急且严重，有些症状很像霍乱。以腹痛（绞痛）为主，并有腹泻、恶心、呕吐、畏寒发热，以上腹部或脐部附近的剧痛为特征，病程持续1 ~2d，呕吐一日可达10余次，腹泻一日可数十次，多呈黄水样便，有时出现洗肉水样血水便或转为黏液、脓血便。部分病例可呈现里急后重，易误为痢疾。重者因脱水、皮肤干燥及血压下降而休克。病程较短，及时救治，常于24h左右恢复。

除上述主要症状外，有时发烧至38 ~39℃，高的可达40℃，持续1 ~2d，也有不发烧的。常有头痛、头晕、发汗、口渴、胸闷、小腿部肌肉疼痛等，一般3 ~5d可恢复，若抢救不及时，呈虚脱状态可导致死亡。少数病人有意识不清、痉挛、面色苍白或发绀、血压下降等现象。

3. 病原菌的检验

参照 GB/T4789.7—2003。

(二) 弯曲菌病

弯曲菌过去也叫弯杆菌，是指一类细胞形态弯曲的革兰氏阴性杆菌，现列入拟杆菌科（*Bacteroidaceae*）。这些菌过去亦曾经被归类于弧菌属（*Vibrio*）。

弯曲菌属（*Campylobacter*）包括 18 个种和亚种，其中与食物中毒最密切相关的是空肠弯曲菌空肠亚种（*C. jiejuni* subsp. *jejuni*），可引起爆发性细菌性肠炎。

在 20 世纪 70 年代以前，弯曲菌主要被兽医微生物学家研究，因为它们广泛存在于猪、牛、羊、鸡、狗、猫的肠道，能导致牲畜自发流产和其他动物疾病。1972 年在比利时首先确定空肠弯曲菌是主要的肠道病原菌之一，以后很多国家报道了本菌可引起腹泻，证明本菌是人畜共患菌。近十年的研究证明：受本菌污染的肉禽蛋食品会引起食物中毒，目前一些国家因该菌引起的食物中毒已成为主要食源性疾病的病因之一，受到重视。

1. 病原菌的生物学特性

（1）形态与培养特性　该菌细胞呈多形态，弯曲成弧形、S 形或螺旋状，大小为（0.2～0.9）μm×（0.5～5.0）μm，是一种比较小的细菌。菌体一端或两端生有单根鞭毛。无芽孢，无荚膜。在血琼脂平板上培养 48h 形成 2～4mm、微凸起、半透明、边缘整齐的菌落。

（2）生长要求　营养要求严格，需在特殊培养基上生长。最适生长气体环境为 5% O_2、10% CO_2 和 85% N_2，于 42～45℃温度下生长良好。

（3）抵抗力　对热敏感，70℃，10min 可被杀死。对冷冻较敏感，于 −18℃细胞数量大幅度减少或消失。

（4）生化特性　根据弯曲菌属不发酵糖类、不产生吲哚、不液化明胶可区分弯曲菌与弧菌。弯曲菌属彼此之间可借生化反应和生长温度来鉴别，见表 5-8。

表 5-8　弯曲菌属各个种的生化性状和生长温度

项　目	胎儿弯曲菌			痰弯曲菌		粪弯曲菌
	胎儿亚种	结肠亚种	空肠亚种	痰亚种	牛亚种	
过氧化氢酶	+	+	+	−	−	+
氧化酶	+	+	+	+	+	+
1% 甘氨酸试验	+	+	+	+	+	+
硫化氢试验（纸条法）	−	+	+	+	+	+
3.5% 氯化钠耐受试验	−	−	−	−	+	d
25℃生长	+	−	−	+	d	−

续表

项目	胎儿弯曲菌			痰弯曲菌		粪弯曲菌
	胎儿亚种	结肠亚种	空肠亚种	痰亚种	牛亚种	
42℃生长	-	+	+	(-)	d	+
硝酸盐还原试验	+	+	+	+	+	d
萘啶酸试验	+	-	-	-	d	d
TTC 试验	-	+	+	○	○	○
马尿酸钠水解	-	-	+	-	-	-

注：+—90%和90%以上阳性；d—有的阳性，有的阴性；(-)——般不生长；-—90%以上阴性；○—无资料。

（5）致病性　该菌某些种可产生热敏感性肠毒素（CJT）和细胞毒素。CJT 不耐热。肠毒素和细胞毒素可导致家兔空肠弯曲部位的液体积累和炎症。

细菌侵入机体肠黏膜，有时也进入血液，肠毒素会加剧食物中毒的发生。某些特殊血清型（如 O_{19}）与人的神经组织有共同抗原，可引起交叉免疫反应而导致急性感染性多发性神经炎。

2. 病原菌的危害

（1）流行特点　引起中毒的食品主要是生的和未煮熟的家禽、家畜肉、原料牛乳、蛋、海产品。该菌存在于温血动物（禽鸟和家畜）的粪便中，以家禽粪便中含量最高，每 1g 肠内容物达到 10^7 个。鸡肠道内容物阳性检出率 39%～83%，鸡肉 29.7%；猪肠道内容物 61%，鲜肉约 12%，猪肉香肠 4.2%。牛粪为原料的主要污染源。该菌可以通过多种形式从动物宿主传播给人，如直接接触污染的动物胴体或摄入污染的食物和水等。

引起食物中毒主要原因是食入了含有空肠弯曲菌活菌及其肠毒素和细胞毒素的食品，在春秋两季可引起腹泻性爆发性流行。

（2）临床症状　食物中毒的潜伏期 3～5d。主要症状表现为突发腹痛、腹泻水样便、黏液便及血液，发烧 38～40℃，头痛，有时还会引起并发症。大约有 1/3 的患者在患空肠弯曲菌肠炎后 1～3 周内，出现急性感染性多发性神经炎症状。

3. 病原菌的检验

空肠弯曲菌的检验参照 GB/T4789.9—2003。

三、芽孢菌食物中毒

（一）蜡样芽孢杆菌食物中毒

蜡样芽孢杆菌（*Bacillus cereus*）系 Frankland 于 1887 年发现，是革兰氏阳性的需氧芽孢杆菌。在自然界分布较广，见于土壤、污水、尘埃、空气及腐烂草中，并易从各种食品中检出。正常食品中可能有此菌存在，若其在食品中未能增殖，则无意义。当误食由本菌污染的食品，其每1g含活菌数在10万个以上时，就很容易发生中毒，达百万个以上者，常导致食物中毒。

1. 病原菌生物学特性

（1）形态与染色　蜡样芽孢杆菌为革兰氏阳性大杆菌，大小为（1～1.3）μm×(3～5)μm。菌体两端较平整，常呈链状排列，与炭疽杆菌相似，芽孢不突出于菌体横径，为椭圆形或圆柱状，于菌体的中央。引起食物中毒的菌株多为周鞭毛菌，有动力。

（2）培养特性　本菌发育的温度为25～27℃，最适生长的温度为32℃。在普通琼脂平板上形成的菌落较大，直径可达3～10mm，灰白色，不透明，表面粗糙似毛玻璃状或融蜡状，边缘扩展如卷发样。从食物中毒标本中检出的菌株多不产生色素。鲜血琼脂平板上呈β溶血，少数可为α溶血型。

（3）生化特性　本菌产生卵磷脂酶及其他酶类，能分解多种糖类，使牛乳胨化，V-P反应多数为阳性。本菌分解葡萄糖、麦芽糖、糊精、蔗糖、杨苷、蕈糖，不分解乳糖、鼠李糖、木糖、伯胶糖、甘露醇、肌醇、山梨醇及侧金盏花醇。吲哚阳性，甲基红阴性，V-P阳性，柠檬酸盐利用、卵磷脂酶、KCN均为阳性。在24h内液化明胶。H_2S、脲酶阴性，酪蛋白酶、触酶阳性，还原硝酸盐，溶血（详见表5-9）。

表5-9　蜡样芽孢杆菌的生化特性

项　目	性　状	项　目	性　状
肉汤生长	菌体混浊，菌膜薄	葡萄糖	+
卵磷脂酶	+	乳　糖	-/+
酪蛋白酶	+	麦芽糖	+/-
淀粉水解酶	±	甘露醇	-
青霉素酶	+	蔗　糖	+/-
明胶酶	+/-	阿拉伯糖	-
尿素酶	-/+	水杨苷	+/-
触　酶	+	纤维二糖	-/+
牛乳胨化	+	甘　油	+/-
柠檬酸盐利用	+/-	七叶苷	-/+
V-P反应	+/-	硝酸盐还原	+/-

注：+—阳性；-—阴性；+/-—多数阳性，少数阴性；-/+—多数阴性，少数阳性。

（4）毒素种类及其性质　蜡样芽孢杆菌的毒性产物有许多种，如肠毒素、溶血毒素、卵磷脂酶A、蛋白溶解酶及DNA胞外酶等，用环磷酸腺苷活性试验将蜡样芽孢杆菌肠毒素主要分为两种：

①呕吐毒素（耐热肠毒素）：一些蜡样芽孢杆菌可在米饭类食品中产生耐热性肠毒素，该毒素分子质量5 000u，是一种毒性蛋白质，110℃、5min仍残存。对酸、碱、胃蛋白酶、

胰蛋白酶均不敏感。该毒素抗原性甚弱。

②腹泻毒素（不耐热肠毒素）：几乎所有蜡样芽孢杆菌均可产生该毒素，但产毒量不同。分子质量5.5万~6万u。45℃30min或56℃5min均可使之灭活。对蛋白酶、胰蛋白酶敏感。以该毒素喂猴可发生腹泻。用该毒素静脉注入小鼠，一般于2min内迅速致死。

2. 病原菌的危害

（1）流行特点　蜡样芽孢杆菌食物中毒涉及的食品种类多，包括乳类食品（冰淇淋、牛奶）、肉类（烧肉、烧鸡、鱼、肉饼）、米饭淀粉类制品、甜点心、炒菜、菜汤、蔬菜、豆芽、水果、色拉、酱菜等食品。在我国该菌食物中毒多与米饭或淀粉类制品有关。据调查，该类食物的带菌率最高可达70%。以肉为基础的调味料的带菌率为3%。造成带菌率高的原因与食品加工、运输、贮藏和销售中未能严格遵守卫生制度及操作规程有关。该菌的主要污染源为灰尘、土壤，也可经苍蝇、昆虫、不洁的用具和容器传播。

本菌引起食物中毒的食品，大多数没有腐败变质现象。感官检查：除米饭有时稍有发黏，口味不爽外，大多数食品感官性状都正常。发病有明显的季节性，于6~10月气温高的季节较易发生。通常是因食物保存不当，于20℃以上环境中放置的时间过长，本菌即大量繁殖并产生毒素，食前又未充分加热，而引起中毒。在中毒患者粪便中通常不易分离到大量的蜡样芽孢杆菌。

（2）临床症状　本菌所致食物中毒，是因误食带有大量活菌及其肠毒素所引起。该毒素分为耐热肠毒素和不耐热肠毒素，分别引起以下两类病症表现：

①呕吐型肠胃炎：以恶心、呕吐症状为主。多数由剩米饭、油炒米饭所致。其特点为潜伏期短，仅0.5~5h；100%呕吐，次数多达2~10次；患者均产生腹部痉挛，腹泻较少；胃不适，有头晕、发烧、四肢无力、结膜充血等。从致中毒的米饭中可检出大量本菌，中毒患者恢复期血清含有该菌抗体，其活菌体也有一定作用。本菌最适产毒温度为30℃，24h的米饭培养物可产生毒素。呕吐毒素灌入猴或小猫胃内，可致呕吐。

②腹泻型肠胃炎：以腹痛、腹泻为主，潜伏期较长，通常为8~16h，主要由腹泻毒素引起。其产毒菌株可在各种食品（包括米饭）中产生毒素。该型特点是突然发病，来势凶猛。约96%病例为腹泻，腹泻次数多；75%腹部痉挛，呕吐少见，约23%，偶有发烧。该毒素使小肠上皮细胞内的腺苷酸环化酶增高，导致肠上皮细胞内的环磷酸腺苷的浓度增高，引起肠腔内液体潴留，导致腹泻。该毒素也有催吐作用。

3. 病原菌的检验

蜡样芽孢杆菌检验程序见图5-4。

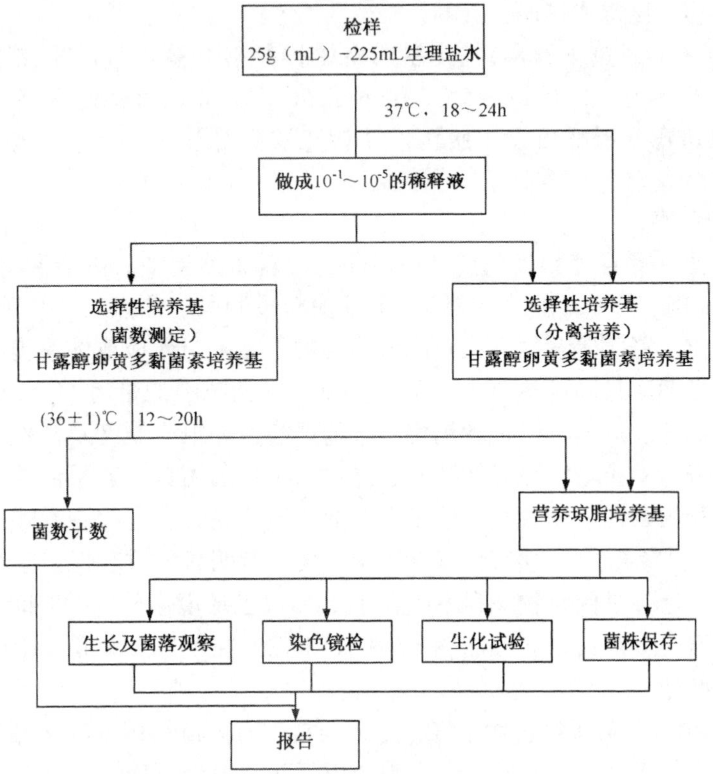

图 5-4 蜡样芽孢杆菌检验程序

（1）直接镜检和活菌计数

①直接镜检：采取患者呕吐物或剩余残食等为检样。将其用无菌生理盐水浸渍、稀释后制涂片，干燥，革兰氏染色、镜检。若有革兰氏阳性大杆菌［（4~5）μm×1μm］，菌两端较平整，芽孢不大于菌体宽度，中生或稍偏端，运动，即为可疑菌。

②活菌计数：将残余食物以无菌生理盐水做1:10递增稀释，分别用1mL的灭菌吸管各吸取稀释液0.1mL做倾注培养，或接种于10%卵黄琼脂平板上，用灭菌的L形棒涂匀于平板表面，置37℃温箱中培养12h后，取出计数。3~6h后本菌在卵黄琼脂平板上产生乳白色混浊环，可和不产生乳白色混浊的枯草杆菌等杂菌区别。

（2）分离培养　将呕吐物直接划线或先把剩余残食等置灭菌乳钵中加适量无菌生理盐水研磨后，划线接种于普通平板或血平板或10%卵黄琼脂平板上，置37℃培养18~24h后观察。如普通琼脂上生长呈乳白色，不透明，边缘不整齐常为扩散状，直径4~6mm的菌落，迎光观察似白蜡状，可疑为蜡样芽孢杆菌。血平板上，菌落为灰色，不透明似毛玻璃状，其周围呈草绿色溶血。

（3）生化反应　本菌与其他需氧芽孢杆菌生化反应区别见表5-10。

表5-10　蜡样芽孢杆菌与其他类似菌的鉴别

试验＼菌种	蜡样芽孢杆菌	枯草杆菌	炭疽杆菌	苏云金杆菌	巨大芽孢杆菌	蕈状芽孢杆菌
革兰氏染色	+	+	+	+	+	+
触　酶	+	+	+	+	+	+
动　力	±	+	−	±	±	−
硝酸盐还原	+	−	+	+	−	+
酪蛋白分解	+	+	+	±	±	±
抗溶菌酶能力	+	±	+	+	−	+
卵黄反应	+	−	+	+	−	+
葡萄糖利用（厌氧）	+	+	+	+	−	+
V-P	+	+	+	+	−	+
甘露醇产酸	−	+	−	−	−	−
木　糖	−	+	−	−	+	−
溶血（羊红细胞）	+	+	±	+	±	±
致病性	产肠毒素等	−	对动物、人致病	对昆虫致病的内毒素结晶	−	假根样生长

注：+—90%～100%菌株阳性；−—90%～100%菌株阴性；±—大多数菌株阳性，少数菌株阴性。

（4）卵磷脂酶试验　用铂耳取疑似蜡样芽孢杆菌的肉汤培养物点种于10%的卵黄琼脂平板上，该菌在其上有强烈的磷脂酶作用，生长迅速，于37℃培养3h后虽未见菌落，但可看到卵磷脂酶分解卵磷脂而呈乳白色混浊环，呈乳光反应。6h后此环可扩散至5～6mm。

（二）肉毒梭菌食物中毒

1897年Van Ermengem分离了这种疾病的病原菌，并将其命名为肉毒芽孢杆菌，即现在所称肉毒梭菌。

肉毒梭菌（*Clostridium botulinum*），广泛分布于自然界特别是土壤中，该菌在死亡的动物、鱼类和某些昆虫体内繁殖并形成芽孢。又从这些动物回到土壤及水中，易于污染食品，其在适宜条件下于食品中产生剧烈的嗜神经毒素（肉毒毒素），引起以神经麻痹为主要症状且病死率甚高的食物中毒（肉毒中毒）。对不经加热处理而直接食用的各种食品加强肉毒毒素或肉毒梭菌的检测意义极为重要。

1. 病原菌生物学特性

(1) 形态与染色 新培养的幼龄菌体革兰氏阳性，为（4～6）μm×（0.9～1.2）μm的粗大杆菌，形成偏端的卵圆形芽孢，比菌体大，使菌体呈网球拍状或汤匙状。周身鞭毛4～8根，但运动力不强，无荚膜。该菌排列有单个或成双，有时可见短链状。随培养时间延长，可呈革兰氏阴性。常见有许多游离的芽孢。

(2) 培养特性

①生长要求：本菌为专性厌氧菌，其最适生长温度为30～40℃，而产生毒素最适温度为25～30℃，在pH6～8之间均可适应。

②培养特性：在庖肉培养基上生长时，混浊、产气、发出奇臭，有的可消化肉渣，使之变黑。在普通培养基平板上形成直径3～5mm不规则菌落，半透明，表面呈颗粒状，边缘不整齐，界限不明显，有向外扩散的现象，常扩展呈菌苔；在血平板上为β型溶血。

肉毒梭菌有产毒和不产毒菌株，产毒株既能丧失其产毒性，也能复原其产毒性。产毒株培养于适宜条件下3～4d，产生的毒素分A、B、C_1、C_2、D、E、F、G八个型，E型需在4℃经6周才能产生毒素，可在生鱼上发育，而其他型菌株都需在厌氧环境下始能生存。

(3) 生化特性 分解葡萄糖、麦芽糖及果糖，产酸产气。液化明胶，但菌株之间可能有液化能力的差异。缓慢液化凝固血清，使牛乳胨化。产生H_2S，不还原硝酸盐，不形成吲哚。各反应见表5-11。

表5-11 肉毒梭菌各型的生化、形态特征

试验＼菌型	A	B	C	D	E	F	G
需氧生长	-	-	-	-	兼性	-	
脲酶	-	-	-	-	-	-	
触酶	-	-	-	-	-	-	
硝酸盐还原	-	-	-	-	-	-	
吲哚	-	-	-	-	-	-	
肉渣消化	+	+	-	-	-	+	+
凝固血清液化	+	d	-	-	-	+	
铁石蕊牛乳	D	D	A	A	A	D	
甘露醇产酸	-	-	-	-	-	-	
杨苷产酸	d	d	d	d	d	d	
甘油	d	d	d	d	d	d	
动力	+	+	+	+	+	+	
芽孢	OST	OST	OST	OST	OST	OST	

续表

试验＼菌型	A	B	C	D	E	F	G
外毒素	+	+	+	+	+	+	
致病力（豚鼠）	+	+	+	+	+	+	+
伯胶糖	−	−		−	−		
山梨醇产酸	+	A、G		−	A、G		
蕈　糖	A、G	A、G		−	d		

注：+—阳性；−—阴性；d—反应不定；A—产酸；D—消化；G—产气；O—卵圆形；ST—次端极位；空格表示缺资料或未明。

（4）抵抗力　菌型不同，其芽孢对热的抵抗力也不同，如A、B型大部分菌株其芽孢均可耐煮沸数小时甚至到10h，即使120℃也需10～20min以上才能杀灭，而E型芽孢于90℃ 5min或80℃ 30min即被灭活。盐或盐、糖混合的水溶液可抑制A型及B型菌株芽孢的生长。在2%醋中的芽孢不能发芽。80℃ 10min或100℃瞬间可破坏毒素，胃液24h内不能将其破坏，故可被胃肠道吸收。pH4.5以上和超过9.0时，或温度低于15℃和高于55℃，可干扰萌芽生长与毒素的产生。

（5）致病性　从猴到金鱼的许多脊椎动物对肉毒梭菌毒素均很敏感。该毒素是细菌毒素中毒性最强的。1mg纯毒素能使2000万只标准体重的小白鼠致死，对豚鼠皮下注射的最小致死量为0.00012mg/kg体重。马对B、D型最易感，对A、C型弱；而牛对C、D型，绵羊对C型；水貂主要对C型，其次是A、B型；狐主要对E型，其次是A型；鸟类对C型最敏感。人对A、B、E、F型较敏感，对人的致死量为10^{-9}mg/kg体重。家兔、猫等感受性较低。肉毒梭菌各型的致病性见表5-12。

表5-12　　肉毒梭菌各型的致病性

菌　型	主要易感动物	所致疾病
A	人、狐狸、水貂、鸡、牛、马	人、牛、马、水貂、狐肉毒中毒，鸡软颈病
B	马、人、鸡、水貂、牛	马、人、牛、水貂肉毒中毒，鸡软颈病
C_1	禽类、绵羊	禽类软颈病，野鸡、水貂、绵羊肉毒中毒
C_2	牛、羊、马、水貂	牛、羊、马、水貂肉毒中毒
D	牛、非洲草食动物、马、骡	牛的肉毒中毒
E	人	人、狐的肉毒中毒
F	人	肉毒中毒
G	Sonnabend（1981）首次报道从肺炎死者尸体心血、肠内容物中取得	不详

肉毒毒素进入机体的方式有以下 4 种：

①食物媒介：迄今全世界包括我国在内的绝大部分肉毒中毒病例都属此类型。

②吸入：这是极罕见的中毒类型，可能在实验室内偶尔发生。

③创伤感染：肉毒梭菌芽孢污染创伤部位，在局部发芽繁殖，产生毒素，引起肉毒中毒。这与伤口破伤风梭菌感染相似。

④肠道感染：婴儿经口吞入的肉毒梭菌芽孢在消化道内发芽繁殖，产生肉毒毒素，引起中毒。此类肉毒中毒目前一般称为婴儿肉毒中毒。

2. 病原菌的危害

（1）流行特点　肉毒中毒早在 19 世纪以前已为人们所熟知，当时以中毒的食品命名为“腊肠中毒”。19 世纪早期，德国南部发生 200 个香肠中毒病例，这是第一次详细正确的记载。1896 年在比利时 Ellezelles 一次音乐会的会餐中有 34 人因吃火腿全部发生中毒，其中 10 人最为剧烈，3 人死亡。经查，这一只火腿比普通火腿稍软，颜色较淡。且于此火腿的肌纤维间发现许多细菌，并在这些患者死后的胃、脾内培养出同样的产生剧毒的细菌。此后又有多次中毒发生，不久就发现该菌，根据其毒素、抗毒素试验，至少可分为两类，即 A 型和 B 型，随后，世界各地相继报道了该病。该病在国内发生于黄河流域诸省、青藏高原盆地、内陆湖泊周围、新疆准噶尔盆地周围。新疆为多发区，其次为西藏、青海、河北。在我国该病发生较多地区，土壤中肉毒梭菌的检出率为 22.2%，其中荒地土壤为 28.2%，粮食、豆类的检出率为 12.61%，其中黄豆为 18.96%，发酵食品的检出率为 14.88%。在种植豆类的土壤内较之种植其他谷物的地区易于检出本菌。其菌型分布：A 型多见于山区及未开垦的荒地中，B 型多见于草原、耕地中，E 型多见于土壤、海湖淤泥和鱼类肠道中，C、D 型也见于土壤中。

食品的肉毒中毒，进食的多少和次数与发病密切相关，同时还与贮存、加工、不同地区、民族的膳食结构、生活习惯诸多因素有关。我国主要以发酵食品中毒较多，据统计因植物性食品引起中毒占总数的 91.48%，几乎全是家庭自制的酱类，其中有臭豆腐、豆豉、各种豆酱、面酱、豆腐渣、米松糊（是锡伯族所喜欢的一种食品，是面酱的中间产物）、腌菜、变质豆芽、变质土豆等。因为制作臭豆腐、豆瓣酱、黄豆酱时，蒸煮加热时间短，未能杀灭芽孢，放凉后置入坛内于 20～30℃ 发酵数日或半个月至一个月，成为肉毒梭菌及其芽孢发芽、繁殖、产生毒素的有利时机。对这样的食品于食前未经充分加热处理，而致中毒。由动物性食物引起中毒的占 8.52%，其主要是不新鲜的肉类、腊肉、腌肉、风干肉、熟肉、死畜肉、鱼类、鱼肉罐头、香肠、动物油（羊油、猪油）、蛋黄（臭鸡蛋）等引起的中毒。

（2）临床症状　潜伏期大多为 12～36h，也有的长达 10d。潜伏期越短，病情越重，死亡率也高，这表明所食的食物当中毒素含量高，毒力强。

其症状主要因毒素作用于中枢神经系统，以脑神经核的损害较明显，也损害运动神经、植物神经末梢，阻止乙酰胆碱释放，影响神经冲动传递，致使肌肉麻痹。患者发生全身乏力、软弱、头痛、头晕或眩晕等前驱症状，继而出现视力模糊、复视、斜视、瞳孔散大、眼肌麻痹、对光的反应迟钝；重症者肌肉无力、运动困难，不能抬头，头多倒向一侧或向前，吞咽、咀嚼、发音困难，声音嘶哑，口腔分泌物多，无法咽下，渴感增加；进而膈肌麻痹，呼吸困难。一般不发热，神志始终清楚，知觉存在，故常有恐惧感。胃肠道症状较轻，可有恶心、便秘或腹胀。腹痛、腹泻少见。病程通常经 4 ~ 10d 后可逐渐恢复，但全身乏力衰竭会危及生命。

6 个月以下婴儿喂食被肉毒梭菌芽孢污染的蜂蜜或其他食物，可感染致病。其病程可持续 8 周以上，营养护理得当，大多于 1 ~ 3 个月内恢复，严重者可因呼吸麻痹而致婴儿猝死。

肉毒中毒的预防，主要是加强食品的卫生管理监督等措施，对病人应尽早注射 A、B、E 三型多价抗毒素，当定型后即可应用相应的抗毒素治疗，直至症状消失。但支持疗法也不可忽视。

3. 病原菌的检验

肉毒梭菌及肉毒毒素检验参照 GB/T4789. 12—2003。

（三）产气荚膜梭菌食物中毒

产气荚膜梭菌（*Clostridium perfringens*）由 Welch 和 Nuttall 于 1892 年在美国首先发现。为梭状芽孢菌属的一种菌，后人为了纪念这一发现，又称该菌为魏氏梭菌（*C. welchii*）。

产气荚膜梭菌在自然界分布极广，土壤、饲料、蔬菜、乳汁、污水、粪便、垃圾、空气、灰尘中均有存在；并常见于人与动物的肠道中，据报道健康人的肠道内带菌率为 2% ~15%，污物水及土壤的分离率可达 50%，在猪、鼠粪便中约有 20% 能分离得本菌。该菌是人和动物创伤感染的重要病原菌，也常在食品中大量繁殖并产生毒素，引起食物中毒。

1. 病原菌生物学特性

（1）形态与染色　本菌为两端钝圆的粗大杆菌，多单在，成对或短链状。无鞭毛，大小为 $(2\sim10)\mu m\times(1\sim2)\mu m$。于动物体内可形成荚膜，在普通培养基上则不形成，如肉汤培养基中有充足的营养，pH 在中性以上，并加入血清或牛奶时也可形成荚膜。芽孢形成缓慢，呈卵圆形，位于菌体中央或近端，不宽于菌体横径，一般不易见到芽孢。苯胺染料易着色，幼龄培养物为革兰氏阳性，老龄则着色不均，菌体形态也不一致。

（2）培养特性　厌氧，但不十分严格。其最适生长温度为 37℃，pH 为 7. 2 ~7. 6，在血液或血清培养基上生长得更好。繁殖极快，在适宜条件下每分裂一次仅 8min，用高温短时间培养法对本菌做淘汰分离，可在 3 ~4h 后于 45℃下培养传种一代。

如于肝块肉汤中5~6h，培养物呈明显混浊，并产生大量气体。

在葡萄糖、血液培养基上菌落较大，2~4mm，初次分离得的菌落较圆整光滑、隆起，浅灰色，边缘呈锯齿状，周围有明显的β型溶血环，并显典型的双重溶血现象。

在葡萄糖血清琼脂上形成中央隆起或圆盘样大菌落，其表面有放射状条纹，边缘锯齿状，灰白色，半透明，外观似勋章样。

在牛乳培养基上培养8~10h后，牛乳凝固，因乳糖分解产生大量气体，凝固的酪蛋白成为多孔的海绵状，甚至使凝块断裂数段，使上层石蜡冲向管口，这一特殊现象称“暴烈性发酵”，可作本菌鉴别要点之一。

普通琼脂上呈灰白色不透明，表面光滑、边缘整齐的菌落。在肉渣及脑培养基中生长混浊，肉渣为粉红色，不被消化，并产生气体。

（3）生化反应　分解葡萄糖、麦芽糖、蔗糖、乳糖、果糖、半乳糖、棉子糖、淀粉、糊精、甘油等产酸产气，分解葡萄糖产生乳酸、酪酸，酪酸使培养物带臭味。不分解菊糖、甘露醇、杨苷。液化明胶，产生H_2S，不产生吲哚。还原硝酸盐，但有例外。对凝固蛋白及血清无消化能力。

（4）毒素　根据本菌所产毒素和病原性不同，将其分为A、B、C、D、E五种菌型，对人致病的主要是A、C型，A型最常见，引起气性坏疽及食物中毒，C型引起坏死性肠炎。B、C、D三型是重要的动物致病菌。

①肠毒素：A型产气荚膜梭菌的耐热菌株所产生的产气荚膜梭菌肠毒素是该菌食物中毒的直接致病因子，其产生与芽孢形成同时。本毒素系芽孢的细胞壁成分，当芽孢形成至菌体崩解及芽孢游离时，将其释放于菌体外。是一种蛋白质毒素，分子质量33000~40000u，耐热性较弱，60℃，10min加热即可破坏；对碱有抵抗力，在pH4.0以下极不稳定；对胰蛋白酶、胰凝乳酶、木瓜酶等蛋白分解酶较稳定。

②外毒素：各型产气荚膜梭菌产生的外毒素有α、β、ε、ι毒素及其他可能的有毒因子γ、δ、η、θ、λ、μ、ν等。

（5）抵抗力　部分菌株不形成芽孢（多数菌株在酸性环境中不形成芽孢），耐热力较弱，芽孢加热90℃ 30min或100℃ 5min可被杀死，但A型和C型中都有能形成芽孢而耐热的菌株，能耐煮沸1~3h，甚至更长时间。

2. 病原菌的危害

（1）流行特点　产气荚膜梭菌是人肠道内的常住菌，其数量可高达10^7~10^9 cfu / mL（g）。它们均属能产生毒素的产气荚膜梭菌，但正常情况下无致病性，也不能从粪便中测出α毒素。据查该菌在鸡、牛、猪、羊的粪便中的数量为10^2~10^4 cfu / mL（g）之间。从健康牛和健康猪的肌肉组织和各种脏器分离到包括C型在内的产气荚膜梭菌。在猪肉、牛肉、小牛肉检样中的检出率为15%~20%。

肉类、鸡、鸭等原料被产气荚膜梭菌污染，该食品经加热烹调，氧化还原电位降低，若存放时未能及时冷却，其中残余的产气荚膜梭菌的芽孢就会迅速发芽，大量繁殖，每克食品菌数可达数十万或更多。该食品就具危险性，如于食前未再次充分加热处理，即有可能引起产气荚膜梭菌食物中毒。

该病传播的代表性食品为烹调过的肉，属有严重危害性的带菌（毒素）食品。日本以鱼贝类为主，而英美以肉类为主。

（2）临床症状　据推测感染型产气荚膜梭菌食物中毒约需5亿个活菌。潜伏期一般为10～12h，最短6h，长的可达24h，症状呈急性肠胃炎，腹泻、下腹部痉挛痛，水样便或带黏液及血液的大便，较少呕吐，一般不发热，1～2d内可自愈，但老幼弱患者若治疗不及时，病情严重时，可因失水虚脱衰竭而死。

预防产气荚膜梭菌食物中毒的关键在于正确的食品卫生管理措施。治疗可用多价抗毒素、青霉素、土霉素、磺胺。依据不同地区预防的需要，动物可注射疫苗。

3. 病原菌的检验

产气荚膜梭菌的检验参照GB/T4789.13—2003。

四、椰毒假单胞菌食物中毒

（一）病原菌生物学特性

1. 形态及培养特性

椰毒假单胞菌酵米面亚种菌细胞呈短杆状，大小为0.4μm×（1.0～2.5）μm，菌体两端钝圆，细胞浆中含有浓染颗粒及空泡，无芽孢，有极生鞭毛15根，G^-严格需氧菌。营养要求简单，在马铃薯葡萄糖琼脂（PDA）上28℃培养24h，菌落1～2mm，圆形、半凸起、光滑湿润、有黏性，2d后菌落呈柠檬黄色。在卵黄琼脂平板上，菌落表面光滑、湿润，48h后，菌落周围形成乳白色混浊环，斜射日光下可见环的表面呈虹彩现象。在SS琼脂平板上不生长。适宜生长温度25～30℃，适宜pH为7.0。该菌不耐盐亦不耐酸，对热和干燥抵抗力差，为嗜冷菌，易引起冷藏的动物性食品变质。

2. 致病性

椰毒假单胞菌酵米面亚种菌能产生米酵菌酸（BA）和毒黄素（TF），两种均为小分子的脂肪酸类外毒素。米酵菌酸化学分子式为$C_{28}H_{28}O_7$，100℃煮沸和高压（121℃）也不被破坏，油炸、蒸煮不能失去毒性。对人和动物细胞有强烈毒性作用，是引起食物中毒和致死的主要毒素。其毒性作用机理在于对体内氧化磷酸化的抑制，米酵菌酸增加ADP与线粒体内膜的亲和力，形成复合物，从而阻断ADP向内池转运。

（二）病原菌的危害

1. 流行特点

假单胞菌在自然界分布十分广泛，大量存在于土壤、淡水、海水和植物中。椰毒假单胞菌在室内墙壁、地面及环境土壤中的检出率为1.1%，有污染粮食的机会。

发酵的酵米面、银耳等食品受椰毒假单胞菌污染，带有毒性强烈的毒素。一般米酵菌酸的产生量远大于毒黄素。

引起中毒的主要食品是酵米面。酵米面是我国东北、华北地区农民们食用的传统食品。它是将玉米、高粱或小米等粗粮用水浸泡一个月左右，经水洗磨浆、纱布过滤后沉淀，晾晒成的粉，再用其制作各种润滑爽口的面食品。如北方多制作成菜包、饺子、豆沙包、饼子、片汤等，南方多制成汤圆。在制作酵米面过程中常受该菌污染。我国曾多次发生酵米面、银耳、醋凉粉、糯米团、玉米淀粉等食物中毒事件。

受本菌污染的酵米面，在易于产毒的条件下贮存，是中毒发生的重要原因，即引起中毒的酵米面均有贮存过程。贮存场所多见于通风不良、阴暗潮湿的地方。贮存日期最短4d，一般都在10d以上，长者数月或隔年。贮存形式多为含水分较高的湿面团或外干内湿的假阴干面。中毒发生与贮存期的气象条件有关，温度高、湿度大的夏秋季节发生率高于冬春季节。经贮存引起中毒的酵米面多有明显的变质现象，肉眼可见有粉红、绿、黄绿、黑等各色斑迹，有明显的陈腐气味。

被该菌污染的食品不可作为食品或饲料，应深埋或烧毁。在酵米面制作过程中由于浸泡时间较长，易被微生物污染，特别是家庭自制酵米面时要保持制作过程的良好卫生条件；对变质银耳有发黏、变黑等现象时，不宜食用。不应用变质严重的粮谷加工粉丝、粉条以免中毒。

2. 临床症状

潜伏期为2~24h。发病初期表现为胃区不适、恶心、呕吐、头痛、头晕、全身无力和心悸等症状，以后表现为肝、肾、脑、心等实质脏器受损害的症状。重型中毒患者常表现为多种脏器同时明显损伤的症状，出现昏迷、抽搐、休克等症状，死亡率41.80%。目前对该中毒症的救治措施主要是催吐、导泻、洗胃、清肠等以排除消化道的毒物，尚未发现有效解毒药物。

（三）病原菌的检验

椰毒假单胞菌酵米面亚种检验参照GB/T4789.29—2003。

五、食源性李斯特氏菌病

（一）病原菌生物学特性

（1）形态　李斯特氏菌细胞呈直的或稍弯曲的小杆状，大小为(0.4~0.5)μm×(1.0~3.0)μm，常呈单个、短链状，或呈V字形成对排列，有时老龄菌呈丝状，长6~20μm或更长，无芽孢，无荚膜，22~25℃形成周生鞭毛，37℃鞭毛很少或无。G^+好氧或兼性厌氧菌。

（2）培养特性　李斯特氏菌营养要求不高，在普通营养琼脂平板上37℃培养数天菌落直径2mm，初期光滑、扁平、透明，后期蓝灰色。在血琼脂平板上35℃培养18～24h形成直径1～2mm、圆形、灰白色、光滑而有狭窄的β溶血环的菌落。最适生长温度30～37℃。生长极限温度为3℃和45℃，生长pH范围4.5～9.6。

（3）生化特性　李斯特氏菌都能利用葡萄糖、七叶苷和麦芽糖，不能利用木糖、鼠李糖。该菌触酶阳性，氧化酶阴性。在三糖铁培养基上斜面和底层产酸不产生H_2S。MR和V-P试验皆为阳性，硝酸盐还原试验为阴性。

（4）抵抗力　该菌耐酸不耐碱；耐低温，在冷藏条件下（4℃）生存和繁殖；不耐热，55℃，30min或60～70℃，10～20min可被杀死。能抵抗亚硝酸类食品防腐剂；在10% NaCl中可生长。对化学杀菌剂及紫外线照射较敏感，75%酒精5min，0.1%新洁尔灭30min，紫外线照射15min均可杀死。对多种抗生素敏感，以氨苄青霉素加上一种氨基糖苷抗生素为特效治疗药，但对磺胺、多黏菌素等具耐药性。

（5）致病性　该菌的毒株在血琼脂平板上产生溶血素O（LLO），能使红血球β溶血，并具有破坏人体吞噬细胞的能力。LLO是由504个氨基酸组成的简单蛋白质，其分子质量为60000u，能被硫基化合物（如半胱氨酸）激活，在pH5.5时呈现活性，于pH7.0时不呈现活性。

该菌随食物摄入后，在肠道内很快繁殖，入侵各部分组织（包括孕妇的胎盘），进入血液循环系统，通过血流到达其他敏感的体细胞，并在其中繁殖，利用溶血素O的溶解作用逃逸出吞噬细胞，并利用两种磷脂酶的作用（分解细胞膜磷脂分子的头部极性基团）在细胞间转移，引起炎症反应。

由于单增李斯特氏菌在人体内受T-淋巴细胞的激活和巨噬细胞的抑制，故人体清除该菌主要靠细胞免疫功能。无免疫缺陷或未怀孕的健康人对该菌感染有较强的抵抗力，但是已知下列疾病容易诱发成人较高死亡率的李斯特氏菌病：恶性肿瘤、肝硬化、酒精中毒、免疫缺陷症（艾滋病）、糖尿病、心血管疾病、肾脏移植者和可的松皮质激素治疗者。

（二）病原菌的危害

1. 流行特点

引起中毒的食品主要是乳与乳制品（消毒乳、软干酪等）、新鲜和冷冻的肉类及其制品、家禽、海产品、水果和蔬菜，其中尤以乳制品中的软干酪、冰淇淋、即食食品最为多见。

该菌存在于带菌的人和动物的粪便、腐烂的植物、发霉的青贮饲料、土壤、污泥和污水中，以及在牛乳、蔬菜（叶菜）、禽类、鱼类和贝类等多种食品中分离出该菌。带菌人和哺乳动物的粪便是主要污染源。其主要传播途径是粪便→食品→入口，还可通过胎盘和产道感染新生儿。胎儿或婴儿的感染多半来自母体中的细菌或带菌的乳制品。

2. 临床症状

以脑膜炎、败血症最常见。发病突然，初始症状为恶心、呕吐、发烧、头疼，类似感冒。孕妇感染结果常有流产、早产或死胎。新生儿（出生后的1～4周内）感染后患脑膜炎。患先天性李斯特氏菌病的新生儿多死于肺炎和呼吸衰竭。病死率高达20%～50%。

3. 疾病预防

从原料到餐桌切断该菌污染食品的传播途径。生食蔬菜食用前要彻底清洗、焯烫。未加工的肉类和蔬菜要与加工好的食品和即食食品分开。不食用未经巴氏消毒的生乳或用生乳加工的食品。加工生食品后的手、刀和砧板要清洗、消毒。

该菌对热敏感，多数食品只要经适当烹调（煮沸即可）均能杀灭活菌。生的动物性食品，如牛肉、猪肉和家禽要彻底加热。吃剩食品和即食食品食用前应重新彻底加热。

（三）病原菌的检验

单核细胞增生李斯特氏菌检验参照GB/T4789.30—2003。

第四节 腐败菌的危害

腐败菌除了在食品中引起色、香、味等感官性状异常外，其代谢过程中还破坏食物的营养组分，产生有毒性的多种代谢产物。

一、腐败菌对食物营养的破坏作用

食品腐败变质的过程实质上是食品中蛋白质、糖、脂肪在污染微生物的代谢作用下分解破坏的化学过程，其腐败变质程度因食品种类、微生物种类和数量以及其他条件的影响而异。

（一）腐败菌对蛋白质的分解破坏作用

肉、鱼、禽、蛋和豆制品等食品所富含的蛋白质经微生物的蛋白酶和肽链内切酶等作用，首先分解成多肽并断裂形成氨基酸。氨基酸进一步分解成相应的胺类、有机酸类和各种碳氢化合物，食品即表现为腐败特征。蛋白质分解后所产生的胺类是碱性含氮物质，有氨、伯胺、仲胺及叔胺等，此类物质具有挥发性，产生特异性的臭味。

（二）腐败菌对脂肪的分解破坏作用

食品中脂肪的变质主要是酸败，酸败主要是脂肪经水解与氧化产生相应的分解产物。脂肪分解是在微生物或动植物组织中的解脂酶作用下使食物中的中性脂肪分解成甘油和脂肪酸，脂肪酸可进而断裂形成具有不愉快味道的酮类或酮酸，在不饱和脂肪酸的不饱和键处还可形成过氧化物。脂肪酸也可分解成具有特臭气味的醛和醛酸，即所谓的“油哈”气味。这就是食用油脂和含脂肪丰富的食品发生酸败后，使其感官性状改变的原因。

油脂的水分含量及紫外线、氧气等因素可促进食品氧化和酸败。油脂脂肪酸的饱和程度与天然抗氧化剂（如维生素 E）、芳香化合物含量高时，则可减慢食品氧化和酸败。

（三）腐败菌对碳水化合物的分解破坏作用

食品中的碳水化合物包括纤维素、半纤维素、淀粉、糖原以及双糖和单糖等，这些成分较多的食品主要是粮食、蔬菜、水果和糖类及其制品。在微生物及动植物组织中的各种酶及其他因素作用下，这些组成成分可发生水解并顺次形成低级产物，如单糖、醇、醛、酮、羧酸直至二氧化碳和水。这种碳水化合物为主的分解常称为发酵或酵解。其主要变化指标是酸度升高。根据食品种类不同也表现为糖、醇、醛、酮含量升高或产气（CO_2），有时食品常带有这些产物特有的气味。水果中果胶可被一种曲酶和多酶梭菌（*Cl. multifermentans*）所产生的果胶酶分解，并可使含果胶酶较少的新鲜果蔬软化。

（四）腐败菌对食物色香味的破坏作用

食品无论在加工前或加工后，本身均呈现一定的色泽，如微生物繁殖引起食品变质时，色泽就会发生改变。微生物产生的色素有的在体内，有的分泌至细胞外，不断累积造成食品原有色泽的改变，如变成黄色、紫色、褐色、橙色、红色和黑色。另外微生物代谢产物的作用也会促使食品发生化学变化，例如肉及肉制品的绿变，是由于硫化氢与血红蛋白结合生成硫化氢血红蛋白所引起的，腊肠由于乳酸菌增殖过程中产生了过氧化氢促使肉色素退色或绿变。由于微生物种类不同、食品性质不同和作用时间不一致，在食品上出现的变色性状会有片状、斑点状、全部或局部等各种情况。

食品本身有一定气味，正常动植物原料及其制品因微生物的繁殖而产生变质时，人们的嗅觉就能敏感地觉察到有不正常的气味产生。如氨、三甲胺、乙酸、硫化氢、乙硫醇等具有腐败臭味，它们在空气中的浓度为 $10^{-18} \sim 10^{-11}$ mol/L 时，人的嗅觉就可以察觉到。此外，还有二甲胺等胺类物质，甲酸、乙酸、己酸、酪酸等低级脂肪酸及其脂类，酮、醛等一些羰基化合物，以及醇类、酚类、靛基质、粪臭素等物质。食品中产生的腐败臭味，常是多种臭味混合而成的。有时也能分辨出比较突出的不良气味，例如霉味臭、醋酸臭、胺臭、粪臭、硫化氢臭、酯臭。

微生物造成变质而引起的口味改变中比较容易分辨的是酸味的产生。一般碳水化合物含量多的低酸食品，变质初期酸的产生是主要特征，很容易分辨。食品中微生物增殖除产生酸味外，还有苦味及其他异味，如消毒乳由于某些假单胞菌的作用而发生苦味。蛋白质被大肠杆菌、微球菌等微生物作用后也会产生苦味物质。

固体食品变质时，动植物组织因微生物酶的作用，可使组织细胞破坏，细胞内容物外溢，食品的性状即出现变形软化。如鱼肉类食品上呈现肌肉松弛、弹性差，有时组织体表可出现发黏等现象。粉碎后加工制成的食品，如糕点、乳粉、果酱，微生物引起变质后出现黏稠、结块、表面变形、湿润、发黏等现象。液态食品变质后会出现混浊、沉淀，表面出现浮膜、变稠，鲜乳因微生物作用引起的变质可出现凝块、乳清析出分层或变稠等现象，有时还会产生气体。

二、腐败菌对食物营养破坏作用的选择性

（一）分解破坏蛋白质的微生物

（1）细菌　大多数细菌都有分解蛋白质的能力，一般说能分泌胞外蛋白酶的细菌，对蛋白质的分解力特别强，但这种类型的细菌仅限于少数种类，而无胞外蛋白酶的细菌则只能利用较简单的含氮化合物，如氨基酸等。分解蛋白质能力特别强的细菌种类有芽孢杆菌属、假单胞菌属、变形杆菌属、梭状芽孢杆菌属。分解蛋白质能力弱的细菌有微球菌属（*Micrococcus*）、葡萄球菌属、八叠球菌属（*Sarcina*）、无色杆菌属、产碱杆菌属（*Alcaligenes*）、黄杆菌属、埃希氏菌属等，这些菌在含蛋白质为主的食品上，即使无糖存在也能生长。

（2）酵母　多数酵母对蛋白质分解能力很微弱，例如，红棕色拿逊氏酵母（*Nadsonia fulvescens*）、越南酵母（*Saccharomyce sanamensis*）、活跃酵母（*Sacch. festinans*）、巴氏酵母（*Sacch. pastorianus*）、啤酒酵母（*Sacch. cerevisiae*），这些酵母能够使凝固的蛋白质缓慢分解。红酵母属中有些种类能分解酪蛋白。总之，酵母对食品的腐败作用不如细菌。

（3）霉菌　许多霉菌都有分解蛋白质的能力，而且霉菌比细菌更能利用天然蛋白质。例如青霉属、曲霉属、根霉、毛霉、木霉、复端孢霉（*Ciphalothecium*）等许多种。沙门柏干酪青霉（*Penicillium camemberti*）和洋葱曲霉（*Aspergillus alliaceus*）分解蛋白质迅速，在有大量碳水化合物的环境中，更能促进蛋白酶的形成。

（二）分解破坏碳水化合物的微生物

（1）细菌　绝大多数的细菌都具有利用某些单糖或双糖的能力，特别是利用单糖的能力更为普遍。某些细菌还能利用有机酸和醇类。能强烈分解淀粉的细菌仅是少数，主要是芽孢杆菌属，例如枯草芽孢杆菌、蜡状芽孢杆菌和马铃薯杆菌（*Bacillus mesentericus*）等，还有梭状芽孢杆菌，例如淀粉梭菌（*Cl amylobacter*）和丁酸梭菌等。能分解纤维素和半纤维素的细菌仅为少数，例如芽孢杆菌属、八叠球菌属、梭状芽孢杆菌属和克氏杆菌属中的一些种。能分解果胶的细菌有欧文氏菌属（*Erwinia*）的胡萝卜软腐欧文氏菌（*Erwinia carotovora*）、软腐病欧文氏菌（*E. aroIdeae*）以及环状芽孢杆菌、多黏芽孢杆菌、费新尼亚梭菌（*Cl felsineum*）等，它们都能分泌果胶酶。

（2）酵母　绝大多数不能利用淀粉，少数特殊酵母能分解多糖，例如，拟内孢霉的酵母及粟酒裂殖酵母（*Schizosaccharomyces prombe*）。极少数酵母也有分解果胶能力，例如，脆壁酵母（*Sacch. fragilis*），它是乳糖发酵性酵母。酵母一般都能利用单糖或双糖，大多数

种类有利用有机酸的能力。

（3）霉菌 大多数霉菌有利用简单碳水化合物的能力，但具有分解纤维素能力的极少，例如毛壳菌属（*Cheatomium*）、灰腐质霉（*Humicola grisea*）、曲霉属中的黑曲霉（*Aspergillus niger*）、土曲霉（*Asp. terreus*）、烟曲霉（*Asp. fumigatus*）、青霉属中的橘青霉（*Penicillium citrinum*）、淡黄青霉（*P. luteum*）等。对纤维素分解能力特别强的是绿色木霉（*Trichoderma viride*）。分解果胶能力最强的有黑曲霉、米曲霉（*Asp. oryzae*）、灰绿青霉（*P. glaucum*），其次是蜡叶芽枝霉（*Cladosporium herbarum*）、毛霉属中的大毛霉、灰葡萄孢霉（*Botrytis cinerea*）和爱氏青霉（*P. evhichii*）等。曲霉属、青霉属、毛霉属和镰刀霉属中的许多种霉菌有利用某些简单有机酸或醇类的能力。

（三）分解破坏脂肪的微生物

（1）细菌 一般来说，有强力分解蛋白质能力的需氧性细菌中大多数菌种同时也是脂肪分解菌，能产生脂肪酶，将脂肪分解为脂肪酶和甘油。分解力特别强的是荧光假单胞菌（*Pseudomonas fluorescens*），其他如黄杆菌属、无色杆菌属、产碱杆菌属、赛氏杆菌属、微球菌属、葡萄球菌属和芽孢杆菌属中的许多种细菌都有分解脂肪的特性。

（2）酵母 能分解脂肪的酵母不多，常见的如解脂假丝酵母（*Candida lipolytica*）。这种酵母不发酵糖类，但分解脂肪和蛋白质能力很强。因此，在分析乳制品和肉类食品的脂肪酸酸败原因时，也应考虑是否被酵母污染。

（3）霉菌 能分解脂肪的霉菌比细菌多，在食品中常见的有：黄曲霉、黑曲霉、烟曲霉、灰绿青霉、娄地青霉、代氏根霉（*Rhizopus delemar*）、少根根霉（*Rhizopus arrhizus*）、解脂毛霉（*Mucor lipolyticus*）、爪哇毛霉（*Mucor javanicus*）、白地霉（*Geotrichum candidum*）和芽枝霉属等。

三、腐败产物的毒性

腐败变质的食品首先是带有使人们难以接受的感官性状，如刺激性气味、异常颜色、酸臭味道、组织溃烂、黏液污秽感等。其次是食品成分分解，食品营养价值严重降低，不仅使食品中的蛋白质、脂肪、碳水化合物含量降低，而且其中的维生素、无机盐也会大量破坏和流失。腐败变质食品由于微生物污染严重，菌相复杂和菌量增多，增加了致病菌和产毒霉菌等存在的机会。由于菌量增多，可以使某些致病性微弱的细菌引起人体的不良反应，甚至中毒。有相对致病菌引起的食物中毒，几乎都有菌量异常增加这个必要条件。至于食品腐败变质的分解产物对人体的直接毒害，至今研究仍不够明确。然而这方面的报告与食物中毒事件却越来越多，如某些鱼类腐败产生的组胺使人体中毒，脂肪酸败产物引起人的不良反应及中毒，以及食品腐败为亚硝胺类形成提供充分的胺类物质等。有机胺类和硫化氢等虽然具有一定毒性，但人体有足够的解毒功能，可与体内相同代谢产物一起代谢转化，但如果在短时间内摄入量过大，也有一定不良作用。纵然如此，目前仍不能把食品腐败变质和食物中毒直接联系起来。所以，对食品的腐败变质虽然要及时准确鉴定，并严加控制，但对这类食品的处理还必须充分考虑具体情况。如轻度腐败的肉、鱼类，通过煮沸可以消除异常气味，部分腐烂的水果、蔬菜可拣选处理，单纯感官性状发生变化的食品可以加工复制等。但应强调指出，一切处理的前提，都必须以确保人体健康为原则。

第五节　产毒真菌的危害

自20世纪60年代初发现强致癌性的黄曲霉毒素以来，真菌毒素对食品的污染日益引起重视。大量的粮食和食品由于霉变不能食用，造成巨大的经济损失，有些造成人急性中毒，真菌毒素的长期摄入导致癌肿发生，造成慢性食源性疾患。由于真菌毒素可在食品中残留，即由食物链从植物性食品、饲料向肉、禽、蛋、奶、鱼等动物性食品转移，因此，对食品的防霉去毒是全球食品安全领域的一项重要研究内容。

一、产毒真菌的概念

产毒真菌是指已经发现的具有产毒特性的一些真菌，已知产毒真菌有以下一些菌属：

（1）曲霉属　如黄曲霉、赭曲霉（*A. ochraceus*）、杂色曲霉（*A. versicolor*）、烟曲霉、构巢曲霉（*A. nidulans*）和寄生曲霉（*A. parasiticus*）等。

（2）青霉属　岛青霉（*P. islandicum*）、桔青霉、黄绿青霉（*P. citreoviride*）、红色青霉（*P. rubrum*）、扩展青霉（*P. expansum*）、圆弧青霉、纯绿青霉、展开曲霉（*P. patulum*）、斜卧青霉（*P. decumbens*）等。

（3）镰刀菌属　禾谷镰刀菌、三线镰刀菌、玉米赤霉、梨孢镰刀菌、无孢镰刀菌、雪腐镰刀菌、葡串珠镰刀菌、拟枝孢镰刀菌、木贼镰刀菌、茄属镰刀菌、粉红镰刀菌等多种。

（4）其他菌属　粉红单端孢霉、木霉属、漆斑菌属、黑色葡萄状穗霉等。

霉菌产毒仅限于少数的产毒霉菌，而产毒菌种中也只有一部分菌株产毒。产毒菌株的产毒能力还表现出可变性和易变性，产毒菌株经过累代培养可以完全失去产毒能力，而非产毒菌株在一定情况下也会出现产毒能力，在实际工作中，应该随时考虑这种相对的概念。

霉菌毒素的产生并不具有一定的严格性，即一种菌种或菌株可以产生几种不同的毒素，而同一种霉菌毒素也会由几种霉菌产生。

产毒霉菌产生毒素也需要一定条件，主要是基质（食品）、水分、湿度、温度及空气流通情况。霉菌污染食品在上面繁殖是产毒的先决条件，而霉菌能否在食品上繁殖又与食品种类和环境因素等多方面的影响有关。一般情况下，霉菌在天然食品上比人工合成培养基上更易繁殖，不同的食品，容易污染和繁殖的霉菌种类也有所不同，如花生、玉米的黄曲霉及毒素的检出率就很高，小麦以镰刀菌（*Fusarium*）及其毒素污染为主，青霉及其毒素主要在大米中出现。

二、真菌毒素的危害

真菌毒素中毒是指真菌毒素引起的对人体健康的各种损害，大多数通过被霉菌污染的食品引起，特别是粮食与油料作物以及发酵食品等。一般烹调加热处理不能将真菌毒素破坏去除。霉菌引起的毒素中毒无传染性。

霉菌大量生长、繁殖与产生毒素是霉菌毒素中毒的前提，这需要一定的条件，特别是温度、湿度、易于引起中毒的食品在人群中食用以及人们的饮食习惯等，所以霉菌毒素中毒往往表现出较为明显的地方性和季节性，甚至有些具有地方病的特征，例如黄曲霉毒素中毒、黄变米中毒和赤霉中毒。再者，霉菌毒素中毒的临床表现多种多样，较为复杂，有急性中毒，也有少量长期食入含有霉菌毒素的食品而引起的慢性中毒，还有的诱发癌肿（致癌作用）、造成畸形（致畸作用）和引起体内遗传物质的突变（致突变作用）。

因食用污染霉菌毒素的食品造成中毒的实例较多，危害性很大，造成人类的大批死亡或引发人们的严重肝脏疾病。20 世纪 60 年代英国发现黄曲霉毒素污染饲料造成 10 万只火鸡死亡的事件，更加引起了人们对霉菌及霉菌毒素污染食品问题的重视，我国在这方面正展开大量工作，目前仍在继续深入。

（一）黄曲霉毒素的危害

黄曲霉毒素是黄曲霉和寄生曲霉中产毒菌株的代谢产物。这些霉菌无处不有，并且对食品和饲料污染的可能性广泛存在，黄曲霉毒素污染的发生和程度随地理和季节因素以及作物生长、收获、贮放的条件不同而不同，南方及沿海湿热地区更有利于霉菌毒素的产生。早在作物收获前、收获期和贮放期就已经有产毒菌株污染。

1. 黄曲霉毒素的结构和理化性质

黄曲霉毒素是一类结构相似的化合物，基本结构都有二呋喃环和香豆素（氧杂萘邻酮），其中有四种（B_1、G_1、B_2、G_2）常常同时存在，能够溶解于氯仿、甲醇等有机溶剂。在长波紫外线照射下，毒素可显示荧光，低浓度的纯毒素易被紫外线破坏。

黄曲霉毒素的耐热力很强，加热到 280℃ 才能被完全破坏，因此，一般的加工烹调方法不能把它消除。但加碱能破坏一些毒素，若遇 5% 的次氯酸钠，该毒素瞬间即可被破坏。

2. 污染食品的情况

对粮食食品的污染是相当严重和普遍的，污染最严重的是花生、玉米、棉子，其次是稻米、小麦、大麦、豆类等。

3. 黄曲霉毒素的毒性

黄曲霉毒素是对人和动物有剧毒的毒物，但不同种类的黄曲霉毒素毒性相差很大，其中 B_1 毒性最强。

人和动物的急性中毒主要表现是损害肝脏，导致肝细胞坏死和胆管上皮细胞增生，而慢性中毒表现包括肝脏纤维变形。

黄曲霉毒素是目前最强的化学致癌物质，主要是诱发肝癌的发生，它比甲基亚硝胺诱发肝癌的能力大 75 倍。它主要强烈抑制肝细胞中 RNA 的合成，破坏 DNA 的模板作用，阻止和影响蛋白质、脂肪、线粒体、酶等的合成与代谢，干扰动物的肝功能，具致癌性和致突变性，会导致肝细胞坏死。

从肝癌的流行病调查中发现，凡食物中黄曲霉毒素污染严重和人体实际摄入量较高的地区，肝癌的发病率也高。

由于黄曲霉毒素使多种动物致癌，人类与黄曲霉毒素接触水平与人类的原发性肝癌发病率之间成正相关，人类摄入的黄曲霉毒素的数量在可能范围内越低越好，不论哪个国家制定的食品中的允许量标准都应看作是管理标准而不是健康标准的限量。

（二）黄变米毒素的危害

黄变米毒素是由于谷类在贮藏时含水量过高而被真菌污染发生霉变所致，一些菌株侵染大米后产生毒性代谢产物，统称黄变米毒素。包括三类：

岛青霉毒素类包括岛青霉产生的有毒代谢产物黄米毒素（黄天精）、环氯肽、岛青霉素和红米毒素（红天精）等。

桔青霉毒素由桔青霉产生，主要引起肾脏病变。

黄绿青霉毒素由黄绿青霉产生，属于神经毒素，主要造成中枢神经损害，最后患者因呼吸停止而死。

（三）镰刀菌毒素的危害

镰刀菌毒素种类很多，可分为四类，即单端孢霉素类、玉米赤霉烯酮、丁烯酸内酯与串珠镰刀菌素，均可引起人类急性食物中毒。

单端孢霉素类是 40 多种单端孢霉素衍生物的总称，其中主要的有 T-2 毒素，其次是新茄病镰刀菌烯醇和镰刀菌烯酮。T-2 毒素可抑制 DNA 及蛋白质的合成，对小鼠致畸，可引起畜禽的食饵性白血球减少症。玉米赤酶烯酮可导致雌性激素亢进综合征。丁烯酸内酯是血液毒素，对家兔、小鼠和牛有毒性，可引起牛烂蹄症。串珠镰刀菌可污染豆荚类饲料，引起动物的豆荚中毒。

（四）杂色曲霉毒素的危害

是杂色曲霉、构巢曲霉、焦曲霉等的代谢产物。化学结构中都有两个呋喃环，与黄曲霉毒素结构相似，为肝脏毒素，可以导致试验动物的肝癌、肾癌、皮肤癌和肺癌，致癌性仅次于黄曲霉毒素。

（五）棕曲霉毒素的危害

棕曲霉群产生的一组结构相似的化合物，目前确认的有棕曲霉毒素 A 和棕曲霉毒素 B 两类，以棕曲霉毒素 A 为主，毒性较大，主要引起肝、肾等内脏器官的病变，故称肝肾毒素，此外还可导致肺部病变。

三、去毒措施

1. 物理去毒

（1）人工或机械拣出毒粒　用于花生或颗粒大者效果较好，因为一般毒素较集中在霉烂、破损、皱皮或变色的花生仁粒中。如黄曲霉毒素，拣出花生霉粒后则黄曲霉毒素 B_1 可达标准允许量以下。

（2）加热处理法　干热和湿热都可以除去部分毒素，花生在 150℃ 以下炒 0.5h 约可除去 70% 的黄曲霉毒素，0.01MPa 高压蒸煮 2h 可以去除大部分黄曲霉毒素。

（3）吸附去毒　应用活性炭、酸性白土等吸附剂处理含有黄曲霉毒素的油品效果很好，如果加入 1% 的酸性白土搅拌 30min 澄清分离，去毒效果可达 96% ~98%。

（4）射线处理　用紫外线照射含毒花生油可使含毒量降低 95% 或更多，此法操作简便、成本低廉，我国已制成专门的紫外光灯。日光暴晒也可降低粮种的黄曲霉毒素含量。

2. 化学去毒

（1）酸碱去毒　对含有黄曲霉毒素的油品可用氢氧化钠水洗，也可用碱炼法，它是油脂精加工方法之一。此外，用 3% 的石灰乳或 10% 稀盐酸处理黄曲霉毒素污染的粮食也可以去毒。

（2）溶剂提取　80% 的异丙醇和 90% 的丙醇可将花生中的黄曲霉毒素全部提出来。按玉米量的 4 倍加入甲醇去除黄曲霉毒素可达满意的效果。

（3）氧化剂处理　5% 的次氯酸钠在几秒钟内便可破坏花生中黄曲霉毒素，经 24 ~72h 可以去毒。

（4）醛类处理　2% 的甲醛处理含水量为 30% 的带毒粮食和食品，对黄曲霉毒素的去毒效果很好。

3. 生物去毒

（1）发酵去毒　对污染黄曲霉毒素的高水分玉米进行乳酸发酵，在酸催化下高毒性的黄曲霉毒素 B_1 可转变为 B_2，此法适用于饲料的处理。

（2）其他微生物去毒　假丝酵母可在 20d 内降解 80% 的黄曲霉毒素 B_1，根霉也能降解黄曲霉毒素。橙色黄杆菌（*Flacobacterium aurantiacum*）可使粮食食品中的黄曲霉毒素完全去毒。

4. 其他措施

食品干制、气调、药剂处理等可以减少真菌毒素的产生和污染。干制指对粮食及食品在阳光下晾晒、风干、烘干或加吸湿剂、密封的方法。气调通常采取除 O_2 或加入 CO_2、N_2 等气体，运用密封技术控制和调节储藏环境中的气体成分，用于食品储藏。使用的防霉化学药剂有熏蒸剂如溴甲烷、二氯乙烷、环氧乙烷，有拌和剂如有机酸、漂白粉。食品中可加入0.1%的山梨酸防霉。

本章小结

进入厨房的微生物，在条件适宜时，得到生长繁殖，随着其数量的增多，对饮食安全的风险不断加大。由于烹饪失当或难以预料的原因，常常引起突发性食物中毒事故，也可能通过饮食传播疾病。一些腐败菌分解破坏原料中的各种营养组分，形成对人体有毒的代谢产物，长期摄入会导致形成肿瘤等病害。

对各类病原菌，由于侵袭力与毒素特点的不同，其表现出的毒力也不同，但多数菌以引起胃肠炎为主要特征，可及时救治。对同一属的病原菌，由于细菌种的不一，表现出的疫病也有显著区别，如一些沙门氏菌引起伤寒、副伤寒，一些志贺氏菌引起菌痢等传染病。

无论食物中毒事故原因排查、食源性疫病的检疫，日常生产中对烹饪制品的评价，都离不开微生物的鉴定技术，这需要在病原菌的分离培养、生化鉴定、血清学反应、动物毒性试验诸方面形成完整的理论知识与实验技术体系。

习　题

1. 构成病原菌毒力的因素有哪些？
2. 为什么人体自身通常具有一定的抗病能力？
3. 何谓传染病的流行？其流行过程经历哪几个阶段？
4. 检疫有何意义？其形式有哪些？
5. 概述中毒食品微生物学检验的基本程序，为什么需要进行动物毒性试验？
6. 概述肠杆菌科致病菌分别可能引起哪些疾病。
7. 沙门氏菌、大肠埃希氏菌可以引起哪些疾病？
8. 葡萄球菌的致病性取决于哪些因素？
9. 链球菌可引起哪些疾病？
10. 副溶血性弧菌食物中毒的流行病学特点是什么？

11. 蜡样芽孢杆菌毒素的性质如何？
12. 肉毒梭菌各型的致病性如何？肉毒毒素进入机体的方式有哪些？
13. 何谓酵米面？米酵菌酸产生的条件是什么？
14. 腐败菌对食物营养有何影响？腐败性胺类产物有何危害？
15. 黄曲霉毒素的毒性怎样？如何去毒？
16. 名词解释：

病原菌，条件性病原菌与腐生病原菌，外毒素与内毒素，显性传染和隐性传染，感染性食物中毒与毒素性食物中毒，急性食源性疾病与慢性食源性疾病，产毒真菌与真菌毒素

第六章　厨房微生物的控制

[学习目的] 了解各种物理、化学、生物学方法对厨房微生物控制的原理和技术，学会厨房生产过程中评价微生物控制效果的试验方法。

[主要内容] 消毒、灭菌、防腐和除菌的概念，电磁、声、光和热力学灭菌原理与应用技术，化学消毒剂、防腐剂作用原理与应用技术，厨房微生物控制试验方法。

第一节　厨房微生物控制的基本方法

一、微生物控制的概念

（一）消毒（Disinfection）

消毒是指消除或杀灭外环境中除细菌芽孢外的病原微生物及其他有害微生物的过程。消毒具有防止感染或传播的作用。常用物理、化学的方法进行消毒。能迅速杀灭病原菌的化学药物称为消毒剂。化学消毒剂高浓度时具有杀菌作用，低浓度时具有抑菌作用。

所谓外环境在餐饮业是指生产经营所涉及的地点、场所、所用工具、设备、器械、容器，也包括茶具、餐具等。

（二）灭菌与商业灭菌

1. 灭菌（Sterilization）

使物体内外部一切微生物（包括病原菌和非病原菌、繁殖体和芽孢、孢子）永远丧失其生长繁殖能力的方法称为灭菌。与消毒相比，灭菌处理更为彻底，而消毒的条件较为温和。灭菌又可分为杀菌和溶菌两种，前者指菌体虽死但形体尚存，后者则指菌体杀死后其细胞发生溶解、裂解而消失的现象。餐饮业通常用物理方法达到灭菌效果，如高压蒸汽灭菌、干烤灭菌等。

2. 商业灭菌（Commercial sterilization）

从商业角度对某些食品所实施的杀菌处理，称为商业灭菌。经处理后，按规定的微生物检验方法无活菌检出或者仅能检出极少数残存的非病原微生物，但要求它们在特定 pH、Eh、温度等保藏条件下不能在产品中生长繁殖。商业灭菌多见于包装食品的灭菌处理。

（三）防腐与抗菌

1. 防腐（Antisepsis）

防腐是指防止腐败微生物生长繁殖的方法。用于防腐的化学药物称为防腐剂。当增高防腐剂的浓度和延长作用时间，防腐剂便具有杀菌作用。防腐剂中专用于防止食品霉变及环境生霉的物质称为防霉剂。食品用防腐剂有使用范围和使用量及允许残留量的严格规定。

防腐与保鲜是两个有区别又相互关联的概念。保鲜是指保持食品的鲜度，保鲜目的是维持食品本身的品质，多用于果蔬类鲜活食品的处理。由于食品中腐败菌生长会引起食品品质改变，故许多场合将食品的保鲜和防腐一并加以设计和考虑。现在保鲜的概念也扩展为保持香气、色泽等处理。

2. 抗菌（Antimicrobral）

餐饮业的抗菌处理指利用微生物之间相互拮抗作用原理设计的食品处理，如发酵面团的制作、酒酿加工等，以益生菌作为优势菌群抑制其他污染菌和杂菌的生长。一些微生物可生产出对其他微生物具有杀菌作用的次生代谢产物，即抗生素，如乳链球菌生产的乳酸链球菌肽（Nisin）已用作食品抗菌剂。这些与医疗单位使用青霉素等医用抗生素有本质区别。食品中不得加入医用抗生素类药物。

材料工业中有一类产品如抗菌陶瓷、抗菌塑料、抗菌冰箱甚至抗菌菜板等是加入无机或有机抗菌材料制成的新产品，属化学抗菌范畴。在这类抗菌剂作用下，微生物处于所谓“静菌”状态，一般只能维持个体生存，而不能进一步生长发育增殖使体系微生物数量增加。静菌作用只能保持微生物本身数量不变。

（四）除菌与减菌

1. 除菌

除菌是对水、空气介质去除污染微生物的方法，常用过滤法对水、液体食品和空气进行除菌。过滤是通过机械性阻留微生物而达到去菌目的。如常用的口罩、实验室常用的纱布、棉花等都是简单的过滤器。滤菌器是特制的可去除液体中细菌的仪器，滤器中的复层网状微孔结构通过毛细管阻留、筛孔阻留和静电吸附综合作用达到除菌效能。主要用于一些不耐高温灭菌的溶液除菌。

2. 减菌

用洗涤、冲刷、擦抹等方法对物品、用具、原料进行表面处理可达到减菌目的。为提高减菌效果，常加入表面活性剂。

通风可对空气中微生物进行稀释，打开门窗通风 1 ~ 2h 即达到减菌效果，但其净化则需作过滤除菌处理。显然除菌要求高于减菌。

二、微生物控制的基本方法

微生物控制一般包括物理学（热力学、声学、光学、电磁学）方法、化学（杀菌剂、消毒剂、防腐剂）方法、生物学（发酵剂、抗生素、中草药）方法等。

常用微生物控制法见图6-1。

- 细菌杀灭或抑制
  - 物理方法
    - →温度
      - 冷冻（-20~-80℃）
      - 冷藏（0~3℃）
      - 巴氏德法低温杀菌（<100℃）
      - 高温杀菌
        - 湿热灭菌（121℃）
        - 干热杀菌（160℃）
        - 超高温灭菌（130~150℃）
    - →压力（50~200MPa高压杀菌）
    - →电磁波（γ射线、X射线、紫外线杀菌）
    - →粒子射线（电子流杀菌）
    - →阻隔法（隔氧包装）
    - →除菌
      - 洗涤
      - 过滤
      - 沉淀（凝聚沉淀、离心沉淀）
      - 静电杀菌
  - 化学方法
    - →pH（pH调节剂、缓冲溶液）
    - →除氧法（真空法、除氧法、氧化还原）
    - →气体置换法（用CO_2、Cl_2等置换）
    - →脱水法
    - →控制营养法
    - →化学药品杀菌
      - 气体杀菌剂（O_3等）
      - 液体杀菌剂（来苏儿等）
      - 固体杀菌剂（抗菌剂等）
    - →防腐剂
  - 生物学方法
    - →发酵剂（酒药、干酵母、香肠发酵剂等）
    - →抗生素（Nisin等）
    - →植物提取物或中草药制剂（芥末酱、蒜素等）

图6-1 常见微生物杀灭或抑制法

三、微生物控制效果的评价

（一）杀菌效果与杀菌率

杀菌效果（germicidal effect，GE）和杀菌率（killing rate，KR）两者都用于表示消毒效果，但表达的方式不同，GE用消毒后的菌数比消毒前（或对照组）菌数减少的对数值表示；KR用消毒过程中杀灭微生物的百分率表示。两者的计算公式如下：

$$GE = \log N_C - \log N_D$$

$$KR = \frac{N_C - N_D}{N_C} \times 100\%$$

两式中，N_C 为消毒前（或对照组）菌数，N_D 为消毒后菌数。

类似的指标还有：

清除率：指清除掉微生物的百分率；

阻留率：指过滤除菌时，微生物被阻留的百分率；

存活率：指消毒后仍然存活的微生物的百分率；

衰亡率：指微生物自然死亡的百分率；

消亡率：指空气中微生物沉降与死亡之和占原有微生物数的百分率；

灭除率：指污染于表面的微生物被杀死和清除总和的百分率。

（二）消毒动力学

消毒动力学（Disinfection kinetics）是对消毒过程中微生物死亡规律的定量研究，其目的在于：①根据微生物死亡曲线的形状，探讨微生物灭活的分子机制；②为建立安全可靠的消毒、灭菌方法提供理论基础。

目前一般认为，存活率 N_s/N_o 是处理剂量（S）的指数递减函数，可用下述简单公式表示：

$$N_s/N_o = \exp(-KS)$$

式中，N_o 和 N_s 分别为用 S 剂量处理前、后微生物的浓度，K 是灭活速度常数。处理剂量 S，在热力灭菌中为在一恒定温度下加热的时间（min 或 s）；在化学消毒试验中，为在某一特定浓度下作用的时间（min 或 s）。同样，S 亦可是辐射灭菌中的照射剂量（用 x、β 和 γ 射线灭菌时为 kGy，在用紫外线灭菌时为 $\mu W \cdot s/cm^2$）。当作用时间不变时，S 可为消毒剂的浓度。按照本公式，当把微生物存活率的对数（$\log N_s/N_o$）对应于处理剂量的大小作图时，则灭活曲线为一条直线。速度常数 K 值的大小取决于微生物浓度和处理剂量。

在消毒和灭菌实践中，所获得的并不都是直线形的死亡曲线。其他形状有：肩形、初凹形、S 形、折线形。

第二节　物理学方法对微生物的控制

使用物理因素杀灭或清除病原菌微生物或其他有害微生物的方法，称为物理消毒法。控制因素包括温度、压力、电磁波、电子流、阻隔包装及机械除菌等。

一、热力控制技术

热力灭菌（Heat Sterilization）有干热灭菌和湿热灭菌。干热灭菌有干烤、烧灼、焚烧形式，湿热灭菌有煮沸、流通蒸汽、压力蒸汽等形式。餐饮业电烤箱加工属干热灭菌，而蒸煮、氽、煨、焖、烧加工均属湿热灭菌。

（一）干热灭菌

（1）火焰灭菌法　直接用火焰灼烧使微生物烧死。这种方法灭菌彻底迅速，主要应用于接种针、试管口、某些金属器械以及带有病原菌的物品材料或动植物体的灭菌。

（2）干热灭菌法　利用电热加热空气，使烘箱的温度达到160～170℃维持1～2h，就能将所有的微生物杀死。适用于一些玻璃器皿、金属物品的灭菌。

（二）湿热灭菌

（1）煮沸消毒法　这种消毒方法是将要消毒的物品放在水中煮沸（100℃）15～20min，一般微生物的营养细胞即可死亡。但不能杀死抗热力强的芽孢，要杀死芽孢必须煮沸1～2h，或在水中添加0.5%石炭酸或碳酸钠可加速芽孢死亡。这种方法适用于一般食品、器材、器皿、餐具等小型日用品的消毒。

（2）巴氏消毒法　一般用于不宜用高温灭菌的一些食品。在低于100℃以下进行，这样既可杀死食品中的病原微生物及其他微生物的营养体，又尽可能减少食品营养成分和风味的损失。例如，消毒牛乳用61～65℃加热30min或71～72℃保持15min。这种方法最初用于啤酒、牛奶等的消毒，现已推广到对食用醋、酱油、干酪、果汁、蛋品、蜂蜜等食品的处理。

（3）间歇灭菌法　该灭菌法是利用流动蒸汽进行灭菌。一般每日蒸煮30min可杀死繁殖体，连续进行3d，通常于第一次灭菌后于30℃左右保温2h，待芽孢发芽，再进行两次同样的灭菌，这样就可杀死所有的繁殖体和芽孢。这种方法适用于风味要求较高的小包装食品以及在没有高压蒸汽灭菌设备的情况下物料的灭菌。

（4）高压蒸汽灭菌法　高压蒸汽灭菌法是在密闭的容器内，通过加热使容器内的水变成蒸汽，蒸汽产生蒸汽压来提高水的沸点温度，压力越大温度越高，以达到短时间内完全灭菌的效果。一般采用121.3℃（表压103kPa）温度条件下保持20～30min，这样就可以保证把全部微生物营养体和芽孢杀死。这种方法适用于不怕高温的物品，如金属器具、玻璃器皿、基础培养基、一些罐头食品以及其他一些耐热物品。

二、电磁控制技术

（一）欧姆杀菌法

1. 杀菌原理

欧姆加热杀菌法是近年来发展起来的新型加热杀菌方法之一，利用该方法开发的欧姆超高温杀菌设备备受人们关注。它是一种诱使导电性流体自身内部产生电阻热的加热方法。某种食品是否适用欧姆加热，主要决定于该食品的导电性。绝缘体和导体产生完全不同的效果。绝缘体不能使用欧姆加热法。不能离子化的共价键流体如油脂、乙醇、糖汁以及非金属的固体物质如骨质成分、纤维素、冰结晶等不能用欧姆杀菌。

2. 杀菌技术

厨房间绝大多数食品均含有溶解了一定量离子盐成分的游离水，因此便成了导体，具有导电性，所以可以有效地使用欧姆加热杀菌，具有不焦煳、受热均匀的特点，多用于罐装食品、高黏度流体、半流体状调味类食品、沙司类食品的加工和快餐的灭菌。

（二）电解杀菌法

1. 杀菌原理

电解杀菌的机理有两方面：一是电极的直接作用，二是电极间的间接作用。

①电极的直接杀菌作用：当菌体细胞在电极表面附近进行氧化、还原反应时，引起了菌体细胞膜的破坏而产生溶菌，引起细胞内 DNA 的致命性损伤导致菌体死亡。

②电极间的间接杀菌作用：由于电解液中总存在着离子、悬浮分散质（如金属微粒、带电粒子、游离的自由基等）、溶存气体（如空气、氧气），它们在电场或光电场作用下也会发生氧化还原反应，同时也更加激发和强化了电极的直接杀菌作用。在电化学反应系统中，由于电极的氧化和还原反应也会出现一些中间反应物，对细菌有杀伤作用。例如氯离子的阳极氧化（$Cl^- \rightarrow Cl + e^-$）会产生激化氯（Cl）以及由此产生的各种活性物质，都对细菌有致死杀伤作用。

2. 杀菌技术

电解杀菌技术已成功地运用于电解水技术上。对水进行电解处理，可在阴极得到碱性水，在阳极得到酸性水。这种酸性水的 pH 在 2.7 以下，Eh 为 1.10mV 以上，具有很高的杀菌能力，可用于食品解冻时的浸渍、食品器具的洗涤等。

在阴极得到的碱性水，其 pH 为 11.8，Eh 为 -800mV，作为食品器具的洗涤剂，具有强的界面活性和去污功能。另外从阴极还可得到弱碱性水，具有很好的抗氧化作用，常饮可以清除体内自由基、活性氧等，具有很好的保健功能。用阴极水浸渍大米制作米饭，可以改善大米的吸水性和糊化率，使陈米口味如新米。碱性水也被称为“SOD 水”，用于食品可赋予其更多的保健功能，碱性水对烹调、沏茶、冲咖啡都有益。碱性水不必煮沸即具有消毒作用，可直接饮用。

（三）磁场杀菌技术

磁场杀菌技术是将食品置于磁场中进行杀菌处理的技术。磁性是物质的一个基本属性。微生物在磁场中运动，切割磁力线，并受到某种力如洛伦兹力的作用。随着菌体内生物电流或生物磁场参数的改变，会发生变异，或引起死亡。

1. 杀菌原理

强磁场杀菌的主要机理是破坏与电子传递有关的生命过程。电子自旋共振破坏微生物结构，降低生物大分子活性，打断生物分子中的化学键使细胞崩裂，改变膜电位造成膜穿孔，半导体效应引起生命活动过程的剧烈变化等。

2. 杀菌技术

根据磁场性质，磁场杀菌技术分为恒定磁场杀菌和脉冲磁场杀菌两种，前者将食品置于两个磁极之间进行，后者是先把包装食品放入线圈内，利用线圈内所建立的强大脉冲磁场进行杀菌。

无论是恒定磁场还是脉冲磁场都能有效地抑制某些微生物的生长，当达到一定的磁场剂量时，产生很好的消毒杀菌功效。由于这种杀菌不需加热，因而不会影响食品的风味和品质。磁场杀菌可用于下列各类对象：

①气体：无菌室、食品贮藏室、冷菜间、备餐室的空气。

②液体：各种饮料、流动性食品、调味料。

③固体：包装食品、用具。

（四）微波杀菌技术（Disinfection by microware）

微波是指300~300 000MHz的电磁波。微生物在微波电磁场的作用下，吸收微波的能量产生热效应，同时微波造成的分子加速运动使细胞内部受损致死。微波产生热效应的特点是：受热均匀，热能利用率高，加热时间短。

微波多用于包装食品灭菌、餐具消毒、菜肴的微波烹饪，可杀灭各种微生物，也常用于冷冻食品的快速解冻，微波消毒法的应用详见第十章。

三、超声波控制技术

声波是机械震动能量的一种传播形式，振动频率在 $1.6\times10^4\sim1.0\times10^9$Hz 的声波称为超声波。超声波的热效应、机械（力学）效应、空化效应、化学效应、弥散效应是导致细菌死亡的原因。

在超声辐射细菌时发现，在细菌死亡的同时，发生了细菌的自溶，即形态结构也遭到了破坏。

我国已将超声波发生仪用于酱油的灭菌。经超声波处理的酱油色泽变得清亮、黏稠度下降、鲜味较突出、细菌数和大肠菌群数均达到规定要求。超声技术也可用于饮用水的消毒。

利用超声的灭菌原理，可用于食具的消毒灭菌及员工的洗手消毒。日本生产出超声食具清洗机及人员洗手消毒器，对盛过牛油、鸡蛋、污染有大肠杆菌、葡萄球菌的瓷盘、合成树脂盘，经超声清洗后，灭菌效果明显，尤其对大肠杆菌几乎达到检不出的水平，与其他灭菌方法比较，超声波灭菌效果较佳。超声波洗手消毒器的频率为28 kHz，洗手用声强为0.75W/cm²，器械消毒的声强为0.1 W/cm²。

四、光学控制技术

（一）激光杀菌法

激光杀菌是基于激光与物质的相互作用效应。激光作为一种电磁波，一种能量流，投射到物质表面，除了产生发射、折射、散射、衍射等常见几何光学现象之外，还会产生热效应、光化学效应、压力效应和电磁场效应。

激光可用于杀菌、消毒，在 250 ~ 800nm 之间的任何单色光都具有杀菌能力，256nm 的最易被吸收，而且激光消毒、灭菌效率高、速度快、效果好。国外已用于食品包装的自动线中，也有用于土豆的去皮的。

据报道，利用激光杀菌技术，已研制出一种精致灵巧，可用一只手提握的激光厨刀，它能轻而易举地切开任何肉类食物，即使冰冻得十分坚硬的鸡、鸭，只要激光厨刀在上面扫过，就可立即分为两截。人们使用普通厨刀时，要用力压在食物上才能把它切开，而用激光厨刀时，即使对最硬的物体也无需施加任何压力。这是因为激光厨刀是利用它的光、热效应，不像普通厨刀是利用人在刀柄上施加的力学作用。人们预测在未来现代化厨房里，微波炉内将安装激光厨刀，把整鸡、整鸭或其他整块肉类食物放进微波炉内，激光厨刀会自动地把它们分割成块、成片，经过几分钟加热就可取出使用。激光厨刀也比普通厨刀尤其是电动厨刀要安全一些，因为激光厨刀的“刀刃”是激光束，而不是金属，所以它的“刀刃”是没有细菌或病毒污染的，即使偶尔人的皮肤接触激光刀，也同时对伤口实施了消毒，伤口会很快痊愈，不像普通厨刀切开皮肉后容易感染发炎。

（二）紫外线杀菌技术

人类自古以来，就知道利用太阳光杀菌，其实是利用太阳光中肉眼看不见的紫外线进行的。紫外线消毒多以紫外线灯进行。

紫外线是一种低能量的电磁辐射，照射能量较低，不能引起原子的电离，仅产生激发作用。紫外线照射灭菌是使微生物细胞内核酸、蛋白质和酶发生化学变化而死亡。紫外灯管内保持低压及带有汞蒸气，当电流通过时，使汞蒸气辐射出紫外线光波，这种光波对细胞 DNA 起激发作用，在 DNA 分子上形成胸腺核苷双联体（thymidine diner），这种环化物阻碍了 DNA 复制中碱基的正常配对，改变了 DNA 结构，引起死亡。

紫外线的杀菌属广谱杀菌作用，它杀死一切微生物，包括细菌、病毒、芽孢和真菌。各种微生物对紫外线抵抗力不相同。革兰氏阴性菌最为敏感，其次为革兰氏阳性菌，如金黄色葡萄球菌和链球菌等，其次为芽孢，其抵抗力比细菌强 2 ~ 5 倍，真菌孢子对紫外线抵抗力最强，其比细菌强 30 ~ 50 倍。

微生物对紫外线的抵抗力，除随不同种类而异以外，还受下列因素影响。

（1）温度　紫外线消毒的适宜温度是 20 ~ 40℃，温度过高、过低均会影响消毒效果。

大多数微生物在低温下对紫外线较敏感，特别在冰冻情况下更甚。

（2）湿度　相对湿度在55% ~60%杀菌能力较强，若湿度增加，微生物对紫外线的敏感性降低，杀菌率会降低。

（3）细菌数　污染菌量愈多，所需照射紫外线的剂量愈大，需照射时间亦需延长。

（4）介质（悬浮载体）　细菌附于粉尘悬浮在空气中，要比在菌液气溶胶中对紫外线的抗力为强。紫外线杀死悬浮在空气中细菌的能力比杀死固体表面或水溶液中同一微生物能力强。紫外线在酸性介质中的杀菌能力比在碱性介质中强。另外，空气透明度愈大，紫外线杀菌作用愈强。空气中悬浮物多、颗粒大亦削弱消毒效果。

（5）表面性质　在不同物质表面上紫外线杀菌需要照射剂量不同，物质表面的光滑程度越高，对紫外光波反射能力越强，杀菌效果越好。若用反射力强的金属做反射罩，可明显增强紫外线杀菌效果。紫外线光波必须直接照射到细菌或物体表面才能起到杀菌作用。紫外线不易透过固体物质，如玻璃器皿、塑料等，但可以透过干净的空气和澄清透明的水。紫外线在液体中的穿透，随深度的增加而降低，水中杂质、溶解的盐类、糖类及各种有机物均大大降低其穿透力。不同地区的水，因含矿物质不同，紫外线穿透能力甚至可相差100倍左右。固体食品中，可见光是不能透过的，紫外线亦不能通过。

紫外线杀菌灯的结构与一般荧光灯相同，但其所使用的灯管为能透过紫外线的高钼玻璃或石英玻璃制成。紫外线杀菌灯的种类较多，根据汞蒸气压力高低，分为高压汞气灯与低压汞气灯两大类。低压汞气灯产生253.7nm紫外线，这种高强度的杀菌紫外线产生强度要比高压汞气灯强5~10倍，因此消毒多使用低压汞气灯。

紫外线灯的杀菌力强弱取决于紫外线输出量的大小，输出量以瓦（W）作为单位，所有灯管均标有输出量。紫外线灯的杀菌紫外线输出量应不低于其功率的18%，即功率10W的紫外线消毒灯，辐射的253.7nm紫外线总能量应在1.8W以上，15W者应在2.7W以上，30W者应在5.4W以上。大多数灯管是设计在25~40℃条件下工作，高或低于此温度，输出量均会下降。

紫外线灯的紫外线输出强度以$\mu W/cm^2$为单位。一般新的30W灯管产生的253.7nm紫外线强度不应低于$100\mu W/cm^2$。灯管的输出强度随使用时间的增加而减弱。热阴极灯的寿命与电极耐用程度与开关次数有关；冷阴极灯的寿命不受开关次数的影响，完全取决于灯管允许紫外线透过的情况，其使用期限较长。新的紫外线灯管在使用的第一个100h内，其输出强度可有明显降低（允许有20%变化）。为此，测其输出强度多少在使用100h后进行。当强度降低至使用100h的60% ~70%，即应更换。紫外线照射强度与距离成反比，输出强度测定时均以在1m处测定值为准。

紫外线灯在使用过程中会产生臭氧。照射强度越高，时间越长，产生臭氧量越大。臭氧虽可加强杀菌效果，但长时间接触，对人的眼睛有刺激作用，规定空气中最高允许浓度为0.1mg/kg。通常达到0.02～0.04mg/kg即可嗅出，5～10mg/kg可引起头昏、脉搏加速、疲倦、头疼、记忆力减退等症状，长期吸入可引起呼吸道炎症，以至中毒，对人体健康有损害作用。因此，在有人的情况下宜使用低臭氧型紫外线灯。

紫外线杀菌技术可应用于厨房及餐厅空气消毒，饮用水消毒。食品生产经营场所如冷（凉）拼间、烹调加工灶间、快餐、主副食制作间熟肉晾放间、食品包装间以及微生物检验实验室的消毒均可使用紫外线。

使用紫外线灯管消毒应注意：

（1）紫外线灯管外面有灰尘和油污，会阻碍紫外线的透过，应经常对灯管进行擦拭（一般宜二周一次），保持灯管表面透明。可用酒精、丙酮、氨水作擦拭剂。擦拭布必须干净无油，否则把油污染在灯管上，会阻碍紫外线透过。

（2）紫外线肉眼看不见，灯管放射出的蓝紫色光线并不代表紫外线强度，应定期用紫外线强度计或紫外线化学指示卡测定输出强度，以判断紫外线灯管的使用情况，不能达到规定要求的，应及时更换。也可逐日记录使用时间，以便判断是否达到使用期限。市售灯管使用期限一般为4000h，当用过规定期限3/4时即需更换新灯管。

（3）消毒场所应保持清洁、干燥，空气中不应有灰尘或水雾，温度保持在20℃以上，相对湿度不宜超过50%。

（4）紫外线进行表面消毒时，要确保被消毒物品各面都受到一定剂量的照射。

（5）紫外线灯管（30W）在1m远处照射1～2min可使人的皮肤产生红斑，对眼睛直接照射30s可产生刺激症状，再增大剂量可引起紫外线眼炎。普通的玻璃眼镜均可完全遮蔽紫外线，在食品企业无菌操作环境中，尤其在杀菌灯照射下操作时，应注意对眼、脸面、手指等皮肤的保护。

（6）紫外线可在空气中造成臭氧，臭氧过多能使人中毒，要求操作现场臭氧浓度不得超过0.3mg/m^3。

（三）电离辐射杀菌技术

放射性同位素放出的射线通常有三种，即α、β和γ射线。γ射线由钴、镭、氡等放射性元素产生，它不同于紫外线，能使被照的物质产生电离作用，故称电离辐射。

微生物体中的水受到电离照射后产生自由基及自由基离子破坏微生物核酸、酶和蛋白质，从而致使微生物死亡，起到食品保藏的作用。辐射杀菌用于食品的贮藏和保鲜，目前尚处于开发和运用阶段。多用于包装食品、调味品、天然香料、干制品、冷冻食品、快餐食品的灭菌。电离辐射杀菌技术的应用详见第十章。

五、过滤除菌技术

用物理阻留的方法除去处理物中的微生物，称为过滤除菌，多用于空气的净化。

滤除空气中的微生物，目前应用的空气滤材由各种紧密排列的纤维组成。

根据除菌效果，可将滤材分为 4 级：

①粗滤材：一般用于预滤器，多由动植物纤维或合成纤维制成，有的涂以黏性物质以增加粘留效果，其微生物阻留率为 10% ~60%；

②中效滤材：用于通风量较大、对滤效要求不太严格的场所，多用泡沫塑料、玻璃纤维或纸浆做成，其微生物阻留率为 60% ~90%；

③高效滤材：用于通风量较小、要求较严格的场所，多用玻璃棉、高级纸浆与石棉纤维制成，其微生物阻留率达到 90% ~99%；

④超高效滤材：用于要求极严格的场合，多用石棉纤维、超细玻璃棉、矿渣棉或带静电的过氯乙烯纤维组成，其微生物阻留率达到 99.9% 以上。

第三节　化学消毒剂对微生物的控制

使用化学消毒剂，也是控制食品及其经营场所微生物性污染常用的方法。

一、化学消毒剂概述

理想的化学消毒剂应具备如下条件：杀菌谱广；有效浓度低，作用时间快；性质稳定，不易受有机物、酸、碱及其他物理、化学因素的影响；易溶于水；可在低温下使用；无色、无味、无臭；毒性低，无易燃易爆性，无腐蚀性；便于运输供应，消毒后易于去除残留药物；价格低廉。但实际工作中往往一种消毒剂难以同时满足这些要求，这就要求根据消毒目的和对象的特点，选用合适的消毒剂。

按作用水平，可将化学消毒剂分为高、中、低三类。

①高水平消毒剂：可以杀灭一切微生物，包括细菌繁殖体、细胞芽孢、真菌、病毒。这类消毒剂可以用作灭菌剂，例如甲醛、戊二醛、过氧乙酸、环氧乙烷、有机汞化合物等。多用于疫原地消毒和扑杀病畜病禽的无害化处理。

②中等水平消毒剂：除不能杀灭细菌芽孢外，可杀灭其他各种微生物。例如乙醇、酚、含氯消毒剂、碘消毒剂等，为餐饮业常用消毒剂。

③低效消毒剂：可杀灭细菌繁殖体、真菌和亲脂性病毒，但不能杀灭细菌芽孢、结核杆菌和亲水病毒，例如新洁尔灭、洗必泰等，多作为预防性消毒剂。

适合餐饮业使用的化学消毒剂主要有以下几类：

①含氯化合物：用于消毒的含氯化合物有漂白粉、次氯化钙、次氯酸钠、二氧化氯、二氯异氰尿酸钠等。

②过氧化物类：常用的有过氧乙酸、过氧化氢、臭氧。

③季胺盐类化合物：这类化合物是阳离子表面活性剂，用于消毒的产品有：新洁尔灭等，常用于外环境和皮肤表面的消毒。

二、含氯消毒剂

食品生产加工过程中含氯消毒剂的应用最为广泛。凡消毒剂溶于水中时能产生次氯酸者，均称为含氯消毒剂。已被允许作为食品加工助剂使用的有次氯酸钠、漂白粉、二氯异氰尿酸钠等。含氯消毒剂的有效氯的概念不是指氯的含量，而是指消毒剂的氧化能力相当于多少氯的氧化能力，即用一定量的含氯消毒剂与酸作用，在反应完成时，其氧化能力相当于多少量氯气的氧化能力。有效氯含量反映了含氯消毒剂氧化能力的大小，有效氯含量越高，氧化能力越强，药物消毒能力越大。

（一）消毒原理

含氯消毒剂的消毒杀菌机制在于次氯酸的氧化作用、新生氧作用、氯化作用。

1. 次氯酸的氧化作用

含氯消毒剂在水中形成次氯酸，作用于菌体蛋白质。次氯酸不仅可与细菌细胞壁发生作用，而且易侵入细胞内与蛋白质发生氯化作用或破坏其磷酸脱氢酶，使糖代谢失调而致细菌死亡。

实验证明，含氯消毒剂在 HOCl 形式下具有杀菌作用。

含氯消毒剂的杀菌作用，视次氯酸的浓度而定。次氯酸的浓度越高，杀菌作用越强。当次氯酸的溶液 pH 变酸后，释放出更多的次氯酸，杀菌作用随之增强；若溶液的 pH 变碱后，释放出的次氯酸的量减少，而杀菌作用亦随之降低。

2. 新生氧作用

次氯酸在水中分解形成新生态氧，将菌体蛋白质氧化；$HOCl \rightarrow HCl + [O]$。新生态氧与细胞原浆相结合，从而起到杀灭微生物的作用。

3. 氯化作用

氯直接作用于菌体蛋白质，通过与细胞膜蛋白质的结合，形成氮－氯复合物，从而干扰了细胞的代谢，最后引起细胞的死亡。

也有人认为，氯能使细胞膜通透性发生改变，或者使细胞膜发生机械性的破裂，促进细胞内容物向外渗出，致使微生物死亡。

（二）影响含氯消毒剂杀菌作用的因素

（1）pH　溶液的 pH 对离子变化影响较大。酸性条件下比碱性条件杀菌力大。pH4.0 以下时，HOCl 全部以非离子型存在；pH10 以上时，全部以 OCl^- 存在。非离子型的 HOCl 杀菌力是 OCl^- 的 8 倍。

（2）有效氯浓度与作用时间　在 pH、温度、有机物等不变的情况下，一般认为有效氯浓度的增加，将使其抗菌作用增强；作用时间越久，杀菌效果越好。但漂白粉及部分消毒剂随浓度增高，其溶液 pH 亦随之上升，这时反而需延长作用时间才能达到应有的杀菌效果。

（3）温度　温度增高可加强杀菌作用，在 20～50℃ 范围内，温度的升高能增强杀菌作用。但实际使用时不能对次氯酸钠溶液加热，否则会导致其分解，反使杀菌效果降低。

（4）有机物　有机物的存在可损耗有效氯，影响其杀菌作用，尤其对低浓度的消毒氯溶液影响最为明显。有机物中以蛋白类有机物影响较大，淀粉、脂肪、醇类影响较小。

常用含氯消毒剂中，漂白粉主要成分是次氯酸钙，还含有氢氧化钙、氯化钙。如暴露于空气中，逐渐吸收水分及二氧化碳而分解失效。漂白粉的水溶液含有效氯 25% 以上时具有消毒效果。

次氯酸钠又称高效漂白粉，工业上将氯气通入氢氧化钠溶液，制成白色次氯酸钠乳状液，含有效氯 8%～12%。

二氯异氰尿酸钠又名优氯净，为白色晶粉，含有效氯 60%～64%，性质稳定，干粉能长期贮存，易溶于水。无沉淀，受有机物影响小，配制及使用方便。

二氧化氯（ClO_2）是近十年来在我国广泛使用的饮水消毒剂，其杀菌作用是依靠新生态氧进行的。它在水中的使用具有独特优点：①能杀灭水中的病原菌和病毒；②消毒作用不受水中酸碱度的影响；③不会造成余氯的残留；④脱色去味，特别能控制酚臭味；⑤对人体无毒。

含氯消毒剂可用于餐具、茶具、食品容器消毒；饮水消毒；鞋靴消毒；蔬菜、水果洗涤消毒；盛装食品用箱、架、筐、车洗涤消毒。

三、过氧化物消毒剂

（一）过氧乙酸

1. 消毒原理

过氧乙酸杀灭微生物首先是依靠其强大的氧化能力。通过氧化作用，使酶失去活性，导致微生物死亡。此外，过氧乙酸亦具有酸的特性，可通过改变细胞内的 pH 而损伤微生物。因此，过氧乙酸杀菌作用远较一般的酸与过氧化物为强。

2. 消毒技术

过氧乙酸是由冰醋酸与过氧化氢混合制取，是一种高效广谱杀菌剂，能迅速杀死细菌、酵母、霉菌和病毒，0.01% 浓度可杀死大肠杆菌、金黄色葡萄球菌，0.05%～0.5% 可杀死枯草芽孢杆菌、蜡样芽孢杆菌和嗜热脂肪芽孢杆菌，以及灭活脊髓灰质炎病毒等。酵母菌和霉菌亦可在杀灭细菌繁殖体的浓度下遭杀灭。

过氧乙酸有较强的腐蚀性和刺激性，导致其使用范围受到限制，但使用后几乎无残留。高浓度过氧乙酸（>45%）经剧烈碰撞或加热可爆炸。我国市售消毒用过氧乙酸浓度多在20%左右，一般无此危险。

过氧乙酸消毒在餐饮业可使用于从业人员手的清洗消毒；禽蛋类加工清洗消毒；生产用水消毒；蔬菜水果清洗消毒；玻璃、陶瓷、搪瓷、塑料、不锈钢等食具、餐具、茶具消毒；生产经营场所、车间、冷拼间、仓库的空气消毒。配制的过氧乙酸溶液应现配现用，以免挥发失效。过氧乙酸溶液用于消毒的方法有浸泡、喷洒、擦抹、喷雾等。所需药物浓度、作用时间、消毒对象见表6-1。

表6-1　过氧乙酸溶液消毒处理剂量

消毒对象	处理方法	药物浓度	作用时间/min
手、皮肤	擦拭、浸泡	0.2%	1
餐、茶具	洗净、浸泡	0.5%~1.0%	30~60
蔬菜、水果	洗净、浸泡	0.2%	10~30
鸡蛋	浸泡	0.04%	5
饮用水	加入搅匀	1mg/L	30
室内表面	喷雾	2%（8mL/m^2）	30

（二）过氧化氢

1. 消毒原理

过氧化氢（H_2O_2）又称双氧水，是一种活泼的氧化剂，过氧化氢可形成氧化能力很强的羟基，破坏蛋白质的基础分子结构，从而具有杀菌作用。3%的浓度只需几分钟即可杀死一般细菌，0.1%的浓度60min可杀死大肠杆菌、伤寒杆菌和金黄色葡萄球菌。1%的浓度需数小时才能杀死芽孢，若在60℃条件下，1min内可杀死细菌50%的芽孢，是一种无毒的消毒剂。

2. 消毒技术

过氧化氢可用于食品、餐具、饮水、车辆的消毒。目前较普遍用于软包装袋的消毒，也可用于场地的灭菌。作为消毒剂，可用3%~6%浓度的溶液作用10min；作为灭菌剂，可用10%~25%浓度溶液作用60min（25℃）。

（三）臭氧

臭氧（O_3）是氧（O_2）的同素异构体，是给O_2以能量后迅速形成的。将O_2通过高压电场就可以得到臭氧。O_3有很高的能量，具有极强的氧化能力，所以也很不稳定。臭氧因这种氧化能力而成为一种广谱、高效的消毒剂，特别适用于空气和水的净化。近年制成的臭氧机还适用于厨房果蔬的消毒，具有起效快、效果好的优点。

1. 消毒原理

臭氧能氧化分解细菌的葡萄糖氧化酶、脱氢氧化酶，还可直接与细菌发生作用，导致细菌物质代谢中氧化还原过程的破坏，从而破坏了细菌的生长和繁殖过程，造成细菌死亡。

2. 影响臭氧消毒效果的因素

影响臭氧消毒效果的因素有 pH、湿度、温度。用臭氧水溶液时，若 pH 增高，则所需浓度必须增加。用臭氧熏蒸消毒时，相对湿度高则效果好，否则效果差。对于燥菌体几乎无杀灭作用。在 4 ~40℃范围内，温度降低，有利于臭氧的溶解，可增强其消毒作用，甚至在 0℃亦能保持较好的杀菌效果。有机物的存在可降低其杀菌作用。

臭氧对水中微生物具有强烈的杀灭作用。有报告认为，杀灭大肠杆菌最好的是臭氧（O_3），其次是次氯酸（HOCl）和二氧化氯（ClO_2）。臭氧对水中各种致病微生物的杀灭作用都比较强。一般对致病细菌效果最好，病毒次之，芽孢其后。

臭氧在杀灭水中病原微生物时所用的剂量一般比其他消毒剂低，作用时间要短，杀菌效果要好。当臭氧剂量在 0.5 ~1.5mg/L 时，可基本上彻底杀灭水中的全部微生物。除此以外，臭氧还可在去除水中的色、臭、味、铁、锰以及酚、氰化物等有害的有机物方面发挥作用。水的温度和浊度对臭氧消毒效果影响较大，水温低，消毒效果好，水浊度低，消毒效果好。因此，在水温较高、浊度较高的水中，要增加臭氧的用量，才能保证好的消毒效果。

四、其他消毒剂

（一）酚、醇、醛类消毒剂

酚、醇、醛等是日常用的杀菌剂，酚能损伤细胞的质膜和胞壁，抑制特异性酶系统（脱氢酶和氧化酶），阻碍细胞正常代谢。酚有甲酚、丙基酚、丁基酚等多种衍生物，甲酚还有对位、偏位、邻位之分，三者混合物即为三甲酚，杀菌力强。煤酚皂液（来苏儿）是用肥皂乳化的甲酚，其杀菌力比酚大 4 倍，这些药品一般用 1% ~2% 的水溶液作为消毒剂。消毒室内外环境，不宜用于与食品接触的手、容器、生产工具以及食品生产场所的消毒。

醇类是强烈的表面活性剂，乙醇杀菌作用在于使菌体蛋白脱水而变性，同时乙醇吸附于菌体表面有降低表面张力、改变细胞膜渗透性及原生质结构的作用，一般用 70% 的乙醇溶液作用最强。细菌的繁殖体对乙醇敏感，而乙醇对芽孢则没有什么作用。乙醇杀菌作用需较长时间，杀死金黄色葡萄球菌需 0.5h，杀死大肠杆菌需 6h。如加入稀酸或稀碱可增加乙醇的杀菌效能，70% 的乙醇中含有 1% 的硫酸可在 24h 内杀死枯草杆菌的芽孢，在有碘存在下可增加杀菌效果。醇的杀菌作用随着其相对分子质量的增加而增强，丁醇大于丙醇，丙醇大于乙醇，甲醇最差。

纯乙醇杀菌作用差在于易使菌体蛋白质表面凝固，形成一个保护层，使乙醇不再渗透入内部。

甲醛多为溶于水中的甲醛溶液，浓度为 37% ~40%。其杀菌效能在于它具有还原作用，能与蛋白质的氨基结合而使蛋白质变性，这样就破坏了菌体的细胞质。0.1% ~0.2%的甲醛可杀死细菌的繁殖体，5%的甲醛液可杀死细菌的芽孢，并可作为熏蒸消毒剂，用于消毒培养室、接种室等场所，每立方米用甲醛6~10mL，再加上1/5~1/10的高锰酸钾，即可蒸发出来，但食品生产场所不宜使用。

环氧乙烷能与菌体蛋白中的氨基、羟基和巯基结合，干扰和破坏菌体的代谢活动，有较强的杀菌作用。

（二）酸、碱、盐类消毒剂

酸类和碱类都能引起细胞物质的水解或凝固，因而对微生物有一定的毒害作用，其消毒能力的强弱与酸、碱游离度成正比。

强碱能水解蛋白质和核酸，使微生物的酶系和细胞结构受到破坏，同时还可以分解菌体中的糖类，引起细胞死亡。一般革兰氏阴性菌和病毒对于碱类较革兰氏阳性菌敏感，芽孢菌对碱具有强大的抵抗力，分枝杆菌（*Mycobacterrium*）抗碱能力特强。碱杀菌能力决定于解离后的氢氧根离子的浓度，其浓度越高，杀菌力越强，氢氧化钾（KOH）的杀菌力比氢氧化铵（NH_4OH）强。常用的各种碱类消毒剂如5% ~10%石灰乳剂，2% ~3%烧碱（NaOH）等消毒病毒，1% ~4%浓度的KOH和NaOH对病毒、细菌及其芽孢都有较强的杀伤作用。食品生产中常用石灰水、氢氧化钠、碳酸钠等作为环境（地面、墙壁）、工具、机器、冷却池、冷藏库等的消毒剂。

酸的杀菌作用不仅取决于其氢离子的浓度，即与溶液中氢离子浓度成正比，而且与酸游离的阴离子和未电离的分子本身有关。有些无机酸还起氧化剂作用，一般有机酸的解离度比无机酸小，因而氢离子浓度也低，但其杀菌作用有时反而比无机酸强，这说明有机酸的杀菌作用主要决定于整个分子和阴离子。有机酸的杀菌效果呈现以下情况：乳酸 > 醋酸 > 苹果酸或柠檬酸。

新洁尔灭化学名十二烷基二甲基苯甲基溴化铵，分子式为$C_{12}H_{38}NBr$，为一种铵盐类消毒剂，对化脓性病原菌、肠道菌与部分病毒有较好的杀灭能力，但对真菌效果不好，对细菌芽孢一般只能起到抑制作用。洗手消毒在1:1 000新洁尔灭溶液中浸泡5min，然后自然干燥即可，对食品生产的用具和设备，可用其（1:2 000）~（1:10 000）的水溶液揩拭，以防霉菌繁殖。

（三）高锰酸钾

1. 杀菌原理

高锰酸钾（$KMnO_4$）是强氧化剂。高锰酸钾通过氧化细菌体内活性基团而发挥杀菌作用，其杀菌力比过氧化氢强，还原后的二氧化锰与蛋白结合成复合物。0.01% ~0.1%的高锰酸钾水溶液作用10~30min即具有杀灭细菌、病毒，破坏细菌毒素的作用。

2. 杀菌技术

温度升高可增加高锰酸钾杀菌作用。有机物的存在可降低其消毒效果。还原剂、碘化物对高锰酸钾有抵抗作用。使用的高锰酸钾要注意存放在密闭容器内，勿与还原剂（如甘油、乙醇、木炭等）接触。其水溶液接触空气易分解，要新鲜配制。

由于高锰酸钾使用浓度较低，而且毒性低，餐饮业多处可用，其使用浓度为：物体表面清洗消毒 0.1% ~2.0%；蔬菜、水果清洗消毒 0.1%；鞋、靴通过池水溶液 0.1% ~2.0%；还应用于食品从业人员洗手、餐饮具浸泡消毒、食品加工用物体表面清洗消毒。

（四）洗必太

1. 杀菌机理

洗必太又名洗必泰、氯苯胍亭，分子式为 $C_{22}H_{30}N_{10}Cl_2$，为一种双胍类化合物，杀菌效力强，合成简单，成本低，毒性、刺激性、过敏性均小。空气中稳定，加热不易分解，具有较广泛的实用价值。洗必太是广谱消毒剂，难溶于水，一般多制成盐酸盐、醋酸盐、葡萄糖酸盐使用。

洗必太杀菌机理是①迅速吸附于细胞表面，破坏细胞膜，使胞浆成分渗漏；②抑制细菌脱氢酶的活性；③高浓度时可凝聚胞浆成分。

洗必太能杀灭革兰氏阳性与阴性的细菌和真菌，但对结核杆菌和细菌芽孢仅有抑菌作用。洗必太水溶液在极稀的浓度下，对一般的病原菌有显著抑菌作用。（1:20 000）~（1:40 000）的洗必太水溶液迅速杀死变形杆菌、金黄色葡萄球菌、大肠杆菌、伤寒杆菌。0.5% 的洗必太溶液 5min 以内可杀死变形杆菌、大肠杆菌、金黄色葡萄球菌。洗必太水溶液室温下存放 1.5 个月内其杀菌效果还很稳定。0.5% 洗必太水溶液加热到 70℃可杀死各种微生物，包括真菌孢子和细菌芽孢。

2. 杀菌技术

影响洗必太杀菌效果的主要因素是有机物。使用洗必太消毒时，不能与肥皂和洗衣粉等混合使用。使用洗必太前要尽量去除物品表面粘附的有机物质。碱性条件（pH >8）及醇类可加强其杀菌作用。

洗必太的使用方法是：从业人员洗手溶液浓度为 0.1%，物体表面清洗消毒的浓度为 0.02% ~0.5%，餐具浸泡消毒（10min）的浓度为 0.02%。

第四节 食品防腐剂对微生物的控制

防腐剂是指为防止食品腐败变质、延长食品保存期、抑制食品中微生物繁殖的物质。而食品中有同样效果的调味物质（如盐、糖等）不包括在内。

（一）食品用防腐剂的要求

优良的食品用防腐剂应具有以下主要特性：

①最好能杀灭微生物，而非仅仅抑制其生长和繁殖，如果添加后防腐剂能分解更佳；

②防腐剂的防腐作用最好能残存并延续其作用，至食品被消费之前或第二次加工之前依然有效；

③应具有对热力的抵抗力；

④适用条件应与在同样条件下食品微生物繁殖条件（如 pH 5 ~7）相一致；

⑤任何防腐剂在其使用条件下，应对肠道病原菌及腐败性细菌均具抑制效果；

⑥添加的防腐剂不应促进抗药性微生物的产生，应考虑其交互抗性；

⑦无毒，对人体安全。

此外，添加的防腐剂应不与食品发生反应，有测定其在食品中残留的灵敏方法。

（二）食品防腐剂类别

（1）酸性防腐剂　如苯甲酸、山梨酸和丙酸及它们的盐类。这类防腐剂的特点是体系酸性越大，其防腐效果越好。在碱性条件下几乎无效。

（2）酯型防腐剂　如对羟基苯甲酸酯类，这类防腐剂的特点是在很宽的 pH 范围内都有效，毒性也比较低。由于其溶解性较低，一般情况下不同的酯要复配使用，一方面提高防腐效果，另一方面提高溶解度。

（3）间接防腐剂　有些物质可以通过消耗氧气或者隔氧而达到抑制微生物的目的，如没食子酸酯、抗坏血酸棕榈酯，这些物质常被归为抗氧化剂；硝酸盐与亚硝酸盐等也具有防腐作用，但归属护色剂；含硫的硫酸盐、焦亚硫酸盐等则列入漂白剂范围。

食品防腐剂多数用人工合成的方法制取，易存在杂质污染，一些防腐剂还可能存在毒性，因此，科技人员正在积极研制天然和生物性防腐剂，如乳链菌肽、壳聚糖等。化学防腐剂和生物防腐剂多用于大工业化食品，厨房中应用不多，有兴趣者可参考各种《食品添加剂手册》。

第五节　厨房微生物控制的试验方法

一、微生物控制试验的一般步骤

微生物控制试验的主要任务是检查一种控制方法是否能达到杀灭或消除病原微生物的要求。其原理是将受试微生物暴露于控制因子（物理的或化学的）下，作用预定的时间之后，检查受试微生物是否被杀灭了。其一般步骤包括受试菌的选择、微生物悬液或染菌载体（包括食品）的制备、菌悬液杀菌、载体杀菌与细菌计数、控制效果的评价。由于有许多因素会影响到试验的结果，因而必须有周密的试验设计和严格的试验方法。

（一）受试菌株的选择

评价化学消毒剂或物理灭菌法对微生物控制的效果，应采用国际标准菌株进行。这些菌株都是抵抗力较强的菌株。一般认为，不必用致病菌作为试验菌株。

用于控制试验的菌株应具备如下条件：

①在普通营养琼脂培养基上生长良好，培养特性稳定；

②菌落与菌体形态典型；

③芽孢菌应易于形成芽孢；

④对人畜无毒或弱毒；

⑤对理化因子的抵抗力应不低于所代表的病原微生物。

国际上规定，在不同的消毒试验中应用不同的标准菌株。所用菌株一般来说是对这种消毒方法或消毒剂的抵抗力最强的。如检查湿热消毒时，用嗜热脂肪芽孢杆菌（*B. stearothermophilus*）为受试菌，以纸条或圆纸片作细菌载体，消毒后用肉汤培养，56℃ 1～2d后观察结果；检查干热（干热灭菌器）的消毒效果，用无毒的破伤风芽孢杆菌（*Clostridium tetani*）为受试菌，以灭菌沙或泥土为载体，消毒后用肉汤厌氧培养，37℃，5d；检查环氧乙烷及其他烷基化消毒剂的消毒效果，用枯草杆菌黑色变种芽孢（*B. subtilis globigii* 或 *B. subtilis uar. niger*），以布片、玻璃片、金属片等为载体，消毒后用肉汤培养（需氧），37℃，5d；检查γ射线辐射灭菌效果，用短小芽孢杆菌（*B. pumilus*）作指示菌来检查，以纸条或纸片作载体，消毒后用肉汤培养（需氧），37℃，5d。

（二）菌悬液的制备

1. 细菌繁殖体菌悬液的制备

（1）以严格无菌操作打开干燥菌种管，将菌种转种于营养肉汤培养管内，于37℃下培养24h（第一代）。

（2）取上述肉汤培养物接种于营养琼脂平板上，分离单个菌落，37℃下培养24h（第二代）。

（3）取上述平板挑取典型菌落转种于普通琼脂斜面上，37℃下培养24h（第三代）。

（4）取第四代或第五代斜面培养物，加入5mL 0.03mol/L磷酸盐缓冲溶液（pH7.2），或用无菌蒸馏水、生理盐水，洗下菌苔。

（5）用灭菌脱脂棉过滤。

（6）用同样的缓冲液（或无菌蒸馏水、生理盐水）配制成所需浓度的菌悬液。

若连续使用，可从第4～14代斜面上挑取菌苔，转种斜面，用上述方法制备菌悬液。

细菌繁殖体菌悬液应现配现用，配制的菌液不可久放，测定菌液浓度一般用比浊法。

菌悬液的混匀对于定量消毒试验的结果有很大影响。分散方法有以下几种：

①电动混匀；

②吸管吹吸混匀，应吹吸两次以上；

③敲打法，一般应敲打80次，菌液较浓时，应增加敲打次数。

2. 一般芽孢菌悬液的制备（以蜡样芽胞杆菌4001株的芽孢悬液的制备为例）

①以严格无菌操作打开干燥菌种管：先用碘酒棉球，再用75%酒精棉球消毒菌种管。然后将菌种管上部放煤气灯上烧灼，待烧热后，用棉球蘸无菌水或酒精滴于烧灼部分，使玻璃管炸裂。打开菌种管，注入少许肉汤，将干燥菌块溶解，吸出少量肉汤，接种肉汤管，37℃下培养24h（第一代）。

②取上述肉汤培养物，在普通琼脂平板上用铂耳做划线接种，分离单个菌落。37℃下培养24h（第二代）。

③从上述平板上挑取典型的单个菌落转种于普通肉汤管中，37℃下培养24h（第三代）。

④用吸管吸取第三代肉汤培养物5~10mL，移种于容量为500mL的大罗氏瓶内（瓶内盛装普通琼脂150~200mL），使之均匀分布于琼脂表面。若菌液有多余，可吸出。置37℃下培养3~5d。

⑤取出罗氏瓶于室温下放置5~7d，以促使其生长芽孢。

⑥取少许菌苔涂片做革兰氏染色、镜检。当芽孢数达到90%~95%时即可洗下菌苔，制备芽孢悬液。若芽孢未达到90%以上，可再放几天。

⑦洗下罗氏瓶中的菌苔，先注入无菌蒸馏水或0.03mol/L磷酸盐缓冲溶液（pH7.2）10~20mL，然后用灭菌L形玻璃棒刮取菌苔并置于蒸馏水或缓冲液中。收获菌苔前应注意观察有无污染，有污染的罗氏瓶应废弃。

⑧将洗下的菌苔液吸入灭菌组织研磨器内研碎，或将洗下的菌苔液吸入放玻璃球的无菌三角烧瓶内，放振荡器上振荡2min（240次/min），打碎菌苔。

⑨用无菌脱脂棉过滤。

⑩离心沉淀：将上述过滤后的菌液放入离心管内，3 000r/min离心沉淀10min。弃去上清液，将沉淀物再悬于无菌蒸馏水或磷酸盐缓冲液内，再离心10min。共离心3次。

⑪将菌悬液于无菌蒸馏水或0.03mol/L磷酸盐缓冲液内，制成适当浓度的芽孢悬液。

⑫将菌液置于45℃水浴中24h，使菌体自溶断链，分散成单个芽孢。

⑬杀灭繁殖体型细菌：将菌液放入80℃水浴中10min（或60℃，30min）。在此处理中，未形成芽孢的细菌可被杀灭。

⑭用蒸馏水或90%甲醇配制芽孢悬液：将灭菌后的芽孢悬液再次离心沉淀，重新用无菌蒸馏水、缓冲液或90%甲醇配成芽孢悬液，置于带玻璃珠的瓶中。

⑮用细菌比浊管进行比浊，初步求出菌液的大概浓度。

⑯对制备的菌液做活菌计数，计算出菌液的浓度。

⑰放4℃冰箱保存，备用。

这样制备的芽孢水悬液可保存半年至1年。用90%甲醇配制的芽孢悬液可保存1年半时间。

3. 嗜热脂肪杆菌芽孢菌悬液的制备

基本步骤如下：①打开菌种管，移种肉汤，于56℃下培养24h（第一代）。②用铂耳沾取肉汤，在琼脂平板上划线，分离单个菌落，56℃下培养24h（第二代）。③用铂耳挑取10～20个中等大小的菌落接种增菌肉汤，56～64℃下培养24～72h（第三代）。④取肉汤3～5mL，接种于罗氏瓶内琼脂培养基表面，56～64℃下培养24～32h。⑤取菌苔涂片，用孔雀绿染色后镜检芽孢，芽孢形成率达到30%～50%时即可收获。⑥用常规法收获菌苔，悬于无菌蒸馏水内，离心3000r/min，10min，反复3次，重新悬浮于有玻璃珠的三角烧瓶内，85℃，水浴10min，以杀灭繁殖体。⑦活菌计数。⑧置4℃冰箱中备用，可保存半年，芽孢存活数和对热的抵抗力无明显变化。芽孢悬液制备过程应连续进行，因该芽孢形成过程中不呈链状，故不需要水浴断链。

（三）载体的制备

为了测定消毒剂或消毒方法对不同物品上微生物的杀灭作用，常用有代表性的材料制备染菌样片，用于消毒试验。比较常用的有布片、铝片、不锈钢片或不锈钢环、玻璃片、橡皮片、纸片、线圈等。

1. 试验载体的制备

（1）布片的制备　一般选用棉布或亚麻布。先将布放入加洗衣粉的水中煮沸30min，以便脱去油脂，再用自来水洗净。然后用蒸馏水再煮10min，并用自来水漂洗3次，晒干，熨平。布片的大小一般为$1cm^2$，亦有用$(0.5\times1)\ cm^2$、$(1.5\times1.5)\ cm^2$的。先按要求大小将经纬纱各抽去一根，然后按照抽纱线剪开。将剪好的布片用纸包好或放入平皿内，经高压灭菌后备用。

（2）其他菌片的制备　铝片、不锈钢片、玻璃片、橡皮片等大小同布片。亦应用洗衣粉水煮沸，自来水冲洗、晾干或烘干，经高压灭菌后备用。

（3）纸片　一般应采用厚的滤纸，剪成上述布片一样大小，高压灭菌后备用。

（4）试验线圈的制备　选用直径0.8～0.9cm的毛笔杆，在其末端刻一个三角形缺口，将外科用的3号缝线在笔杆末端绕3圈，把线头末端经缺口插入，与另一端打成一死结，在离结约0.2cm处剪断线头，取下线圈，高压灭菌后备用。线的粗细和线圈的大小均会对染菌量有影响，制作时务必统一。

2. 试验载体的染菌

常用的染菌方法有3种：滴染、浸染和喷染。染菌量$1\times10^5\sim1\times10^6$个/每个载体。

（1）滴染法　将灭菌后的样片平放于无菌平皿内，每个样片之间间隔一定距离。用每滴0.01～0.02mL的滴管吸取稀释至$10^7\sim10^8$个/mL的菌液，每个样片滴一滴。芽孢菌片可放37℃温箱内烘干或晾干，放冰箱中备用。细菌繁殖体菌片应现用现制备。

（2）浸泡法　将样片或线圈平放于灭菌平皿内，然后用无菌吸管慢慢吸入菌液，加入菌液量以浸湿全部样片为度。浸泡30min后，用无菌镊子取出样片（或线圈），移至另一垫有无菌滤纸的平皿内，于37℃温箱中烘干（需半小时左右）或放室温下晾干，备用。

（3）喷雾染菌法 用本法染菌需有一个喷雾柜或气体消毒实验柜。后者容积一般为$1m^3$左右，前者容积为后者的半数。喷雾柜可用玻璃或木板制备，为密闭的空间，上方装有紫外灯，侧面或下方有喷头，底面中央最好有一小电风扇，地面下角一侧或两侧设有活动抽屉，可送入或取出试验样片。染菌前先将载体平放于无菌平皿内。将喷雾柜开紫外灯灭菌后，向柜内喷入菌液，同时开电扇，以使菌液雾粒在柜内均匀分布。一般用0.15MPa压力，喷数分钟。喷雾完毕后静候1min，待大粒子沉降后，将摆好载体的平皿由抽屉送入喷雾柜内，染菌15min，取出后晾干备用。为求得每个载体染有理想的菌量，正式染菌前应做几次试染，以摸清需用菌液的浓度及喷菌时间。

在空气消毒试验中，为了观察消毒剂或消毒方法对空气中微生物的杀灭作用，可用上述方法将微生物喷入消毒实验柜内，对空气染菌。

在表面消毒实验中，亦可直接将菌液污染在物体表面。先在物品上划出1个方格，大小为2cm×2cm、5cm×5cm、10cm×10cm。然后将菌液滴在方格内，用无菌玻璃棒涂均匀，待干后即可进行消毒试验。

（四）微生物控制试验

下面以物理学灭菌试验加以阐明。

1. 受试菌对流动蒸汽耐受力的试验

本项鉴定应在专门设计的流通蒸汽耐受性测定装置上进行（见图6-2）。其步骤如下：

①加水于蒸汽发生器内，水量不超过蒸汽发生器容积的2/3为宜。

②加热蒸汽发生器，使其出气口喷出蒸汽。

③当温度计指示的温度达到100℃时，取下样片架，先用酒精棉球擦拭，然后于火焰上烧灼，待冷。

④用灭菌镊子夹取染菌试验片2片，并列放于架上。

⑤将样片架仍放在原来位置，观察温度并记录作用时间。

⑥达到规定时间后，立即取出样片架，将菌片分别投入营养肉汤管中，于37℃下培养24h，观察结果（一般做1、2、3、4、5、6min六个时间），以肉汤管无菌生长的最短时间为该菌对流通蒸汽的耐受时间。

⑦测试时应设阳性对照和阴性对照。阳性对照为肉汤加试验菌片，阴性对照为空白肉汤管。每次测试

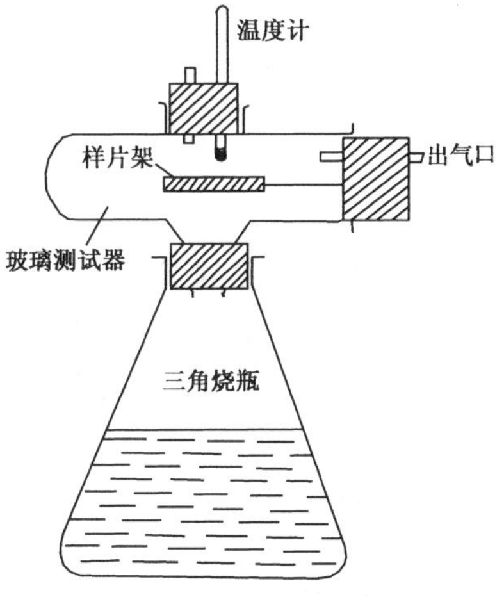

图6-2 评价微生物对流动蒸汽耐受性的装置

前应烧灼样品架，以防止前后相互污染。

2. 受试菌抗煮沸试验

以测定蜡状芽孢杆菌的芽孢对煮沸的抵抗力为例。

①制备芽孢悬液：取1mL蜡状芽孢杆菌的芽孢悬液（2~3亿个/mL），加入20mL 0.03mol/L磷酸盐缓冲液中，振荡混匀即为用于试验的芽孢悬液。

②试验方法：将上述芽孢悬液放入一个100mL的小三角烧瓶内，另用1个同样大小的三角烧瓶盛装0.03mol/L磷酸盐缓冲液20mL，内插1支温度计。当水温达到100℃，于不同时间（1、5、10、15、20、30、35、40min）从菌液瓶内吸取0.5mL菌液接种于肉汤管内，在37℃下培养24h，观察结果。同时设肉汤管加菌液0.5mL的阳性对照和不加菌液的空白肉汤对照。

以肉汤管无菌生长的最短时间为菌株抗煮沸时间。

3. 受试菌对热抵抗力的测定

以测定白色葡萄球菌（繁殖体）对温度（60℃）的抵抗力为例，其试验方法如下：

①菌悬液的制备：见“繁殖体菌液的制备”。

②菌片制备：使每片布片含菌量为10万~30万个菌。

③测定步骤：取大试管8支，分别加入无菌蒸馏水1mL，并在每一试管中加入菌片2片。另取1试管加入1mL蒸馏水并插入1支温度计，以便随时观察温度变化。将上述各试管插入60℃水浴中，当试管内水温升至60℃时，开始记录时间。分别在5、10、15、20、25、30、35、40、45min时各取出1支试管，取出其中的菌片，每片接种一支肉汤培养管。另外取1支于室温下试接种于肉汤管中作阳性对照，并取1支肉汤管作空白对照，然后将肉汤管放37℃温箱内，培养24h观察结果。

以肉汤管无菌生长的最短时间为该菌株对加热60℃的耐受时间。

二、厨房微生物控制试验方法

厨房微生物控制试验多属现场消毒试验，其影响试验结果的因素比较复杂，要求在生产实践中对消毒剂的消毒作用进行切合实际的评价。

（一）厨房设备表面消毒试验

检查表面消毒效果的方法有染菌样片测定法和自然菌采样测定法。

1. 染菌样片测定法

根据不同的消毒方式，将试验样片安放于合适的部位：测定喷雾或熏蒸消毒效果时，可将样片放于室内有代表性的各点，例如地面、桌面、窗台、墙壁等；测定擦拭消毒结果时，可将菌液直接污染在物品的表面，待干燥后进行试验。消毒后，将样片放入5mL无菌蒸馏水或0.03mol/L磷酸盐缓冲液内（根据消毒剂的类型加入相应的中和剂），用力将试管振打 80 次以洗下菌片上的残留微生物，用吸管吸取原液或适当倍数的稀释液接种平板（用倾注法或涂布法），做活菌计数。对照组除不经消毒处理外，其余操作均与试验组同。杀菌率计算公式为：

$$杀菌率 = \frac{对照组样片回收菌数 - 消毒组样片回收菌数}{对照组样片回收菌数} \times 100\%$$

2. 自然菌采样测定法

用（10×10）cm^2 标准规格板在有代表性的表面预先划好采样方格。对照方格和消毒方格应在相隔很近的位置，以便使两者受细菌污染情况尽可能一致。消毒前用无菌棉签沾取无菌蒸馏水或 0.03mol/L 磷酸盐缓冲液，在对照方格内来回均匀涂擦采样，然后将此棉签放入 5mL 无菌蒸馏水或 0.03mol/L 磷酸盐缓冲液内，振打 80 次，以洗下棉签上的细菌，然后做适当稀释，接种普通营养琼脂平板，进行活菌计数。消毒方格采样方法同对照组，但无菌蒸馏水或磷酸盐缓冲液应含有适当浓度的相应中和剂。消毒后样本亦以相同的方法进行活菌计数。

将菌液污染在物品表面上待晾干后，用沾有无菌蒸馏水或 0.03mol/L 磷酸盐缓冲液的棉签采取消毒前样品，然后进行擦拭消毒，达到预定暴露时间后，用同样方法采取消毒后样品。消毒前后样品均做活菌计数，用下述公式计算杀菌率：

$$杀菌率 = \frac{消毒前菌数 - 消毒后菌数}{消毒前菌数} \times 100\%$$

在测定熏蒸消毒的表面消毒效果时，除可采用染菌样片测定法和自然菌采样测定法之外，还可用染菌平板测定法。具体方法是：取试验菌的 6h 培养物 0.1mL，用涂布法接种于琼脂平板的表面，将染菌平皿放入室内四角和中央等有代表性的部位，打开盖，进行熏蒸消毒，消毒后取出平皿，盖上盖，倒置于 37℃温箱内，培养 24～48h，观察结果。对照组是将接种的平皿放于另一与熏蒸消毒间条件相仿的室内，暴露相同时间后，在与消毒组相同的条件下培养相同时间。效果评定标准：对照组有菌生长、消毒组无菌生长为合格。

（二）厨房空气消毒试验

测定消毒剂对空气中的微生物的杀灭作用，可用自然菌采样法，它是在现场进行的，用琼脂平皿暴露法采取消毒前和消毒后样本，求出杀菌率。

将制备好的普通营养琼脂平板，于消毒前和消毒后分别放入室内的四角和中央，相当于人的呼吸道的高度，暴露采样 15min，然后放温箱中培养 24～48h，观察结果。对消毒前、后各 5 个平板，分别求其平板菌落数的均数，计算杀菌率。

（三）饮用水消毒试验

评价消毒剂对水中微生物的杀灭作用，可用实用试验和现场试验。

实用试验是将试验微生物（一般采用大肠杆菌）加入无菌蒸馏水内，使含菌量为 10 万～100 万/mL，然后加入消毒剂进行消毒处理。可测定消毒剂不同浓度时或作用不同时间后的杀菌率。一般认为杀菌率达到 99.99% 为合格。

现场试验是用自然水进行的。首先测定水的细菌污染程度，可用大肠菌指数、细菌总数和大肠菌群值作为指标，然后进行消毒处理，测定不同作用时间后细菌减少的程度。

（四）工作服、抹布等织物消毒试验

1. 工作服消毒试验

一般采用浸泡试验，将试验微生物污染在布片上，将布片装入 5cm × 5cm 的小布袋内，把布袋夹在衣服的不同部位，然后将衣服浸泡在消毒液内，作用一定时间后取出。将染菌布片放在含中和剂的稀释液内，振打 80 次，取稀释液接种平板，做活菌计数。对照样片可在无菌水或稀释液内浸泡相同时间，用同样方法洗菌后做活菌计数。

德国用于检查消毒剂对化学织物消毒效果的试验与一般的载体试验有两点不同：一是消毒剂用加 0.1% 牛白蛋白的标准硬水稀释；二是作用时间至少 4、6、12h，试验在 12 ~ 14℃下进行。这样的试验能提供在室温下浸泡较长时间的消毒效果。

也有报道在热化学洗衣消毒试验中，把污染的试验菌片和要洗的衣服一起放在洗衣机内，于 90℃下洗涤。洗衣水内放有消毒剂，洗后取出试验菌片和 500mL 洗液，定量地测定存活菌数。

2. 抹布消毒试验

无论煮沸消毒还是蒸汽消毒都单位面积检样，做活菌计数，与未经消毒的对照样品相比较，计算杀菌率。

（五）人员消毒试验

检查消毒剂对人员皮肤的消毒效果可用自然菌采样法或人工染菌法。暴露于消毒剂的方法有浸泡法、涂抹法和擦拭法。

1. 自然菌采样法

①消毒前采样：将 2cm × 2cm 的空格规格板贴于前臂内侧皮肤上，用沾有灭菌水或 0.03mol/L 磷酸盐缓冲液的棉拭子在方格内来回擦 10 次，再放回含 5mL 采样液的试管内，振打 80 次，洗下棉拭子上的菌。将此液体进行适当稀释后，接种平板，进行活菌计数。

②消毒处理：在采取消毒前样品的相邻近部的皮肤上进行消毒（可用擦拭法或浸泡法），并作用预定作用。

③采取消毒后样本：用采取消毒前样本相同的方法，在消毒部位采样。所用棉拭子应沾有含相应中和剂的采样液。采样后放入含有 5mL 采样中和液的试管内，振打 80 次后，接种平板，做活菌计数。

2. 人工染菌试验

用以检验消毒液及消毒效果的有效性。试验部位可选择前臂内侧或手的食指背面中节。试验前用肥皂流水将试验部位的皮肤彻底清洗，以除去自然菌，然后用无菌水冲洗，除去残余肥皂，晾干或用无菌毛巾擦干。用吸管或定量滴管吸取试验菌液（10^7 ~ 10^8 个/mL），在试验部位的皮肤上滴0.02mL，用无菌L棒涂开（范围约2cm×2cm）。然后一侧用消毒剂溶液消毒（可用擦拭法或浸泡法），另一侧用无菌水对照。消毒后用含中和剂的0.03mol/L的磷酸盐缓冲液浸湿小纱布块或棉拭子，在染菌部位采样（来回涂擦10次），然后放入含采样液5mL的试管内，用力振打80次，接种平板，做活菌计数。对照组因回收菌数较多，应经若干倍稀释后再接种平板。培养时间为24~48h。用下述公式计算杀菌率：

$$杀菌率=\frac{对照组回收菌数-消毒组回收菌数}{对照组回收菌数}\times 100\%$$

（六）厨房消毒液有效性评价试验

为了保证消毒效果切实可靠，需要经常检查在厨房生产过程中消毒液的杀菌作用。

1. 试验方法

①用无菌吸管吸取1mL浸泡消毒液加入9mL稀释液管内。检查不同消毒剂时，所用稀释液不同。对醇、醛、氯、酚类消毒剂，可用含有相应中和剂的营养肉汤。

②将上述稀释10倍的消毒液接种于营养琼脂平板上。用1支50滴/mL无菌滴管吸取消毒剂/稀释剂混合液，在表面已干燥的琼脂平板上滴10滴，每滴之间应间隔一定距离，共滴两个平板。这项工作应在采样后1h内完成。

③孵育。将1个平板放32℃或37℃温箱内培养3d后观察结果（大部分致病菌合适的生长温度是37℃，但细菌受到消毒剂损伤后，往往在32℃恢复更快）。另一个平板放于室温20℃下，培养7d后观察结果。

2. 结果的分析

在平板上有菌生长，证明消毒液内有活菌存在。若菌数仅1~2个，则是允许的，因为消毒剂的作用是消毒而不要求达到灭菌。若1只平板上生长菌数≥5个，则说明消毒效果已不可靠。可按下式计算每毫升消毒液内存活的菌数：

每毫升消毒液内的活菌数＝（生长菌落数/皿）×10×5

式中乘10是由于采取的消毒液作了10倍稀释，乘5是由于采用的消毒液10滴相当于1/5mL

例如平板生长菌数为5，则：

每毫升消毒液内活菌数＝5×10×5＝250（个）

这样的消毒剂不宜再使用。

本章小结

在全世界，每年因杀菌不当所引起的食品腐败变质现象频频发生，因微生物诱发的食物中毒等事故也屡见不鲜，对食品生产过程中实施微生物的有效控制，具有十分重要的意义。

100多年来，经过科研人员的不懈努力，杀菌技术从单一的加热杀菌发展到今天各种先进的热力杀菌和非热力杀菌，特别是高压杀菌、辐射及生物技术杀菌等方面有了重大进展，取得了许多新成果。

从战胜非典、扑灭禽流感及与猪链球菌病斗争的历程中，人们意识到在防治传染病方面，化学性消毒依然是一项十分重要的基础性工作，也是厨房预防性消毒的一种有效手段。为了增加食品的安全性，人们还谨慎地选用少量化学品来防止食品的腐败变质。国家对化学防腐剂的使用量、残留量、使用范围作出了严格限定，而高品质的绿色食品、有机食品则禁止化学合成性防腐剂的使用，在这一背景下，近10年来生物性防腐剂的使用得到了迅速发展，但还局限于少数品种，有待进一步开拓。

通过对厨房微生物控制效果的评价，可望在餐饮食品生产HACCP管理中取得生产一线数据，并实施关键控制点的有效监控，从而有利于及时采取措施进行纠编与调整。

习　题

1. 高温灭菌法有哪些？列举其使用对象？
2. 欧姆杀菌原理是什么？哪些食品适于欧姆杀菌？
3. 电解杀菌法原理是什么？喝碱性水有何保健意义？
4. 磁场杀菌原理是什么？可用于哪些食品？
5. 为什么超声波具有杀菌作用？列举超声波杀菌技术在餐饮业中的应用。
6. 激光杀菌原理是什么？激光厨具有何特点？
7. 紫外线杀菌原理是什么？影响紫外灯杀菌效果的因素有哪些？
8. 对空气进行过滤除菌所使用的滤材有几种？
9. 适合餐饮业使用的化学消毒剂有哪些类别？漂白粉、臭氧消毒的原理是什么？
10. 二氧化氯作为饮水消毒剂有什么优点？
11. 何谓食品防腐剂？应具有哪些条件？
12. 概述微生物控制试验的一般程序。
13. 针对厨房介质说明微生物控制试验的基本方法。
14. 名词解释：

消毒、灭菌、商业灭菌、防腐、抑菌、杀菌率、消毒动力学

第七章　厨房洗涤加工的除菌作用

[学习目的] 了解厨房洗涤加工的除菌意义，掌握净菜加工与微生物生长的控制技术，洗手的意义和方法。

[主要内容] 厨房用洗涤剂的除菌机理与效果；洗涤对烹饪原料的除菌作用，净菜加工过程中的微生物质量控制；洗手的意义与效果的评价。

第一节　洗涤的除菌作用

洗涤是指利用清洗介质清除原料夹带的杂质和原料、工具表面的污染物所采取的操作过程，在厨房生产过程中，洗涤操作属于初加工，在非清洁区进行。

将粘附于烹饪原料上的污物、尘土、农药、肥料、污染微生物、寄生虫卵、昆虫类等清洗干净，这不仅是卫生上的要求，也是防止原料败坏、变质，提高原料保藏性的一个有效措施。而且，利用这些原料加工各类食品所使用的加工设备、容器、贮藏用具及其他有关用具、器械及周围环境内的清洗也是很重要的一项操作。

一、洗涤的除菌意义

厨房洗涤加工具有减少微生物数量、去除微生物营养源及杀菌等方面的作用。

(一) 减少微生物的绝对数

仅靠洗涤操作是不能将附着在物体上的微生物数减少到零的，但作为控制微生物的一种手段却相当重要。洗手是保持卫生的有效方法，若仅用自来水洗，最多只能洗去微生物数的80%，即使再用其他合成洗涤剂，还会残留一定数量的微生物。残留的微生物随着时间的推移，可能再次呈对数关系剧烈增殖。

微生物产生的具体影响，是当它的密度超过某个限度时才体现出来，所以通常大多是将其密度控制在某个界限以下就能获得实质上的防御，经洗涤过的蔬菜、瓜果如暂时未用完，则进行周期性的反复洗涤是必要的。

如果在一定周期内对生产设备、用具和环境进行反复洗涤的话，通常就能把细菌数控制在危险界限以内。只要重复这种现象，就永远不会达到危险界限，这是洗涤除菌控制食品及环境卫生质量的基本原理。

（二）去除营养源

随着对设备、机械、刀、砧板表面进行洗涤，大部分微生物与供其营养的有机性污垢一起能同时被清除。在金属、玻璃、陶瓷等硬质表面上，即使残留很少的微生物，如果缺乏其必要的营养成分，就不会引起大量繁殖。

清洗可以切断有害微生物繁殖所必需的营养供给，原料中所含的蛋白质和碳水化合物等是微生物的主要营养来源，这些成分自然免不了要附着在加工设备、容器的表面或周围环境中，通过清洗来清除这些粘附物有利于抑制有害微生物的繁殖，并且对其后施行的杀菌操作提高杀菌率也有着重要的意义。

（三）增强杀菌效果

洗涤作为杀菌的预处理起着很大的作用。一些化学药剂如次氯酸钠既是杀菌剂又是强氧化剂，若这些物质与在化学性质上对氧需求量大的各种有机性污垢共存，由于它们的氧化而消耗了药剂的效率。再说有效的杀菌作用要达到对污垢内部的微生物起杀灭作用，这些微生物的耐药性比暴露在表面的要强，需要长时间和高浓度的药剂。所以在这种情况下要进行确切的杀菌，就需要长时间地使用高浓度的杀菌剂，这显然带来经济上的损失，也会引起食品原料的腐蚀及变质。而在预先进行充分洗涤，尽可能清除污垢和微生物后，只要短时间使用少量杀菌剂，就能达到理想的杀菌效果。

在热力杀菌时，洗涤除去污垢的同时，使起始菌数大大下降，增加了对微生物热致死的效率。

二、洗涤介质的除菌作用

理想的洗涤介质必须具有经济、无毒、无腐蚀、不结块、不易染尘、易于测定或计量、易于完全溶解、贮藏稳定等特性。

一般应根据待清洗的设备和清洗范围选择不同的洗涤介质，洗涤介质的选择还应考虑待清除污物的性质、采用的清洗方法、待清洗的面积等因素。

（一）水的除菌作用

水是除去污物过程中使用最广泛的清洗介质，水作为清洗介质的主要作用包括：

（1）漂洗以除去大体积污物颗粒；

（2）润湿或软化表面上必须除去的污物；

（3）使污物悬浮在介质中；

（4）从清洗表面移去悬浮的污物；

（5）漂洗以除去残留的其他洗涤剂；

（6）与消毒剂合用发挥消毒作用。

（二）其他洗涤剂的除菌作用

食物微粒和残渣碎片提供了微生物繁殖所需的营养素。在清洗操作中，要完全除去污物，必须通过机械能和洗涤剂的共同作用才能清除污垢并杀灭微生物。

洗涤剂的主要作用是降低水的表面张力使污物移出并松散开来，成为悬浮的污物颗粒，同时立即将其冲走。

碱性洗涤剂对清洗的作用在于它能悬浮脂、油等水不溶性物质的颗粒，从而将其除去。虽然脂或油悬浮后，很容易通过冲洗除去，但是残留的膜层仍然存在。水不溶性物质与碱性洗涤剂相互作用而悬浮的过程称为乳化。在乳化过程中，清洗剂与水和污物相互作用。图 7-1 说明了洗涤剂分子中溶于水的亲水部分和溶于污物的疏水部分。当清洗剂分子将污物包围并形成胶束时，就得到悬浮的污物颗粒（图 7-2）。

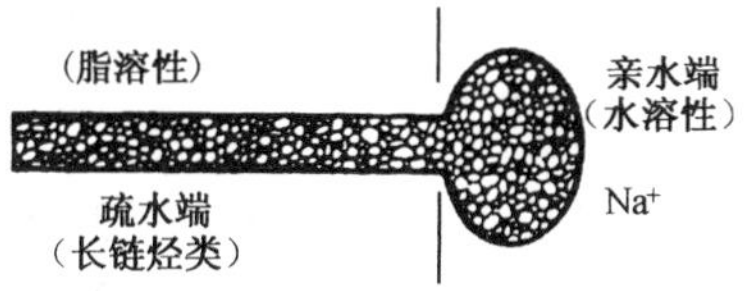

图 7-1　离子型表面活性剂分子

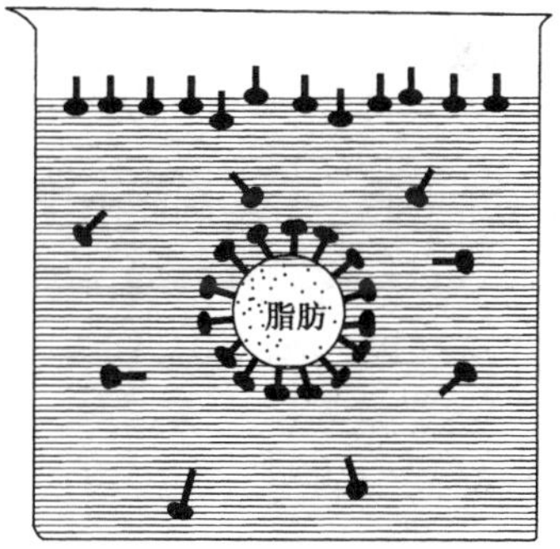

图 7-2　通过形成胶束而悬浮的污物颗粒

选择洗涤剂的最佳原则是“同类洗涤”，即酸性污物采用酸性洗涤剂，碱性污物采用碱性洗涤剂。

厨房使用的洗涤剂多数属于混合物，将各成分混合起来得到一种具有一定特性和多种清洗功能的产品。在餐饮食品经营和加工中，最常用洗涤剂的类型如下。

1. 碱性洗涤剂

常用碱性洗涤剂有氢氧化钠、碳酸钠、碳酸氢钠、三聚磷酸钠等。

2. 酸性洗涤剂

酸性洗涤剂用于去除表面结垢的物质和溶解矿物质沉积物，这类洗涤剂在去除因使用碱性洗涤剂或其他洗涤剂而形成的矿物质沉积物时特别有效。存在于水中的部分矿物质在加热到 80℃ 以上时会沉积下来，粘附于金属表面形成锈或白垢。酸性洗涤剂能与这些沉积物中的矿物质发生化学反应，使矿物质溶于水而易于去除。

有机酸如柠檬酸、酒石酸、氨基磺酸和葡萄糖酸易于漂洗，不会腐蚀或刺激皮肤。虽然无机酸也能有效去除并控制矿物质沉积物，但它们对皮肤的腐蚀性强且具有刺激性。酸性洗涤剂是一种专一型洗涤剂，并非在各种情况下都有效。在去除油脂和蛋白质引起的污物时，酸性洗涤剂并不能与碱性洗涤剂一样有效。碱性洗涤剂能降低有机污物的化学结合从而减少截留力和黏滞力，而酸性洗涤剂则不具备这种功能。

3. 合成洗涤剂

合成洗涤剂中主要成分引起的作用与肥皂一样——乳化油脂等，只是不发生形成凝结物的反应。肥皂的亲水末端在硬水中能形成凝结物，但合成洗涤剂的亲水末端则没有这种特性。合成洗涤剂的有效性在于化学结构中的氢能降低溶液的表面张力，增强颗粒的润湿性，防止污物颗粒絮凝并促进其悬浮。

合成洗涤剂常用的有烷基苯磺酸盐、烷基磺酸盐、脂肪醇硫酸盐、烯基磺酸盐等。合成洗涤剂应具备安全无毒、不腐蚀设备、不影响食品的感官性状、残留物易清洗去除的特点。

值得注意的是，合成洗涤剂中亦能生长细菌，应每隔48h重新配制，防止细菌繁殖。工具、容器、设备等经合成洗涤剂洗涤完毕后，应用水冲洗干净，在生产间歇期清洗设备时，应避免洗涤液回溅污染食品。

4. 酶类洗涤剂

这些洗涤剂中的酶属于蛋白质，一般要求在不高于60℃的条件下使用。它们在降解蛋白质时，对碱性侧基的作用力最大。这类洗涤剂不含氯或磷，而且比含氯消毒剂的腐蚀性小，将来可能会广泛应用于餐饮业中。它们还能降低污水的pH。酶类洗涤剂的缺点是它们是液体洗涤剂，需要安装喷射装置，同时还要设计一个两步活化程序。它们并不像含氯洗涤剂那样适用于各种污物的清洗过程。

三、洗涤除菌的影响因素

影响洗涤除菌效果的因素有：①时间：与清洗表面的接触时间；②作用：表面产生的物理作用力（速度或流动性）；③浓度：洗涤剂的用量；④温度：洗涤溶液的能（热）量；⑤水：用于配制洗涤液；⑥人员：从事洗涤操作的工人；⑦性质：污物的组成；⑧表面：待清洗物质的表面特性。

清洗剂的选择取决于污垢的类型。一般来说，常用的碱性清洗剂能最有效地去除有机污垢，而脂肪和蛋白质的严重沉积则需要使用重垢型碱性清洗剂。矿物质沉积物和其他类型的污垢，一般不能用碱性清洗剂去除，而需要使用酸性清洗剂。最常使用的清洗－消毒剂是磷酸盐与有机氯的复合物。

1. 洗涤的对象

待去除污垢的量对所使用洗涤剂的碱度和酸度有很大的影响，同时，也决定了选用何种表面活性剂和螯合剂才能达到最佳清洗效果。清洁程度还受需去除的污垢量以及所使用洗涤剂的类型的影响。

污垢沉积物的种类决定了应该使用何种洗涤剂。污垢的性质决定了需要使用何种保护助剂和清洗助剂，这些助剂的使用对最终清洗效果有较大的影响。

2. 洗涤溶液的温度和浓度

随着洗涤剂溶液的温度和浓度的提高，洗涤剂的活性也随之提高。但是，在极端温度（≥55℃）和使用浓度超过制造商或供应商所推荐的量时，可能会引起污垢沉积物中的蛋白质变性，从而降低污垢的去除率。

3. 洗涤时间

随着洗涤剂同污垢直接作用时间的增加，待清洗表面会变得更为洁净。洗涤剂的使用方法及其特性决定了清洗过程所需要的时间。

4. 与物理因素的联合作用

在搅拌和高压喷雾过程中，所使用机械性能的大小直接影响到洗涤剂的穿透作用以及表面污垢的物理分离过程。搅拌有助于将污垢及微生物清除。

第二节 洗涤对肉禽蛋类原料的除菌作用

一、洗涤对肉类的除菌作用

（一）原料肉中的微生物

动物的皮肤、蹄毛、肠道及其排泄物带有大量细菌，这些细菌是引起肉腐败的重要因素。

（1）皮肤上的细菌　在猪的皮上和毛中富含微生物，它们是肉的重要污染源，猪皮上含菌 $10^5 \sim 10^{12}$ cfu/cm^2，这些包括皮肤的正常菌丛如葡萄球菌、微球菌、假单胞菌、酵母菌和霉菌，以及来自粪便和土壤的细菌。为减少动物皮上和毛中的微生物，用 75.6 ~ 94.5L 水强力喷射蹄部能除去半数所带的细菌。在屠宰之后，用 0.025%、0.05%、0.10% 和 0.15% 的氯溶液喷射躯体，可相应地杀死 82%、90%、94.3% 和 95.3% 的细菌。

（2）肠道细菌　动物肠道中存在着正常菌丛。平时大量的微生物随着食物、水等吞入消化道，这些微生物可被胃酸、胃酶、胆盐及免疫因素等作用而死亡，使微生物数量大为减少，难以达到感染剂量的水平。健康动物的肠道厚黏膜层是一道可靠的屏障，起着阻止微生物入侵的作用。肠蠕动也有助于微生物排出体外。因此，除了去除内脏时不小心而刺破肠道、在屠宰后没有很快去掉内脏，或是在宰杀前饱食，一般地说，肉是不会被肠道中所带细菌污染的。

（3）组织中的细菌　正常组织中的细菌极少，10～100cfu/g。屠宰后2h，40%的淋巴结中含有细菌，其中球菌占1/4，耐热性芽孢菌占1/20。一般地说，淋巴结起过滤作用，细菌在此被吞噬和消化。不过，当细菌数量太多或侵袭性强时，它们继续繁殖，使淋巴结肿胀，其中可能含有的细菌分属于肠杆菌、产碱杆菌、拟杆菌、梭状芽孢杆菌、棒状杆菌、埃希氏菌、黄色杆菌、微球菌、变形杆菌、假单胞菌、八叠球菌和链球菌属。淋巴结中细菌检出率高于肌肉和骨髓中的检出率。

（4）加工步骤和细菌污染　在屠宰之后，紧接着是剥皮（skining）和褪毛（dressing），牛和羊在去内脏（eviscerated）前先剥皮，而猪则先被“烫洗”（scald），易使其毛松动而易褪掉。在剥皮时，微生物首先从下刀处进入组织，细菌数最多的是在开始剥皮处，而最少的是离下刀的远处，平均菌数为10^4～10^5个/cm^2。环境潮湿、工作者的手、臂和衣服上沾有血和碎组织，使动物躯体又再次被污染。

（二）肉的洗涤除菌

1. 烫洗

烫洗适用于猪肉，烫洗池的水常维持在63～65℃——能减少嗜冷菌和病原菌的数量，但对嗜温菌、嗜热菌以及芽孢菌作用不大。由于蹄上的土、粪、血和其他异物小块脱落于水中，躯体经过烫洗后，每毫升水中会含有数百万个细菌。

2. 化学洗涤

最近发展了清洁白条肉的两个新方法：

（1）有机酸洗涤　猪在宰杀之后，用1.5mol/L醋酸和丙酸以60:40（质量比）之比（pH2.3）处理，可使细菌减少两个对数单位而对白条肉无损。

（2）氯剂洗涤　给热的躯体喷射不超过0.2%的氯化水，在冷却器中再间断地以氯化水喷洗4～8h，这样的喷射使猪肉的相对湿度维持97%～99%，这种处理既显著降低微生物数又防止常有的干缩。喷射的温度限制在27℃以下，时间是每30min喷射2min。

3. 洗涤后的放置

在躯体被剥皮和去内脏后，需将白条肉（carcass）冷却以去除体热（body heat），使肉变硬，降低酶的作用和化学变化，延缓细菌的作用。猪肉的冷却时间远较牛肉的短。某些时候猪肉在失去体热前就被切开，这样的操作称之为“热切”（hot cutting）。冷却室中的温度一般在10℃以下，保持得越低越好，这样可以迅速和彻底地将白条肉的最厚部分冷却，而且还要保持90%的湿度以防止过渡干缩。

冷却室中的空气含有许多细菌、霉菌和酵母。从冷却室的新鲜肉中分离的菌株很多是偶然的、外来的，只有少数能在此温度和基质中生长。人们猜测，在整个动物躯体或是经分割的动物表面上细菌的生长受到限制，是由于厚的脂肪层和结缔组织的营养性差，再者，许多偶然性的细菌是嗜温菌，它们在低温下不是嗜冷菌的竞争对手。

肉在切割、去骨和包装时所受的污染取决于当地条件和尸体表面所带的细菌。在上述过程中，肉经过频繁的操作，新切开的表面充分暴露，这就使肉受到更多的污染。剔骨室的温度、肉在其中停留的时间、切肉案板、锯、刀和其他设备的清洁程度均能影响细菌菌相，故经过过度操作的食品很容易被各种细菌污染。

（三）生肉的杀菌

鉴于生肉中潜在的大肠杆菌 $O_{157}:H_7$ 对消费者的危害，必须采取有效措施以减少生肉中包括大肠杆菌 $O_{157}:H_7$ 在内的微生物污染。防止微生物污染生肉的主要手段就是使用化学杀菌剂和热杀菌剂。化学杀菌剂如氯化物和有机酸（乙酸、柠檬酸和乳酸）能减少微生物污染，但不能杀灭所有的病原体。磷酸盐（如磷酸钠和三聚磷酸钠）能减少微生物污染，由于其 pH 较高，总体杀菌效果类似于有机酸。

生肉清洗法不能有效杀灭微生物，因为水不能穿过所有被污染的表面。毛发、羽毛以及较大的滤泡能隐藏细菌，对其又无法加以清洗或喷洒。而且，要克服一个能容纳细菌的气孔中的毛细管压力需要极高的水压，在实际操作中很难满足这一要求。

就杀灭生肉中病原体而言，热杀菌比化学杀菌更有效。82℃以上的热水和蒸汽巴氏杀菌同样有效。蒸汽巴氏杀菌包括将生肉通过一条管道，其中有大量蒸汽喷到生肉表面。结果表面上大多数细菌被杀灭，肠道菌如大肠杆菌 $O_{157}:H_7$ 和沙门氏菌也随之减少。该过程包括将生肉全部浸入巴氏蒸汽中，待升温至82℃后持续6～8s，然后用冷水喷淋，使表面温度降至20℃，冷藏保存。也有使用蒸汽-真空法对生肉杀菌的。蒸汽-真空法具有热水消毒和蒸汽消毒的长处，并通过抽真空的物理方法除去细菌和污染。蒸汽－真空法减少病原体是利用喷嘴反复冲洗可能埋藏细菌的污染肉和表面进行的。据报道，蒸汽－真空系统可使染菌肉表面的大肠杆菌 $O_{157}:H_7$ 减少到原有菌数的1/100000。使用低温蒸汽可防止肉类表面过早变熟。蒸汽处理之前应该排尽空气，这样效果会更好，否则空气将延迟蒸汽加热生肉表面的速度。

二、洗涤对禽类的除菌作用

（一）禽类的浸烫除菌

宰杀禽类时，人工或自动颈刀切割颈动脉，但不切割气管与食道，放血1～2min，尽量放血干净以减少微生物污染。

拔毛用手工或拔毛机，干的拔毛皮肤容易保持完整但一些小的毛不易拔净。常用的是将禽浸在半烫热水中拔毛，热水浸后容易拔毛，水温一般在53.3～55.6℃，30min，也有的在50～80℃。羽毛上沙门氏菌60℃ 3min，62℃ 2.5min，65℃ 1min 即可能被杀死，55℃ 5min 也能对沙门氏菌起杀灭作用。故浸烫可以杀死沙门氏菌。如水温过高使皮肤变色、破损，细菌能从外面进入皮肤下。拔毛时需要换水，最好采用流水，充足的水可防止毛表面微生物进入毛根以及每只禽之间相互交叉污染。为拔除小毛，常用手工，注意勿使皮肤破损。一些残留细毛可用火焰烧燎。

浸烫用水中需氧菌数很少超过50000个/mL。皮肤上细菌总数在刚烫浸后是低的，常低于10000个/cm^2。产气荚膜梭菌数量在浸烫水中及刚浸烫后的禽上均较低。从浸烫水或浸烫后禽中常分离到葡萄球菌，但数量不多。从浸烫水样中很少分离到沙门氏菌。

嗜冷菌存在于活禽脚、羽毛及皮肤上，主要是无色杆菌属、棒状杆菌属、黄色杆菌属，但烫浸后菌数明显减少。假单胞菌属在活禽或在肠道内不常存在。

浸烫水及其污染微生物可进入器官，侵入气囊、内脏及可食的组织。虽然屠宰禽外表被微生物严重污染，但经过浸烫水的不断流动，清洁水的流入以及热水的作用可防止细菌增加。在浸烫时可能使禽与禽之间通过浸烫水发生交叉污染，但观察结果，皮肤污染在浸烫过程中并不增加。在浸烫时嗜冷菌数剧烈下降。

污染的浸烫水有时可能被禽吸入，然后进入气囊、肺及其他内部组织。在浸烫水中虽然沙门氏菌量少，但别的对热有抵抗力的致病性细菌如产气荚膜杆菌仍存在。大肠埃希氏菌作为禽胴体内及体表的污染菌，拔毛会产生交叉污染，用58℃温水浸烫会降低禽肉品质，这与禽皮肤的改变有关，58℃浸烫后拔毛引起表皮剥脱，而52～53℃不发生表皮损害。表皮剥脱并轻度变性的皮肤对腐败微生物特别是假单胞菌的生长更加适宜。

（二）禽类的清洗除菌

禽肠道细菌多，内脏腔内（肠道除外）菌数比皮肤少，内脏腔细菌数为1400～12000个/cm^2。在去内脏之前，禽体先行冷却，冷却水中菌数视水质、水量、水流速度而异。冷却后禽内脏（主要是肠）不易污染禽体。摘取内脏避免肠内容物流出或肠管撕裂后溢出，如发生立即用水冲净。肠内容物污染应该绝对避免。

用0.004%含氯水喷雾清洗，可使去内脏的禽活菌数大为降低，氯浓度提高到0.007%时几乎完全杀死细菌。

内脏去除后细菌数上升，需再次彻底冲洗，因为摘内脏时肠内细菌有可能释放出来，故流水冲洗是防污染的重要步骤，经流水冲洗，细菌数会明显减少。

去内脏后尚需冷却，冷却时会吸收水分，可吸收6%～10%水分，比胴体冷却时吸收水分多，降低了产品质量，故有时用冷空气冷却。

水浸冷却对微生物存在交叉污染，腐败细菌也可在水浸冷却时污染胴体，胴体的嗜冷菌数用湿冷却法比用干冷却法多，干冷却法的胴体货架寿命长。冷却水或喷雾水也可用加氯的方法降低菌数。用含0.01% NaClO或0.0025% ClO_2浓度的冷却水处理家禽，半小时后，沙门氏菌从10^3 cfu/g降低几个数量级。

对各加工步骤中细菌总数测定，表明摘除内脏后细菌数增加，最后清洗会使细菌数明显减少（见表7-1）。

表 7-1　　清洗前后鸡表面的细菌数

样　　品	细菌数/（cfu/cm²）		
	最　　低	常见范围	最　　高
烫毛前	910	910～4640	12900
烫毛后	80	1700～1750	7700
去除鸡表面细毛后	490	600～680	4500
断颈后	900	1090～5740	6290
开膛	850	1150～2140	2320
摘取内脏	2430	3680～13130	15940
取下头、颈、肾、卵巢以后	1540	14650～16130	26960
内面清洗后	1660	1670～3670	4090
最后清洗前	5590	6360～7100	21500
最后清洗后	250	500～790	1200

禽类加工过程中可能发生微生物交叉污染的场合很多，见表 7-2。

表 7-2　　禽类加工过程可能导致微生物交叉污染的场合

收购及悬挂	冷却	冷凝物	冰冻包装
在笼内禽与禽之间接触	冷却水	空气	员工的手
禽棚内空气	冰	禽与禽之间接触	禽与禽接触
工人的手	禽与禽之间的接触	割腿器	空气
悬挂车间的空气和灰尘	空气	挂带	冰
屠宰	操作台	挂钩及横档灰尘	包装材料
禽与禽之间接触	内脏与内脏、颈与颈之间接触	摘除内脏	内脏或颈污染胴体
空气	分级	工人的手	修整胴体
屠宰刀及屠宰机	员工的手	刀及其他切割器械	工人的手
挂钩及横档的灰尘	操作台	空气	刀及锯子
浸烫和拔毛	挂钩及横档灰尘	挂钩及横档灰尘	禽与禽接触
浸烫用水	禽与禽之间污染	禽与禽的接触	禽的各部分之间接触
拔毛的手指	空气	流水槽及水	空气
		搁物架	箱

三、洗涤对蛋类的除菌作用

鲜蛋应清洁，壳面不能带有粪便和泥土等污物，放置时钝端应向上，这样可保持蛋黄不流向内膜，因为如果蛋黄接触内膜，则任何穿过蛋壳的微生物就可以逃避蛋白中的各种抗微生物的因素而得以繁殖，从而增加了腐败的机会。将蛋从冷库中取出放在温暖的室温中时，蛋壳上会“出汗”，或在相对湿度很高的环境中都会因有利于微生物的入侵而增加腐败的可能性。蛋类还有污染沙门氏菌等致病菌的可能。

（一）蛋的清洗

引起蛋腐败变质的微生物主要来源于蛋壳的污染，所以很多人尝试了用各种方法清洗蛋壳表面，甚至用去垢剂和杀菌剂清洗，但都未能阻止腐败微生物和沙门氏菌的侵入。

蛋壳表面可以用干法清洁（刷）或水洗。这两种方法都会损坏外蛋壳膜，干法清洁效果较差，水洗过的蛋壳表面上的细菌可以大大地减少，如加入适当的去垢剂可洗去壳面上92%的细菌。洗蛋的水温必须高于42℃，至少要高于蛋温11℃。酸性去垢剂可破坏蛋壳，实验性地用1%～3%的醋酸洗蛋，壳面上的细菌可洗去但蛋壳变薄；碱性去垢剂如磷酸钠、硅酸钠效果较好。硅酸钠与蛋壳中的钙作用产生一种不能渗透的硅酸钙，从而阻碍了微生物的侵入和保持蛋的品质。但不管是水洗甚至只用湿布擦都可因损坏了外蛋壳膜而有利于微生物的侵入。因此水洗特别是用不清洁的水和用不清洁的设备以及洗后再用水冲都会增加腐败的发生。有人试图用去垢－消毒剂洗，即清洁和消毒同步进行，但水中的有机物可降低消毒剂的作用。

在洗蛋水中含有高浓度的金属盐可增加蛋的易腐性。用含有0.0048%铁的水洗蛋，贮存后有6.2%的蛋由假单胞菌引起腐败变质，而用仅含0.0002%铁的水洗的蛋则只有0.8%的发生腐败，而用含高浓度钙、镁的硬水洗蛋未见易腐性增加。

（二）蛋的消毒

在蛋清洗后喷上新配的消毒剂如0.01%～0.02%的氯、碘伏（碘与一种载体如聚乙烯吡咯烷的化合物）、季铵化合物或氯溴化合物可以加强防腐的效果。在清洁干燥的蛋壳上喷上（或浸入）石蜡油，可减少蛋在贮存时水分的蒸发和CO_2的逸出，保持蛋的品质，而是否减少变质则有不同的看法，因为石蜡油不能阻止微生物的侵入。藻酸盐、某些异丁烯橡胶、醇溶谷蛋白、水解蔗糖衍生物加虫胶都能保持蛋的品质和减少荧光假单胞菌和沙门氏菌侵入蛋内。另外，将蛋浸入4%的丙酸钠中可防止真菌的生长。

鲜蛋也可以浸入热水中处理（即耐热性），如100℃ 5s、65.6℃ 1.5min、62.7℃ 3min、60℃ 5min、54.4℃ 15min，然后迅速冷却，这种处理方法可以保持蛋的新鲜，杀灭蛋壳表面的腐败微生物和沙门氏菌，是一种防止蛋在贮存过程中腐败变质的有效方法。

鲜蛋经上述各种方法处理后，应冷藏于10～15℃。但不可冰冻，因为冰冻会冻破蛋壳。包装物应清洁干燥并注意避免蛋“出汗”。

鲜蛋用手工或打蛋机打出后，凭肉眼和嗅觉检查是否已发生变质，然后整个或将蛋白、蛋黄分开，再加工成各种蛋制品。存在于液蛋中的微生物主要来自被粪便或泥土污染的蛋壳，偶尔也来自变质蛋，也可能是不清洁的设备和包装物所致。所以，用新鲜并经过清洗和晾干的蛋制品污染较少，而用不清洁的或裂缝的蛋制作蛋制品则会增加沙门氏菌和腐败菌的污染率。长期不断使用的打蛋设备也可能被细菌污染，这些细菌可以在残存的蛋液中生长繁殖，因此，洗蛋、打蛋等设备必须每天清洗并用消毒剂浸泡，在被变质蛋污染后更应彻底清洗和消毒。

所有的蛋制品都应经过巴氏消毒、冷藏等处理。

第三节　洗涤对水产类原料的除菌作用

一、鱼贝类在水中的自净作用

活鱼在短期静养过程中，一般都作停食处理，这可以避免鱼的排泄物污染水质，也能使鱼在加工前有充分的时间，排尽肠内粪便等，减少鱼体的带菌率。

醉蟹加工前，常将河蟹在有流动水的网箱中静养一周，然后才实行醉制。

蟹、鱼在停食、密集暂养过程中，可用新水冲瀑，一般经 24 ~ 30h 即能脱去体表黏液。但对已脱去黏液的鱼，表皮也易脱落，引起感染及死亡，故应立即加工利用以防止腐败变质。

牡蛎（Oyster）、毛蚶（Arca subcrenata）、泥蚶（Arca granosa）的美味尽人皆知，但也是传播肠道致病微生物的媒介。牡蛎每小时吞水量 40L，对微生物具有浓缩功能。由牡蛎引起的疾病包括伤寒、霍乱、副溶血性弧菌中毒、E 型肉毒中毒及甲型肝炎等。预防食用牡蛎所致的疾病感染和暴发，到目前为主，认为自净是最好的办法，即将可能污染的牡蛎放养在清洁的海水或人造海水中让它自净，综合现有研究，可以认为牡蛎在室温下经7 ~ 10d 基本上达到自净，如延长到 30d，食用是安全的。至于肠道病毒，特别是甲肝病毒由于感染剂量小，净化要求会更高。这类食品往往沸水泡吃或半熟食用口感最为鲜美，能否在餐桌上安全食用是一个迫切需要研究的课题。欲获得卫生的贝类，最根本的是保持养殖海域内海水的清洁。也可对养殖水质进行臭氧净化控制。对生食鱼贝类应特别注意其产地卫生和检疫检验，餐饮业采购水产类原料时应向供货商索取相关数据或证明，便于溯源。

二、水对鱼贝类的保活保鲜作用

近年来，我国餐饮业对各类水产品活体的需求量越来越大，顾客也对一些名贵水产品要求鲜活加工、现场烹制，这对餐饮经营提出了更高的要求。

鱼贝类保活技术根据保活原理的不同可分为低温保活技术、药物保活技术、充氧保活技术等，都是以水为介质实施的。

1. 低温保活技术

低温保活可分为冷冻麻醉保活和降低温度保活等。

冷冻麻醉保活是利用低温将水产品麻醉，在整个运输、保藏过程中，使水产品处于休眠状态。多用于梭子蟹的保活加工。

降低温度保活是通过低温将水产品的新陈代谢降到最低水平，使水产品的活动、耗氧、体液分泌均大为减弱，使水质不易变质，从而提高水产品的成活率，保持水产品的活体状态。降低温度保活广泛应用于鱼类、贝类及蟹类的保活。

药物保活技术是在水体中加入一定浓度的有关化学药品，这些化学药品进入鱼体后，能强制改变鱼类的生理状态，使鱼类进入休眠状态，对外界反应迟钝，行动缓慢，活动量减少，体内代谢强度相应降低，从而减少总耗氧量和水体中的代谢废弃物总量，使鱼类在有限的存活空间中能存活更久。之后，只要将鱼类放入清水中，就可很快复苏，恢复正常活动。

目前常用的活鱼运输药物有：乙醚、乙醇、三氯丁醇、三氯乙醛、二氧化碳、三溴乙醇、巴比妥钠、3-戊醇、异戊巴比妥钠、尿烷、MS-222（间氨基苯甲酸乙酯甲烷磺酸盐）、苯巴比妥钠、2-苯氧乙醇、FA-100（4-烯丙基-2-甲氧基苯酚或称丁香酚）、盐酸苯卡因、氯乙醇、碳酸氢钠等。药物保活具有存活率高、操作方便等特点，但一般用于渔业界，以名特优活鱼为主，主要目的是便于运输，餐饮业较少使用。

2. 活体充氧保活

鱼体呼吸主要依靠水体中的溶解氧来维持，活鱼运输时，由于鱼高度集中，容器中的水又少，加上鱼在装运过程中活动量增大，耗氧量也随之加大，这就会产生水体氧气供应不足。因此在装运时或运输途中需要向包装容器内供氧，维持鱼的生存需要。常见方法有循环淋浴法、充氧法、充气法及化学增氧法等。

（1）淋浴法　又称循环淋浴法，这种方法是利用循环水泵将水淋入装有鱼的容器中，如此循环不断增加容器中的氧气，以保证鱼的需要。

（2）充氧法　在运输车上安装氧气瓶或液态氧瓶，通过末端装有沙滤棒或散气石的胶管注入装鱼容器中。这种方法适用于木桶或帆布篓等小型包装敞口运输活鱼。

（3）充气法　在活鱼运输车上安装空气压缩机，将压缩空气注入盛鱼容器水体中，补充氧气。这种方法适用于木桶、帆布篓、鱼箱、车、船等运输活鱼时使用。

（4）化学增氧法　在一些缺乏充氧充气等条件的场合，可向活鱼容器中添加给氧剂、鱼氧精、过氧化氢等增氧剂以增加水体中的溶氧。这种方法适用于各种敞口容器中活鱼保活使用。

三、鱼贝类的清洗除菌

各种鱼贝类在粗加工过程中均应去鳞去鳃清洗干净，去除血污、胃肠道及不可食脏器，以备进一步加工。

经鱼传播给人的疾病除了从消化道侵入外，也可经皮肤感染。抓鱼、宰鱼、洗鱼等操作中被鱼的脊骨或鳍或鱼鳞刺破或被鱼咬均可能发生感染。

已报道处理鱼后手患了皮肤疾病，从病人罹患部位分离到一种类丹毒菌（*Erysipeloid bazillen*），以后认为此菌是猪丹毒菌的一种。美国新泽西洲海岸发生过1000余病例，从病人的手分离到猪丹毒菌。发病多在夏季，这与此菌生长温度有关，一般水温在18℃以下时病例减少。以后研究及近来文献报告发现鱼刺伤引起人皮肤感染的病原尚有创伤弧菌、嗜水气单胞菌等，我国创伤弧菌感染已有数例报告。洗鱼时应做好安全防范工作，一有伤口应立即包扎，以免感染。

第四节　洗涤对果蔬类原料的除菌作用

一、洗涤对果蔬的除菌作用

（一）果蔬的微生物污染

蔬菜水果在采收后的运销过程中，由于受到微生物的侵染而引起腐烂、品质下降。由于蔬菜的收获期集中在高温高湿季节，有利于微生物的繁殖和侵害，蔬菜容易衰老腐烂。此外，蔬菜在田间生长期间就已普遍遭受多种真菌的潜伏侵染，在蔬菜内部以休眠状态存在。在蔬菜收获时仍未表现症状，但一旦蔬菜成熟或贮运环境不适宜时就表现出病害症状，造成蔬菜的严重腐烂变质，如出现软腐病，各种变色斑，组织肿大或坏死，器官破坏或表面粗糙等。蔬菜贮藏侵染微生物的种类很多，有细菌、放线菌、真菌和病毒四大类，其中以真菌和细菌为主。

1. 果蔬中微生物的来源

蔬菜贮运期间的污染菌主要来源于：采收时无明显症状，但实际上已被病原菌侵染的部分蔬菜；蔬菜表面携带有病原菌或带菌污物；处理、挑选、分级过程中引起的人为污染；广泛分布于贮藏库及工具上的病原菌。

2. 果蔬微生物污染的影响因素

影响果蔬起始微生物数的因素很多，如果蔬品种、成熟度、完整性、存放条件等。

（1）果蔬的成熟度　一般地说，蔬菜成熟度低，组织幼嫩，易被病菌侵入。但也有某些病菌只侵入近成熟的果实，或者即使侵入未熟果后却被抑制而处于潜伏状态，待蔬菜成熟衰老，抵抗力下降，其症状逐渐表现出来。

（2）果蔬的完整性　蔬菜在采后一系列处理和贮运过程中，不可避免地产生机械伤，如压伤、擦伤等，机械伤除了促进蔬菜衰老之外，还特别容易引起病原菌的侵染，导致蔬菜腐烂，造成严重损失，即使是十分轻微的肉眼看不见的伤口也是如此。

（3）果蔬的生理状态　生理病害如冷害导致蔬菜的抗病性大大降低，进而被病原菌侵染，造成腐烂损失，生理病害和衰老也是蔬菜贮运侵染性病害的最主要的诱因。蔬菜表面保护组织包括角质层、木栓层、蜡质层，是各种蔬菜或其器官具备的天然屏障，对病菌起机械阻隔作用。蔬菜组织受伤后会引起细胞内酚类物质氧化，酚类对微生物有毒性，酚类氧化成醌，毒性更强。另外，蔬菜受病菌侵染刺激所产生的植保素也是一种化学屏障，几乎所有高等植物都能因病菌刺激诱导合成植保素，植保素大都是酚类衍生物，正常细胞中不存在或含量极微，细胞受侵染感应后则大量合成，对病菌有很大的毒性。

（4）果蔬的存放条件　影响果蔬存放过程中微生物生长的主要因素包括环境温度和相对湿度。

①湿度：大量研究证明，空气湿度越大，病害的发生率就越高，腐烂速度也越快。湿度是影响病原菌侵入的主要环境因素，这是因为大多数病原菌孢子的萌发，细菌的繁殖，真菌游动孢子和细菌的游动，都要求比较湿润的环境，最适宜的相对湿度都在90%以上。此外，孢子的游动传播需要在水滴里进行。当蔬菜表面有水滴时，孢子的萌发也最快。一般地说，环境湿度高，对病原菌入侵有利。因为在高湿条件下，蔬菜的保护组织膨胀，容易造成微小的机械伤，为病菌入侵提供方便。

②存放温度：湿度能影响真菌孢子的萌发和入侵，而温度则影响孢子萌发和侵入的速度。各种病原菌的萌发和生长都有其最高、最适和最低的温度范围，离开最适温度越远，病害发展就越慢。在田间的自然条件下，温度是难于控制的因素，然而在蔬菜采后的贮运过程中，温度却成为可以用来抑制病害的重要环境因素。低温有利于抑制病原菌孢子的萌发和生长，减少侵染并抑制已感染病害的进一步发展。

（二）果蔬用洗涤剂

我国对食品用合成洗涤剂制定了国家卫生标准。目前用于洗涤食品原料的洗涤剂有椰子油、二乙醇铵壬酚、聚羟乙烯醚、异丙醇、ABS钠盐等。日本对蔬菜瓜果洗涤剂配方做了规定（见表7-3）。

表7-3　日本对蔬菜、瓜果洗涤剂配方的规定　单位：%

成　分	配方Ⅰ	配方Ⅱ
ABS铵盐	25.0	—
ABS钠盐（纯度55%）	—	30.0
椰子油脂肪酸二乙醇酰胺	—	10.0
乙醇	16.0	12.5
护肤剂	2.0	—
水	57.0	47.5
香料	少量	少量

洗涤剂洗涤的除菌效果比单纯水洗要好，见表7-4。

表 7-4　不同洗涤方法对卷心菜的除菌效果

洗涤方法	细菌总数/（cfu/g）	除菌率/%	大肠菌群数/（cfu/100g）	除菌率/%
未洗涤	1264000	—	420	—
水洗 3min	395000	68.8	231	45.0
0.2%洗涤剂洗 1min	133600	89.4	57	86.4
0.2%洗涤剂洗 3min	89500	92.9	41	90.2

（三）果蔬清洗方法及除菌效果

果蔬加工原料在去皮、切分前必须进行清洗，洗去原料上的尘埃、沙土、微生物及其他的污染物。分手工清洗和设备清洗，常用的清洗设备有气泡式清洗机、滚筒式清洗机等。

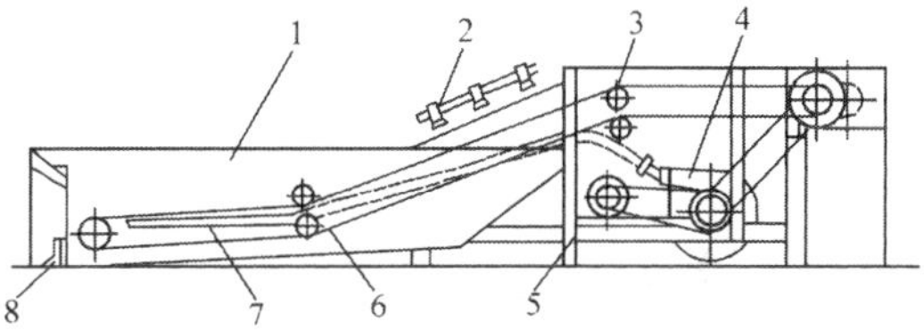

图 7-3　气泡式清洗机

1—洗槽　2—喷水装置　3—压轮　4—鼓风机
5—机架　6—链条　7—吹泡管　8—排水管

气泡式清洗机是把空气送进洗槽中，使清洗原料的水产生剧烈的翻动，物料就在空气的剧烈搅拌下进行清洗。利用空气进行搅拌，既可加速污物从原料上洗去，又能使原料在剧烈的翻动下不破坏其完整性，适合于蔬菜原料的清洗（见图 7-3）。

滚筒式清洗机主要由传动装置、滚筒、水槽等组成。该设备具有结构简单、生产效率较高、清洗能力强、对原料损伤小等特点，使用较为广泛。通过滚筒的不断旋转，使原料在滚筒内不断翻动（见图 7-4）。

毛刷式清洗机主要由可转动的毛刷、传送带、喷水管、进料斗、排水口等组成，通过电动机传动毛刷旋转，原料在装满水的槽中受到毛刷的洗刷，再由下面的输送带将其传送出去。清洗机槽内有喷水管，可喷射洗涤。该设备适合于耐摩擦蔬菜的清洗（见图 7-5）。

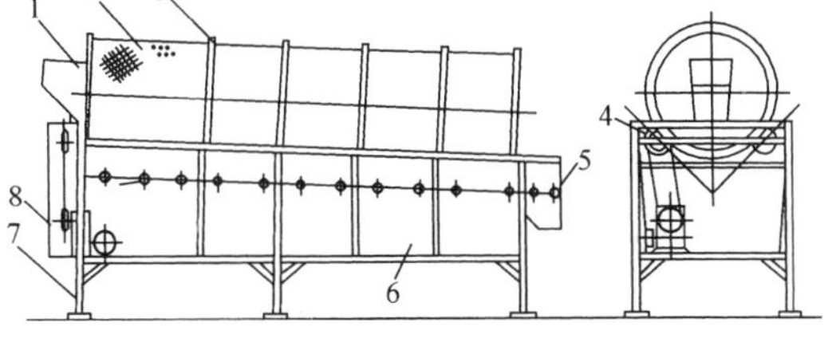

图 7-4　滚筒式清洗机

1—进料斗　2、3—滚筒　4—摩擦轮
5—铰链　6—循环水箱　7—机架　8—传动系统

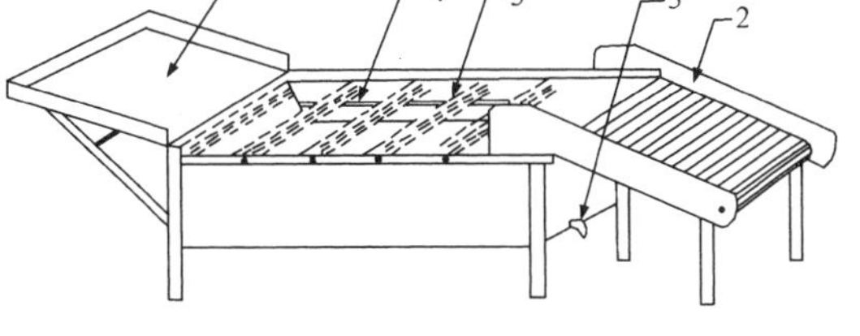

图 7-5　毛刷式清洗机

1—进料斗　2—传送带
3—毛刷　4—喷水管　5—排水口

臭氧杀菌技术是果蔬清洗时可供采用的冷杀菌技术之一，利用臭氧水杀菌代替传统的消毒剂更显示出巨大的优越性，该技术具有杀菌谱广、操作简单、无任何残留及瞬时灭菌等特点，而且应用后剩余的是氧气，不存在二次污染，完全避免了化学消毒剂给环境带来的危害，是一种理想的杀菌新方法。臭氧液态下呈淡蓝色，具有特殊气味，易溶于水，常温下易分解还原为氧气，低温下（0℃以下）不易分解。臭氧的杀菌速度是氯的600～3000倍，是紫外线的1000倍。因为臭氧不易储存和运输，只能现产现用，所以臭氧发生器成了臭氧技术的代表设备。

将通过臭氧杀菌的蔬菜原料放入二氧化氯浸泡池中进行浸泡处理，在此过程中可以进一步进行杀菌，同时可去除部分残留的农药。

二、净菜加工与质量控制

（一）厨房净菜加工概述

净菜是洁净新鲜蔬菜的简称，是指经过挑选、修整（去皮、根须等）、清洗、切分和包装等处理的生鲜蔬菜，可食率接近100%，可达到直接烹制或生食的卫生要求。许多超市盘菜即为净菜。随着餐饮业经营范围的拓展，直接为社会或机关配送单位供应净菜也已成为相关企业的经营内容。

净菜包括非切配和切配过的新鲜蔬菜。非切配蔬菜是经过修整后仍保持原形态的各类产品；切配蔬菜是在修整后又经过简易的加工形成块、条、片、丝等形状的新鲜蔬菜产品。适宜净菜加工的品种有根茎菜、果菜、部分叶菜类，主要有黄瓜、番茄、豆角、荷兰豆、苦瓜、丝瓜、洋葱、菜花、辣椒、茄子、甘蓝、生菜、韭菜、芹菜、胡萝卜、蒜薹、土豆、莲藕、莴笋、香菇等。

净菜加工的基本原理是通过化学、物理及生物的方法对加工的蔬菜进行保鲜、护色处理，从而防止微生物引起的腐烂变质、酶性褐变，使得加工品在保质期内新鲜，各项微生物指标控制在一定的标准之内。

（二）净菜的微生物性腐败

以蔬菜原料为主加工成的净菜含碳水化合物和水分多。一般含水量85%～95%，碳水化合物占有机物的50%～90%，易为微生物利用。从pH看，蔬菜的pH在5～7之间。从各类微生物的特性分析，各种微生物对营养物质都有选择性，细菌、霉菌对蛋白质有显著分解能力，酵母菌、霉菌对碳水化合物的分解能力强，而霉菌和少数细菌对脂肪的分解作用显著。各种微生物在不同的pH条件下的适应能力也不同，如霉菌和酵母菌适宜在pH小于4.5的基质中生长，而细菌适合生长于pH大于4.5的基质。通过对加工原料主要成分的分析及对各种微生物易腐性比较，可以为净菜加工质量控制打下良好的基础。

净菜变质主要是微生物因素引起的，其中以细菌为主。这些微生物通常广泛存在于土壤、空气、水、动物和人的粪便中，在从事净菜生产加工时，若不注意卫生，就会被微生物所污染，在适宜的环境条件下，这些微生物就可以大量繁殖，使净菜发生一系列的变化，以致腐败变质。

蔬菜经切割后，更易变质，其主要原因：①切割造成大量的机械损伤、营养物质外流，给微生物的生长提供了有利的生存条件，从而促进微生物的繁殖；②内部组织受到微生物的侵染；③切割增加了更多种类和数量的微生物对蔬菜的污染机会，净菜在加工、贮藏过程中发生的交叉污染，是引起产品腐烂变质的一个原因；④加工器具及加工环境不洁净。

引起净菜变质的微生物主要是细菌和真菌。一般来说，蔬菜组织的 pH 在 5 ~7，易遭受土壤细菌的侵染，如欧文氏菌（*Erwinia*）、假单胞菌（*Pseudomonas*）、黄单胞菌（*Xanthomonas*）等，净菜的表面一般无致病菌，而只有腐败菌。这类细菌对致病菌有竞争优势。但在环境条件改变的情况下，可能会导致微生物菌落种类和数量的变化，使得致病菌的生长占主导优势。如在包装内部高湿度和极低氧浓度、低盐、低 pH、过高贮藏温度等条件下，可能会导致一些致病菌如梭状芽孢杆菌（*Clostridium*）、李斯特菌（*Listeria*）、耶尔森氏菌（*Yersinia*）等的生长，并产生毒素。要保证净菜产品的品质，要求在贮藏、加工过程中，应严格控制微生物的数量和种类，并且通过利用保鲜抑菌剂等措施以确保产品适宜的货架期和安全性。另外，在去皮、切割产品的加工和处理过程中，有可能污染人类致病菌，如大肠杆菌、李斯特菌（*Listeria*）、耶尔森氏菌（*Yersinia*）、沙门氏菌（*Salmonella*）等。

净菜在贮藏过程中，产品表面的微生物数量会显著增加。净菜表面微生物数量的多少会直接影响产品的货架期，早期微生物数量越多，货架期就越短。

易引起净菜在加工过程中变质的微生物如表 7-5 所示。

表 7-5　　引起几种净菜变质的主要微生物

微生物种类	感染的蔬菜	微生物种类	感染的蔬菜
马铃薯疫霉	马铃薯、番茄、茄子等	洋葱炭疽病毛盘孢霉	洋葱
镰刀菌属	番茄、黄瓜、洋葱、马铃薯等	胡萝卜软腐欧文氏杆菌	胡萝卜、白菜、番茄、花菜等
软腐欧文氏杆菌	马铃薯、洋葱、西芹等		

三、净菜加工中微生物的控制

1. 控制加工环境的洁净度及温度

（1）控制加工环境的洁净度　加工环境的洁净度直接影响净菜加工品的品质。

（2）控制环境的温度　为有效控制净菜加工过程中微生物的生长，环境的温度控制在0～10℃，但在净菜加工过程中如大肠杆菌、肉毒梭状芽孢杆菌等，在低温环境下仍可以生长。

2. 去皮前的抑菌处理

净菜在去皮前使用0.1 g/kg臭氧水灭菌处理，臭氧水浸泡时间为5 min，再用200～500 mg/L的二氧化氯液浸泡5 min，可大大降低来自蔬菜原料中的微生物，一般情况下细菌总数≤5×10^5 cfu /g。

3. 水质的控制

加工工序中所用的水也直接影响净菜产品的微生物指标，特别是净菜去皮或杀菌后的用水，应采用无菌水。

4. 保鲜防腐剂的使用

防腐剂分为化学防腐剂和生物防腐剂，化学防腐剂有山梨酸及其盐类、脱氢醋酸钠等，生物防腐剂有乳链球菌素、纳他霉素、溶菌酶等。其使用量执行无公害蔬菜所使用的添加剂的标准。化学防腐剂的使用，对仍能在低温下生存的微生物起到了有效的控制作用，但对于净菜产品，化学防腐剂的使用有一定的限制，而生物防腐剂克服了化学防腐剂的不足之处，乳链球菌素对革兰氏阳性菌的抑制作用较强，纳他霉素对霉菌的抑制作用能力强，目前存在的问题是生物防腐剂的售价较昂贵。通过防腐保鲜处理的净菜产品的细菌总数≤5×10^5 cfu /g。

5. 调节pH

在不影响产品风味的条件下，可适当用冰醋酸、柠檬酸、乳酸等调节净菜的pH，所调节的pH控制在4～7，调节得不适当会影响净菜的风味，使净菜产品呈水浸状。

6. 包装

用微波对包装用的保鲜袋进行杀菌处理，杀菌的温度为80～100℃，在杀菌时注意将包装袋均匀平铺，以免造成局部过热。

包装袋的以下性能至关重要：①透气性，使过高的二氧化碳透出，需要的氧气透入，使组织产生的C_2H_4透出；②选择性透性，对二氧化碳的渗透能力大于对氧气的渗透能力；③透湿性不能过高，依净菜自身的特点而异；此外，有一定强度，耐低温，热封性、透明度好。这类材料主要是PE、PP、EVA、丁基橡胶等。

7. 从业人员的卫生状况

从业人员也可能造成净菜加工中微生物的二次污染，要求工人在进入加工环境之前应做好清洁工作，以免人为地造成净菜产品的二次污染。

8. 冷藏配送

净菜成品应立即置于冷藏库中降温保存。耐寒性蔬菜维持在2～4℃，喜温性蔬菜4～

10℃。加大进库产品与冷气流的接触面积，使产品中心尽快降到规定低温。各种净菜保鲜期在3～30d。通过信息畅通的配送销售网络进行净菜的合理生产和快捷配送，运输销售采用冷藏车或冷藏货柜，其温度应控制在2～10℃范围内。

第五节　洗手的作用

一、洗手与手的消毒

（一）手上的微生物

1. 常住菌

常住菌存在于皮肤表面和深部如毛囊、皮脂腺中，附着于皮肤上比较牢固，用一般洗手方法常不易去除，在皮肤上菌量比较恒定。主要的微生物种类如下：

（1）丙酸杆菌（*Propionibacteria*）　是普遍存在的一种细菌。痤疮丙酸杆菌（*P. acnes*）是厌氧的非芽孢的革兰氏阳性杆菌，形状棍棒状，略呈弯曲，有短的分叉。在血液琼脂平板上为灰白色不透明凸起的光滑菌落。菌株经几次转种后可变成兼性厌氧菌。主要分布于产生大量脂肪的的面部，在皮脂腺单位繁殖，其分布与皮脂腺单位存在相平行，也存在于头发、口咽及胃肠道中。它能利用脂肪生长，随分泌上升到皮肤表面。

（2）葡萄球菌　表皮葡萄球菌较常发现，兼性厌氧，一般不致病，存在于皮肤表面和皮脂腺单位。和它有近缘关系的金黄色葡萄球菌从皮肤采集的样品中阳性率5%～25%，易分布于潮湿部位如鼻腔、会阴、腋窝。

（3）微球菌（*Micrococcus*）　藤黄微球菌（*M. luteus*）严格需氧，革兰氏阳性，耐盐，菌落黄色有光泽。分布广泛，但数量不多。

（4）类白喉杆菌（*Diphtheroids*）　在腋窝等潮湿部位最多，阳性标本有一半左右从此部位发现。它能消化脂类、脂肪酸，具有强烈气味。此菌不产生毒素。

（5）酵母菌　糠秕孢子菌（*Pityrosporum ovale*）是一种小的芽生酵母。此菌是嗜脂性的，常出现于头发及多脂的皮肤区。在头屑涂片染色标本上可见卵圆、圆形或瓶状孢子及发芽孢子。环状的糠疹癣菌（*P. orbiculare*）在躯干部比较普遍，是花斑癣的病因。1%～15%样品能分离到近平滑假丝酵母（*Candida parapsilosis*）。

头发、面部、腋窝、腹股沟常寄生大量的细菌转移到手上后，主要集中在手指甲下及其周围部位。在皮肤寄居的细菌中，10%～20%分布于有脂类、角化上皮沉积的皮肤缝处。这些部位细菌用一般擦洗方法有时不能清除，而用消毒剂容易杀灭。

2. 暂住菌

暂住菌存在于皮肤表面常暴露的部位。暂住菌是外来的非正常菌丛，故种类不定，任何微生物均可，数量也不定，暂住菌在皮肤上附着不牢固。

引起人致病的常是皮肤上的暂住菌群。在鼠伤寒沙门氏菌、克雷伯氏菌、致病性大肠埃希氏菌、志贺氏菌传播中，手的接触污染极为严重。

各种微生物在手上生存时间不同。在正常人皮肤表面，不动杆菌生存超过 150 min 以上，并且菌量持续维持高水平。白色念珠菌、金黄色葡萄球菌、产气克雷伯氏菌（*K. aerogenes*）在数量上逐渐随时间推移而减少，但存活均超过 150 min。大肠埃希氏菌存活 90 min。而黏质沙雷氏菌（*S. marcescens*）、绿脓杆菌、普通变形杆菌则存活时间较短。

（二）手的病媒作用

经手传播的疾病很多，范围很广，包括肠道传染病、肠道正常微生物丛引起的感染、部分呼吸道传染病（如白喉、葡萄球菌、链球菌等）、皮肤传染病，以及一切可经手间接传播的疾病。

手虽然在传播疾病中起重要作用，但人们对洗手的重视程度尚不令人满意。不洗手的原因可能有下列几个方面：①凭肉眼自认为手是清洁的；②过于相信机体抵抗力，过低估计微生物的致病能力；③怕麻烦，缺少卫生常识；④少数地方缺乏洗手设备。

洗手对控制疫病传播的意义十分重大，这是因为：

（1）某些微生物经口感染剂量很小　志贺氏菌属中细菌只需 10～100 个即可使人产生痢疾症状。可以想象日常生活中一次性食入 10 个菌的机会是很多的。

（2）日常生活中某些物品或部位污染特别严重　如门拉手、热水瓶把手、厕所座位、公共窗口的台面、自来水龙头、电话机话筒及拨号盘、公共汽车扶手、钞票及饭菜票、公共毛巾。这些物品或部位污染微生物较多，而且常可检出致病微生物。

（3）肉眼认为清洁的手常带菌　微生物个体很小，物品或手污染了微生物凭肉眼无法看出。烹饪人员在操作直接入口食品前，不能误认为自己的手是“清洁的，不需洗手”。

（4）握手形成风险　社会上无症状带菌者（或病毒携带者）数量大，在从事生产和生活各种行为中，手活动最为广泛、最频繁，转移微生物作用也大，几乎不被人们察觉。

（三）洗手和手的消毒

餐饮业从业人员操作时手部应保持清洁，操作前手部应洗净。接触直接入口食品时，手部还应进行消毒。

洗手方法主要有两类：肥皂流水洗手和消毒剂洗手。

1. 肥皂流水洗手

肥皂流水洗手是简易有效的，在去污的同时洗去微生物，由于肥皂多呈碱性，故不耐碱的微生物不易生存。常规方法是用力揉擦涂有肥皂的手至少 10～15s，然后用流水彻底冲洗，这可以很有效地去除大多数手上暂住菌。如果手上有可见的污染，应延长揉擦时间。上述方法连续 2～3 次（视手的污染程度而定），使剩下的残余微生物可减少到感染剂量以下。

如用指甲刷刷洗，时间需要7 min，近来趋向于缩短至3 min，双手互搓的除菌效果不如用刷子刷洗好。研究发现隐藏在指甲下的细菌去除比较困难，刷洗如加碘伏，指甲下的细菌可降低76.9%。

肥皂可用固体的或液体的。固体肥皂用后应使其干燥，浸泡在积水中的皂盒内容易滋长细菌，磁性吸皂器将肥皂悬在空中可很快干燥，底部有孔或空格的皂盒悬挂在水槽的上方也能保持肥皂干燥。液体肥皂最好小包装以免长期使用而生长细菌，皂液用完时容器要更换或清洗，再装入新鲜的皂液。在皂液未用完时不要添加新皂液。新旧皂液混合会使细菌得到“连续培养”的机会。

洗手应在专用洗手池内进行。在脸盆内肥皂洗手特别是几个人合用一盆水，使微生物相互交换，不应提倡。洗手后一般习惯用公用毛巾揩手，但这是不理想的方法。用公用毛巾揩手后手上细菌数量比原来（指洗手后）要增加10倍以上。可以用消毒纱布、消毒毛巾或洁净软纸揩手。近年已使用烘手器，利用烘手器吹出的热风将手吹干。烘手器目前国内有光电的与电热的两种。烘手器是比较理想的干燥手的方法，可以避免手洗净后被再污染。

洗手设备用水槽最好是脚踏式的或感应式的。水龙头位置要方便流水冲洗，市售水槽设计上的缺点是龙头过于靠近槽壁，适用于盛水洗脸，但不便于手的冲洗。龙头上勿用纱布、橡皮管或塑料管做“接管”，因为容易停留细菌，甚至生长。洗手池如附带水加温设备，需注意加热温度，如果预热至37 ℃左右，将会加速细菌在其中生长，故应采取临用前加热或冷热水临时掺和的方法。池旁可另装烘手器及自动滴出皂液装置。

洗手程序可概括为：① 在水龙头下先用水（最好是温水）浸湿双手；② 双手涂上洗涤剂；③ 双手相互搓擦20 s（必要时，以干净卫生的指甲刷清洁指甲），搓擦方式依次为掌心对掌心搓擦、手指交错掌心对手背搓擦、手指交错掌心对掌心搓擦、两手互握搓指背、拇指在掌中转动搓擦、指尖在掌心中搓擦；④ 用自来水彻底冲洗双手，工作服为短袖的应洗到肘部；⑤ 用清洁纸巾、卷轴式清洁抹手布或烘手器擦干或烘干双手；⑥ 关闭水龙头（手动式水龙头应用肘部或以纸巾包裹水龙头关闭）。

2. 消毒液洗手

肥皂流水洗手虽有效，但主要去除的是暂住细菌，不易洗去常住菌。消毒液洗手可弥补此缺点，作用较快，某些消毒剂尚可发挥持续效果。

洗手消毒剂要求杀菌快速、无毒性、无刺激性、不产生过敏、皮肤不着色，理想的还要求不会被血液、肥皂、酒精所作用而减低消毒效果。有残余效果的皮肤消毒剂对预防消毒后的再污染起积极作用。

常用的手消毒剂有：0.3% ~0.5%碘伏、0.1%新洁尔灭可用于手部浸泡消毒；75%乙醇可用于手部涂擦消毒；也可用漂白粉等浸泡消毒。要求将清洗的双手在消毒剂水溶液中浸泡 20 ~ 30s，或涂擦消毒剂后充分揉搓 20 ~ 30s。

对接触直接入口食品的操作人员在有下列情形时应洗手消毒：① 开始工作前；② 处理食物前；③ 上厕所后；④ 处理生食物后；⑤ 处理弄脏的设备或饮食用具后；⑥ 咳嗽、打喷嚏或擤鼻子后；⑦ 处理动物或废弃物后；⑧ 触摸耳朵、鼻子、头发、口腔或身体其他部位后；⑨从事任何可能会污染双手的活动（如处理货源、执行清洁任务）后；⑩ 间隔一定时间后定时消毒。

需指出，虽然洗手消毒剂杀菌效果很好，但目前所用的洗手消毒剂不能保证消毒后皮肤上是绝对无菌的，消毒后仍然会有一定比例的人带菌，出现这种现象的原因，可能是毛囊、皮脂腺储存不少细菌，释放出来后会再次污染消毒好的皮肤。另据报道洗手消毒剂（碘伏、洗必太、六氯酚）本身可被绿脓杆菌、假单胞菌污染而引起疾病暴发，故洗手消毒时应注意：① 使用的消毒剂应在保质期限内，并按规定的温度等条件贮存；② 严格按规定浓度进行配制，固体消毒剂应充分溶解；③ 配好的消毒液定时更换，一般每 4 h 更换一次；④ 使用时定时测量消毒液浓度，浓度低于要求者立即更换；⑤ 保证手的消毒时间。

二、洗手效果的评价

皮肤清洁以及消毒的效果可通过皮肤细菌的定量检测进行评价。皮肤细菌检测方法常用有两种：

（一）印压法

印压法是用琼脂培养基表面直接印贴在欲测皮肤上，经培养后计数生长的菌落。常用的是巧克力琼脂，平皿大小以直径 5.5 cm 为宜，倾注培养基时使琼脂培养基表面高出平皿底盘口。直径 5.5 cm 平皿表面积应为 23.75 cm^2，如果培养后细菌菌落 38 个，那么皮肤上细菌为 1.6 cfu /cm^2。

（二）洗涤法

是将欲测皮肤处的细菌清洗下来，然后测细菌数量。用一个长 3.0 cm、直径 1.8 cm，两端开口的不锈钢圈，将灭菌的钢圈紧压在被测皮肤处，倾注入 5mL 肉汤。用灭菌的小木棒在其中搔擦皮肤 1 min。吸取 0.2 mL 于营养琼脂平板上，用三角推棒推匀。另取 0.1 mL 于 0.9 mL 肉汤或生理盐水中作 10 倍稀释，以同样方法涂布平板。将所有平板置于 37℃培养 24 ~ 48h，计数生长的菌落，最后算出每平方厘米上皮肤细菌数。例如采样原液 0.2 mL 的平板上有 12 个菌落，则每平方厘米上菌数应为：

$$\frac{x \times 5 \times 5}{\pi r^2} = \frac{12 \times 5 \times 5}{3.14 \times 0.9^2} = 118\text{cfu/cm}^2$$

式中，r 为钢圈半径，x 为平板上菌落数。

（三）棉拭法

手的细菌数测定和手消毒效果评价研究，目前国内常用棉拭法。棉拭采样虽较方便，但棉拭采样时皮肤上菌能被棉拭擦下来的为数不多，再要将菌从棉拭上洗脱下来更是不易，故结果偏低。

（四）手套法

（1）测定手上细菌数　用一次性使用的塑料消毒手套，用量杯倒入 100 mL 已配好的欲试消毒液，将手伸到手套中，自我搓捏 30～50 次，取洗下液 1mL 注入到 9 mL 的灭菌生理盐水中作 10 倍递增稀释。取 3～5 个稀释度，从各稀释度试管中吸出 0.1mL 滴入烘干的营养琼脂平板上，用推布法使液体均匀分布于表面，干燥后放 35℃ 培养 24h 后做菌落计数。

（2）试验手消毒剂的效果　以大肠埃希氏菌为例，先将大肠埃希氏菌污染在手上，方法是将浓度为 10^7cfu/mL 的大肠埃希氏菌菌液 100 mL 倒入一次性塑料消毒手套内，刚消毒过的手伸入该手套中 1min 取出让其自然干燥。上述人工污染的手浸入欲测的消毒液中消毒数分钟后（时间由研究者规定），伸入盛有 100mL 的中和剂洗液的手套中使消毒剂终止作用，同时自我搓捏 30～50 次，洗下手上可能残余的大肠埃希氏菌，洗下液做计数测定。比较消毒前后手上的细菌数便可对消毒剂的效果作出初步评价。

本章小结

厨房的清洗加工是对微生物实施控制的首要环节，清洗具有减少细菌数、去除营养源、提高杀菌有效性等多方面作用。按洗涤用介质不同，清洗可分为水洗、洗涤剂洗涤、洗消剂洗涤等；按洗涤方法不同，又可分为手工清洗、机械洗涤等。洗涤的时间、温度、洗涤剂浓度、物理性作用力的大小、待清洗物质的表面特性、洗涤方法等都会影响清洗加工的除菌效果。

畜禽类切块、出骨等加工过程中，不可避免带有污染菌，可使用烫洗、有机酸洗涤、氯剂洗涤加以除菌，对怀疑受致病菌污染者可用蒸汽作表面处理。水洗肉制品应配合冷却控制微生物生长，并应避免加工过程中的交叉污染。

蛋的清洗可减少肠道菌污染，但易破坏蛋壳外膜，对蛋实施药剂消毒或结合烫洗可延长保质期及减少蛋黄酱等生食蛋制品引起沙门氏菌食物中毒的风险。

鱼贝类在加工前短期静养可起到自净作用，降低其带菌量。也有使用低温及使用药剂进行保活保鲜的，提高水产品商品价值及卫生质量。鱼类的剖宰、去鳞去鳃、清脏、洗涤都对其质量控制具有重要意义。

果蔬类带菌量高，易腐性强，及时进行挑拣、摘选、清洗、切配及包装、冷藏是净菜加工的基本任务。尽可能在洗涤过程中避免损伤、选择适宜的存放条件、结合防腐保鲜剂的使用是防止其微生物生长及腐败变质的有效措施。

员工手上的微生物有常住菌和暂住菌之分，可通过各种渠道转移到食品中，因而洗手也是厨房的一项基本操作。接触直接入口的食品应坚持手的消毒，并在管理实践中加强手消毒效果的监测，以有效控制手的病媒传播作用。

习　题

1. 洗涤对减少微生物绝对数有何意义？
2. 水作为清洗介质的除菌作用表现在哪些方面？
3. 洗涤剂有哪些类别？概述其除菌作用特点。
4. 影响洗涤除菌效果的因素有哪些？试举例说明。
5. 肉类洗涤除菌方法有哪些？怎样提高其除菌的有效性？
6. 以鸡的净膛和清洗为例说明除菌的有效方法。
7. 洗蛋有何意义？为什么要实施蛋消毒？
8. 鱼贝类自净作用有何意义？
9. 清洗鱼类对员工有什么风险？如何防范？
10. 果蔬类原料带菌量高低的影响因素有哪些？如何对生食果蔬实施消毒？
11. 净菜微生物性腐败的原因如何？如何控制？
12. 手上的常住菌和暂住菌有哪些区别？
13. 说明洗手对控制疾病传播的意义。
14. 怎样执行规范的洗手和手消毒程序？
15. 洗手消毒效果评价方法有哪些？
16. 名词解释：

洗涤、洗涤剂、酸性洗涤剂、碱性洗涤剂、合成洗涤剂、酶性洗涤剂、自净作用、常住菌、暂住菌

第八章　厨房食品冷加工的抑菌作用

［学习目的］ 在了解嗜冷菌对低温的适应性和耐受力基础上，学会分析厨房冷却、冷冻加工食品可能存在的微生物风险，以及确保抑菌效果应采取的各种措施，重点掌握厨房动物性原料的冷却加工以及各类调理性食品速冻加工的微生物控制技术。

［主要内容］ 嗜冷菌的特点，低温对嗜冷菌生长和代谢的影响，厨房冷却、冷冻的抑菌作用机理及效果，冷藏链抑菌系统。

第一节　厨房食品冷加工的抑菌作用机理

一、厨房食品冷加工概述

厨房食品冷加工是指通过降低环境温度控制食物质量的加工处理，也即食物的冷藏。它通过抑制微生物生长繁殖和代谢活动，降低酶的活性和食物内化学反应的速度，达到防腐目的。厨房冷加工常包括冷却、冷冻（冻结）、冷藏。

（1）冷却　是指将食物温度降低到指定温度，但不低于食物汁液的冻结点，一般食物冷却的温度是 -4 ~ +4℃。在这个冷却温度下虽可最大限度地保持食品的新鲜度，但部分微生物仍能生长繁殖。因此，冷却的食物只能短期保存。

（2）冷冻　是将食物中所含大部分水分冻结成冰，即将食物温度降低到低于食物汁液的冻结点，一般在 -8℃以下。冷冻食品也叫冻结食品，缺水和低温大大限制了食物中微生物的生存，同时杀死部分微生物。

（3）冷藏　是维持食物在冷加工过程中的最终温度条件下，将食物作不同期限的保藏，根据冷加工最终温度的不同，食物冷藏可分为冷却冷藏和冻结冷藏。

厨房冷加工既用于对各类烹饪原料的处理，也用于半成品的较长期存放和烹饪制成品的深加工，是餐饮业食品经营过程中主要的抑菌措施。

二、嗜冷菌及其特点

在厨房冷加工食品的经营过程中，引起腐败变质的主要是嗜冷菌，而嗜温菌生长会得到有效抑制。

“嗜冷菌”（Psychrophile）这一术语是在 1902 年由 Schmidt Nielsen 首先提出的，当时是指在 0℃下可以生长的微生物。这一术语现在的定义是：在 0 ~ 20℃下可以生长、最适生长温度为10～15℃的那些微生物。

与嗜冷菌类似的概念即适冷菌，大约在20世纪60年代，“适冷菌”（Psychurotroph）被用来指可以在5℃或更低温度下生长的微生物。现在被食品微生物专家广泛接受的适冷菌的概念是：0～7℃下能够生长，并在7～10 d内产生可见菌落的微生物。在0～5℃范围内导致肉、家禽和蔬菜腐败的微生物可被认为是适冷菌。因为所有的适冷菌在0～7℃范围内其生长速度并不一致，由此出现了兼性适冷菌（eurypsychrotroph）和专性适冷菌（stenopsychrotroph）这两个概念。典型的兼性适冷菌一般在6～10d才形成可见菌落，典型的专性适冷菌在5 d左右可形成可见菌落。因此，有人建议：可以通过观察在非选择性培养基上，43℃下培养24 h是否生长来区别适冷菌和非适冷菌，后者可以生长。实验中发现，有些菌如阴沟肠细菌、蜂房哈夫尼菌和小肠结肠炎耶尔森氏菌既可于7℃下在10d内良好生长，也可在43℃下良好生长，这些微生物可命名为兼性适冷菌。典型的专性适冷菌是酶实假单胞菌和嗜水气单胞菌（*Aeromonas hydrophila*），它们在7℃下生长3～5 d就非常旺盛，而在43℃下不能生长。

食品的低温保藏有三个明显的温度区域：冷凉温度是指介于通常的冷藏箱温度（5～7℃）和室温之间的温度，通常为10～15℃，该温度区域适于一些果蔬，如黄瓜、西红柿、酸橙等的贮藏；冷却温度介于0～7℃之间；冷冻温度是指低于－18℃的温度区域。在正常情况下，在冷冻温度下所有微生物的生长都被抑制，然而，一些菌确实可以在冷冻温度区域内生长，但其生长速度非常缓慢。

本书中为了叙述上的方便，将适于在20℃以下生长的细菌都叫嗜冷菌。

在低于7℃下生长的细菌大多数是革兰氏阴性菌，但也有少量的革兰氏阳性菌（见表8-1和表8-2）。在食品中微生物生长的最低温度是－34℃，是一种红色酵母。酵母菌和霉菌比细菌更有可能在低于0℃下生长，这与真菌能在低水分活度下生长的情况相一致。细菌也有在－20℃和－12℃左右生长的情况。在低于0℃下，微生物可能在诸如浓缩果汁、培根、冰淇淋和某些水果中生长。这是因为这类食品中含有抗冻结物质，降低了水的冰点。

细菌的最高生长温度与细菌呼吸酶系的最低破坏温度有关。在各种嗜冷菌的最高生长温度下，大量的呼吸酶已经失活（见表8-3）。这样，嗜冷菌中存在的某些对热敏感的酶限制了这些菌在高温下的生长。

一些嗜冷菌处于最高生长温度以上时，由于各种细胞内成分的流出而死亡。这些流出的成分包括蛋白质、DNA、RNA、游离氨基酸及磷脂。磷脂被认为来自于细胞质膜。细胞成分的流出机理与细胞膜的破裂有关，这些现象发生于酶失活之后。

表 8-1　　低于 7℃下可生长的细菌

革兰氏阴性菌	相对数量	革兰氏阳性菌	相对数量
不动细菌	+ +	芽孢杆菌	+ +
气单胞菌	+	短杆菌	+
产碱杆菌	+	环丝菌	+ + +
色杆菌	+	肉食杆菌	+ + +
柠檬酸细菌	+	梭状芽孢杆菌	+ +
肠细菌	+ +	棒状杆菌	+
欧氏植病杆菌	+ +	肠球菌	+ + +
埃希氏菌	+	乳酸杆菌	+ +
黄杆菌	+ +	乳酸链球菌	+ +
盐杆菌	+	明串珠菌	+
哈夫尼菌	+ +	李斯特菌	+ +
克氏杆菌	+	微球菌	+ +
摩氏杆菌	+ +	片球菌	+
摩根氏菌	+	丙酸杆菌	+
发光杆菌	+	漫游球菌	+ +
变形杆菌	+		
普罗威登斯菌	+		
假单胞菌	+ + +		
沙门氏菌	+		
赛氏杆菌	+ +		
弧菌	+ + +		
耶尔森氏菌	+ +		

注：+—较次的；+ +—中间；+ + +—非常重要和优势。

表 8-2　　在 7℃下可以生长的一些食品污染微生物的最低生长温度

菌　　名	最低生长温度/℃	菌　　名	最低生长温度/℃
红酵母	-34	肉毒梭状芽孢杆菌 B、E、F 型	3.3
霉菌	-12	巴拿马沙门氏菌	4.0
弧菌	-5	介凝赛氏杆菌	4.0
小肠结肠炎耶尔森氏菌	-2	副溶血性弧菌	5.0
未鉴定的大肠杆菌	-2	海德堡沙门氏菌	5.3
坏死环丝菌	-0.8	片球菌	6.0
肠球菌	0	短乳杆菌	6.0
嗜水气单胞菌	-0.5	伤寒沙门氏菌	6.2
肉明串珠菌	1.0	金黄色葡萄球菌	6.7
单核细胞增生李斯特氏菌	1.0	肺炎杆菌	7.0
清酒乳酸杆菌	2.0	芽孢杆菌	7.0

表 8-3 嗜冷微生物中的一些热不稳定性酶

酶	微生物	最高生长温度/℃	酶失活温度/℃
α-酮戊二酸合成酶	隐球酵母	<28	30
苹果酸脱氢酶	海洋弧菌	<30	30
丙酮酸脱氢酶	假丝酵母亚种	<20	25
异柠檬酸脱氢酶	节细菌亚种	<35	37
蛋白质和 RNA 合成酶	嗜冷微球菌	25	30

三、嗜冷菌对厨房食品冷加工的适应性

嗜冷菌对食品冷加工的适应能力比嗜温菌强，这由以下因素所决定。

（一）嗜冷菌具有低的代谢速率

随着温度的下降，嗜冷菌生长速度的降低要比嗜温菌更慢。温度降低时，蛋白质的合成速率会下降，其原因一方面可能是低温下分子间氢键的增加导致酶蛋白折叠作用的增强，从而使酶失去催化活力。另一方面，蛋白质合成速率的下降与低温下各个酶合成速率下降有关。

生长温度降低时微生物代谢活性普遍降低，但在低温下生长的嗜冷菌已被证实具有相对较高的酶活力，因为在0℃时嗜冷菌同样存在运动性，形成内生孢子及孢子萌发等功能。最低生长温度除了取决于酶和细胞膜的结构外，还取决于酶合成作用。另一方面，在高温下嗜冷菌酶分泌作用丧失的机理显然是酶合成反应的不活跃性而不是酶的失活，尽管酶的失活现象也有发生。

（二）嗜冷菌细胞膜输送溶质更为有效

几项研究表明：将嗜温菌的生长温度降低至嗜冷菌的生长温度范围内时，嗜温菌细胞对溶质的摄入量下降。低温影响溶质摄入的基本机理是：①低温下，某些蛋白质由于低温诱导的结果使其构象发生变化，从而导致低温下各透膜酶蛋白的失活；②低温下细胞质膜分子结构发生了变化，抑制了透膜酶的活力；③低温下细胞缺少溶质主动输送所需的能量。

而嗜冷菌在它们的细胞膜中趋于拥有能使膜具有更高流动性的脂类。嗜冷菌膜较高的流动性有利于低温下膜上物质的输送。另外，在这些条件下嗜冷菌的输送透膜酶的活力明显地比其他嗜温菌有效。可见低温下适冷菌在摄入溶质方面比其他嗜温菌更为有效。

（三）不饱和脂肪酸的增加

通常大多数细菌的脂肪含量为2%～5%，并且其中大多数或全部存在于细胞膜中。细

菌脂肪由两类甘油酯构成：即中性脂肪和磷脂，许多嗜冷菌在低温下生长时，其合成的中性脂肪和磷脂中不饱和脂肪酸的比例，要比在相对较高温度下生长时的高。嗜中温和嗜冷的假丝酵母菌在10℃生长时，不饱和脂肪酸的含量比在25℃生长时的要高近50%。产朊蛋白假丝酵母在其生长温度从30℃降至5℃时，不饱和脂肪酸的含量显著增加。

低温诱导下引起的细胞脂肪酸成分的变化现象的普遍产生，表明它们与细胞的生理机能有关。现已证明，脂质中不饱和脂肪酸比例的提高可导致脂质融点的下降。有人认为在低温下不饱和脂肪酸合成的增加有使脂质保持液态和流动态的作用，从而使膜的功能得到继续发挥。这个概念，被称为脂质固化理论（lipid solidification theory），而冷休克现象是对脂质固化理论的有力证明。

冷休克是指生长在适宜温度下的嗜温菌活菌体在温度骤然下降时发生的大量菌体细胞死亡的现象。大量的包括大肠杆菌在内的革兰氏阴性菌显示有此现象。一般来说，这是革兰氏阴性菌的一种特性，而革兰氏阳性菌无此特性。冷休克已被证实伴有某些低分子质量细胞组分的释放，这可能是原生质膜受破坏的结果。发生冷休克现象的原因是：突然的冷却使膜脂质“冻结”，细胞成分从细菌体中突然放出，其结果是在细胞膜上形成致命的“小孔”。一种微生物的生长温度范围，一定程度上取决于该菌体在设定的范围内调节其自身脂质流动性的能力。

（四）嗜冷菌合成高水平的多糖

嗜冷菌合成高水平的多糖这种效应的典型例子包括黏乳及黏丝面包面团的产生，低温下更易发生这两种情况。在培养温度低于明串珠菌和片球菌的最适生长温度下，更有利于这两种菌产生细胞外葡聚糖。在低温下产生更多的葡聚糖，其机理很明显是由于葡聚糖蔗糖酶在温度超出30℃时很快就会失活。已证实乳酸杆菌菌种也同样存在对温度敏感的葡聚糖蔗糖酶合成体系。多糖合成的增加，是低温肉制品腐败所表现出来的外观特征的起因。表面发黏是香肠、新鲜家禽及牛肉糜细菌性腐败的特征。表面菌落的蔓延，导致了这类肉制品发黏，其水合作用能力的提高，更易使低温肉制品发生腐败。

除了以上原因，低温的增氧作用等也是嗜冷菌在低温下容易生长的原因。

第二节　厨房食品冷却加工的抑菌作用

一、冷却的目的和方法

（一）冷却的目的

厨房食品冷却加工的目的是为了延长食品的保藏期限，抑制微生物的活动和繁殖或果蔬的呼吸作用，使食品的新鲜度得到很好保持，并能使某些食品（如肉类）完成部分成熟过程，使其具有柔软、芳香、易消化品质。

但经过冷却的食品，一般只做短期保藏，因为在冷却的温度条件下，食品中的水未冻结成冰，部分微生物仍能生长繁殖。

（二）厨房食品冷却加工的方法

冷却方法常用的有冷风冷却、真空冷却、碎冰冷却。按食品的种类和冷却要求的不同，可选择使用不同的冷却方法。

食品将本身的热量传给周围的冷却介质，使食品的温度降低。这个热交换过程较为复杂。热交换的速度与食品的导热系数、形状、散热面积、食品和介质之间的温度差以及介质的性质、流动速度等因素有关。

食品冷却过程的热交换速度与食品本身的导热系数成正比。食品的导热系数越大，在单位时间内由温度较高的食品中心向温度较低的表面传导的热量也就越多，因而食品冷却或冻结得就越快。水比脂肪的导热系数大些，因此，含水多、含脂肪少的食品传热速度就快；反之，就慢。

二、食品的冷却加工

以下的冷却加工有许多实际上是大工业化生产中的加工，烹饪专业的学生可作一般了解，可在实践中有所借鉴。

（一）肉类的冷却加工

畜禽屠宰后已成为无生命体，不但对外界的微生物侵害失去抗御能力，同时自身也进行一系列的降解等生化反应，出现死后僵直、软化成熟、自溶和腐败等现象。其中自溶阶段始于成熟后期，是质量开始下降的阶段。其特点是蛋白质和氨基酸进一步分解，沾染的腐败微生物也大量繁殖，烹调后肉的鲜味、香味明显消失。因此，肉的贮藏应确保使肉类尽量推迟进入自溶阶段。

迅速降温可以减弱酶和微生物的活性，延缓自身的生化分解过程。屠宰后的畜禽肉温度为37～40℃，水分含量在70%～80%之间，这样的环境非常适合微生物的繁殖与生长，因此，常将肉体温度降至0～4℃。迅速降温可以在肉体表面上形成一层干燥膜，它不但阻止微生物的侵入和生长繁殖，也减少了肉体内部水分的进一步流失。

冷却也是一些加工制品必要的原料处理工序（如牛肉的排酸处理），经低温成熟的冷却肉，因体内乳酸的大量产生，还能对肉类的某些病毒（如口蹄疫病毒、牛传染性胸膜炎病毒、肺炎病毒等）起到消毒作用。

1. 畜肉类冷却加工

畜肉通常是吊挂在有轨道的带有滚动轮的吊钩上进行空气冷却，吊挂数量应根据肉的种类、肥度等级而定，一般胴体吊挂密度为250 kg/m左右。冷却方法有一段冷却法（one phase chilling）和两段冷却法（two phase chilling）。一段冷却法是指整个冷却过程均在一个冷却间内完成，冷却空气温度控制在0℃左右，风速在0.5～1.5m/s之间，为了减少干耗，风速不宜超过2m/s，相对湿度控制在90%～98%之间。冷却终了，胴体后腿肌肉最厚部中心的温度应该达到4℃以下，整个冷却过程应在24h内完成。两段冷却法指采用不同冷却温度和风速，冷却过程可在同一间或两个不同间内完成。第一阶段的空气温度在-10～-15℃之间，风速在1.5～3m/s，冷却2～4h，使肉体表面温度降至0～-2℃左右，内部温度降至16～25℃。第二阶段空气温度为0～-2℃，风速0.1m/s左右，冷却10～16h即可完成。两段冷却法的优点是干耗小，微生物繁殖及生化反应控制好，但单位耗冷量大，目前多采用两段冷却法。

2. 禽肉冷却加工

禽肉可以吊挂在空气中冷却，也可以采用冰水浸或喷淋冷却。空气冷却法中温度和风速选择范围较大，冷却所需的时间差别也较大。常见的冷却工艺有空气温度2～3℃，相对湿度80%～85%，风速1.0～1.2m/s。在这样的条件下，经过7h左右即可使鸭、鹅体的温度达到3～5℃，而冷却鸡的时间会更少。若适当降低温度，提高风速，冷却时间将在4h左右完成。冰水浸或喷淋冷却速度快、没有干耗，但易导致微生物污染，目前采用冰水浸或喷淋冷却法较多。

3. 肉类的冷藏加工

肉类冷却后如果不进一步冻结，应迅速放入冷藏间，可进行短期贮藏或运输，也可完成肉的成熟作用。冷藏间温度一般在+1～-1℃之间，相对湿度在85%～90%之间为宜。如果温度低，湿度可以增大一些以减少干耗。贮藏过程中应尽量减少冷藏间的温度波动，尤其是进出货时更应注意。表8-4列出了对冷却肉冷藏的推荐条件，此冷藏期是在严格执行卫生条件下的时间，在实际冷藏中，放置5 d后即应每天对肉进行质量监测。

表8-4　冷却肉冷藏条件和贮藏期

品　名	温度/℃	相对湿度/%	冷藏期
牛肉	-1.5～0	90	4～5周
小牛肉	-1～0	90	1～3周
羊肉	-1～1	85～90	1～2周
猪肉	-1.5～0	85～90	1～2周
内脏	-1～0	75～80	3日
兔肉	-1～0	85	5日

4. 肉类食品在冷却冷藏中的品质变化

（1）干耗　干耗在冷却和冷藏中均会发生，尤其是冷却初期，水分蒸发很快，24h内的干耗量可达1% ~1.5%。在冷藏中，风速、温湿度、食品摆放方式等不合理也会使干耗明显加大。尤其是冷藏前3d更为突出。例如在4 ~0℃冷藏下，前3 d 1/4 牛胴体每天的干耗量分别为 0.4%、0.6%、0.7%；较瘦的猪半胴体干耗量分别为 0.4%、0.55%、0.75%；羔羊肉的干耗量与1/4 牛胴体的干耗量接近。3 d 以后每天平均干耗量仅为0.02%左右。

（2）寒冷收缩　寒冷收缩是畜禽屠宰后在未出现僵直前快速冷却造成的。其中牛和羊肉较严重，而禽类肉较轻。冷却温度不同、肉体部位不同，冷却速度也不同，如肉体表面容易出现寒冷收缩。寒冷收缩后的肉类经过成熟阶段后也不能充分软化，肉质变硬，嫩度差。若是冻结肉，在解冻后会出现大量汁液流失。目前研究发现当肉的 pH <6 时极易出现寒冷收缩。

（3）软化成熟　肉类成熟是在酶的作用下自身组织分解的过程，使肉质柔软，同时增加了香气和商品价值。

（4）变色、变质　肉类在冷藏时可出现变色现象，如红色肉可能逐渐变成褐色肉，白色脂肪可能变成黄色。肉类颜色改变是与自身氧化反应以及微生物作用有关。红色变为褐色是由于肉中肌红蛋白和血红蛋白被氧化，生成高铁肌红蛋白和高铁血红蛋白的结果。脂肪变黄是由于脂肪被水解后的脂肪酸被氧化的结果。此外，细菌、霉菌的繁殖和蛋白质分解也会使肉类表面出现绿色或黑色等变质现象。因而对冷却冷藏肉应定期抽检，尽早用完。

（二）蛋类的冷却加工

鲜蛋的冷却可在专用的冷却间内完成，也可利用冷库的穿堂和过道，采用微风速冷风机进行冷却。在冷却开始时，冷却空气温度与蛋体温度相差不能太大，一般低于蛋体温度2 ~3℃，随后每隔1 ~2h 将冷却间空气温度降低1℃左右。冷却间空气相对湿度在75% ~85%，流速在0.3 ~0.5m/s 之间。通常情况下经过24h 的冷却，蛋体温度可达1 ~3℃，此时冷却结束。

冷却后的蛋可在两种条件下冷藏：①温度0 ~ -1.5℃，相对湿度80% ~85%，冷藏期为4 ~6 个月；②温度 -1.5 ~ -2℃，相对湿度85% ~90%，冷藏期为6 ~8 个月。冷藏蛋在出库上市之前，应该在库内逐渐升温，直至蛋温低于库外温度3 ~5℃为止。否则，冷藏蛋出库后将在蛋体表面上结露，使冷藏蛋质量迅速下降。

（三）鱼类冷却加工

鱼肉与畜禽肉比较，其肌肉组织松软，蛋白质更易被人体吸收，但脂肪中的不饱和脂肪酸含量高，使鱼肉易氧化变质。鱼死后会出现僵直、成熟、自溶和腐败四个阶段，而且在僵直前还有一个鱼体表面黏液分泌过程。这种黏液是腐败菌的良好培养基。当温度在3 ~5℃或更高时，它们极易使鱼体腐败。上述四个阶段所持续的时间均较短。尤其是软化成熟阶段极短，其原因是鱼体内的多种酶和微生物在较低温度下仍有很强的活性，使组织比较柔嫩的鱼体迅速进入自溶阶段。在自溶阶段，部分蛋白质已被分解成氨基酸和可溶性含氮化合物，鱼的鲜度开始下降。鱼体僵直和自溶时间长短与鱼的种类、捕获方法、致死前的生理状态有关，温度对这两个过程影响最大，海水鱼在40～50℃之间自溶最快，淡水鱼在23～30℃之间自溶最快，如温度在24℃左右时鲤鱼和鲫鱼自溶最快，低于0℃时自溶作用几乎停止。

鱼体冷却方法有以下几种。

1. 冰冷却加工

冰冷却法是鱼类食品冷却的常用方法。可利用机械制冰或天然冰。冰经破碎后撒在鱼层上，形成一层冰一层鱼的样式或将碎冰与鱼混拌在一起。前者称为层冰层鱼法，后则称为拌冰法。拌冰法适用于中、小鱼类，特点是冷却快。层冰层鱼法适用于大鱼冷却，一般鱼层厚度在50～100mm，冰鱼整体堆放高度约75cm，上用冰封顶，下用冰铺垫。用冰量与冷却鱼量常在（1:3）～（1:1）范围内。

冰冷却法一般只能将鱼体冷却至+1℃左右，冷却鱼不能长期贮藏，一般淡水鱼为8～10d，海水鱼为10～15 d，若冰中添加防腐剂可延长贮藏期。

2. 冷海水冷却加工

利用机械制冷或机械制冷与冰制冷结合使海水温度降至－1～－2℃，将捕获的鱼浸入其中达到迅速冷却的目的。如平均80g重的鱼在－0.5～－2℃冷海水中，从20℃冷却至0.5℃只需16min，若冷海水的流速在0.2～0.5m/s之间，冷却时间仅需9min，而同样条件下用冰冷却法则需47min。

冷海水含盐应该保持在2%～3%之间，鱼与海水的比例约为7:3，如果采用机械制冷与冰结合的冷却法，应及时添加相当于3%冰量的食盐，以免冷盐水的盐浓度下降。冷盐水冷却法的不足是鱼体吸水膨胀，肉变咸、变色、易污染。若将CO_2充入冷海水中，可使冷海水的pH降低至4.2左右，可抑制或杀死部分微生物，使冷藏期延长。如鲑鱼在冷海水中最多贮藏5d，若去掉头和内脏也只能贮藏12d，而经过充入CO_2处理可贮藏17d。

3. 微冻保鲜

鱼在－3℃左右的冷却介质中呈轻微冻结状态，使其冷藏期可比在0℃左右的冷藏期延长1.5～2倍。微冻保鲜可在冰冻冷却法和冷海水冷却法的基础上进行，只是温度更低一些。其最终温度取决于盐的浓度。层冰层鱼铺放时，冷却最低温度不到0℃。若要实现微冻状态，撒碎冰后再撒上相当于2%～4%冰重的食盐。

4. 冰盐混合物冷却加工

冰盐混合物是一种有效的起寒剂。当盐掺在碎冰里，盐就会在冰中溶解而发生吸热作用，使冰的温度降低。冰盐混合在一起，在同一时间内发生两种作用：一种是冰的融化吸收融化热，另一种是盐的溶解吸收溶解热。因此，在短时间内能吸收大量的热，从而使冰盐混合物的温度迅速下降，它比单纯冰的温度要低得多。

这种方法是将鱼类浸入浓度2%的冰盐溶液中进行冷却。由于盐、冰融化快，冷却温度降低到-1℃。冰融化后，使盐水浓度降低，同时冰水吸热温度回升。因此需要补充适当的冰和盐，以期保温。这种方法一般用于短时间保鲜或高温季节用于冰藏前的鱼体的预冷。

5. 冷空气冷却加工

来不及冻结或用其他方法加工的鱼货加冰后，可放在水产冷库内冷却。空气温度为-1~3℃，相对湿度为90%~100%，空气循环每小时1~2次，贮藏期为10d左右。

6. 漂烫冷却保鲜加工

将活的鱼直接放入88℃的热水里漂烫约2 min，随后进行一般冷却。其保鲜期经10 d后，鱼的质量仍然很好。这种方法对海水鱼和淡水鱼均适用。

(四) 果蔬类的冷却加工

果蔬采摘后到过熟期的时间长短与其呼吸作用和乙烯催熟作用有关。在有氧情况下呼吸使单糖、双糖、淀粉、脂肪、有机酸、鞣质等氧化分解成 CO_2 和 H_2O，在无氧情况下呼吸使糖类等物质分解成乙醇和 CO_2。呼吸过程均使营养物质和风味遭到损失，同时放出的呼吸热还造成呼吸加速等恶性循环。呼吸快慢用呼吸强度表示，即果蔬组织在每小时内吸收或放出的二氧化碳量。果蔬呼吸强度不但与其种类、品种、成熟度、部位以及伤害程度有关，而且还与温度、空气中的氧和二氧化碳含量有关。一般情况下，温度低，呼吸强度也低，例如，果蔬在10℃时呼吸强度及呼吸热约是0℃时的3倍，若在环境温度下放置24h即可损失所含糖量的1/3~1/2。但少部分果蔬的呼吸强度和温度的关系与上述不同。如马铃薯的最低呼吸速率在3~5℃，而不在0℃。黄瓜在15.5℃时呼吸速率为19mg CO_2/（kg·h)，而在1.7℃时则为28 mg CO_2/（kg·h）。此外，温度过低也会由于生理失调而产生冷害（chill injury），例如香蕉在11.7~13.8℃将出现果皮变黑；部分苹果在2.2~3.3℃时会出现内部变褐、果心变黑；黄瓜在7.2℃时会出现水肿腐烂等现象。研究表明，这种现象除与温度有关外，还与食品的品种、成熟度、栽培条件以及冷藏环境等有关。合理的冷藏加工可控制果蔬以较低的呼吸速率维持生命正常的代谢过程，推迟呼吸高峰的到来。

大多数果蔬在采摘后应迅速进行分级、包装、冷却等预处理，研究资料表明，采摘后24h冷却的梨，在0℃下贮藏5周不腐烂，而采摘后经过96h后才冷却的梨，在0℃下贮藏5周就有30%的梨腐烂。

果蔬的冷却加工方法较多，常用的有空气冷却、冷水冷却和真空冷却等。

1. 冷空气冷却加工

冷空气冷却是指在高温库的冷却间或冷库的穿堂内冷却。冷却间的温度视果蔬的品种而定，一般在0~5℃，如温度过低，接近果蔬冻结点时，会发生“冻伤”现象。相对湿度在85%~90%，空气流速为0.5m/s，经过24 h后，盛果蔬的容器中心温度达到5℃左右，完成冷却过程。有些果蔬如栗子、毛豆需要拆包后倒在席子上摊开冷却，待冷却后再包装。在冷却时，一般采用交叉堆码方法，以保证冷空气流通，加速果蔬的冷却。对于直接入库冷藏的果蔬，可采取逐步降温的方法，使果蔬由常温逐渐冷却，然后定温冷藏。如大白菜直接入冷藏高温库后，应先降温到6℃，湿度为65%，可贮藏六个星期左右，使库内温度稳定后，再降低到0~1℃时，湿度为85%~90%，可贮藏3~4个月。大白菜冷藏时，不能与产生乙烯的果蔬贮藏在一起，以免污染。

2. 冷水循环冷却加工

冷水循环冷却加工是将果蔬浸入冷却的水中或用冷水喷雾以进行冷却的方法。这对于根菜类、果菜类等真空冷却无效的产品有效，而且能很好地传热，效果良好。但如水中有微生物易被污染，也可能由于水流动而受伤。为此要求使用的冷水必须连续进行过滤，同时还须在水中加入化学添加剂，使之不含菌。所以，太软的果、菜不适合使用。在美国，冷藏水果特别是桃子在冷藏前，通常用这种方法先冷却，效果良好。

3. 真空气化冷却加工

真空气化冷却加工的原理是将果蔬所处环境变成真空，通过水蒸发并带走潜热而使果蔬得以冷却。抽真空可用真空泵、蒸汽喷射泵来完成。果蔬在送入真空设备前，需先喷雾加湿。这样，通过果蔬表面水分的气化，冷却会更加充分，美国、日本用这种方法效果良好。

各类果蔬适用的冷却加工方法见表8-5。

表8-5　果蔬适用的冷却加工方法

冷却方法	适宜加工的果实、蔬菜
空气冷却	果实、蔬菜全部
冷水冷却	玉米、龙须菜、莴苣、菠菜、胡萝卜、甜瓜、芹菜
真空冷却	菜花、豌豆、玉米、莴苣、芥菜、菠菜、青豌豆、芹菜

第三节　食品的冷冻加工

一、冷冻加工的方法

使食品冷冻的两种基本方法是缓速冷冻和快速冷冻，缓冻是指食品在3~72h内达到所要求温度的过程。这与使用家用冰箱进行冷冻的类型基本一致。快速冷冻或急速冷冻是指食品的温度在30min内降至大约-20℃的过程。急冻可以通过制冷剂与食品间接接触或将食品直接浸于制冷剂中，并使用冷空气吹过被冷冻食品表面的方法加以实现。在冷冻过程中冰晶体的形成上，缓冻趋向于形成大的、细胞间的冰晶体，而快速冷冻趋于形成小的、细胞内的冰晶体。冰晶体的生长是限制某些食品冷冻保质期的因素之一，因为随着冰晶体逐渐增大，动植物产品的细胞会因细胞膜、细胞壁及内部构成的破坏而受损，至某种程度时，其解冻产品在组织结构和风味上都会与原产品有大的差异。在冷冻食品的解冻过程中，在同样的解冻时间内，慢速冷冻食品比快速冷冻食品更易失去汁液。

由于速冻食品能最大限度地保持食品原有的新鲜度，保藏期长，使用方便，解冻后食品质感的恢复更好。因而速冻加工正在取代缓冻，成为冷冻食品加工的主流方法。

二、冷冻对微生物的影响

（一）微生物在冷冻加工过程中的变化

微生物在冷冻过程中所发生的一些主要变化如下：

①在冷冻过程中有微生物的突然死亡，情况随品种而变；

②经过冷冻后存活的这部分微生物在冷冻状态下冷藏时会逐渐死亡；

③微生物的死亡速率刚好在冰点以下，尤其是-2℃左右时相对较快，但在最低温度下死亡速率反而降低，在低于-20℃时通常很慢。

冷冻后细菌的存活率随种类的不同而不同，球菌对冷冻的抵抗力通常要比革兰氏阴性杆菌强得多。在引起食物中毒的细菌中，金黄色葡萄球菌或梭状芽孢杆菌的营养细胞比沙门氏菌有更大的抵抗力，然而低温对芽孢及引起食物中毒的毒素几乎没有作用。将一些沙门氏菌的菌种冻至-25.5℃，并保持270d。虽然对大多数的菌种，在270d贮存期后，活菌数有明显的降低，但无一例发生沙门氏菌的全部死亡。

（二）影响冷冻加工抑菌作用的因素

影响冷冻加工抑菌作用的因素包括：①微生物失活的类型；②株与株之间的差异；③采用的冷冻方法；④食品的构成对微生物的伤害程度和特性；⑤冷冻温度；⑥冷冻冷藏时间的长短。-20℃左右的冷冻温度对细菌的伤害程度要比在-10℃这样的中间低温区域的低。例如：在-4℃下微生物的致死量要比在-15℃或更低温度下的多。温度低于-24℃几乎没有增强微生物致死的效果。诸如蛋白、蔗糖、玉米糖浆、鱼、甘油和未变性的肉抽提物等食品成分会增强微生物尤其是能引起食物中毒的微生物的冷冻存活性，然而酸性条件会降低细胞的存活性。

（三）冷冻的抑菌机理

菌体细胞冷冻时发生的一些情况如下：

（1）自由水减少　能冻结的水称为自由水。在冷冻过程中，自由水形成冰晶体。冻结减少了细胞可利用的液态水，并使细胞脱水。

（2）细胞内黏度增加　由于水在冻结过程中以形成冰晶体的形式从细胞物质中离析出来，冻结导致了细胞内物质黏度的增加。

（3）可利用气体减少　冻结导致细胞质中气体，如 O_2、CO_2 的减少。O_2 的减少会抑制好氧性细胞的呼吸作用。更多的 O_2 处于扩散状态也会使细胞中氧化作用更为强烈。

（4）pH 升高　冻结导致细胞中物质的 pH 的改变。好几个研究者报道其 pH 变化范围在 0.3～2.0 个 pH 单位。在冻结和解冻中 pH 的上升和下降的事例已有报道。

（5）电解质浓缩　冻结影响细胞电解质浓度。这种影响也是由于水形成冰晶体而发生水从细胞中离析这一现象引起的。

（6）改变细胞质的胶体状态　许多细胞原生质中的成分如蛋白质在活细胞中是以动力胶体（dynamic）态存在。适量的水对这种状态的稳定存在是必需的。

（7）菌体蛋白变性　冷冻导致细胞蛋白质的某些变性。这种作用的明确机理还不清楚，但已知在冻结过程中，一些—SH 消失，而这些基团是脂蛋白与其他成分分离后产生的。水含量的降低以及随之而来的电解质的浓缩，毫无疑问会影响细胞蛋白质状态的改变。

（8）冷休克　冷冻引起一些微生物的休克现象。这种作用对嗜热菌和嗜中温菌的影响比对嗜冷菌要大。温度在冰点以上时，温度的迅速下降比缓慢下降可造成更多细菌的死亡。冷休克（cold shock）是指由于温度快速下降，使微生物菌体尤其是处于对数生长期的菌体大量死亡的现象。例如，一种假单胞菌在 30℃下培养，然后快速降温，使温度下降到 -2℃，则残留菌数在 10min 后为 50%，其后菌的存活率下降较慢。

（9）菌体细胞代谢的损伤　冷冻可以导致诸如假单胞菌等一些微生物细胞代谢的损伤，一些微生物从冻结状态解冻后，对生长的营养要求提高。高达 40% 的微生物有这种现象。

很清楚，冷冻过程对诸如细菌和其他微生物活细胞以及食品的影响是复杂的。但微生物在 0℃以下温度的反应主要取决于溶质浓度和细胞内的冷冻情况。

（四）升温解冻对微生物的影响

解冻过程对微生物冻结后的存活有十分重要的意义。重复的冷冻与解冻会因细胞膜的破坏而使菌体死亡。同样，解冻越迅速，细菌存活率也越高。从所列举的冷冻过程中的变化中可以发现，如果要使解冻后的菌体恢复活性，解冻过程就会变得复杂。有人指出，解冻本身比冻结要慢，而其采用的方式更具潜在的损害性。对于热交换是以传导为主的样品和产品，在解冻过程中伴随的问题有：

①在可比的温差下进行以传导为主的解冻和冻结时，解冻过程比冻结过程缓慢；

②实际上，解冻中存在的最大温差远比冻结中存在的温差小；

③解冻的时间－温度模式比冷冻更具潜在的损害性。解冻时，温度快速上升至融点附近，并且在整个解冻过程中都保持在这一温度，这样在解冻非常缓慢的情况下会给化学反应、重结晶作用甚至微生物的生长带来机会。

有人认为，微生物的死亡不是在冻结过程中，而恰恰是在解冻过程中。究竟事实是否如此，还有待于证实。至于为什么有些微生物能在冷冻过程中存活下来，而其他的则不能，Luyer认为，这与某些微生物在介质冻结时所能承受和抵抗脱水的能力有关。关于冷冻干燥后微生物存活的原因，Luyer解释说这可能是因为冷冻干燥时细菌仅仅只是被干燥而没有完全冻结。

三、现代调理食品速冻加工

现代调理食品又称速食食品或方便食品，往往与速冻结合起来，成为深受家庭主妇欢迎的速冻调理食品，它以稍加调理即可食用为特色。目前城市中越来越多的人在超级市场的冷柜中选购各种速冻方便食品，存于家庭冰箱中，用餐前经简单加工调理即可食用。

从原料的类别及加工出发，适合速冻的调理食品可分为点心类、分割肉和肉制品类、调味配菜类等。

点心类食品一般用面粉、稻米、杂粮豆类等原料制作，可以速冻加工的常常为带馅点心。常见点心主要有饺子、春卷、包子、粽子、汤圆、八宝饭、烧麦、窝窝头、馄饨、速冻花卷等一系列特色品种。点心历史悠久，不仅花色品种繁多，而且各地点心均有自己的特色。

带包装的切割肉成为调理食品是伴随冷藏和冻藏技术的普及而出现的，而我国加工的各种特色肉制品则以历史悠久、技术精湛、花色繁多、形美味佳而闻名于世，其中各种腌制、酱制肉制品尤为著名。

调味配菜也是适应冷藏和冻藏技术的发展而得到普及的。中国菜肴的丰富多彩和技术的博大精深使速冻调味配菜类的发展前途远大。

（一）加工条件

1. 速冻点心类加工

由于点心类食品的加工方法各异，其速冻性能也差异较大，因此对不同种类的点心，速冻要求也不同。如对带馅点心，要同时满足包皮和馅心两方面的速冻要求。由于包皮较薄，易于速冻，而馅心属加工后的原料，加工中生产的大量气体和含盐量使厚馅的冻结较慢，因此速冻时为防止馅心冻不透，预冷尤为重要。

（1）速冻饺子　制作工艺流程为：

原辅料配方及处理→制馅→和面制皮和包馅→速冻

（2）速冻春卷　制作工艺流程为：

原辅料配方→制馅→和面制皮和包馅→油炸→速冻

（3）速冻小笼包子　其制作工艺流程为：

原辅料配方及处理→制馅→制皮和包馅→速冻

（4）速冻粽子　其制作工艺流程为：

原辅料配方及处理→包粽子→水煮→速冻

2. 速冻分割肉和肉制品等加工

（1）速冻涮羊肉片　其制作工艺流程为：

选料→原辅料配方及处理→速冻和切片→配调料→包装冷藏

（2）速冻鱼圆　其制作工艺流程为：

原辅料配方→选料及处理→水烫成形→速冻

（3）速冻酱排骨　其制作工艺流程为：

原辅料配方及处理→上硝盐→漂洗烧煮→速冻

3. 速冻调味配菜类加工

速冻后的调味配菜可归为半调理方便食品，食用时下锅一炒即可食用，非常方便快捷。其调味汤汁的制作和冻结是两大关键所在。为了防止冻结对其的影响，在生产前一定要进行试验以观察速冻和解冻对其色、香、味的影响。

（1）速冻鱼香肉丝　鱼香肉丝是深受大众欢迎的菜肴，也可速冻后销售。其制作工艺流程为：

原辅料配方→切丝处理→调料制作→速冻

（2）速冻宫保鸡丁　其工艺流程为：

原辅料配方→切丁处理→调料制作→速冻

（二）提高抑菌效果的措施

1. 确保原料预处理质量

原料含菌量多少与成品带菌量有很大关系。冻藏蔬菜的预处理包括挑选、分类、清洗、热烫和包装。

热烫可通过将食品浸于热水中或使用蒸汽来完成，它的主要功能有：①使在冷藏过程中可能导致不利变化的酶失活；②增强或固定某些蔬菜的绿色；③降低食品中微生物的数量；④软化组织，有利于叶用蔬菜的包装；⑤去除植物组织中的空气。

当使用热水热烫时，应控制热烫用水的温度，防止细菌孢子的积累及污染食品。高达99%的原始细菌量是通过热烫而去除的。虽然杀灭微生物不是热烫的主要目的，但破坏大多数食品中酶类所需的温度，也足以有效地杀灭细菌的营养细胞。

肉、家禽、水产品、蛋和其他食品要尽可能新鲜，任何可察觉的腐败原料必须及时剔除。应注意不要使原料在室温下暴露过久，暂时不用的原料应登记好日期进行低温冷藏。

2. 加强产品抽检与生产过程中的质量监控

速冻产品微生物抽检的目的是为了确保食品卫生，对生产过程中的质量控制实施有效监控。

细菌数检查能表示食品在速冻过程的卫生状况、原料鲜度、温度控制和操作人员卫生等，但不能完全保证产品的安全性。一般多用直接涂抹法来检查微生物的情况，以表明食品在速冻加工时细菌活动的实际状态。

大肠菌群可以由土壤和粪便污染，常温下这种细菌在食品中可以繁殖，但在冻藏过程中很快消失，其定量检查在冷冻食品卫生管理上没有太大意义，而定性试验则是必要的。金黄色葡萄球菌、蜡样芽孢杆菌、沙门氏菌均会引起食物中毒，必须严加控制。

第四节　食品冷藏链抑菌系统

冷藏链简称冷链，是指易腐食品在生产、贮藏、运输、销售直至消费前的各个环节中始终处于规定的低温环境下，以保证食品质量的一项系统工程。它是随着制冷技术的提高和物流产业的发展而建立起来的一种抑菌保鲜系统，要求把所涉及的技术性和经济性等各种问题集中起来考虑，综合协调相互间的关系。餐饮连锁经营企业、集团、用餐配送单位、从事超市冷冻食品生产经营的企业均应建立冷藏链抑菌系统。

食品冷藏链由冷冻加工、冷冻贮藏、冷藏运输和冷冻销售四个方面构成。

（1）冷冻加工　包括肉类、鱼类的冷却与冻结；果蔬的预冷与速冻；各种冷冻食品的加工等等。主要涉及冷却与冻结装置。

（2）冷冻贮藏　包括食品的冷藏和冻藏，主要涉及各类冷藏库、冷藏柜、冻结柜及家用冰箱等。

（3）冷冻运输　包括食品的中、长途运输及短途送货等。主要涉及铁路冷藏车、冷藏汽车、冷藏船、冷藏集装箱及航空运输等低温运输工具。在冷藏运输过程中，温度的波动是引起食品质量下降的主要原因之一，因此，运输工具必须具有良好的性能，不但要保持规定的低温，更切忌大的温度波动，长距离运输尤其如此。

（4）冷冻销售　包括冷冻食品的批发及零售等，由食品生产单位、批发商和零售商共同完成。早期，冷冻食品的销售主要由零售商的零售车及零售商店承担，近年来，城市中超级市场的大量涌现，已使其成为冷冻食品的主要销售渠道。超市中的冷藏陈列柜，兼有冷藏和销售的功能，是食品冷藏链的主要组成部分之一。

也有人提出将食品冷藏链分为生产段、流通段、消费段三个阶段。生产段指易腐食品收获后的现场冷冻保鲜至低温贮藏的过程，它是食品抑菌系统的起点。流通段主要指流通过程中的冷藏运输；消费段既包括各类超市通过商用冷柜的贮藏与销售，也包括千家万户的冰箱、冰柜对食品的贮藏。

食品冷藏链使用的相关设备按其功能分为食品冷冻加工设备、食品冷冻贮藏设备、食品冷冻流通设备、食品冷冻销售设备及有关特殊功能设备等。也可按固定设备和流动设备划分。

冷藏链中的各环节都起着非常重要的作用，是不容忽视的，同时，要保证冷藏链中的食品的质量符合以下要求：食品应该是完好的，最重要的是新鲜度，如果食品已开始变质，低温也不可能使其恢复到初始状态；食品应在生产、收获后不作停留或只作极短停留就予以冷冻。

本章小结

冷却加工是厨房食品的主要抑菌措施，通常也是冷冻加工的一种预处理，随原料种类不同，冷却条件和方法也有不同，因其抑菌率较低，故应加强微生物学监测。

随着速冻技术的提高以及冷藏链系统的建立，现代调理食品（预制餐）的生产、经营已逐步向连锁化、产业化和跨地区经营发展，对现代餐饮业和集体用餐配送业经营项目的拓展提供了重要技术支持，其抑菌状况与加工、运输、贮藏、销售乃至消费等各个环节都有紧密的联系，为确保抑菌效果，应重点加强其温度与时间的控制。

习　题

1. 你所了解的嗜冷菌有哪些？低于0℃还能生长的有哪些？
2. 为什么嗜冷菌对厨房冷加工有较强的适应性？
3. 阐述冷却加工中微生物消长变化的特点。
4. 何谓速冻食品？在抑菌效果方面与缓冻食品有什么区别？
5. 微生物在冷冻加工中的变化有何特点？影响这些变化的因素有哪些？
6. 冷冻对微生物结构和代谢有哪些影响？
7. 为什么冷休克会提高抑菌效果？
8. 提高速冻调理食品抑菌效果的措施有哪些？
9. 概述冷藏链的构成。
10. 名词解释：

冷却、冷冻、冷藏、解冻、速冻、嗜冷菌、冷休克、冷藏链

第九章　厨房发酵加工的抗菌作用

[学习目的] 在了解发酵微生物抗菌作用机理基础上，掌握肉类、鱼类、果蔬类和粮食谷物类原料发酵加工的抗菌作用规律，学会分析影响其抗菌效果的原因，制订发酵制品质量控制措施，并学习发酵剂制备和发酵食品加工的相关技术。

[主要内容] 厨房发酵剂类别与发酵加工抗菌作用机理，各类动物性和植物性发酵制品用发酵剂及抗菌原理、发酵加工与质量控制，与厨房发酵剂制备相关的实验科学技术。

第一节　厨房发酵加工的抗菌机理

发酵剂的抗菌或抑菌指的是发酵菌种的优势生长会抑制其他菌类的生长，而不是指在发酵食品的生产和制作中抑制所有菌类生长。

一、发酵食品概述

（一）发酵食品的概念

发酵食品（Fermented foods）是以食品原料经微生物（细菌、酵母和霉菌等）发酵作用所形成的一类色、香、味、体等诸项调和的特殊食品。

微生物的发酵作用过程中，经生物化学变化，产生一系列对人体健康有益的代谢产物，这些微生物参与的反应包括生物合成作用，也包括由原料降解引起的分解作用，以及推动生物合成过程所必需的各种化学反应。发酵食品具有独特的风味和营养保健功能而备受青睐。传统发酵食品中的微生物来自自然界，这些发酵食品的生产属古老的生物技术，是人类文明、科学文化成就的重要组成部分。它伴随着人类的过程已有几千年的历史，许多发酵食品已经成为各个地区传统的民族食品；在传统发酵食品的基础上，利用微生物的纯培养物作为发酵剂，在可控制条件下进行规模生产，构成了现代食品发酵科技和产业，并已成为食品工业的重要组成部分，为提高人们的生活质量增添了新的内容。

（二）发酵食品的类别

发酵食品分为以下几类：

（1）发酵性主食品　指馒头、面包等发酵制品，现在多用人工发酵剂组织生产，以这些食品的发酵技术为基础，结合蒸煮、煎炸、烘烤以及食品造型、馅心变化可进一步派生出许多系列制品，如花卷、包子、烘烤面包圈、生双煎馒头、油糕、比萨饼等。

(2) 发酵性副食品　指以蔬菜、豆类、肉类等天然原料发酵制成的产品，如泡菜、酸菜、榨菜、豆豉、臭豆腐、香肠等，多以原料中自然存在的菌群为发酵剂进行生产。

(3) 发酵性调味品和辅助料　一些调味品常由厨房生产，如鱼露、肉酱、复合调味品等。另一些厨用调味品由专业工厂生产，如酱油、食醋、味精、腐乳、红曲红色素。还有一些新品种如单细胞蛋白、菌油等已逐步用于餐饮食品的调制。

(4) 发酵性饮料　一些饮料常由厨房生产，如酒酿、发酵果蔬汁等，另一些餐桌常用饮料如酸奶、啤酒、果酒、柠檬汁、发酵茶饮料等则由专业工厂生产。

(三) 发酵食品形成的一般过程

发酵食品不论品种如何变化，其制作形成过程基本相似，即在微生物作用下形成特定的代谢产物，其过程大致可分为三个阶段：

(1) 液化阶段　当原料经处理后，由于温度、湿度适宜，原料表面微生物迅速繁殖，经过一段时间竞争后，各种生理类型的微生物按一定比例定居下来。原料中固有的酶和微生物产生的酶同时水解原料。从原料润化开始，它自身激活的酶水解有机质，另外物料本身就是一种选择性培养基，通过微生物的生长繁殖及其代谢活动造成原料的逐步降解。

(2) 代谢产物形成阶段　随着原料的逐步分解，环境条件的不断变化，微生物菌相随时间而改变，代谢产物开始积累，原来定居下来的各种生理类群的微生物的数量开始下降，取而代之的是一群高度特异化的微生物，如泡菜中的乳酸杆菌、面团中的面包酵母等。这一时期持续时间较长，在原料降解的同时，产生各种各样的代谢产物，而决定了发酵产物的最终去向。

(3) 产物再平衡阶段　通过各种微生物生理类群之间的反复较量，其中最适合在这种环境中生活而其代谢产物又能抑制其他类群生长的微生物种类则最终取得优势。当代谢产物形成后，通过各种纵横交错的途径使产物组成基本平衡，形成特定的发酵食品。我国古代劳动人民通过对发酵工艺的巧妙掌握，经不同时期、不同生理类群微生物以合适的外界条件，使其生长繁殖，以获得理想的发酵食品。

发酵食品加工过程见图9-1。

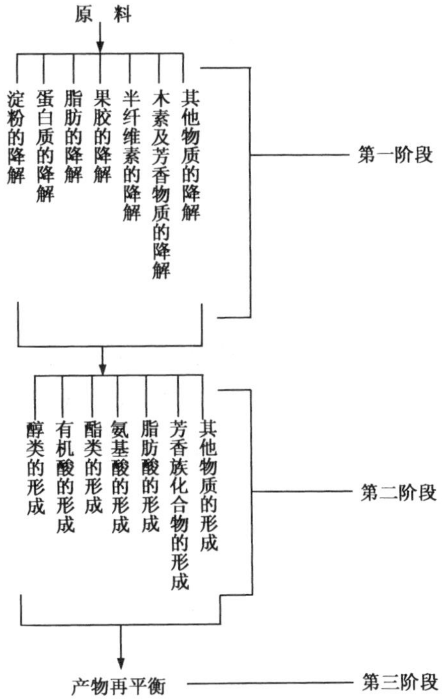

图9-1　发酵食品的一般加工过程

二、发酵剂及其特点

所谓发酵剂即用于发酵的菌剂。优良的发酵剂既可使人们所需要的各类代谢产物的产量得到满足，同时可以确保产品的质量。用作食品发酵剂的菌种应具有以下特点：

① 在遗传上必须是稳定的。

② 易于产生许多营养细胞、孢子或其他的繁殖体。

③ 必须是纯种，不应带有其他杂菌及噬菌体。

④ 种子的生长必须迅速、旺盛。

⑤ 产生所需要的产物时间短。

⑥ 比较容易分离纯化。

⑦ 有自身保护机制，抵抗杂菌污染能力强。

⑧ 能较长期保持良好的经济性能。

⑨ 菌体对诱变剂处理较敏感，从而可能选育出高产菌株。

⑩ 在规定的时间内，菌株必须产生预期数量的目的产物，并保持相对稳定。

（一）酵母发酵剂

酵母是生产中应用较多和较为重要的发酵剂，主要用于馒头、面包发酵以及工业性酿酒中，在酱油、腐乳等生产过程中，有些酵母菌和乳酸菌协同作用，使产品产生特有的香味。在发酵食品生产中主要使用的酵母菌有以下几种。

1. 面包酵母（Bread yeast）

面包酵母是做面包时发酵用的酵母。主要特性是利用发酵糖类产生的大量二氧化碳和少量酒精、醛类及有机酸提高面包风味，发酵麦芽糖速度快，较耐盐和糖，储藏稳定，细胞含甘露聚糖及肝糖多。

2. 酿酒酵母（*Saccharomyces cerevisiae*）

酿酒酵母又名啤酒酵母。为子囊菌纲，内孢霉目，酵母菌科，酵母菌属。细胞呈圆形、椭圆形、卵形、腊肠形。营养细胞可直接形成子囊，每一子囊有孢子 4 个，圆形、光面。应用于工业上生产啤酒、白酒、酒精、果酒等。

酵母在液体基质内繁殖时，一些增殖的酵母细胞浮游于液体上层，这种酵母称为上面酵母。另一些增殖的酵母细胞沉降于底层，这种酵母称为下面酵母。

（二）霉菌发酵剂

1. 曲霉（*Aspergillus*）

发酵食品及酿酒工业中常应用的黄曲霉群及黑曲霉是较著名的曲霉，现对其介绍如下。

米曲霉（*Asp. oryzae*）菌落初期为白色，质地疏松，继而变为黄褐色至淡绿色，不呈真正绿色。反面无色。分生孢子头呈放射形，少数为疏松柱状，直径为 150 ~ 300μm，少数为 400 ~ 500μm。小梗一般为单层，大小在（12 ~ 25）μm ×（3 ~ 5）μm，偶有双层，梗基在（10 ~ 12）μm×（4 ~ 5）μm，小梗（8 ~ 10）μm ×（3 ~ 3.5）μm，也有单、双层同时存在于一个顶囊中的。分生孢子幼时呈洋梨形或椭圆形，老后多数变为球形或近球形，一般直径为 4.5 ~ 7μm，大者可达 8 ~ 10μm，粗糙或近于光滑。产生淀粉酶、蛋白酶的能力较强，应用于酿酒、酱及酱油的生产，也用于肉制品的发酵。

黑曲霉（*Asp. niger*）因呈黑色而得名。这类菌在自然界分布广泛，能产生糖化酶、果胶酶，广泛用于酒生产中作糖化剂，也是生产柠檬酸、木聚糖的优良菌种。

2. 毛霉（*Mucor*）

毛霉的外形呈毛状，菌丝细胞无横隔，单细胞组成，出现多核，菌丝呈分支。

毛霉具有分解蛋白质的功能，如用来制造腐乳，可使腐乳产生芳香物质和蛋白分解物（鲜味）。某些菌种具有较强的糖化力，可用于酒精和有机酸工业原料的糖化和发酵。在豆腐乳生产过程中最常用的有五通桥毛霉，最适生长温度为 20 ~ 25℃，最适 pH 为 6 ~ 7，主要产生蛋白酶、脂肪酶及淀粉酶。

（三）细菌发酵剂

1. 乳杆菌属（*Lactobacillus*）

此菌为革兰氏阳性杆菌，不能运动，菌体呈杆状、链状排列，常在牛乳和植物产品中发现。乳杆菌属的生理生化特点：

①化能异养型，营养要求严格，生长繁殖需要多种氨基酸、维生素、肽、核酸衍生物。

②厌氧或兼性厌氧。

③生长最适 pH 为 5.5 ~ 6.2，在 pH < 5 的环境中可生长，而中性或碱性条件下生长速率降低。

④生长温度范围，2 ~ 53℃，最适生长温度 30 ~ 40℃。

⑤可还原硝酸盐，不液化明胶，不分解酪素，联苯胺反应阴性，不产生吲哚和 H_2S，多数菌株可产生少量的可溶性氮。

在酸乳、干酪等乳制品的生产中常用的菌种如下：

（1）嗜酸乳杆菌（*Lactobacillus acidophilus*） 此菌细胞呈杆状，两端圆，大小为（0.6 ~ 0.9）μm×（1.5 ~ 6.0）μm，单个、成双或短链，无鞭毛，不运动，不形成孢子，革兰氏染色为阳性，触酶为阴性。同型发酵，产生 DL-乳酸，生长适温为 35 ~ 38℃，45 ~ 48℃也能生长，用于生产酸奶。

（2）乳酸乳杆菌（*Lactobacillus lactis*） 此菌属乳杆菌科，杆状，宽小于 2.0μm，常呈长杆状，趋向于丝状，常卷曲，幼龄细胞为单个或成对，不运动，不形成孢子，革兰氏染色为阳性，触酶为阴性。在固体培养基上，菌落粗糙，直径为1~3μm，呈白色或浅灰色，生长适温为40~43℃，同型发酵，分解葡萄糖产生D（-）乳酸，能凝固牛乳，用于制造干酪。

（3）保加利亚乳杆菌（*Lactobacillus bulgaricus*） 此菌是酸乳生产的知名菌。该菌与乳酸乳杆菌关系密切，形态上无区别，只是对糖类发酵比乳杆菌少，是乳酸杆菌的变种，由于它由保加利亚的酸乳中分离出来，而得此名。

（4）干酪乳杆菌（*Lactobacillus casei*） 此菌细胞呈短杆状或长杆状，宽度小于1.5μm，两端为方形，常呈链状，无鞭毛，不运动，不形成孢子，革兰氏染色为阳性，触酶为阴性，同型发酵，产生L（+）乳酸多于D（-）乳酸，用于生产酸乳、干酪。

2. 链球菌属（*Streptococus*）

此菌为革兰氏阳性球菌，呈短链或长链状排列。常见菌种如下：

（1）乳链球菌（*Streptococus lactis*） 此菌细胞为卵圆形，并在链长轴方向伸长，直径为0.5~1.0μm。大多数成对或短链，在有些培养基上形成长链。能生产乳链菌肽类食品添加剂。

（2）嗜热链球菌（*Streptococus thermophilus*） 其细胞呈圆形或卵圆形，直径为0.7~0.9μm，成对或长链。最适生长温度为40~45℃，高于53℃不生长，低于20℃不生长，在65℃下加热30min菌种可存活。

该菌属主要特征是能在高温条件下产酸，常作为发酵酸乳、瑞士干酪的生产菌。

3. 明串珠菌属（*Leuconostoc*）

明串珠菌属细胞球形或豆状，成对或呈链排列。革兰氏染色阳性，不运动，无芽孢。固体培养菌落一般小于1.0mm，光滑、圆形、灰白色；液体培养，通常混浊均匀，但长链状菌株可形成沉淀。一般用于生产泡菜。

4. 片球菌属

细胞球形，成对或四链状排列。革兰氏染色阳性，无芽孢，不运动，固体培养，菌落大小可变，直径1.0~2.5mm，无细胞色素。用于作啤酒、肉类、鱼类产品发酵剂。

5. 双歧杆菌属

双歧杆菌细胞呈多样形态：Y字形、V字形、弯曲状、勺形，典型形态分为分叉杆菌。革兰氏染色阳性，亚甲基兰染色菌体着色不规则。无芽孢和鞭毛，不运动。是酸奶发酵剂。

6. 芽孢杆菌属

此菌为革兰氏阳性杆菌，需氧、能产生芽孢。在自然界分布很广。其中枯草芽孢杆菌是著名的分泌蛋白酶及淀粉酶的菌种；纳豆杆菌是豆豉的生产菌。

7. 醋酸杆菌属

此菌属幼龄为革兰氏阴性杆菌，老龄菌经革兰氏染色后常为阳性，无芽孢，能运动或不能运动，需氧，有较强的氧化能力，能将乙醇氧化为醋酸。为食醋生产用发酵剂。一般在发酵的粮食、腐败的水果、蔬菜及变酸的酒类和果汁中常出现本属细菌。

三、发酵加工的抗菌作用机理

一般认为，微生物发酵抗菌的主要因素有以下几个方面。

（一）微生物所需营养和空间的竞争与拮抗作用

一般认为，在发酵的食品中含有足够的营养物质，可维持大量的细菌生存。微生物发酵可消耗基质中的氧气、某些特殊的生长素、微量元素等，从而抑制对这些物质有依赖的腐败菌的生长。例如：乳酸菌通过消耗烟酸和维生素 H 的方法来抑制金黄色葡萄球菌。

在固体食品中，微生物长成较小的菌落，竞争的成败决定于它们对食物的附着能力和自身繁殖的能力。将需氧微生物（如青霉、酵母等）接种在奶制品或生肉的表面，就能阻止有害微生物的生长，表现为对生存空间的竞争优势。

（二）有机酸的作用

由发酵剂生成的有机酸能有效地起到抗菌作用。有乳酸菌参与的发酵食品，由于低 pH 而延长保存期。在这些食品中除了乳酸，还有醋酸、CO_2 和其他一些酸。泡菜中的发酵菌包括异型发酵乳酸菌。在香肠熟制间，丙酸杆菌把很多的乳酸转变成了丙酸、醋酸和 CO_2，在香肠发酵过程中起抑菌作用。

各种酸的抗菌效应与其电离度成正比，具有相对高的电离常数（pK_a）的酸，在一定的 pH 下比电离常数低的酸抗菌性能强。

在相同的浓度下 pH 在 3 ~ 7 的范围内，由于乳酸的酸性比较强，其电离受介质酸度的影响要比乙酸和丙酸小。而从另一方面看，醋酸的亲酯性比乳酸强，这又提高了醋酸的抗菌活性。

CO_2 对需氧菌的影响，不能单一地解释为是由于食品 pH 的降低。已有报道认为，CO_2 可能会对细胞膜的功能发生干扰（特别是在温度较低的情况下），在一定程度上抑制了膜的活性。由于这些因素的限制，发酵剂所产生的酸只有使 pH 低于 5.5 时，才具有明显的抗菌活性，但它们对不同的微生物抵抗能力不同。这些有机酸主要的作用点是细胞膜和与膜有关的化学渗透过程。

在牛奶和肉的发酵过程中所形成的酸，降低了蛋白质的溶解度，这样更有利于水的去除，而水的去除是奶制品和干制香肠保存的主要条件。

（三）其他分解代谢产物的作用

1. 乙醇的作用

酿酒、酒酿加工中，产生的乙醇不仅具有醇香味，也具有杀菌作用。酒、酒糟还用于醉糟类食品深加工。面团发酵也能产生醇香味，是多种醇类复合成味的。

在正常条件下异型发酵乳酸菌可以产生乙醇。在厌氧生长期间，明串珠菌（*Leconostocs*）产生乳酸、乙醇和CO_2，而在有氧条件下，醋酸就替代了乙醇。显然，乳酸菌尽可能地产生醋酸而不是乙醇。在泡菜发酵过程中，明串珠菌优先还原果糖成甘露糖醇。

在有氧存在的情况下，某些真菌不能产生醋酸，却可产生乙醇。

2. 丁二酮的作用

由于乳酸菌和明串珠菌引起柠檬酸发酵产生丁二酮，丁二酮可以使食品具有特殊风味，一般使用乳酸杆菌作为发酵剂来引发柠檬酸发酵的反应。丁二酮具有抗菌性。

3. H_2O_2 和其他氧代谢物的作用

许多具有黄素蛋白氧化酶的乳酸菌，在氧的存在下，都可以产生足够数量的H_2O_2。在乳酸菌的需氧培养中，H_2O_2的量可以达到自动抑菌的浓度。H_2O_2的代谢物，如过氧化自由基和羟基自由基也可以起作用。

4. 脂肪酸的作用

脂类物质分解产生脂肪酸，这些酸可抑制微生物，其作用可能类似于乳化剂。具有12～16个碳原子的脂肪酸以及它们的单甘酯的抑菌作用最强。

5. 亚硝酸盐的作用

在肉的发酵中，葡萄球菌和微球菌可把硝酸盐转变成亚硝酸盐，有助于抑制某些有害菌。

6. 3-羟基丙酸的作用

在甘油存在的情况下，乳酸杆菌在无氧培养生长期间，可积累3-羟基丙酸，这是种广谱的抗菌剂。

（四）细菌素的作用

细菌素是细菌产生的一种抗菌多肽或蛋白，它可以抑制相关的细菌菌种和菌株。

革兰氏阳性菌菌素与大肠杆菌菌素和其他革兰氏阴性菌菌素不一样，它与细胞壁上特定受体的亲和力不很强，这使得它的抑菌谱较宽。

乳酸菌的菌素很广泛，乳酸链球菌素用作食品防腐剂。在用带有乳酸杆菌的菌株生产发酵食品中，乳酸链球菌素起了作用。乳酸链球菌素能够抑制肉毒梭状芽孢杆菌和单核细胞增生性李斯特氏菌以及许多其他的革兰氏阳性菌。

对于在食品中应用，细菌素比抗菌素更容易被接受。因为细菌素可在胃肠道中被蛋白酶降解。然而，由于细菌素对蛋白酶过于敏感，并且由于它们的抑菌谱也比较窄，所以大大地抑制了产细菌素的菌株在食品发酵方面的应用。

利用微生物对食品进行防腐的方法日益受到重视，因为它迎合了人们要求食品更加天然化、不加或少加化学添加剂的愿望，在众多的微生物发酵剂中，乳酸菌的菌株因其安全、高效而备受青睐。

第二节　动物性发酵制品的加工

一、肉类的发酵加工

肉和肉制品的干燥和发酵是世界上最原始、最古老的贮藏方法，在大多数情况下发酵和干燥联合进行。传统发酵肉制品生产中发酵所需要的微生物是偶然从环境中混入的“野生菌”。而现在一般用筛选甚至通过生物工程技术培育的微生物作菌种。

发酵肉制品主要是发酵香肠制品，另外还有部分火腿。

（一）发酵香肠

1. 发酵香肠的制作

发酵香肠的加工工艺流程如下：

原料肉预处理→绞肉→调味→灌装→发酵→干燥→烟熏

香肠填充后，干香肠和半干香肠吊挂在贮藏间或成熟间内开始发酵，传统发酵温度为15.6～23.9℃，相对湿度为80%～90%。在发酵期间，熏制4～8d，浓烟熏制可使香肠具有一定的风味。

发酵后，干香肠和半干香肠经煮熟、半煮熟或直接放在干燥室内干燥。半干香肠，如熏香肠，根据产品特性进一步加热到43～47℃的成品温度。

传统干香肠不需加热，即从发酵室直接移到干燥室内进行干燥。干燥室内温度为10.0～21.1℃，相对湿度为65%～75%。当香肠达到了理想的水分/蛋白质比例和硬度，各种香肠即可从干燥室移出。干香肠的重量一般为原料肉的50%～70%。

2. 香肠发酵剂

传统的发酵香肠加工依赖环境中“野生”的微生物。为了保持品质稳定，也有时采用所谓“后接种”的方法。即把每一批香肠在发酵阶段后、加热和干燥之前保存一部分用于下一批生产。后接种技术控制得当，能很好地进行发酵，产品具有稳定性。这些混合的微生物提供了理想的“野味”和芳香气味。

（1）片球菌　早期选用啤酒片球菌作为培养物，现今，乳酸片球菌和戊糖片球菌已是市售的肉用发酵剂培养物。

（2）乳杆菌　在用片球菌株作为肉发酵剂培养物之前，发酵肉中的大多数自然分离物含有多种乳酸杆菌的品种和菌株。市售的大多数发酵剂培养物是同型发酵，主要发酵葡萄糖和蔗糖，产生乳酸。

（3）微球菌　微球菌与乳酸菌不同。加入乳酸菌主要不是为了快速产酸，而是为了降低pH。微球菌对肉的腌制有促进作用。微球菌开始作为发酵剂培养物，是由于香肠加工直接使用硝酸盐腌制，需要控制硝酸盐的浓度。微球菌除了具有硝酸盐和亚硝酸盐的还原能力外，还有分解蛋白质和脂肪的能力。通过分解肌肉蛋白质产生游离脂肪酸来促进风味的生成。在香肠成熟期间，可溶性氮化合物的浓度增加到肉中总氮的25%。部分游离脂肪酸的释放就是由于细菌蛋白酶作用的结果。微球菌具有强烈的脂肪分解特征，使大量的脂肪分解出来，进一步转化为甲基醛和酮。

（4）霉菌和酵母　许多干香肠如意大利萨拉米、匈牙利萨拉米的特征，就是在表面上有霉菌生长，它们的独特风味必须依靠这些霉菌作用。习惯于吃这种香肠的顾客喜欢这种“白色”或灰色的感官质量。

（5）葡萄球菌　肉馅腌制期间，硝酸盐由葡萄球菌和片球菌为主的硝酸盐还原菌转化为亚硝酸盐，最后产生典型的腌制红色和腌制肉的风味。

（二）发酵火腿

发酵火腿多属于自然发酵肉制品，由于地域不同，微生物菌群不同，发酵火腿风味特色也不同。中式火腿主要分为：南腿、北腿、云腿三种。南腿以金华火腿为代表，北腿以如皋火腿为代表，云腿以云南宣威火腿为代表。南腿、北腿的划分以长江为界。火腿属高档肉制品，在餐饮业广泛用作炒饭、馅心、汤菜的原料。

1. 发酵火腿的制作

发酵火腿是用猪的前后腿肉经食盐、亚硝酸盐腌制发酵制成的肉制品，发酵之前相当于咸猪腿，发酵后由于亚硝酸盐的发色作用，肉色呈红色。其制作流程一般为：

原料选择→修整→腌制→洗晒→发酵→成品

传统工艺发酵火腿常在冬天腌制，春天开始发酵，秋天制成，历时8～10个月。火腿发酵的目的是使火腿中的水分蒸发干燥，并使肌肉中的蛋白质、脂肪等发酵分解，产生特殊的风味物质，使肉色、肉味和香气更加诱人。

2. 火腿发酵剂

火腿发酵生产从鲜腿进入腌制期，由于腿中含水量大，盐分较高，分离到的微生物以细菌为主，特别是适应性较强的芽孢杆菌属和嗜盐性的微球菌属较多。有利于生产的温度要求在8～10℃。若遇高温，细菌大量生长繁殖，则易致火腿变质，腌制一个月后的盐腿经过洗晒、风干，进入较长的发酵阶段，这一期间火腿表层主要为好氧性的微生物，有细菌、霉菌。在发酵前期（4月份），腿中含水量较多，且气温又偏低（15～20℃）时，则腿表长出了青霉、芽枝霉。进入发酵中后期（5～6月份），腿中含水量减少，气温上升（一般在25～30℃），霉菌的生长处于优势地位，特别是霉菌的数量急剧上升。

（1）火腿中的霉菌　胡萸英对干腌火腿微生物进行分离鉴定发现，火腿表面以霉菌为主，细菌和酵母次之。精肉层中数量高于脂肪层。这些菌属于中温型微生物，具有分解蛋白质和脂肪的能力，对腐败菌具有一定的拮抗能力。

发酵初期，火腿表面生绿色霉菌，以青霉、芽枝霉为主，它分泌的酶对腿中的蛋白质、脂肪等起发酵分解作用，从而使火腿逐渐产生香味和鲜味，发酵中期还有杂色曲霉生长。霉菌的生长抑制住了空气中着落的细菌如枯草芽孢杆菌、金黄色葡萄球菌、大肠杆菌的生长。

由于自然发酵依靠空气中的霉菌自然生长发酵，霉菌种类很多，难免会受到产毒菌的污染。马萍等（1990）对宣威火腿表面霉菌进行分离鉴定及毒素测定发现，14 株青霉中一株具有毒性（占 7%），8 株烟曲霉中 1 株产烟曲酸（占 25%），5 株黄曲霉中 1 株含黄曲霉毒素（占 20%），5 株杂曲霉中 1 株也含杂曲霉毒素（占 20%），只有 2 株镰刀菌中未检测到有毒性的菌株。还发现少数火腿某些菌株的毒素杂色曲霉素、烟曲酸等可渗浸到肉下 0.6cm 处。

为了抑制产毒霉菌的污染，陈士怡等（1980）将认为正常发酵的青霉与曲霉混合进行接种，以提高产品的优级品率，结果接种青霉者，优级品率占 90%。青、曲霉混合接种者占 83%，自然长菌的火腿显得品质不稳定，优级品率只占 69%，并出现变质腿。

霉菌发酵剂开发必须具备如下条件：①经化学和生物学测试，不产毒素，无潜在的病原性威胁；②在产品表面竞争性地抑制其他微生物的生长；③菌丝可使产品表面致密坚固；④具有良好的均衡的蛋白质和脂肪降解活性；⑤具有霉菌特有的芳香味。

依靠调节发酵室温度、湿度，通过低温脱水、通风、干燥脱水也可抑制杂菌生长，并缩短生产周期。

（2）火腿中的酵母　江东福等 1986 年对宣威火腿微生物进行研究，分离出的酵母分属酵母属、汉逊氏酵母属、裂殖酵母属和黑酵母。这些酵母都能耐受 15% ~30% NaCl 得以生长，比非火腿上分离得到的酿酒酵母、汉逊氏酵母和热带假丝酵母具有更强的耐盐性。

马萍（1990）等认为宣威火腿在腌制、发酵、成熟全过程中，主要优势菌群是酵母，在腌制一个月内，火腿中的酵母增殖呈指数上升，至 4 月份达到高峰（2×10^7 个/g），五月后下降趋于平稳（肉内和肉表面均在每克一百万个以上）；而青霉、曲霉则在 7、8 月份才达到高峰。含酵母数高的火腿（包括人为接种酵母发酵的火腿），其脯氨酸和色氨酸是增加火腿香甜来源的风味氨基酸，表明酵母这类有益的优势菌群对火腿的成熟发酵和风味营养物质的形成起重要作用。

（3）火腿中的细菌　在最初加工阶段中肉皮表面革兰氏阴性杆菌处于主导地位：微球菌 25%；棒状杆菌占 7%，肠杆菌占 55%；未知菌种占 22%。微球菌随后逐渐占据主导地位，并在 125d 后，含量近似为 100%，在 365d 后的成熟产品中微球菌仍占 63%，酵母为 6%。经历 120d 的成熟期后（总加工期达到 485d），在肉皮表面的微生物菌落完全改变，此时肠细菌占 55%，革兰氏阳性球菌占 41%，微球菌只占 4%。经微生物分析显示：

在火腿深层肌肉柔软部位常有腐败产生，腐败由革兰氏阴性杆菌如肠杆菌等所致。

(4) 火腿中的放线菌　江东福等人 1986 年从宣威火腿表面分离到 7 个属的放线菌，主要是链霉属（*Streptomyces*），此外还有小单胞菌（*Micromonospora*）、孢囊放线菌（*Actinosporangium*）、链孢囊菌（*Streptosporangium*）、马杜拉放线菌（*Actinomadura*）和小荚孢囊菌（*Microellobospobosporia*），放线菌虽然是火腿表层的微生物菌群之一，但不是优势菌。对这些放线菌的抗性活性测定表明，马杜拉放线菌能抑制微紫青霉生长，子囊放线菌能抑制黄曲霉、黑曲霉和大肠杆菌的生长，链霉菌抑制微紫青霉、黑曲霉、枯草芽孢杆菌和大肠杆菌的生长。

人们正在探讨利用放线菌产生的天然抗菌物质作为涂膜剂，以抑制火腿表面产毒霉菌的生长。

根据现有研究资料，人们尚难以判断出究竟是哪一种微生物起主要作用，到底是微生物生成的酶重要还是肌肉内在固有酶作用更重要。也可能多种微生物对火腿产品风味都有所贡献。研究火腿发酵菌筛选模型，研制专用火腿发酵剂和腌制剂，建立人工发酵控温控湿新工艺，是确保火腿制品优质安全的重要保证。

二、乳类的发酵加工

发酵乳制品包括酸奶和奶酪两大类。

（一）酸奶发酵加工

酸奶是以脱脂牛奶为主要原料，利用乳酸菌厌氧发酵而成的发酵乳制品。乳酸菌抗菌作用表现在两个方面：①产生多种抑制肠道致病菌的生长繁殖的细菌素和乳链菌肽等；②随酸奶摄入体内后，其活菌可在肠道环境中形成有益菌群（益生菌优势体系，抑制致病菌、腐败菌的生长）。

1. 酸奶的制作

以酸奶为主要发酵剂加工酸奶有两种不同的制作工艺，即共同发酵法和共生发酵法。共同发酵法，即将双歧杆菌与嗜热链球菌、保加利亚乳杆菌等共同发酵的生产工艺，一般流程为：

原料乳标准化→调配（加 10% 蔗糖、2% 葡萄糖）→均质（15 ~ 20MPa）→杀菌（115℃，8min）→冷却(30 ~ 40℃）→接种（8% 双歧杆菌、3% 嗜热链球菌及适量维生素 C）→灌装→发酵（38 ~ 39℃，6h）→冷却(1 ~ 5℃）→成品

厨房酸奶的加工也可以市售瓶装酸奶作为起始发酵剂，置于牛奶或恒温的奶粉冲剂中制取。

2. 酸奶发酵剂

传统发酵所采用的菌种主要是保加利亚乳杆菌或德氏乳酸杆菌和嗜热粪链球菌。随着

对双歧乳酸杆菌在营养保健方面作用的深入认识，人们便将其引入酸奶制造，使传统的单菌发酵变为双株或三株共生发酵，使酸奶在原有的助消化、促进肠胃功能作用的基础上，又具备了抗癌、防癌的保健作用。甚至在三株共生的基础上还引入了一株或多株产酯酵母，形成多株共生、厌氧与好氧菌共生的多株发酵酸奶，使之不仅提高了保健作用，而且发酵香味浓郁，口味宜人。

（1）双歧杆菌　双歧杆菌能发酵利用葡萄糖产生醋酸和乳酸（2:3），不产生 CO_2。目前已知的双歧杆菌有 24 种，其中 9 种存在于人体肠道内，它们是两歧双歧杆菌（*B. bifidum*）、长双歧杆菌（*B. Longum*）、短双歧杆菌（*B. brevvis*）、婴儿双歧杆菌（*B. angulatum*）、链状双歧杆菌（*B. adolescentis*）、假链状双歧杆菌（*B. pseudocatenulatum*）和牙双歧杆菌（*B. bentmum*）。应用于发酵乳制品生产的仅为前 5 种。

双歧杆菌是人体肠道内典型的有益菌群，它们的生长繁殖贯穿于人的整个生命历程中。双歧杆菌于人体，除了如在酸奶中起到和其他乳酸菌一样的对乳营养成分的“预消化”作用，将乳中的乳糖、蛋白质水解成为更容易为人体吸收利用的小分子以外，主要产生双歧杆菌素，对肠道中的致病菌如沙门氏菌、金黄色葡萄菌、志贺氏菌等具有明显的杀灭效果。乳中的双歧杆菌还能分解积存于肠胃中的致癌物亚硝胺，防止肠道癌变，并能够通过诱导作用产生细胞干扰素和促细胞分裂剂，促进免疫球蛋白的产生，活化巨噬细胞，提高人体免疫力，增强人体对癌症的抵抗和免疫的能力。

（2）其他发酵剂　双歧杆菌产酸能力低，凝乳时间长，需 18～24h，且由于其属于异型发酵，最终产品的口味和风味欠佳。因而在酸奶的制作中，常选择一些对双歧杆菌生长无不利影响的产酸快的乳酸菌，如嗜热链球菌、保加利亚乳杆菌、嗜酸乳杆菌和丁二酮乳酸链球菌等，与双歧杆菌共同发酵。这样既可使制品中含有足量的双歧杆菌，又可以提高产酸能力，大大缩短凝乳时间，缩短生产周期，并改善制品的口感和风味。

共生发酵时，使用双歧杆菌和乳酸酵母组合。添加维生素 C 有利于双歧杆菌的生长。酵母菌的最适生长温度为 26～28℃。为了有利于酵母先发酵，为双歧杆菌的生长营造一个适宜的厌氧环境，因而接种后，首先在 26～28℃培养，以促进酵母菌的大量繁殖和乳中氧的消耗。然后提高温度到 30℃左右，以促进双歧杆菌的生长。由于利用了共生混合的发酵方式，双歧杆菌生长迟缓的状况大为改观。产酸能力提高，加快凝乳速度，缩短发酵时间，制成品酸甜适中，富有纯正的乳酸口味和淡淡的酵母香气，双歧杆菌活菌数达到 100 万个/mL 以上。

3. 酸奶的保藏

酸奶在冷藏过程中，其酸度会继续上升而使双歧杆菌活菌数减少。酸奶产品的初始酸度对酸奶冷藏过程中的双歧杆菌的活菌数量的影响尤其大。初始酸度越高，则冷藏过程中双歧杆菌的存活率越低。所以，要严格控制发酵温度和把握好发酵终点，以保证制品既有良好的口感、风味，又含有大量的双歧杆菌活菌。酸奶成品最好在生产7d后销售出去，而且在生产与销售之间必须形成冷链，因为即使在5~10℃，存放7d后，双歧活菌的死亡率高达96%，20℃下存放7d后，死亡率达99%以上，失去食用价值。

（二）奶酪

奶酪是由鲜牛奶经乳酸菌发酵、后熟、干燥而成。是西方餐桌上常备的传统食品，其特点是蛋白质含量高、脂肪含量低，且使用方便快捷，适于快餐。

三、鱼虾类的发酵加工

由于全球众多人口对于蛋白质的需要，使得水产品的发酵加工得到了发展，我国以及东南亚一些国家如泰国、柬埔寨、马来西亚、菲律宾、印度和日本，发酵鱼制品是饮食的重要组成部分，常见品种有鱼露、虾油、虾酱等，在餐饮业一般用作调味料，经常端于餐桌直接佐餐，由于具有独特的香味和风味，深受消费者喜爱。

这类食品制作时，首先使用高浓度食盐（30%左右）进行腌制，其盐腌发酵的机理是在最初腌制阶段，通过渗透作用使原料脱水，避免各种不耐盐污染菌生长及腐败。在长时间（数月至一年）天然发酵或加酶发酵过程中，由于微生物酶的作用使组织结构发生变化，从而使蛋白质分解成游离氨基酸（如丙氨酸、谷氨酸、甘氨酸等）、核酸分解成核苷酸（鸟苷酸、肌苷酸等）、碳水化合物分解成有机酸，促进风味物质的形成。自然生存的细菌在芳香物质和风味物质形成过程中起着重要的作用。

（一）鱼露的发酵加工

鱼露主产于福建、广东等地，辽宁、天津、山东、江苏、浙江等地均有生产，它是以小杂鱼如三角鱼、乌丁鱼、小沙丁鱼、小带鱼等多种鱼为原料，经自然腌渍、发酵、提取制得的一种特殊氨基酸调味液，烹调上可与酱油换用，但鱼露更具有味道鲜美、营养丰富、食用方便、经久耐藏等特点。国外也有类似产品如鱼酱等。

1. 鱼露的制作

鱼露制作过程为：

原料处理 →腌渍发酵 → 晒露发酵（或保温发酵）→ 抽滤 → 调配 → 成品

腌渍发酵属前期发酵，将新鲜鱼置于缸（池）中一层盐一层鱼间隔放置，上层用盐封顶，在加压下，使盐渍发酵后鱼全部浸在液体中，食盐用量为鱼重的25%~30%。这一过程需6个月，使鱼成为鱼醪。

鱼露发酵是将鱼醪腌缸移至室外日照，提高发酵温度。有条件可人工保温在35~40℃，鱼醪全部分解成浆状。通常晒露发酵期亦为6个月。

也可采用先盐渍发酵2~3年，再在室外晒露约1个月的工艺进行操作。

由于发酵周期过长，现有一种速酿鱼露工艺，即在盐渍发酵一个月后，添加一定量的蛋白酶制剂，保温 50～60℃，发酵一个月即可。

鱼露成品具有独特的荤鲜香气和鲜美滋味，呈橙红色或橙黄色。

2. 鱼露发酵剂

鱼露中分离到的细菌包括芽孢杆菌、链球菌、微球菌、葡萄球菌，它们可能来自所用的食盐中，这些菌体具有嗜盐特性，合适的盐浓度为 20%，最适 pH 为 6.5～7.5。

Sanche 等（1983）报道鱼露发酵过程中，首先占优势的微生物是短小芽孢杆菌、凝结芽孢杆菌和枯草芽孢杆菌，但在发酵中期就被地衣芽孢杆菌、微球菌和表皮葡萄球菌所代替，最终阶段则由变异微球菌和腐生葡萄球菌占优势。这表明微生物菌群不是恒定不变的。

嗜盐性微生物能产生挥发性脂肪酸，由于芳香物质的复杂性，不能简单地将其归结于微生物参与的结果。但微生物的作用却可使风味物质的形成量大大增加。

（二）虾酱、虾油的发酵加工

1. 虾酱

虾酱是我国盐酿调味品中产量较大的一种，我国南自广东、福建，北至辽东沿海各地，以及内地湖河淡水区域均有制作。其制作流程为：

原料处理 → 盐渍发酵 → 增香处理 → 成品

原料以小型虾类为主，常用的有小白虾、眼子虾、糠虾等，发酵前洗净沥干。加虾重量 30%～35%的食盐拌匀，渍入缸中，捣碎拌匀，连续发酵 15～30d，发酵大体完成。可将酱缸置于室外，借助阳光加温促进成熟。

为了提高虾酱风味，在加食盐时，同时加入茴香、花椒、桂皮等天然香料，并混合均匀。

虾酱成品气味鲜香无腥味，酱质细，如置于 10℃ 以下可长期保藏。

2. 虾油

虾油是虾类发酵后被食盐溶解而成的营养液，含有丰富的蛋白质、氨基酸，加工期在秋后 10～11 月份。制作流程为：

原料处理 → 发酵腌制 → 炼油 → 成品

原料虾先加入缸中日晒夜露 2d，早晚各搅拌一次，3～5d 后至缸面有红沫出现，再加盐搅拌，总用盐量 16%～20%，逐步加入，15d 后发酵基本完成，继续日晒夜露及早晚搅拌，使发酵均匀成熟。至次年晒过伏天（过夏）开始炼油。

炼油时先除去缸面浮油，加入 5%～6%冷盐开水，搅拌，促进油与杂质分离。取出虾油，烧煮去除杂质和泡沫，得虾油成品。

纯虾油不串卤，颜色清而不混，油质浓稠，气味清香，含盐量在 20%左右。

（三）蟹酱的发酵加工

蟹酱也是加盐后发酵的调味品，其工艺流程为：

原料整理 → 捣碎 → 腌制发酵 → 成品

选择9～11月份的新鲜海蟹，清水洗净后，除去蟹壳和胃囊，沥干。置于桶中，捣碎蟹体，以便加速发酵成熟。加入25%～30%的食盐，搅拌混合均匀，倾入发酵容器，压紧填实，经10～20d，腥味逐渐减少，则发酵成熟。

蟹酱在腌制发酵和贮藏过程中，不能加盖与出晒，以免引起变色。蟹酱成品呈红黄色，质黏稠呈糊状，无气泡产生，具有蟹酱固有气味，无异味。

第三节 果蔬的发酵加工

在厨房中从事的小批量蔬菜发酵，常用蔬菜有圆白菜、黄瓜，泡菜是家庭制作的传统食品，近年来已实现工业化生产。

一、果蔬发酵

新鲜蔬菜上占优势的微生物是革兰氏阳性需氧菌和酵母，而生产的初期，乳酸菌的数量较少，但是，在缺氧、湿润的条件下，当盐浓度和温度适当时，乳酸菌的生长则处于优势。大多数蔬菜和蔬菜汁都要经历乳酸发酵阶段。在发酵过程中，随着条件的变化，优势微生物也会发生变化。在发酵过程的早期，由于盐的添加，使革兰氏阴性菌受到抑制，以后随着有机酸的快速生成，革兰氏阴性菌的生长又会受到抑制。

细菌素是细菌产生的一种抗菌多肽或蛋白，它可以抑制相关细菌的菌种和菌株。乳酸菌是用于细菌素生产的典型菌，对发酵蔬菜质量控制起着重要的作用。

二、酸圆白菜的加工

制作酸菜要先将圆白菜切小，然后盐浸，再经自然乳酸发酵制成。最初圆白菜的制作是用酸葡萄酒或醋来腌浸圆白菜，后来，人们将圆白菜切小装入容器中，用未成熟的葡萄或其他酸性水果的汁液浸泡，制得酸菜。现在人们用盐溶液代替酸液来进行加工。

圆白菜中的一些成分有抑菌作用，对发酵过程中的乳酸菌有抑制作用。如葡萄糖芥子油苷的水解产物可以产生异硫氰酸盐、硫氰酸盐、腈等，这些都是重要的抑菌成分。最近的研究发现，圆白菜中主要的抗菌成分是甲基甲硫醇硫酸盐。

（一）酸圆白菜的制作

其制作过程为：

新鲜圆白菜 → 去心 → 切片 → 加盐 → 发酵 →巴氏消毒

洗净切片后的圆白菜经过盐（2%～2.5%）处理过程。厨房可使用较小的发酵容器装入一定量的圆白菜，加上干盐，圆白菜片脱水后与盐很快混合形成盐水。顶部盖有塑料薄膜，在膜上加水，借助水的重量将菜片压入盐水中，直至所有菜片都浸没在溶液中。经过较短的时间，氧气耗尽，乳酸菌开始生长，释放出 CO_2，形成厌氧环境。

酸菜发酵的理想温度为18℃，盐的浓度为1.8%～2.25%。当温度和盐度适宜时，乳酸菌的生长与发酵进入理想状态。发酵通常在室温下进行，初始发酵温度与圆白菜的温度有关，随时间、气候的变化而变化。在干盐浸渍工艺中，不同发酵池的盐浓度是不同的，发酵时间也不相同，少则几周，多则一年。产品达到一定的 pH 或酸度后，经巴氏灭菌再包装上市，其口味更淡爽、纯正。酸菜的包装可采用罐子、玻璃或塑料袋。冷藏的酸菜不经过巴氏灭菌，而是加入0.1%苯甲酸钠和偏亚硫酸氢钾作为防腐剂。酸菜一般经74～82℃ 消毒约3min，可保证一定的储藏期。消毒后的热酸菜经灌装或瓶装，密封，快速冷却，使成品处于半真空状态。

（二）酸白菜发酵剂

1. 自然发酵剂

当圆白菜全部浸入盐水中时，就进入了微生物发酵阶段，最初为异型发酵或产气阶段，然后是同型发酵或不产气阶段。发酵初期是肠膜明串珠菌的异型发酵阶段，此时它的数量最多，且生长繁殖速度快，这是因为肠膜明串珠菌比发酵液中的其他乳酸菌的代时要短。但它对酸的敏感性较强，随着发酵的进一步进行就会很快死亡。肠膜明串珠菌菌种死亡后，短乳杆菌和植物乳杆菌在发酵液中生长繁殖。

在产气阶段，异型乳酸菌代谢圆白菜中的糖分（葡萄糖、果糖、蔗糖）产生乳酸、醋酸和 CO_2。pH 快速降低和 NaCl 的加入能够抑制革兰氏阴性菌的生长。CO_2 的产生在容器中形成了厌氧环境，可以抑制维生素 C 的氧化和圆白菜颜色加深。在发酵的后期阶段，同型发酵菌植物乳杆菌利用存在的碳水化合物产生大量的乳酸，使溶液的 pH 降低。自然发酵阶段微生物群落的消长规律对于生产具有纯正香味和口味的酸菜是十分重要的。

各菌种的发酵顺序还受到 NaCl 浓度和发酵温度的影响。与乳杆菌或四链球菌相比，肠膜明串珠菌菌种受到高浓度盐溶液抑制程度更大。如果盐浓度或温度过高，同型发酵会占优势，从而使异型发酵过程缩短，使乳酸含量增大，破坏产品的颜色、风味。

酸菜在低温下也能发酵。肠膜明串珠菌比其他发酵菌种的最适生长温度要低。因此，低温下大约10d 总酸量就可达到0.4%（以乳酸计），不到1个月就可达到0.8%～0.9%。这样的酸度条件下，切碎后的圆白菜浸没于盐水中，再加上细菌产生的 CO_2，足以保证储存的条件。乳杆菌和四链球菌在低温下生长能力微弱或不生长。

当温度为32℃或更高时，发酵就进入了由植物乳杆菌和啤酒片球菌菌种发酵的同型发酵阶段。由于这两种菌的作用使乳酸含量大增，破坏了酸菜产品的香味和口味，使产品闻起来像腐败的圆白菜。发酵的酸菜在高温下颜色很容易变深，因此，酸菜发酵后要尽快封装。

在18~20℃下进行发酵，最终的酸量为1.6%~2.3%（以乳酸计），pH为3.5或更低。非挥发酸与挥发酸之比（乳酸:醋酸）一般为（5:1）~（3:1）。发酵过程少则两星期，多则两个月完成，这主要取决于可发酵物质的总量、盐浓度、温度和企业的意愿。

2. 人工发酵剂

使用人工发酵剂进行酸菜发酵比生产中仅靠天然微生物生产的产品质量要好。但是人工发酵剂的使用很难保证不同微生物群在生产中的发酵顺序，并且要对原料进行巴氏灭菌。

许多人对于发酵剂用于酸菜的发酵进行了大量试验。早期，从乳制品中分离出乳酸软杆菌作酸菜生产的发酵剂，结果表明接种后生产的酸菜比未接种时更好。随着酸菜微生物研究的不断发展，人们已将目光转向于从发酵产品中分离得到的乳酸乳杆菌以外的其他乳酸菌。

有报道，在生产中采用纯菌种接种或肠膜明串珠菌、短乳杆菌、植物乳杆菌的混合培养物接种，最终产品质量与不接种生产的产品质量相比无多大变化。但有时接种后的生产要优于未接种的生产。

使用单一乳酸菌发酵的风味评价结果为：用肠膜明串珠菌发酵生产的酸菜汁口味柔和，香味纯正；而用短乳杆菌发酵生产的酸菜汁口味粗糙，类似醋酸味；用植物乳杆菌和啤酒片球菌发酵的产品口味较差，且物料损失大，不被人们所接受 。如果生产中采用高浓度乳酸链球菌肽，并且不添加耐乳酸链球菌肽的菌种，就会使革兰氏阳性菌大大减少，而使革兰氏阴性菌大大增加，从而引起产品的腐败。肠膜明串珠菌所生成的D（-）乳酸，不能被人体代谢利用，婴儿和小孩不应食用。在德国，利用短乳杆菌菌株生产的L（+）酸菜，被作为一种保健食品出售。

酸菜会存在多种腐败现象，如失色（化学氧化）、失酸、口味寡淡、有异味（霉味、酵母味和酸臭味）、发黏、变软，有时呈粉红色。这些都是由于好氧菌、霉菌和酵母的生长所造成。生产中应保证厌氧条件才能解决这些问题。

三、腌黄瓜的加工

（一）腌黄瓜的制作

腌黄瓜制作分腌制、发酵等工序。

黄瓜通常为整条腌制。应将黄瓜穿刺，以防止发酵期间内部积累空气而形成鼓包。将黄瓜加入发酵罐前，先注入少量盐水。投料后加木盖。再加盐水淹没蔬菜和木盖。在20℃以下时，盐水浓度为5%；在30℃时，盐水浓度为8%。因新鲜蔬菜的相对密度小于1，故发酵池应有盖板。发酵期的加盖方式与所在环境、发酵对象及贮存条件有关。发酵黄瓜的盐水表面暴露于空气中，应限制产膜酵母、霉菌及腐败菌在表面生长。若盐水表面暴晒于阳光下，则能抑制上述菌的生长，但有雨水、大气的微生物污染，故应将罐遮盖起来，定期除去表面的菌膜。

（二）腌黄瓜发酵剂

1. 自然发酵剂

新鲜黄瓜含有大量的真菌，以及具有潜在危害作用的微生物和少量乳酸菌。例如每克黄瓜含有 1×10^7 个需氧菌，但产酸菌仅为 5×10^3 个。

当黄瓜在含盐量8%条件下进行自然发酵时，则经历以下四个阶段：

（1）起始阶段　原料带入的兼性厌氧菌和纯厌氧菌生长。待乳酸菌生长而pH下降时，不需要的革兰氏阴性菌和产芽孢菌的生长就被抑制。成品的质量主要取决于出现乳酸菌和去除不需要微生物的速度。

（2）主发酵阶段　乳酸菌和酵母菌占优势。它们在盐水中生长，直至耗尽可发酵性糖或由于产乳酸和醋酸致使pH下降而抑制乳酸菌生长为止。植物性原料的缓冲能力和可发酵性糖的含量，是决定乳酸菌发酵程度以及其后的酵母菌发酵程度的主要条件。

（3）二次发酵　主要由酵母进行发酵，这些耐酸的酵母在主发酵阶段就存在。若乳酸菌由于pH低而被抑制，但还有残糖，则酵母会继续生长至糖耗尽为止。

（4）后发酵阶段　待可发酵性糖殆尽时，则微生物的生长就局限于与空气接触的盐水表面，当盐水表面暴露时，产膜酵母、霉菌及腐败菌可在操作不当的罐表面生长，但在无氧条件下则无表面生长。

发酵期间许多化学和物理因素，不但影响各种微生物出现的先后次序，也关系到它们的生长速度和程度。例如酸度和pH即大大影响乳酸菌的出现和生长程度。影响微生物生长和发酵的其他因素有：盐浓度、温度、来自于原料的天然抑制化合物、化学添加剂、盐水表面在空气或阳光下的暴露、可发酵性糖含量以及盐水中营养物的可利用程度等。

在黄瓜发酵中，氯化钠的浓度高达10%～16%时，则有助于酵母生长；而在5%～8%的浓度下，则有利于乳酸菌生长。在氧化型酵母菌中，德巴利酵母和酵母属的菌种，分别在20%盐水浓度下生长，毕赤酵母属和假丝酵母属的菌种，分别在15%和10%的盐水浓度下生长，这时会形成厚实的膜。

2. 人工发酵剂

若在黄瓜发酵过程中加入异型和同型发酵的乳酸菌纯种培养液，则改变了自然发酵的过程。但天然的植物乳杆菌的生长不受纯培养菌的影响，能在8%的盐度和最低的pH下生长。但一些嗜热乳酸菌，仅能耐受2.5%～4%的盐度。

（三）腌黄瓜发酵过程中的质量控制

1. 整条黄瓜的控制

先将黄瓜洗涤，以减少软化酶、尘土及不需要的微生物。黄瓜入发酵罐后，加盖并注入浓度为6.6%的盐水。再用平均酸度为1.6%的醋酸调初始pH为2.8左右，以抑制在加入纯培养菌之前天然微生物的生长。在此后的18～24h内，黄瓜的营养物渗透到盐水中，而盐及酸则渗入瓜体，并用氮气不断驱除 CO_2，直至发酵结束。在以后几天内，从罐顶加入2～3倍量的干盐，使盐水浓度保持为5%～8%。在投料后18～24h，由于加入了醋酸钠缓冲剂，故pH从4.0变为4.6左右。但有的企业用氢氧化钠调pH。然后于25～30℃下，加入纯培养物的植物乳杆菌液或纯培养的啤酒足球菌液一起加入，使菌数为 2×10^8 个/mL，进行为期7～12d的发酵。再将黄瓜在室温下贮存，直至需进一步加工成糖腌黄瓜、酸味腌黄瓜及调味腌黄瓜等。

2. 片状黄瓜的控制

将黄瓜切片、加热、冷却后，在食盐和醋酸钙溶液中腌制并接种植物乳杆菌。醋酸钙用作缓冲剂并使组织变硬。

发酵黄瓜等蔬菜用的培养浓缩发酵剂已有市售。发酵剂用干冰冻结后送到腌制企业，可在干冰上或-40℃冷库中保存几周。改用冷冻干燥法制作的发酵剂亦已成功，可在常温下运送，再在冷冻条件下存放。

影响微生物生长的因素有温度、蔬菜性能、暴露于空气的程度以及盐水中可发酵性糖含量、缓冲剂性能、pH、酸度、天然抑制物和盐卤中营养成分的可利用性等。人们在生产实践中积累了大量蔬菜发酵的知识和经验，并可运用于进一步的工业生产，如厌氧发酵法、控制发酵法、驱除 CO_2、使用氯化钙等。

四、泡菜的加工

用于泡制的蔬菜原料宜选用组织致密、质地脆嫩、肉质肥厚而不易软化者，如萝卜、大白菜、甘蓝、豇豆、嫩姜、大头菜、青椒等蔬菜原料适合于制作泡菜。剔除原料的老叶、黄叶、须根、粗皮和老筋以及表皮上的黑烂点，经充分洗涤、沥干水分后进行适当的切分处理，可切成条状、片状。对于体积小者和肉质薄者（如青椒）可整个投入。制作流程为：

原料 → 选择 → 洗净 → 切分 →装坛 → 加卤水 → 发酵 → 管理 → 成品

（一）卤水的作用

井水等硬水因矿物质含量较高，最适宜做配制泡菜用的卤水，可使泡菜成品的脆性好。对于硬度不高的自来水，可在配制卤水时加入适量的钙盐如氯化钙，用量为卤水量的0.05%左右，其他的钙盐，如碳酸钙、硫酸钙和磷酸钙均可使用。如果用生石灰即氧化钙可按0.2%～0.3%的比例配成溶液后，将蔬菜进行短时间浸泡，取出清洗后再泡制以增加原料的脆性。泡菜卤水的含盐量以4%～6%为宜，煮沸的盐水经冷却后，按食用者的口味加入砂糖、黄酒、醋、生姜、干红椒和八角、茴香、花椒等。一种四川泡菜的辅料比例为白酒2.5%、黄酒2.5%、红糖2%、甜醪糟1%、干红椒3%、八角茴香0.1%、花椒0.05%、胡椒0.08%。加入的八角茴香、花椒等可用纱布包好，做成香料包。

（二）泡制过程中的质量控制

用清水将泡菜坛洗涤干净，将清洗、整理和切分好的蔬菜装入坛内。装至半坛时放入香料包，再将原料装至离坛口3～5cm。随即注入配置好的并已冷凉的卤水，使菜体淹没于卤水中，放上盖子，盖上扣碗，在坛口的反缘水槽内加注清水，形成水封，以隔绝空气，防止杂菌进入，以利于乳酸菌的正常生长。然后将坛移至阴凉处（冬天移至温暖处），任其自然发酵。常温下，对于新配置的卤水在夏季泡制时，需5～7d完成发酵过程，达到食用的程度，冬季则需12～16d才可成熟。泡菜卤只要不变质，可以连续使用，只是在泡入第二批原料时，需补加食盐和水分。

泡菜坛反缘水槽中的水应经常添加，定期更换。取菜揭盖或扣碗时，切勿将水槽的水滴滴入坛内。

第四节　粮谷类的发酵加工

馒头、面包、豆酱、豆豉、腐乳、酱油、醋以及酒类、酒酿、酒糟醉制类食品，都是餐桌的“常客”。这类食品或因其味美，或因其特定风味和富于营养而不断推陈出新，历经千年，长盛不衰。近年来，研究发现，发酵食品不仅风味独特、富于营养，而且还有很好的防病保健功能，对人民的健康贡献巨大。

一、馒头的发酵加工

（一）馒头的制作

馒头制作流程为：

和面→静置→成型→发酵→蒸制→成品

（二）馒头发酵剂

作为馒头的发酵剂，要求有较强的发酵能力，一则是发酵面团，产生二氧化碳气体，使馒头具有蜂窝状、蓬松的海绵体结构；二则增加馒头的营养价值。馒头常用的发酵剂有面肥、酵母等。

1. 面肥

面肥也叫老面，多由留剩下的小部分发酵面团接种在面粉中掺和揉和。由于这种面肥长期使用，已不是纯酵母菌，还存在大量杂菌。但面肥发酵成本低廉，便于行业批量生产，故而一些企业还在沿用这种方法。

2. 活性干酵母、压榨鲜酵母

这些酵母菌本身含有丰富的营养素。不含杂菌，发酵过程不产酸，发酵完成后也不必加碱中和。但是酵母菌若保存不当，同样会造成杂菌污染。许多微生物能够在鲜酵母上生长繁殖。例如，乳粉孢霉可使鲜酵母产生霉味，青霉属的一些菌种能在压榨鲜酵母上产生绿色的菌斑，这些都影响到发酵面团的卫生质量。另外，变质酵母中含有的谷胱甘肽是一种还原剂，能够破坏面筋蛋白质，使面团筋力减弱。因此，酵母菌应妥善保存，打开包装后应低温保藏并尽快用完，防止杂菌污染。

（三）馒头发酵工程中的质量控制

1. 发酵温度的控制

温度是酵母生命活动的重要因素。酵母在面团发酵过程中，要求有一定的温度范围，在25～28℃之间。如果发酵的温度低于酵母作用的最适温度，就会造成面团发酵速度迟缓，生长周期延长。如果发酵的温度高于酵母作用的最适温度，虽然能缩短发酵时间，但是如果温度过高也有利于产酸菌的生长（乳酸菌的最适温度为37℃，醋酸菌的最适温度为35℃），容易使面团的酸度增高，造成制品的质量下降。

另外还需考虑到面团发酵过程中，由于酵母菌的代谢作用而产生了一定的热量，也会提高面团的温度。所以面团发酵时的温度应该控制在25～28℃为宜，最高不要超过30℃。

2. 酸度的控制

酸度是衡量发酵性面食制品质量优劣的一个重要指标。酸度是面团在一系列发酵过程中由各种产酸菌的代谢作用而生成的，这些酸性物质有乳酸、醋酸、丁酸等。面团中的酸度大约60%是乳酸，其次是醋酸等。面团中的酸度主要是由于乳酸菌和醋酸菌等发酵而生成的，所以在面团的发酵过程中，应该注意乳酸菌和醋酸菌的污染，才能有效地控制成品的酸度。

3. 水质对发酵面团品质的影响

面团的发酵，一般使用啤酒酵母，最适 pH 为5～5.8，为弱酸性环境。若发酵用水为碱性，则破坏了酵母生长的适宜酸度，也抑制了酶的活性，从而影响发酵过程。应加入适量的乳酸调节。水质酸度过高，游离态 CO_2 数量偏多，会加快发酵速度，使面团失去正常的发酵时间，难以准确把握，给操作带来不便。

（四）面粉起始菌群对发酵面团品质的影响

在一般面粉中，细菌总数为 10^2～10^3cfu/g，其中以芽孢菌为多，如巨大芽孢杆菌、黏膜芽孢杆菌等。面食加热熟后，其中心常会残留少量细菌，引起面食变质。另外，杂菌的存在也影响到面团的正常发酵过程。如面粉中野酵母的存在限制了生产用菌种的生长，降低发酵能力。因此，制作面食应选用卫生质量好的面粉，发酵用具应保持清洁。

二、面包的发酵加工

（一）面包的制作

面包的制作，无论是手工操作还是机械化生产，都包括三大基本工序，即面团搅拌、面团发酵和成品焙烤。根据品种特点和发酵过程，常将面包的生产制作分为一次发酵法（直接法）、二次发酵法（中种法）和快速发酵法。

1. 一次发酵法

面包的一次发酵法流程为：

配料→搅拌→发酵→切块→搓团→整形→醒发→焙烤→冷却→成品

一次发酵法的优点是发酵时间短、设备利用率高，且产品的咀嚼性、风味较好。缺点是面包的体积较小，且易于老化；批量生产时，工艺控制相对较难，一旦搅拌或发酵过程出现失误，无弥补措施。

2. 二次发酵法

面包的二次发酵法流程为：

种子面团配料→种子面团搅拌→种子面团发酵→主面团配料→主面团搅拌→主面团发酵→切块→搓团→整形→醒发→焙烤→冷却→成品

二次发酵法的优点是面包的体积大、表皮柔软、组织细腻，具有浓郁的芳香风味，且成品老化慢。缺点是投资大、周期长、效率低。

3. 快速发酵法

面包快速发酵生产工艺流程为：

配料→面团搅拌→静置→压片→卷起→切块→搓圆→成型→醒发→焙烤→冷却→成品

快速发酵法的整个生产周期只需2~3h。其优点是周期短、效率高、投资少，可用于特殊情况或应急情况下的面包供应。缺点是风味差、保质期短。

（二）面包发酵剂

1. 面包酵母

（1）面包发酵剂的要求

酵母生产商可以提供多种特性的面包酵母供面包房来选择适合自己的面包生产所采用的加工方法。

①利用麦芽糖：较好地利用麦芽糖是普通面团生产面包所用酵母的理想特性。较好地利用麦芽糖的酵母菌种可以通过一个简单的产气实验来进行筛选。

②耐酸性：有些面团尤其是在微生物群落中乳酸菌占很大比例的面团，由于乳酸和醋酸的存在，pH相对较低（低于4.7）。在用这些面团时，采用不受低pH或有机酸存在影响的酵母菌种是比较理想的。

③耐冷冻融化性：有些企业用冷冻面团生产面包。这些面团生产后冷冻起来，使用时再融化、醒发和焙烤。用于冷冻面团的酵母要具有能够耐冷冻和融化的特性。面团一旦融化后，酵母仍然保持满意的产气能力。

④耐渗透性：一旦面团中糖的含量超过5%或盐浓度高于2.0%~2.5%，酵母的耐渗透性就成为一个重要的特性。在这种环境中，酵母就得加量使用。

（2）面包发酵中发酵剂的作用

在面包制作中，酵母可以产生膨胀面团的气体，改善面团的流变学特性，酵母的代谢产物对面包产品的风味产生重要影响。

2. 面肥中的微生物

面包面团和焙烤的面包中并不只含有单纯的啤酒酵母，而是一个包含着各种微生物的复杂的生态系统。有些微生物来自于面包房的环境，有些来自于面包的配料，其他是有意加入的面包酵母或是取代面包酵母的微生物。

（1）酵母　从面肥中可以分离出各种各样的酵母菌株。这些面团中总是带有乳酸细菌和其他细菌。面肥是可以用在面包制作中的其他酵母的重要来源。混合酵母菌种的使用在面包厂也很普遍，随着所用的面粉和其他条件的不同，各面包房所使用的混合酵母菌种也不相同。在纯菌种中有时也能发现一些其他菌种，有时其中某种菌也可以形成生长的优势。

从面包房收集的混合酵母菌群中已经分离出了一些其他酵母，例如果实酵母、少孢酵母等。在面肥中也发现了诸如克鲁丝假丝酵母、星行假丝酵母等酵母菌株。面包中还找到了假丝球拟酵母，它可以占到酵母菌群的50%。

另一种有名的可用于面包制造的酵母菌是少孢酵母，多以单菌株形式存在着。少孢酵母能够在低pH（低于4.5）的面肥中迅速地起发面包。

将具有耐高糖和冷冻融化能力的德氏圆酵母菌作为商业面包酵母，已经发现德氏圆酵母菌在含糖30%的甜面包的生产中比啤酒酵母的产气能力还要高。然而，酵母耐高渗透压并不足以证明它可以应用在任何高糖条件中。据报道，耐高渗透压的罗氏接合酵母生产的面包的烘焙特性较差，在不含发酵粉的面团中活性也差，这是因为它们的麦芽糖酶活性较低的缘故。

对于除了啤酒酵母以外的其他酵母用做冷冻面团酵母的研究已经有很多。由于在加工过程中面团的水分活度的变化，就提醒我们要使用耐高渗透压酵母。已发现耐高渗透压的德氏圆酵母菌和罗氏结合酵母在冷冻、融化条件下保持着高活力，但在不含酵母的面团中这些酵母产气能力不太好。已经发现从自然界分离到的德氏圆酵母菌和耐热克鲁维氏酵母可以耐冷冻，但这些菌种不能发酵麦芽糖，所以在不含酵母的面团中缺乏产气能力。已发现德氏圆酵母菌要比啤酒酵母更能耐冷冻。这样，将德氏圆酵母菌和啤酒酵母结合起来就可以生产出具良好稳定性和醒发质量的冷冻面团。

（2）细菌　乳酸菌在许多面包中是微生物群落中重要的一部分，但是经常发现乳酸菌的数量较少。在黑麦面包中使用乳酸菌种是必需的。

（三）面包发酵中的质量控制

1. 面包发酵过程

面团发酵是面包生产的关键工序。发酵是使面包获得气体、实现蓬松、增大体积、改善风味的基本手段。酵母的发酵作用是指酵母利用糖（主要是葡萄糖）经过复杂的生物化

学反应最终生产 CO_2 气体的过程。发酵过程包括有氧呼吸和无氧呼吸两个过程。

在面团的发酵初期，酵母的有氧呼吸占优势，并迅速进行繁殖。随着发酵的进行，无氧呼吸逐渐占优势。越到发酵后期，无氧呼吸进行得越旺盛。整个发酵过程中以无氧呼吸为主，这对面包生产和质量有利。无氧呼吸产生的酒精可使面包具有醇香味。采用二次发酵工艺制作的面包质量较好的原因，在于第一次发酵使酵母繁殖，面团中含有足够的酵母数量，增强发酵后劲，通过对一次发酵后面团的搅拌，一方面可使大气泡变成小气泡，另一方面可使面团中的热量散失并使可发酵糖再次和酵母接触，使酵母进行无氧呼吸。

2. 影响酵母产气能力的主要因素

（1）温度　温度高，酵母的产气量增加，发酵速度加快。但温度过高，产气过快，则不利于面团的持气和气泡的均匀分布，所以面团的发酵温度一般控制在 26～28℃之间。

（2）pH　酵母发酵的最适 pH 为 5～6，在此 pH 下酵母有较强的产气能力。

（3）渗透压　面团发酵过程中，影响酵母活性的渗透压主要由糖和盐引起。糖用量为 5%～7% 时产气能力大，超出此范围，糖用量越多，发酵能力越受到抑制。食盐能够抑制酶的活性，食盐的用量越多，酵母的产气能力越低。食盐用量超过 1% 时，对酵母活性产生明显抑制作用。

3. 面包坯烘焙过程中微生物的变化

面包坯中的微生物主要是酵母菌和部分产酸菌。当面包坯入炉后，酵母就开始了比以往更加旺盛的生命活动，使面包坯继续发酵并产生大量的气体而膨胀。当面包坯加热到 35℃左右时，酵母菌的生命活动达到最高峰，大约到 45℃时，酵母的生命活动仍然强烈，当加热到 45℃时，它们的产气能力立即下降，到达 50℃以上时，酵母菌就开始死亡，60℃时数分钟后全部死亡。

面包中的产酸菌主要是乳酸菌。各种乳酸菌的最适温度不同，嗜温性的为 25℃左右，嗜热性的为 48～54℃之间。当面包坯开始烘烤时，它们的生命活动随着温度的升高而加快，当超过最适温度到一定程度后，其活动就逐渐减弱，大约到 60℃时，乳酸菌全部死亡。面包中微生物生命活动的加强和减弱随着烘烤温度而变化，因此，有人认为面包坯到烘烤结束后，在面包瓤的中心部分还可能保留个别活的微生物。

4. 发酵条件的控制

面团的发酵适宜温度 28～30℃，相对湿度 80%～85%。发酵时间因使用的酵母种类（鲜酵母、干酵母）、酵母用量以及发酵方式的不同而差别较大。面团的发酵时间由实际生产中面团的发酵成熟度来确定。鉴别面团发酵成熟度的方法有回落法、手触法、温度法与 pH 法等。

面包发酵后需经整形、醒发、烘焙、冷却等工序，成品应及时包装，以防枯草芽孢杆菌引起的腐败及白地霉等引起的霉变。

第五节　发酵剂及其制备技术

应用微生物遗传和变异的理论，用人工方法造成变异，再经过筛选以得到人们所需菌种的过程，称为菌种选育。其内容包括选种和育种两个方面，这两者是相互联系的。选种就是经过比较鉴定自然界的微生物，从中分离和筛选出某种性能较强的，符合生产要求的菌种。但选种仅是育种工作的第一步。所谓育种，就是不断改造菌种性能，培养新的菌株。育种、选育的目的是为了不断提高发酵产品的产量和质量，增加发酵剂新产品和适应工艺改革的要求。

一、发酵剂菌种的选择

发酵使用的微生物菌种，最初是从自然界分离筛选出来的。要从自然界找到我们所需要的优良菌种，首先必须把它们从许许多多的杂菌中分离出来，然后根据生产要求和菌种特性，采用各种不同的筛选方法，选出性能良好的纯种。分离与筛选菌种的具体方法一般分为四个步骤，即样品采集、增殖培养、纯种分离和生产性能测定。图 9-2 所示为筛选工作的一般程序。

分离后获得的菌株，是否具有生产上要求的性能，必须通过生产性能测定来确定。由于分离获得的菌株数量很大，要对每一株都做全面或准确的性能测定，工作量就十分巨大，所以生产性能测定一般分为两步进行，即初筛和复筛两个步骤。

(一) 初筛

初筛的方法很多，一般在培养皿中进行。利用直观、快速、简便的方法进行定性或半定量的测定。例如采用每个菌落产生的代谢产物与培养基内的指示物作用后形成的变色圈、透明圈等的大小，来表示菌株活力之高低，并以此作为初筛的标准。

(二) 复筛

这是较为精确的测定，一般采用化学分析或其他精确的定量方法。复筛时，要尽可能地使培养条件与生产条件相接近，这样筛选的菌株才具有实际应用的价值。一般对好气微生物大多采用摇瓶发酵试验，对厌氧微生物采用静止的液体或固体培养。近年来，采用小型台式发酵罐进行筛选试验，这就更容易在实验室中模拟实际生产的条件了。

二、发酵剂育种技术

(一) 发酵剂育种的遗传学基础

遗传和变异是微生物最本质的属性之一。人们在了解微生物的遗传和变异的基础上，可以通过微生物的发育，来提高生产菌种的生产性能，提高产量、改进质量以及扩大产品品种和简化工艺条件。

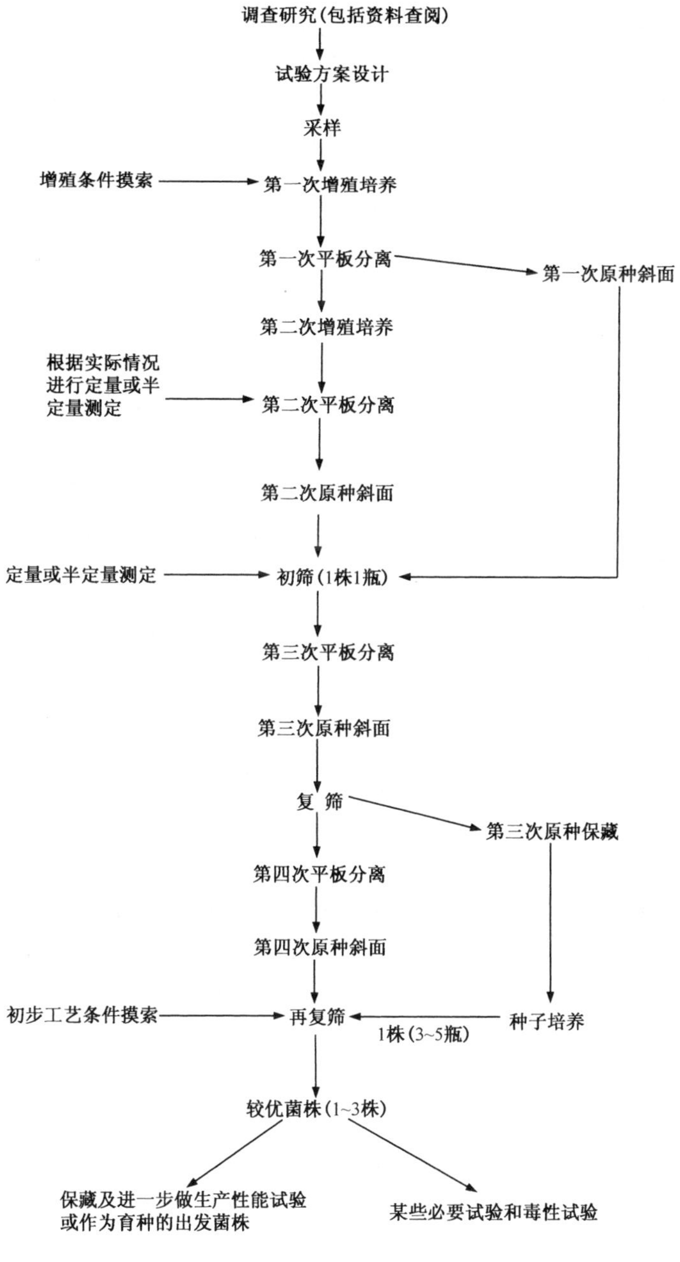

图9-2 筛选工作程序

所谓遗传性就是具有产生与自己相似后代的特性，世代相传，使亲代的种类能够长期保存下并保持“种”的稳定性。然而遗传不是绝对的，随着环境的变化，遗传性也会发生变异，改变生物的代谢机制以及形态结构，这就是变异性。

遗传性和变异性是一对矛盾，矛盾的双方在一定条件下互相转化。遗传中有变异，变异中有遗传。在短期内看来是遗传的性状，从长远的观点来看又必然会发生改变，所以说遗传中必然包含着变异。另一方面，微生物发生了变异的形态或性状，有的会以相对稳定的状态遗传下去，所以说变异中又包含着遗传。遗传和变异矛盾的统一，推动了生物的发展。遗传是相对的，而变异是绝对的。

微生物的遗传性和变异性特点如下：

（1）个体易于变异　微生物的结构简单，在适宜环境中，代谢作用旺盛、繁殖迅速、生活史短、个体易于发生变异。变异的个体又大量繁殖，有利于自然选择和人工选择。

（2）比表面积大　微生物虽小，但比表面积大，易受环境影响。当环境条件急剧变化时，大多数个体不适应，死亡而被淘汰，个别细胞发生变异，能适应新的环境。

（3）便于建立纯系　大多数微生物均以无性繁殖为主，或只有无性繁殖，因而便于建立纯系及长久保存大量品系。微生物一旦发生变异，也能迅速在性状上反映出来。

在微生物育种上，诱变育种仍然是主要的育种手段。

（二）发酵剂的诱变育种

人们有意识地应用一些物理、化学因素处理微生物诱发的突变，叫做诱发突变，简称诱变。而提高突变率的因素叫做诱变剂。诱变育种就是人为地利用物理或化学因素，使微生物细胞内的遗传物质发生变化，引起突变，并通过筛选，获得符合要求的变异菌株的一种育种方法。诱变育种不仅可以提高菌种的生产能力，而且还可以改进产品质量、扩大品种、简化生产工艺。从方法上说，具有速度快、收效显著和方法简便等优点，因而具有广泛的应用价值。

诱变育种的主要环节是以合适的诱变剂处理大量分散的微生物细胞或其孢子悬液，在引起多数细胞死亡的同时，大大提高存活个体中的变异频率，然后用适当方法，将极少数产生有益变异的菌株挑选出来，经过选育，就可能获得优良菌株。

1. 选择出发菌株

用来进行诱变试验的原始菌株叫做出发菌株。选择合适的出发菌株，就可能提高育种的效率。其选择原则如下：

（1）选择对诱变剂敏感性强，变异幅度大的菌株作为出发菌株，从而可能选育出高产菌株。选用经过生产中选育过的自然变异菌株作为出发菌株进行诱变处理，效果较好。

（2）采用具有有利性状的菌株作为出发菌株，如生长速度快，营养需求低，产孢子早而多的菌株。

（3）在选择产核苷酸或氨基酸的出发菌株时，最好考虑至少能积累少量所需产品或其前体的菌株。

在连续诱变处理过程中，最好选择每次处理后，生产性能都有一定程度提高的菌株作为出发菌株。有些菌株在发生某一变异后会提高对诱变因素的敏感性，故可以选择已发生其他变异的菌株作为出发菌株。在细菌中曾发现一类称为增变菌株的变异菌株，它们对诱变剂的敏感性比原始菌株大为提高，故更适于作出发菌株。酵母宜用子囊孢子或单倍体细胞进行诱变。霉菌多采用分生孢子或孢子囊孢子进行诱变处理。

2. 制备菌悬液

采用生理状态一致的单细胞或单孢子进行诱变处理，能使细胞均匀地接触诱变剂。因此，诱变处理前的细胞应尽可能达到同步培养的状态和对数生长期的状态。

处理细菌营养体时，宜采用处于对数生长期的生长菌，真菌和放线菌一般采用单核的无性孢子进行处理。芽孢菌则应处理它们的芽孢，孢子的代谢活力低，所以诱变效应不如繁殖体那么敏感，处理时应力求处于幼年状态，刚成熟时为好，或者在处理前先让孢子吸水，培养数小时使之萌发脱离静止状态，则能提高变异的效果。湿的孢子比干孢子对紫外线更敏感，因此，在照射时需将孢子润湿。处理真菌孢子或酵母细胞悬浮液的浓度在 10^6 个/mL左右，而细菌的细胞的浓度或放线菌的孢子浓度大约为 10^8 个/mL。

菌悬液可用生理盐水或缓冲液配制。一般采用物理因素处理时可采用生理盐水配制。采用化学诱变剂时，为了减少 pH 变化造成的影响，多采用缓冲液配制。

若在处理前将细胞进行预培养，则变异率可大大提高。这种同步预培养的方法是：接种培养 24h 的斜面入 50mL 基础培养基中，37℃振荡培养 16h，然后在 6℃放置 1h，以得到同步生长和分裂。将菌体离心并再悬浮于营养丰富的预培养基中，37℃振荡培养 30 ~ 50min，立即降温至 2℃保藏 10min，再离心洗涤两次，悬浮于冷生理盐水中。经分散、过滤、调整细胞密度，制备成菌悬液。

3. 使用诱变剂

诱变剂依其性质可分为物理诱变剂和化学诱变剂两大类。常用物理诱变剂有紫外线、X 射线、γ 射线、超声波、微波等，化学诱变剂包括亚硝酸、甲基璜酸乙酯、硫酸二乙酯、*N*-亚硝基胍、亚硝基甲基脲、乙烯亚胺、秋水仙碱等，还可采用抗生素、噬菌体、基因诱变剂等生物类诱变剂。诱变育种时常采用杀菌率作为各种诱变剂的相对剂量。

诱变剂具有杀菌和诱变双重效应。诱变效应往往随剂量升高而增高，但达到一定剂量后再升高，诱变率反而下降。因此目前的处理剂量已从过去采用的杀菌率 90% ~99.9% 降至 70% ~80%，而对于一再经过诱变的菌株剂量甚至更低如 30% ~70%。剂量的确定要结合研究目的和实践经验而定。

诱变处理的方法有单一诱变剂的处理和复合处理。所谓复合处理，系指用两种以上的诱变方法处理菌种。这种处理较单一诱变处理的效果好。复合处理有几类：第一类是两种或多种诱变剂先后使用；第二类是同一诱变剂的重复使用；第三类则是两种或多种诱变剂的同时使用。

微生物的遗传物质经诱变处理后发生的突变，必须经过复制才能表现出来。研究表明，微生物经诱变后的一个小时内必须进行新的蛋白质合成，这个变异才有效。因此，必须在含有足量的完全氨基酸的培养基中进行培养后才能稳定变异，使菌株表现出高的突变频率。也可以将诱变处理的菌种直接接到完全培养基中进行平皿分离，变异率也是高的。从诱变处理后的菌株中挑选出所需要的变异株，变异株的筛选方法，大体分为直接法和浓缩法两种。直接法是将诱变处理过的细胞接种到琼脂培养基上，使其形成菌落，再将一个个菌落挑出，直接研究是否发生变异的一种方法。在变异频率非常低的情况下采用浓缩法。

直接测定一个个变异菌株的生产性能是生产中常用的方法。但这种方法工作量较大，尤其是变异株多的情况下更为困难。可以寻找和利用形态、生理和产量变异之间的相关性来简化初筛的工作。

①使用平皿直接筛选法：对于霉菌和放线菌，若形成不产孢子的变异株，一般可立即淘汰，因为它们会引起接种的困难。对于某些菌落形状突变与生产性能有相应关系的情况，可以采用平皿上直接筛选的方法。

②使用指示剂显色法确定：将与培养皿大小一致的滤纸预先浸入含有酸碱指示剂溴百里酚蓝的培养基中，再把滤纸放在培养皿内，用四只不锈钢小圈搁起，中央放一块浸有3%甘油的脱脂棉保湿。将变异株移到滤纸上，然后保温培养，可以见到菌落周围因产酸而改变颜色（溴百里酚蓝为无色或极浅的玫瑰色，酸性为黄色，碱性为蓝色）。由指示剂变色圈和菌落直径的比值即可知产酸能力。

③使用透明圈法确定：在琼脂培养基中添加酪素，做成平板，点种变异菌株，经培养，使其长出菌落。由于酪素能为蛋白酶所分解，因此根据菌落周围透明圈的大小，可了解变异株产蛋白酶的能力。此法可用于蛋白酶产生菌的筛选。

（三）筛选变异株

由于经诱变剂处理后提高产量的变异株仍属少数，所以必须经过大量的筛选工作，才能得到需要的菌株。筛选工作分为初筛和复筛两步：初筛要求迅速地从大量菌株中挑选出较好的一些菌，主要应着眼于尽量扩大挑选范围。复筛则是在被初筛缩小了的范围中选出产量最高的1~2个菌株来，主要应尽量在接近生产条件的情况下精确地测定菌株的生产性状。图9-3所示的筛选方案可供参考。

第一轮

1 个出发菌 —诱变处理→ 200 个细胞菌株 —初　筛（每株 1 瓶）→ 50 株 —复　筛（每株 4 瓶）→ 5 株

第二轮

5 个出发菌 —诱变处理→ {40 株、40 株、40 株、40 株、40 株} —初　筛（每株 1 瓶）→ 50 株 —复　筛（每株 4 瓶）→ 5 株

第三轮、第四轮……都同第二轮

图 9-3　变异株筛选程序

以上筛选可以继续进行多轮，直至获得良好的结果为止。

三、发酵剂的制备技术

作为商品的发酵剂制备包括发酵技术和下游技术两个部分。

（一）发酵技术

发酵在发酵罐内进行，发酵罐体积小至 10L，大到 150m^3。发酵罐上有通风和搅拌装置，以保证发酵罐内的液体混合良好和较适当地提供氧气。发酵过程还要控制温度和 pH。发酵罐上还备有可以在发酵过程中流加物料的装置，现代发酵罐上还备有用以测量尾气中酒精、二氧化碳和氧气的传感系统。

1. 发酵用培养基

下面以面包酵母为例，加以说明。

培养面包酵母的主料通常为糖蜜，是蔗糖、甜菜制糖过程中的副产品。糖蜜在使用前需要稀释、加热杀死微生物营养细胞，以及加入适量的尿素和氨作为氮源。在培养基的配方中还要加入各种维生素和矿物质。

2. 发酵过程

每批发酵过程的时间可长达 30h，在获得产品之前，通常需要经过好几个阶段。在有些阶段，开始时是将所配的组分都加入培养基中进行发酵。最终的发酵是流加间歇发酵，将糖蜜逐渐加入到发酵罐中。流加间歇发酵可以使糖很充分地被面包酵母呼吸消耗，以达到最适的产量。糖蜜的加入速率要严格控制，维持一定的通风量（达到 1.5 倍发酵液体积/min），这些在酵母发酵生产中是重要的。

发酵参数影响着酵母的特性，如温度、pH、酒精浓度和呼吸商对酵母的特性有很大

的影响。使用合适的原料，改变生产参数，使生产出来的酵母适合每批面包的生产过程，这是发酵剂生产的重要任务。

发酵期间发生的微生物污染会造成酵母产量降低或酵母活性降低，经常造成这些问题的是大量的乳酸菌或野生酵母。

（二）下游技术

发酵以后，需要收集酵母，然后加工成为商品，这一过程称为下游技术。通常是用离心机将酵母从发酵液中分离出来，然后用水洗涤酵母去除颜色和残存的营养物质，浓缩后的酵母悬浮液通过一个压榨机或旋转真空过滤机去除水分，加入各种添加剂如消色剂等，可以有助于这一过程的进行，从而生产出挤压或干燥的产品。

1. 压榨酵母的制备

压榨酵母以块状或小的不规则粒子（碎酵母）形式出售。酵母块状大小从 20g 到 1kg 不等。压榨酵母是通过板框压滤机或真空过滤机将水除去来生产的。使用淀粉或其他物质在旋转真空过滤机上作为滤床。压榨酵母的固形物含量大约为 29.34%，保质期约为 4 周（4℃条件下）。

2. 干酵母的制备

粉碎的酵母可以进一步加工成为干酵母，包括活性干酵母和高效活性干酵母。干酵母的固形物含量为 92% ~97%，生产中各式各样的添加剂用来辅助酵母的脱水过程，使用时辅助复水活化过程。活性干酵母的用量一般是压榨酵母的 40% ~50%。真空包装的活性干酵母可以保质 12 个月，尤其是冷藏保存时，保质时间较长。生产的高效活性干酵母（也称为可速溶酵母）含有的固形物较多，在使用之前不需要复水过程。高效活性干酵母的用量为压榨酵母的 33% ~40%。这种酵母在真空下包装保质期可达 2 年。

3. 酵母乳的制备

酵母乳是指发酵结束后，经过浓缩、洗涤大量培养物所产生的液体酵母，其中含有固形物 16% ~20%，不含添加剂。酵母乳的优点为：①可以准确地控制酵母的活性；②使用方便；③能够准确地计量加入面团的酵母量。

酵母乳的使用量一般为压榨酵母的 1.5 ~1.8 倍。酵母乳在 4℃ 的保存期大约为 14d。在储存期间，酵母乳必须经常搅拌以保持其悬浮状。可以通过在酵母乳中加入植物胶或微生物胶来稳定地生产酵母。这种加入胶的酵母的特性和使用与一般的酵母乳相同，但是需要恒定搅拌。

（三）发酵剂质量控制

市售面包酵母商品不是一个纯粹的啤酒酵母菌种。在大规模发酵条件下，最初是纯培养的菌种会被细菌和其他酵母所污染。据报道乳酸杆菌和一些产孢子的微生物是面包酵母主要的污染菌。有时也会发现野生酵母，特别是假丝酵母，偶尔也会有霉菌如曲霉和青霉存在，这会造成压榨酵母块表面有难看的斑点。发酵容器和管道系统的卫生对于控制酵母发酵剂的微生物质量至关重要。

四、发酵剂用菌种的保藏

发酵剂保藏是一项十分重要的基础工作。将用作发酵剂的菌株妥善保藏，使之不死亡、不衰退 、不污染、不降低生产性能，才能为科研和生产服务。

发酵剂保藏的基本原理：首先应挑选典型菌种或典型培养物的优良纯种，最好采用它的休眠体（如芽孢、分生孢子等）；其次是根据微生物的生理生化特性，创造一个有利于休眠的良好环境，如低温、干燥、缺氧、缺乏营养素以及添加保护剂或酸度中和剂等，使微生物处于代谢不活泼、生长繁殖受抑制的休眠状态。

一个较好的保藏方法，首先应能长期地保持菌种原有特性，同时也应考虑到方法本身的经济和简便。

（一）发酵剂用菌种保藏的方法

1. 斜面低温保藏法

将菌种接种在不同成分的斜面培养基上，待菌种充分生长后，便可放在4℃左右的冰箱中进行保藏 。细菌、酵母菌、放线菌和霉菌都可以使用这种保藏方法。有孢子的霉菌或放线菌，以及产芽孢的细菌在低温下可保存半年左右。酵母菌可保存三个月左右，无芽孢细菌科保存一个月左右。如在保存时采用胶塞封口，还可以使斜面保存更长时间。保存期满，应及时进行移种。

斜面低温保藏法由于是培养物处于较低温度下，所以既可大大减缓微生物的代谢繁殖速度，降低突变频率，也可使培养基的水分蒸发减少，不致干裂。此法的优点是简便、易于推广、存活率高，具有一定的保藏效果。但缺点是菌株仍有一定强度的代谢活动条件，保藏时间不长，传代次数多，菌种还较容易变异。选择合适的培养基有利于菌种的保藏。

2. 矿油保藏法

这种方法是当发酵剂菌种在斜面上长好后，将灭过菌并已将水分蒸发掉的液体石蜡倒入斜面，油层高于斜面末端1cm，使培养物与空气隔绝。斜面即可放在室温或冰箱内保藏。此法也比较简单，保藏的时间可长达一年以上，适于保藏部分霉菌、酵母和放线菌，但对细菌的保藏效果较差。

3. 载体吸附保藏法

载体吸附保藏的原理是使微生物吸附在适当的载体上，进行干燥保藏。通常使用的载体有：砂土、麸皮、谷粒或麦粒、硅胶、滤纸等，这些载体对微生物起着一定的保护作用。

（1）砂土管保藏法　将菌种加入灭菌的干砂中，拌匀，经真空干燥，然后放入有干燥剂的容器中封存，可保存 1 ~ 2 年。本法操作主要是包括砂土制备和真空抽干两个步骤。先取细砂过 40 ~ 60 目筛，用 10% 盐酸处理 2h，水洗至中性，烘干。再把肥沃土过筛，将细土与砂土按 1∶2 混合，分装于小试管内约 2cm 高，加棉塞，在高压下，30min 灭菌 3 次，确认无菌后备用。用已长好的菌苔制成菌悬液，滴入砂土管内，使之全部湿润为宜，然后放在装有干燥剂的真空干燥器中抽干（一般 4 ~ 6h 可抽干）。砂土管放在干燥器内在 5 ~ 8℃冷库中保存。此法简便、设备简单，特别适用于细菌的芽孢、霉菌和放线菌孢子的保藏，但不适用于保藏无芽孢的细菌和酵母菌。

（2）曲法保藏　此法与民间的大曲保藏法类似，不同的是用来保藏纯种。具体做法是：将麸皮与水按 1∶0.8、1∶1 或 1∶1.5 比例掺和（视菌种而异），装入试管，塞上棉塞，灭菌后接入菌种培养，待孢子长成后即成曲。将试管放入盛有氯化钙的干燥器中，于室温下干燥数日后，置低温下保藏即可。此法适用于保藏有大量孢子的霉菌和某些放线菌，保存时间可在一年以上。

（3）麦粒保藏法　将硬质麦粒浸于 20 ~ 25℃温水中 4 ~ 5h，使麦粒含水量增至 23% 左右，再用清水冲洗麦粒几次，晾干，分装试管（约为试管的 1/4 为宜）。塞上棉塞，经高压灭菌，接入菌悬液（约 0.2mL）摇匀，室温下培养。待出现菌丝或孢子时，置于通风、避光和干燥的地方保存。此法适用于保藏根霉、曲霉、青霉、红曲霉等。

4. 真空冷冻干燥保藏法

此法需要用灭菌脱脂牛奶或灭菌血清作保护剂，用它洗下在斜面上长好的菌体，做成菌悬液，装入安瓿管中约 0.1mL，在 -30℃以下快速冻结成固体，并抽成真空使水分升华至干燥为止，最后将安瓿管熔封，放冰箱中保藏。

此法的优点是兼备低温、真空、干燥三种保藏的条件，广泛适用于细菌（有芽孢和无芽孢的）、酵母、霉菌孢子、放线菌孢子和病毒的保藏，其保存期可达一年至数十年之久，并且存活率高，变异率低，是目前广泛采用的好方法。缺点是较麻烦，需要一定的设备。

5. 液氮超低温保藏法

这是近年来国际上发展起来的一项新技术。具体做法是：将 10% 甘油或二甲亚砜的保护剂分装在外径 10mm、容量 1.2mL 的安瓿瓶中，每瓶装 0.8mL，高压灭菌后备用。待保存的菌种经平板培养后，用无菌打孔器在琼脂平板上打孔，取出有菌落的琼脂小块，悬浮于上述已灭菌的保护剂中，而后熔封安瓿瓶口。以每分钟下降 1℃的速度降温至 -35℃，使瓶内悬液冰冻，然后用纸将安瓿瓶包好，置液氮冰箱中（-150 ~ -196℃）贮藏。

此法保存菌种虽然需要液氮冰箱等专门设备，但是操作简便、保存期长。如要恢复培养时，将安瓿管置于 38 ~ 40℃水浴中振荡，直至内部的结冰全部融化为止，再开启安瓿管移植于适宜的培养基中培养。

（二）发酵剂用菌种的退化与复壮

发酵剂退化性变异经常发生，常常朝着不利于生产的方向发展，表现为菌种的衰退。如要使发酵剂在长期生产中保持很好的发酵性能，便于长期使用，必须掌握好菌种衰退变化的规律，采取相应的预防措施，用一定的方法减少菌种的退化与死亡，或使已经退化的菌种复壮，恢复发酵性能。

1. 发酵剂退化的原因

（1）由自发变异引起　菌种在正常情况下也会发生自发突变，虽然自发突变的几率很低（一般为 $10^{-6} \sim 10^{-10}$），但是移植次数的增加，退化细胞的数目不断增加，在数量上逐渐占优势，最终成为一株退化了的菌种，表现为产量下降或产孢子的能力下降。

（2）由菌种不纯引起　如果菌落是由一个以上的孢子或细菌繁殖而成，而其中只有一个是高产突变孢子或细菌，经过传代后，会使高产细胞数量逐渐减少，导致产量降低。

（3）由培养条件变化引起　如果一株菌种长期生长在不适应条件下，其优良性状不易保持，而向相反方向退化。

2. 发酵剂退化的表现

（1）菌落和细胞形态改变　每一种微生物在一定的培养条件下都有一定的形态特征，发生退化时，典型的形态特征逐渐减少。如某些霉菌和放线菌在斜面上多次传代后产生“光秃型”，出现生长不齐或不产生孢子的退化，从而造成生产上用孢子接种的困难，同时对菌种选育和保藏也不利。

（2）生产性能下降　例如黑曲霉的糖化能力下降，各种发酵的代谢产物减少等。

（3）对生长环境的适应能力减弱　例如，抗噬菌体菌株变为敏感菌株，原来能利用某种物质的能力下降等。

3. 发酵剂退化的抑制

菌种的退化是一个从量变到质变的逐步演变过程。开始时在一个大群体中仅有个别的细胞发生突变，这时如果不及早采取措施，只是一味地接种传代，群体中的突变个数会越来越多而让它占了优势，最后使整个群体发生衰退。因此应该设法抑制衰退。

（1）控制传代次数　随着移植代数的增加，回复突变频率也增加。如当退化细胞在繁殖速率上大于正常细胞时，每移植一代，退化细胞的优势更为显著，从而导致退化。因此，要尽量减少传代次数可防止退化。

（2）控制菌种保藏条件　采用合适的保藏条件可以防止菌种的衰退。对不同的发酵剂应有适合于自己的良好保藏方法，使其遗传性可得到相应持久的维护。

（3）利用孢子接种传代　由于菌丝常含有多核，易引起退化。而孢子一般是单核的，所以利用孢子接种，可以防止退化或推迟退化的时间。

（4）选择合适的培养条件　如创造一个合适的培养条件就可在一定程度上防止菌种衰

退，要尽量选择适合某种微生物生长的培养条件。

4. 已退化发酵剂的复壮

如果确知某发酵菌株已发生退化，那么必须及时进行复壮纯化后，才能继续用于生产。常用的复壮方法有以下几种：

（1）分离纯化　对退化菌种进行分离纯化，通过筛选，有可能找回少数高产菌株。

（2）遗传选育　即把退化的菌种再次进行遗传育种，从中再选出高产而不易退化的稳定性较好的发酵菌种。

本章小结

尽管直到一个世纪前才认定微生物是食物腐败的重要因素，而酿酒、烘烤面包、制作奶酪和腌制食品则早已进行了4000多年。在长期实践中，人们积累了丰富的发酵制作食品的经验，已成为人类饮食文化的重要组成部分，如今的发酵技术已渗透到主食、副食、调味品及辅料、饮料加工的许多领域，既丰富了美食的内涵也推动了微生物发酵技术自身的发展。

发酵食品的加工一般经历液化阶段、代谢产物形成阶段和产物再平衡阶段，早期因发酵菌剂相对数量不太高，常需借助各种理化条件抑制自然菌群生长。而在中期则由于具有高度特异性的发酵菌在数量和代谢产物上的优势，发挥着菌群拮抗作用，并逐渐形成风味独特、品质稳定的发酵制成品。而人工发酵剂和配套发酵工艺的使用可以减少早期发酵的风险，并缩短生产周期。

不同厨房原料适用的发酵剂有着各自特定的发酵性能要求，由于发酵产物不同，其抗菌作用的机理也不完全一致。一些传统的发酵食品还可能存在腐败菌生长、病原菌污染和真菌产毒等风险。但只要合理选用发酵剂，严格生产过程中的质量控制，就可确保发酵制品的质量。酸菜、泡菜、腌菜、香肠、馒头、面包等发酵食品是餐饮业厨房或点心房普遍加工的品种。发挥发酵剂的抗菌作用是生产出这些优质安全厨房食品的重要保证。

为了提高发酵剂的各种性能，科研人员不断地筛选自然菌群，利用各种先进的诱变手段进行发酵性微生物的育种工作，渴望生产出更多的美味保健食品。

习　题

1. 举例说明厨房发酵性食品是怎么形成的？有哪些类别？
2. 用于食品的微生物发酵剂应具备哪些特点？
3. 发酵剂通常是怎样发挥抗菌、抑菌作用的？举例说明。

4. 为什么发酵性肉类制品能长期保藏?

5. 怎样保护酸奶中发酵剂的活性?

6. 为什么酸菜、泡菜的加工既能改进风味又利于保藏?

7. 对面包发酵剂有哪些要求?

8. 面食发酵中如何进行质量控制?

9. 概述发酵剂菌种选育的一般方法。

10. 简述发酵剂制备的程序。

11. 发酵菌种实验室保藏方法有哪些?

12. 名词解释:

细菌素、发酵肉制品、鱼露、面肥、诱变育种、压榨酵母、干酵母、发酵剂的初筛与复筛、菌种的退化与复壮

第十章 烹调的杀菌作用

[学习目的] 在阐述调味品、香辛料杀菌作用机理基础上，学会分析常用烹调方法对食物的杀菌作用效果及其影响因素，以及为了延长烹饪制品保藏期限而进一步实施包装、灭菌的意义和方法。

[主要内容] 调味品和香辛料的杀菌作用，烹制方法的杀菌作用，烹饪制品包装的阻菌作用，现代灭菌技术在烹饪制品中的应用。

第一节 香辛料、调味品的杀菌作用

一、香辛料的抑菌与杀菌作用

发现香辛料有防止食物腐败变质的作用已有数千年的历史了。在古希腊和罗马，早就知道可用芫荽子来保存肉制品，在牛奶中加入薄荷可防止变质；中国商代就发现香辛料可使食品“久而不腐”，那时将香辛料的这种特性列为最重要的作用。

香辛料的安全性和有效性已无可置疑。虽然香辛料对微生物的抑制作用已有公论，但需指出的是并不是所有的香辛料都有此功能。由于各种微生物的性质不同，同一种香辛料对细菌和真菌的抑制作用或杀灭作用也有很大不同。

香辛料中精油的制取利用比过去直接添加香辛料的原形其抗菌作用要大得多。另外，有的香辛料过去认为没有抗菌性，而现在发现其有抗菌性，对香辛料抗菌性的认识也已进入分子水平。

具有杀菌作用的香辛料举例如下。

（一）大蒜

大蒜的蒜瓣中含蒜氨酸（Dllin），当大蒜细胞破碎时 ，在蒜氨酶的作用下，蒜氨酸便分解出一种具有强烈杀菌作用的挥发性物质——蒜素，大蒜中含量为0.3% ~0.5% 。

蒜素是一种植物杀菌素，杀菌力很强。据试验，蒜素的水溶液稀释到（1∶85000） ~（1∶125000）时，仍然能抵抗葡萄球菌、链球菌、伤寒杆菌和痢疾杆菌等。

大蒜是中国民间常用的抗菌剂，大蒜对食品中细菌、霉菌、酵母的杀灭情况见表10-1、表10-2、表10-3。

表 10-1　大蒜汁对细菌的杀灭情况（37℃，24h）

菌种 \ 大蒜汁浓度	7%	5%	3%	1%
大肠杆菌	+ + +	+ + +	+ +	+
志贺氏菌	+ + +	+ + +	+ +	+
沙门氏菌	+ + +	+ + +	+ +	+
普通变形杆菌	+ + +	+ +	+	+
枯草芽孢杆菌	+ + +	+ +	+	+
金黄色葡萄球菌	+ + +	+ +	+ +	+
铜绿假单胞杆菌	+ + +	+ +	+	±
巨大芽孢杆菌	+ + +	+ +	+	±
节杆菌	+ + +	+ + +	+ +	+
微球菌	+ +	+ +	+	-

注：-—无抑菌圈出现；±—抑菌圈不明显；+—抑菌圈直径 7～9mm；+ +—抑菌圈直径 10～12mm；+ + +—抑菌圈直径 13mm 以上。

表 10-2　大蒜对霉菌的杀灭率

菌　种	不同浓度的大蒜液对各种霉菌的杀灭率/%					
	10%	5%	2.5%	1.25%	0.6%	0.3%
桔青霉	100	100	90.41	82.08	71.85	62.62
岛青霉	100	100	94.70	90.06	80.13	66.88
产黄青霉	100	100	99.34	93.37	60.26	47.02
黑曲霉	100	100	98.76	96.29	93.83	86.46
杂色曲霉	100	100	96.00	92.00	80.00	72.00
赭曲霉	100	100	90.46	88.33	80.15	70.05
黄曲霉	100	100	99.20	76.01	68.21	60.11
黄色镰刀菌	100	100	100	92.86	88.09	83.33
串珠镰刀菌	100	100	85.71	80.95	76.19	61.91
黑根霉	100	98.33	91.66	79.16	66.66	58.33
灰色葡萄孢霉	100	100	90.49	71.46	61.92	52.42
总状毛霉	100	100	93.35	80.46	73.42	50.16
赤霉	100	100	100	88.57	71.43	57.14
绿色木霉	100	100	93.33	86.66	80.00	70.00
互隔交链孢霉	100	100	98.01	75.06	37.65	25.18
牙枝霉	100	100	90.95	72.72	54.54	45.45

表 10-3　　大蒜对酵母菌的杀灭率

菌　种	不同浓度的大蒜液对各种酵母的杀灭率/%					
	10%	5%	2.5%	1.25%	0.6%	0.3%
啤酒酵母	100	100	100	95.86	75.21	57.93
黏红酵母	100	100	100	94.12	80.39	50.98
热带假丝酵母	100	100	97.51	85.07	60.20	50.25
产朊假丝酵母	100	96.71	89.02	83.52	78.22	72.53

（二）丁香

丁香中含挥发油 14% ~21%，其主要成分有丁香酚、丁香素、乙酰水杨基丁香酚，其中有效抗菌成分主要为丁香酚，约占 95%。

丁香的乙醇提取物在较低浓度下对金黄色葡萄球菌、大肠杆菌、沙门氏菌、变形杆菌、假单胞菌、枯草芽孢杆菌均有很好的抑菌作用。其中大肠杆菌稍有抵抗性，而金黄色葡萄球菌、枯草芽孢杆菌最敏感。对枯草芽孢杆菌的抑菌作用在弱酸性条件下更好，但对多数细菌以中性条件下抑菌效果更大。

丁香油对产毒霉素如黄曲霉、赭曲霉、杂色曲霉的生长能够完全抑制，可控制黄曲霉毒素等产生。与霉菌的抑制相比，丁香对酵母的抑制浓度要高些。如 0.35% 的丁香可完全抑制霉菌的生长，若要完全抑制酵母菌，浓度则需 0.5%。

对丁香酚的抗菌性研究表明，该化合物对不动杆菌和酵母的完全抑制浓度为 200mg/kg，对巨大芽孢杆菌和绿脓杆菌的完全抑制浓度为 800 mg/kg，对黄曲霉和杂色曲霉的抑制浓度为 250 mg/kg。丁香酚的抑菌机理可能是由于它能破坏或损伤微生物的细胞壁，或干扰细胞壁的合成过程。

（三）芥子油

十字花科蔬菜的芥子苷，在芥子分解酶作用下，能分解出具有很强杀菌能力的芥子油。

芥子苷是一种含硫的糖苷，存在于芥菜、萝卜等十字花科植物的各部分及葱蒜属植物的根和种子中，其中以油菜子含芥子苷最多。

芥子油又名异氰酸酯，具有辛味，如将上述植物的原料加水研磨则植物本身存在的芥子分解酶（芥苷酶）即被稀释出来，将芥子苷分解，生成具有特殊气味的芥子油。芥子油是芥菜菜子中的活性成分，其中以异氰酸烯丙酯为主要成分。异氰酸烯丙酯对大肠杆菌和金黄色葡萄球菌有抑制效果，对假单胞菌属抑制作用更强。

（四）肉豆蔻

肉豆蔻是在豆蔻树果实即豆蔻的外部所包裹的一层皮衣，呈亮红色，很有光泽。它是一种纤维网膜的肉膜，干燥后变硬变脆，颜色也从原先的红色变成黄褐色。所含香辛成分主要是：α-蒎烯、β-蒎烯、d-樟脑萜、二戊烯、1-芫荽油醇、香叶醇、丁香酚、异丁香酚肉豆蔻素。

对肉制品和香肠中的肉豆蔻衣进行研究发现，将香肠浸入肉豆蔻衣的乙醇提取物中10s，然后在10℃和25℃存放数天，分别按日观察加入香辛料后香肠腐败变质及发黏情况，并与丁香酚作对照，结果见表10-4。

表10-4 **肉豆蔻对香肠中黏液形成的影响**（10℃）

品名	浓度/%	时间/d								
		8	9	10	11	12	14	16	18	20
空白		-	+	+	+	++	+++	+++	+++	+++
酒精	2.5	-	-	-	-	+	+	++	+++	+++
	5.0	-	-	-	-	-	+	++	+++	+++
肉豆蔻衣	2.5	-	-	-	-	+	+	++	+++	+++
	5.0	-	-	-	-	-	-	+	+	++
丁香酚	2.5	-	-	-	-	-	-	+	++	++
	5.0	-	-	-	-	-	-	-	+	+

注：-—无黏液；±—黏液不明显；+—轻黏液化；++—中等程度黏液；+++—严重黏液化。

由于肉豆蔻衣提取物的加入，黏液的形成较普通香肠晚。肉豆蔻衣的乙醇提取物对巨大芽孢杆菌、不动杆菌（*Acinerobacter* sp.）和假单胞菌（*Pseudomonas* sp.）有明显的抑制效果，上述这些细菌是香肠中的常见菌。除此之外，肉豆蔻衣的萃取物对产气肠杆菌、短杆菌、无色杆菌、黄色微球菌、枯草芽孢杆菌、肠膜明串珠菌、植物乳杆菌有抑制力，但对黏质沙雷氏菌却不能延缓其生长。

对肉毒梭状芽孢杆菌的抑制是香辛料抗菌性研究的重点之一。各香辛料对其的抑制结果显示，肉豆蔻衣是该细菌抑制效率最好的香辛料，其次是月桂叶和黑白胡椒。有许多香辛料对该菌的抑制浓度要到2000mg/kg以上，表明基本没有抑制效果。

在肉豆蔻衣中新发现三个具酚羟基的木酚素类化合物有很强的抑制链球菌作用。

（五）桂皮

桂皮是中国肉桂的皮，通常被叫做中国肉桂，或简称肉桂，是最古老的香料之一。我国早在公元前2700年就已开始使用。在中草药里，它的名称是桂枝。桂皮干后成卷状，可以磨成粉，制作浸液及提取精油，其中的有效成分为桂皮醛（Clinnamicalde hyde）。桂皮中含挥发油0.5%～1.0%，其中含有桂皮醛75%，是主要的抗菌物质。

西方人有将肉桂粉末加进面包的传统，除给予面包特有的风味外，主要是发现这种面包不易霉变。

肉桂的乙醇提取物对真菌呈同样强烈的抑制效果，从而阻止黄曲霉毒素的生成，加入

0.02%的肉桂乙醇提取物可使黄曲霉毒素的四个异构体都有大幅减少，但在此浓度下，真菌本身并不能完全被抑制，需高浓度才有抑制作用。

（六）姜

生姜在嫩芽或老的茎中都含有约2%的香精油，其主要成分为生姜醇、姜油酮、生姜酚。此外还有柠檬醛、甲基庚烯酮、壬醛、芫荽油醇、莰醇等香辛成分。其中姜油酮和生姜酚是起杀菌作用的主要成分，对致病菌霍乱弧菌、伤寒沙门氏菌等都有较强的抑制效果。

（七）葱

葱的辛香成分为烯丙基硫化物（以游离态或与葡萄糖呈苷形式存在），在正常烹饪使用量条件下一般无杀菌抑制作用。葱根的利用还可能带来一些污染菌，故应先实施消毒后再利用。

（八）洋葱

洋葱按皮色可分为白皮、黄皮、红皮三种类型。白皮洋葱辣味淡，组织柔嫩，不耐保藏，容易抽薹；黄皮洋葱辣味浓，组织致密，耐藏，不抽薹；红皮洋葱组织致密，耐藏，但贮藏后的色泽变暗。目前市售品种中黄色、红色者居多。

洋葱的香气成分及辛辣成分为硫醚类化合物，它们同时具有一定的杀菌作用。

（九）辣椒

辣椒中所含的香辛成分为辣椒黄素，常简称为辣椒素，除了具有强烈的辣味外，还具有较强的抑菌、杀菌作用，主要抑制霉菌和细菌，是霍乱弧菌的高效抑制剂。

（十）胡椒粉

有黑胡椒粉、白胡椒粉两种，它们在调味过程中广泛应用。

正常的黑胡椒粉应为灰棕色，白胡椒粉应为浅灰黄色。胡椒粉应干燥、无霉变、无杂质，具有香辣味。

胡椒中的挥发性油一般称为胡椒油，由于挥发性成分分布于外皮部分的较多，所以黑胡椒的风味大于白胡椒。

胡椒的辛味成分是胡椒碱（Piperine）、佳味碱（Chacicine）和少量哌啶（Piperidine），前两者互为异构体。它们具有一定的抑菌、防腐的作用。

（十一）花椒（秦椒）

花椒的皮层含有3%～5%的芳香油，辛味成分花椒素是一种酰胺化合物，不仅具有麻辣味，而且有一定的抑菌、防腐的作用。

（十二）八角茴香

八角茴香的辛香成分为对烯丙基苯甲醚（又称茴香醚）等。当茴香醚使用量为2mg/mL时，能抑制黄曲霉、杂色曲霉与棕色曲霉的生长与产毒。

(十三) 月桂油

月桂油由月桂的叶及树皮经水蒸气蒸馏制得。月桂油中含有桉油精（Cineol），此外还有丁香酚。月桂油有一定的抑菌作用。

二、调味品的抑菌与杀菌作用

(一) 食醋的作用

1. 食醋杀菌作用的机理

用醋浸渍食品是一种传统的食品保藏方法，由于其风味受到人们的喜爱，因此这些低成本的传统保藏方法仍很普遍。

醋中含有醋酸，含 0.1% 的未解离醋酸可以抑制大多数病原菌和芽孢菌的生长，含酸量为 0.3% 时可抑制霉菌的生长。

在醋渍食品中能生存的微生物十分有限，主要的污染菌有乳酸杆菌、产酸酵母和毕赤氏酵母。

醋酸的抑菌特性不仅仅在于它的 pH 效应。在合成培养基中，若酸性物质是醋酸，在 pH 低于 5.4 时，可以抑制沙门氏菌的生长，但当酸性物质是盐酸时，pH 低于 4.05 时才能抑制微生物的生长。醋酸的抑菌机理与其他用作食品保藏剂的有机酸的作用机理相似，其保藏作用是由于非离子化的亲脂性分子。这些分子可渗入微生物的细胞膜，破坏膜传递过程，并可在细胞中离解来增加酸性，产生的阳离子达到毒性水平。同一 pH 条件下，醋酸比乳酸或盐酸对细菌、酵母菌、霉菌更具有毒性。

表 10-5 中列出了不同 pH 时未解离的醋酸的百分数，醋酸浸渍的食品常含有足够量的酸，以降低原料的缓冲作用。当 pH 低于 3.5 时，有 95% 以上的醋酸处于未解离状态。

表 10-5　pH 对醋酸解离的影响

pH	未解离的醋酸的含量/%	pH	未解离的醋酸的含量/%
7.0	0.6	4.5	64.3
6.5	1.7	4.0	84.8
6.0	5.3	3.5	94.7
5.5	15.2	3.0	98.3
5.0	35.7		

当醋酸含量低于一定值时，食品需要经过巴氏消毒处理。处理后的食品尽管酸含量低，但是敞口放置仍有较长的保质期。

2. 食醋的杀菌效果

食醋通过醋酸起杀菌作用。试验表明：2% 醋酸 15min 可杀死绿脓杆菌；3% 醋酸 15min 可杀死沙门氏菌；4% 醋酸 15min 能杀死大肠杆菌；9% 醋酸 15min 能杀死金黄色葡萄球菌；当醋酸浓度为 6%（pH 为 2.3 ~ 2.5）时，可以有效抑制腐败性细菌的生长。

副溶血性弧菌在 pH5.8 以上的食品中可以生长良好，而在醋渍菜中则不能生长。生章鱼 pH7.7，副溶血性弧菌生长得最快，而加工成醋渍章鱼后，pH 为 4.5，就无副溶血性弧菌生长。类似的还有醋拌竹荚鱼、醋拌黄瓜等，其 pH 均为 4.5，也无副溶血性弧菌生长。

总酸含量为 2.5% 的食醋对气单胞菌（*Aeromonos*）20℃ 条件下作用 10 ~ 20min，可使细菌数由 10^6cfu/mL 降为 0，表明已彻底灭菌。将细菌接种活鲫鱼后，鲫鱼在 3d 内感染死亡，立即取其肌肉（肌肉细菌数 10^5cfu/g），用总酸含量为 2.5% 的食醋腌渍 10min 后，已无活菌检出。

（二）食盐的作用

食品的腌制可有效控制微生物的活动，达到延长食品保质期的目的。

1. 食盐抑菌作用机理

（1）提高渗透压的作用　在食盐浓度较高时，微生物细胞外溶液形成高渗透压环境，微生物细胞质壁分离，原生质收缩，其生命活动受到抑制，造成微生物死亡。

（2）降低水分活度的作用　食盐溶于水后，其水化离子周围的水分聚集。溶液的浓度越高，聚集的水分占总水分的百分率越高。因此，高浓度的盐溶液能够降低食品的水分活度，使微生物可利用的自由水分下降，起到了抑菌作用。

（3）Na^+ 的毒性作用　少量 Na^+ 的存在对微生物的生长有利，当 Na^+ 的浓度提高时，就抑制了微生物的生长。Na^+ 能与细胞原生质中的阴离子结合，对微生物产生毒害作用。在酸性条件下，如加入柠檬酸、醋酸、乳酸等，钠离子的用量可减少 5%。腌制时加醋以及产酸细菌的活动，能使 Na^+ 的毒害作用加强。另外，食盐中的 Cl^- 对细胞原生质也具有毒害作用。

（4）抑制酶的活性　低浓度的食盐溶液即可破坏微生物分泌的酶。食盐溶液浓度为 3% 时，变形杆菌就会失去分解血清的能力。

（5）减少食品含氧量　氧气很难溶于高浓度盐水中，因此在腌制食品中，需氧菌难以生长。

2. 嗜盐性微生物的特性

生长需要一定最低浓度盐类（NaCl）的微生物称为嗜盐性微生物，通常除了 NaCl 外，还包括低浓度的 K^+、Mg^+ 及其他阳离子和阴离子，有些微生物不专门需要 NaCl 而可以利用其他盐类代替，微生物需要的盐量变化很大。

嗜盐性微生物的分类是以需要盐的水平为基础，微嗜盐菌在含盐 2% ~ 5%，中等嗜盐菌在含盐 5% ~ 20%，极嗜盐菌在含盐 20% ~ 30% 的培养基中最适生长。此外还有一些耐盐微生物在不加盐以及超过 5% 食盐时都能生长。

（1）微嗜盐微生物　大多数微嗜盐菌来自海域，假单胞菌属、莫拉氏菌属、不动杆菌属、黄杆菌属等海洋冷营细菌可导致海鱼和贝类的腐败，也有来自陆地的冷营细菌，其中一些微生物在其生长和水解蛋白时需要复合的离子，即除 NaCl 以外还需要 Mg^{+} 和 K^{+}，而其他微嗜盐菌则因维持渗透压而需要盐类。很多这类海洋细菌在食盐浓度低于 0.5% 或高于 5% 时生长就被抑制。与腌肉、腌菜有关的腐败菌菌相很复杂，由许多因素包括食品类型、其他盐类或有机防腐剂、盐的浓度及贮藏条件所决定。通常假单胞菌引起海鱼的腐败，莫拉氏菌和不动杆菌多出现于甲壳类中。

（2）中等嗜盐微生物　在腐败的盐腌食品（5% ~20% NaCl）中，中等嗜盐菌大多数是革兰氏阳性芽孢杆菌和微球菌属细菌。除了球菌、微球菌、嗜盐性不动杆菌对 NaCl 有特殊需求外，许多中等嗜盐性芽孢杆菌菌种所要求的盐类不是专对 NaCl，而是能被许多其他 Na^{+}、K^{+} 盐类取代。能被中等嗜盐性微生物引起腐败的盐腌食品，通常带有大量的耐盐性革兰氏阳性细菌、酵母和霉菌。需注意的是金黄色葡萄球菌和魏氏梭菌在某些中等盐渍食品中能够生长。

（3）极嗜盐微生物　极嗜盐菌通常出现于盐浓度非常高的海水和海盐中。这些微生物至少要有 15% NaCl 才能生长，其最适合生长的 NaCl 浓度为 20% ~30%，主要是盐杆菌属和盐球菌属，它们即使在最适条件下生长仍然很缓慢，能产生亮红色或桃红色色素。一旦暴露于低盐浓度（<10%）下就很容易自溶及死亡。极嗜盐菌可引起用海盐保存的鱼、腌猪肉的腐败。极嗜盐菌在食品保存于 -7℃ 以下时不能生长。

极嗜盐菌对人不致病，与高盐食品有关的食物中毒经常由金黄色葡萄球菌引起。

（4）耐盐微生物　能够在超过 5% 食盐又能在无盐培养基中生长的微生物称为耐盐菌，大多数耐盐细菌是革兰氏阳性微球菌、需氧芽孢杆菌和某些棒状杆菌，少数革兰氏阴性菌也能在 10% 盐腌食品中生长。许多人类致病菌如金黄色葡萄球菌及产气荚膜梭菌和一些肉毒梭菌菌株，可引起盐腌食品的食物中毒。

（三）食糖的抑菌作用

食糖本身对微生物无毒，因而不是杀菌剂，但长期作为一种食品保藏剂使用，高浓度时会抑制微生物的活力。

1. 食糖的抑菌机理

食糖在烹调过程中，通过扩散作用进入制品内部，使入侵的微生物得不到足够的自由水，同时由于糖渍产生的渗透压很高，致使微生物发生脱水，严重抑制微生物的生长繁殖。食品所处的糖液浓度达到一定（>50%）后，具有强大的渗透压。当微生物与浓糖液接触时，由于渗透作用引起生理性干燥而无活力，从而达到抑菌的目的。

蔗糖的抑菌作用，还与氧气在糖液中的溶解度下降有关。由于浓度较大的糖液起着隔氧的作用，从而抑制了需氧性微生物的活动。

2. 食糖的抑菌作用

50%的糖液可抑制绝大多数酵母菌和细菌的生长，65% ~70%的糖液可抑制许多霉菌的生长，70% ~80%的糖液几乎能阻止所有微生物的生长。

不同的糖液抑菌效果也不一样，1%葡萄糖液的渗透压为121. 59kPa，同浓度的蔗糖的渗透压只有60. 795 ~70. 928 kPa。

3. 嗜渗压性微生物

在食品中，最常遇到的嗜渗压性微生物是酵母，它们能在高浓度的糖液内生长，常常引起蜂蜜、果酱、糖浆、浓缩果汁等食品的腐败。

嗜渗压酵母与耐渗压酵母的区别在于，前者能在高浓度的糖液内生长，后者只能忍受高浓度的糖液，但不能生长。

嗜渗压性酵母菌包括鲁氏酵母和蜂蜜酵母。

（四）料酒的杀菌作用

厨房用作料酒的酒精类制品主要有黄酒和白酒，其酒精体积分数分别为15% ~25%和38% ~65%之间。酒糟由酿造黄酒的残渣构成，酒糟酒精体积分数约为10%。近年来也有少数以啤酒作酒香调料加工的食品，酒精体积分数只有3% ~5%。

1. 料酒杀菌作用的机理

乙醇作用于细菌，是通过使蛋白质凝固、变性而显示杀菌作用的。乙醇浓度在50% ~90%范围内均具有杀菌作用，但无水乙醇的杀菌力较差，表明乙醇的杀菌作用在有水存在时效果较好，料酒则符合这一基本要求。

2. 料酒的杀菌效果

影响乙醇杀菌作用的因素除乙醇浓度外，还与微生物种类、作用时间及其他调味品存在有关。葡萄球菌对乙醇的抵抗力比肠道杆菌稍强。有10%食盐存在时，2% ~3%的低浓度乙醇显示出很强的抗菌作用。醉制食品加工时，应置于密闭容器内。酒精易挥发，一旦挥发便失效，不会有持久的杀菌力。酒精杀菌力还与食品有关，20 ~30℃条件下杀菌力大，灭菌迅速，而在10℃、5℃条件下，杀菌力也降低，杀菌需要更长的时间。乙醇对所有类型的病毒都有惰性化作用，如乙型肝炎病毒及其他肠道病毒等。乙醇对霉菌也有杀菌作用，但对细菌芽孢无效。

近年来，研究人员在豆酱（食盐浓度约为12%）、酱油（食盐浓度为17% ~18%）里加入2% ~3%的乙醇来代替化学防腐剂，除了比防腐剂廉价外，添加乙醇也不需要标识。

3. 醉制食品残存菌的控制

我国许多生食醉制品如醉蟹、醉螺、醉蚶等，由于各地配方不一，加上带菌、带毒量高低不等，经常引起食物中毒和传染病流行。引起食物中毒的细菌包括副溶血性弧菌、溶藻弧菌、类志贺邻单胞菌、气单胞菌、肠杆菌等，引起传染病的有霍乱弧菌、甲型肝炎病毒、脊髓灰质炎病毒等，但只要合理利用乙醇的杀菌作用，特别是与其他调味品、香辛料和食品用化学杀菌剂联合作用，加强源头管理和生产过程的质量控制，就可以生产出安全的产品。

第二节　烹饪的杀菌作用

烹饪是杀灭食品中有害微生物的一种最古老而经典的方法，在杀灭和排除有害微生物的技术中占有极为重要的地位。早在人类还没有充分认识微生物的本质之前，加热杀菌这项技术就以火烧、煮沸等形式经验性地为人们所应用，并一直沿续下来。

烹制加工用于食物的初步加工与成熟处理，其核心是对带菌食物的热处理，一方面起到杀菌、灭酶的作用，另一方面可以改善食物的风味和可消化性。按烹制的传热介质不同，可分为水汽传热、油脂传热、热空气传热、食盐传热等，常见的烹制加工包括蒸制、烧煮、热烫、煎炸、烤制等。只要烹饪得当，达到规定的技术标准，就能确保产品的安全。

食物采用蒸煮、油炸、烤制等手段加热处理后，所污染的腐败菌菌数大大降低，因此烹调提供了食品一种防腐手段。在普及使用冰箱前的漫长过程中，这种作用十分明显。

热烫并不是完整的烹调法，多用作某一烹调加工过程的前处理，也用作冻结、干燥加工的前处理，由于冻结和干燥本身不能破坏各种氧化酶类的活性，常使制品在加工或贮藏期内出现变色或变质，因而热烫就显得十分必要。经过热烫，可以破坏食品中的各种酶，也能杀灭一部分微生物，起部分杀菌作用。

一、烹饪对微生物的热致死作用

微生物在超过它们最高生长温度时，致死的原因主要是由于高温对菌体蛋白质、核酸、酶系统产生直接破坏作用，如蛋白质中较弱的氢键受热容易破坏，使蛋白质变性凝固。不同微生物因细胞结构特点和细胞性质不同，所以它们的耐热性也不同。

（一）加热对微生物致死作用的表示方法

加热对微生物致死作用常用以下几个数值表示：

（1）热致死温度（thermal death point）　是指在10min内杀灭悬浮于液体中的微生物的最低温度。

（2）热致死时间（thermal death time）　是指在特定的条件下和特定的温度下，杀死一定数量微生物所需要的时间，称为热力致死时间。在一定基质中，温度为121.1℃加热杀死一定数量微生物所需要的时间即为 F 值。

（3）D 值（decimal reduction time）　是指在一定温度下加热，活菌数减少90%，即减少一个对数周期所需要的时间，见图10-1。测定 D 值时的加热温度，在 D 的右下角注明。例如，含有某种细菌的悬浮液，含菌数为 10^5 个/mL，在100℃的水浴温度中活菌菌

数降低至 10^4 个/mL 时，所用的时间为 10min，该菌的 D 值为 10，即 $D_{100}=10\text{min}$。如果加热的温度为 121.1℃，其 D 值常用 D_r 表示。

(4) Z 值　是指缩短 90% 致死时间（或减少一个对数周期）所需要升高的温度（℃）。

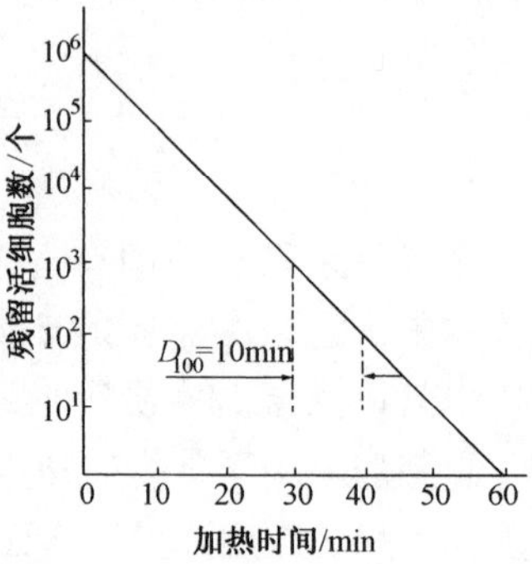

图 10-1　加热时间与残留活细胞数的关系曲线

（二）影响微生物对热致死作用的因素

1. 菌种

各菌种之间的细胞结构特性及细胞组成成分不同，对热的抵抗力也不一样，就一种微生物来说，其个体的差异导致微生物对热的抵抗力也不同。一般来说，不同特性的微生物抗热力，嗜热菌大于嗜温菌和嗜冷菌，芽孢菌大于非芽孢菌，球菌大于非芽孢菌，革兰氏阳性菌大于革兰氏阴性菌，霉菌大于酵母菌，霉菌和酵母的孢子大于其营养体。细菌的芽孢和霉菌的孢子抗热力特别强。

2. 菌种所处的生长阶段

在同样条件下，对数生长期的菌体抗热力差，而稳定期的老细胞较强，老龄的细菌芽孢较幼龄的细菌芽孢抗热力强。

3. 微生物的个体数量

菌数越多，抗热力越强，因微生物群集在一起时，受热致死不是在同一时间，而是有先有后，同时菌体能分泌一些具有保护作用的物质，菌数多分泌的保护性物质也多，抗热性也就增强。

4. 食品

(1) 食品的含水量　微生物的抗热力随含水量减少而增大，同一种微生物在干热环境中比在湿热环境中抗热力强。

(2) 食品的营养成分　基质中的脂肪、蛋白质、糖等物质对微生物有保护作用，微生物的抗热力随这类物质的增多而增强。

(3) 食品中盐类及其浓度　有些盐类的存在会降低基质中的水分活度，从而增强了微生物抗热力；而另一些盐类如钙盐、镁盐可促使水分活度增大，从而减弱了微生物对热的抵抗力。

(4) 食品的 pH 范围　微生物一般适宜生长的 pH 范围是 7.0 左右，也是微生物抗热力最强的范围，pH 升高或下降可以减弱微生物的抗热力，特别是偏酸性环境微生物的抗热力减弱更明显。

(5) 食品中的抑制性物质　如二氧化硫、亚硝酸钠和一些具有抗热性的抗生素等存在可以减弱微生物的抗热力。

（6）食品的导热性　食品的导热性越好，杀死微生物的速度越快。

5. 加热的温度和时间

加热的温度越高，微生物的抗热力越弱，越容易死亡；加热的时间越长，热致死作用越大，在一定温度范围内，温度越高杀死微生物所需要的时间越短。

6. 热源的形式

应用不同介质传递热量，食品受热程度会有较大的差异，故对生物性污染物的灭活的效应也不相同。

二、微生物的耐热性

（一）嗜热菌及其特点

微生物所处的环境温度超过微生物所适应的最高生长温度，一般对热较敏感的微生物就会立即死亡，例如，多数细菌、酵母和霉菌的营养细胞和病毒在50～65℃时10min内死亡。但不同的微生物对热的敏感性不同，部分微生物在较高的温度下尚能生存一段时间。例如，腐生嗜热脂肪芽孢杆菌能在80℃下生长，120℃下12min后才死亡。霉菌的孢子比营养细胞抗热性强，在76～80℃时才死亡，而细菌的芽孢抗热性则更强。还有一些微生物既能在一般温度下生长又能在高温中生长，称为兼性嗜热微生物。

以生长温度为依据，嗜热菌是指最低生长温度45℃左右，最适生长温度50～60℃，最高生长温度70℃或70℃以上的那些微生物。根据这个界定，嗜热菌种可存在于蓝绿藻、放线菌、厌氧光合细菌、硫细菌、海藻、真菌、芽孢杆菌、梭状芽孢杆菌、乳酸菌和其他菌属中。在食品中最重要的嗜热菌存在于芽孢杆菌、梭状芽孢杆菌和嗜热厌氧菌属中。

嗜热菌生长过程中，生长停滞期短，有时甚至难以检出。而其孢子的萌发及生长很迅速，对数生长期持续时间很短。在高温下一些嗜热菌的生长代时有时短至10min。其致死速率也很高。在低于嗜热菌生长温度范围内会失活是这类菌的特点。

1. 嗜热菌酶的耐热性

嗜热菌中的酶可分为三类：

①在作用温度下是稳定的，但在比这稍高一点的温度下会失活的酶类，如苹果酸脱氢酶、三磷酸腺苷酶、焦磷酸酶、醛缩酶和一些肽酶。

②在作用温度下如缺少某些特定的底物会失活的酶类，如天冬酰胺脱胺酶、过氧化氢酶、丙酮酸氧化酶、异柠檬酸裂合酶和一些膜结合酶。

③高耐热性的酶和蛋白质，如α-淀粉酶、一些蛋白酶、甘油醛-3-磷酸脱氢酶、一些氨基酸活化酶、鞭毛蛋白质、酯酶及嗜热菌蛋白酶。

一般说来，嗜热菌在嗜热生长条件下分泌产生的酶的耐热性要比嗜温菌产生的酶强得多。特别要提出的是：由嗜热脂肪芽孢杆菌分泌产生的α-淀粉酶，在70℃下加热24h仍具有活力。在其最适 pH 6.9 的情况下，该淀粉酶的最适作用温度为 82℃。这种酶的热稳定性需 Ca^{2+} 的参与。

嗜热菌的酶系具耐热性的原因：一是在嗜热菌酶系中疏水性氨基酸的比例要高于嗜温菌相似酶系中的疏水性氨基酸比例。而疏水性蛋白质越多，耐热性越高。至于氨基酸，实验证实：赖氨酸替代酶中的谷氨酸会降低酶的热稳定性，而用其他氨基酸进行替代时会提高酶的热稳定性。二是与金属离子（例如 Mg^{2+}）的结合有关，嗜热脂肪芽孢杆菌细胞质膜结构的完整性说明它可受二价阳离子影响。

嗜热菌的蛋白质在分子质量、氨基酸构成及一级结构等方面与嗜温菌基本相似。极度嗜热和专性嗜热菌合成大分子，这种大分子有足够的分子内部稳定性可以抵抗热的作用。

2. 嗜热菌核糖体的耐热性

一般来说，核糖体的热稳定性与微生物的最高生长温度相对应，细菌核糖体的融点随最高生长温度的升高而增高。rRNA 的碱基构成影响热稳定性。随着最高生长温度的提高，rRNA 分子的 G-C 含量增加，而 A-U 含量随之下降。G-C 含量的增加使氢键数量增加，有利于结构的更加稳定。

3. 嗜热菌鞭毛的耐热性

嗜热菌的鞭毛比嗜温菌的鞭毛更具耐热性，前者在温度高达 70℃的情况下还保持结构的完整，而后者在 50℃时就已解体，嗜热菌鞭毛中存在更具耐热性的氢键。

4. 嗜热菌的其他特点

（1）嗜热菌对营养的需求　嗜热菌往往比生长在嗜热温度下的嗜温菌有更高的营养需求。培养温度升高对营养需求发生改变的原因可能是高温使细菌代谢复合物的能力下降。培养温度的升高也会影响细菌酶合成的整个过程。

（2）嗜热菌对氧气分压的需求　氧气分压影响嗜热菌的生长。当温度升高时，微生物的生长速率提高，因此，对介质的氧气要求也随之提高。而随着温度的升高，介质中 O_2 的溶解率却有所降低，这是嗜热菌在介质中生长时最重要的生长限制因素之一。研究表明，在嗜温菌生长温度范围内所拥有的氧气浓度为 143～240μmol/L 时最适合于嗜热菌的生长。嗜热菌由于能在高温下有效利用 O_2，所以才有在高温下生长的能力，而这种能力对嗜温菌和嗜冷菌来说是缺乏的。

（3）细胞中脂类的状态对嗜热菌生长的影响　细胞脂质的状态直接影响嗜热菌的生长，研究表明：嗜热菌在超出其最高生长温度范围的温度下生长时，其细胞脂质含量下降，并且脂质的饱和度也提高。饱和脂肪酸可形成比不饱和脂肪酸更为牢固的疏水键。在饱和脂肪酸中又以具有支链的脂肪酸为主。已证实嗜热芽孢菌在生长温度提高时，优先合成支链的十七碳脂肪酸，不饱和脂肪酸最终全部分解。随菌体内饱和脂肪酸的升高，耐热性增强。

（4）细胞膜的性质对嗜热菌生长的影响　细胞膜的性质影响嗜热菌的生长。细胞膜是由多层蛋白质包裹的脂质层组成的，并且细胞膜生化功能的发挥有赖于脂质层。细胞膜中脂质成分的融化、细胞结构的破坏将使细胞遭到伤害，甚至会直接死亡。因而细胞膜对菌体在高温下生长和残存中的作用至关重要。

（5）温度对嗜热菌生长的影响　嗜热菌在其最适生长温度下的生长速率明显没有人们所想象的那么快。一定温度范围内，因为热稳定，嗜热菌酶系的作用效率自然要比嗜温菌低。嗜热菌为了其全部存活而不得不放弃生长速率。

（二）微生物的耐热性

理想的烹调工艺，应是能迅速杀灭食品中的有害微生物（即对象菌），同时经杀菌后食品营养成分受损最小，食品品质变化亦限制在最小的程度。这就需要认识腐败菌中对象菌的耐热性；了解杀菌时食品的传热特性；根据食品的性质和产品要求，合理确定杀菌工艺，以及实施严格的操作等，才能得到最佳的杀菌效果。

1. 细菌的耐热性

经过加热杀菌后，腐败菌失去繁殖和变异的能力，即标志着死亡。加热促使腐败菌死亡的原因，普遍认为是由于腐败菌细胞内的蛋白质受热凝固变性的结果。温度越高，细胞内分子热运动加剧，蛋白质凝固变性越迅速，腐败菌越快死亡。细胞内水分含量越高，蛋白质凝固变性越快，细菌越快死亡，因而腐败菌细胞内蛋白质的热凝固性直接影响食品加热杀菌的效果。

通常情况下，腐败菌的耐热性是用温度和时间来表示的，经过耐热性试验可确定不同腐败菌的耐热性。通过试验和测定，可以达到认识腐败制品中分离出的特定菌种、菌株的耐热性大小；分析已知菌株处于不同条件时的耐热性差异，从而选出耐热性最强的菌株；发现最耐热的菌株置于特定的培养基中或新的食品中时，其耐热性可能产生的变化。

微生物在干热条件下比湿热条件下耐热性强。湿热条件下杀菌，一般是指将物品放在水中煮沸或用高压蒸汽加热的杀菌，杀菌效果显著，当杀菌温度为121℃时，各种微生物包括芽孢菌经15～20min可被杀灭。在无芽孢菌中，杀灭其嗜热菌需要较高的温度。如欲杀灭保加利亚乳酸杆菌、嗜热性乳酸杆菌、乳酸链球菌等高温性乳酸菌必须加热至70℃以上。少数菌，如水生嗜热菌就是加热至80℃以上也难以杀灭。杆菌和球菌亦有较强的耐热性。病原菌，包括致病菌与产毒菌，除了炭疽杆菌、肉毒梭菌及产气荚膜梭菌能形成芽孢因而较耐热外，其余都不形成芽孢，因而不耐热。病原菌中最耐热的是结核杆菌和金黄色葡萄球菌，但它们在加热至60℃、30min后亦可杀灭。水生细菌，如假单胞菌属及黄杆菌属等，一般都是低温菌，加热较低的温度就可杀灭它们。在一般情况下，形成芽孢的厌氧细菌的耐热性强于需氧细菌。细菌芽孢其营养细胞具有更强的耐热性。除了酸性食品外，在厌氧细菌中，通常把梭状芽孢杆菌中的肉毒梭菌作为典型的耐热性强的对象菌，此菌还能分泌出毒性很强的外毒素。若比较各种细菌芽孢的耐热性，则兼性需氧细菌中具有厌氧特性的嗜热脂肪芽孢杆菌孢子的耐热性最强，在加热温度为121℃时，其 D 值为0.1～14min，其次为凝结芽孢杆菌。其他耐热性较强的芽孢菌为枯草芽孢杆菌。在厌氧细菌的芽孢中，热解糖梭状芽孢杆菌、致黑梭状芽孢杆菌、生芽孢梭状芽孢杆菌的芽孢耐热性强，其中生芽孢梭状芽孢杆菌生理特性与肉毒梭菌相似，但不分泌外毒素，且耐热性比肉毒梭菌更强。因此常用生芽孢梭状芽孢杆菌代替肉毒梭菌作为低酸性食品的对象菌。芽孢菌的耐热性见表10-6。

表10-6 芽孢菌在湿热条件下的耐热性

菌种	热致死条件		菌种	热致死条件	
	温度/℃	时间/min		温度/℃	时间/min
需氧杆菌	100	2～1200	地衣形芽孢杆菌	100	13.5
巨大芽孢杆菌	100	1～2.1	生芽孢梭状芽孢杆菌	121	0.84～2.6
枯草芽孢杆菌	100	11.3	生芽孢梭状芽孢杆菌	110	5.8～15.9
短小芽孢杆菌	100	1.5	嗜热解糖梭状芽孢杆菌	132	4.4
嗜热脂肪芽孢杆菌	100	714	蜡样芽孢杆菌	100	0.8～14.2
肉毒梭菌	85	18	多黏芽孢杆菌	100	8.2
凝结芽孢杆菌	100	30～270	环状芽孢杆菌	100	1.65

干热条件比湿热条件下难以把微生物杀死，除非因制品要求非在干热条件下杀菌不可时，一般应尽可能创造湿热条件，使杀菌效率更高，杀菌时间缩短（在相同杀菌温度下）。

细菌在湿热和干热条件下腐败菌的耐热性比较见表10-7。

表10-7 湿热和干热条件下腐败菌的耐热性比较

菌种	热杀菌条件	
	湿热	干热
葡萄球菌	55℃ 30～40min	110℃ 30～65min
片球菌	55℃ 30～40min	110℃ 30～65min
链球菌	55℃ 30～40min	110℃ 30～65min
鼠伤寒沙门氏菌	57℃ 1.2min	90℃ 75min
大肠杆菌	55℃ 20min	75℃ 40min
枯草芽孢杆菌	120℃ 0.08～0.48min	120℃ 154～295min
嗜热脂肪芽孢杆菌	120℃ 4～5min	120℃ 15～19min
生芽孢梭状芽孢杆菌	120℃ 0.18～1.4min	120℃ 115～195min
黑曲霉	55℃ 6min	100℃ 100min

2. 真菌的耐热性

真菌中能导致酸性食品、水分含量中等的食品、浓缩干燥食品等变质的是酵母菌和霉菌，有些霉菌还会产生毒素，但都不耐热。它们之间的耐热性虽有差异，但超过60℃都会死亡。

3. 加热过程对微生物耐热性的影响

影响细菌耐热性的因素，主要有细胞本身的遗传性、组成、形态，基质的组分，培养时的环境因素，培养时的温度以及代谢产物等。成熟细胞要比未成熟细胞的耐热性强。培养温度越高，芽孢的耐热性越强，而且在最适温度下培养的细菌芽孢具有最强的耐热性。营养丰富的培养基中发育的芽孢耐热性强，营养缺乏时则弱。腐败菌的耐热性还与加热的方式有关，急速加热时，腐败菌的死亡率高。加热时影响的因素，通常有加热温度、加热致死时间、细胞浓度、细菌团块存在与否、介质性状及 pH 等方面的因素。

加热后细菌受热损伤的主要表现有：①诱导期延长；②营养需求增加；③发育时最适 pH 范围缩小；④增殖时最适温度范围缩小；⑤对抑制剂的敏感性增强；⑥细胞内的物质产生泄漏；⑦对放射线的敏感性增加；⑧细菌中酶的活力降低；⑨核糖体 RNA 的分解等。

食品加热杀菌后，是否已把细菌杀灭，这是工作的关键。判断细菌是否被杀灭，需测定其热死效果，常通过对经过热处理后的细菌芽孢进行再培养，以检查是否仍有存活，如果已没有存活，则说明杀菌工艺合理，从而有可能获得满意的食物产品。

（三）细菌芽孢的抗热性

与营养细胞相比，细菌芽孢具有相当强的抗热性，但是关于其抗热机制还了解得很少，可归纳为如下几点：

（1）芽孢膜构造对内部的保护作用（多为双硫键），芽孢具有多层厚而致密的包膜。

（2）芽孢膜不具有通透性，能阻止水分渗入。

（3）芽孢内部具有防止热渗透的构造。

（4）酶类以稳定的形态存在，芽孢形成时能合成一些特殊的酶，这些酶比菌体中的酶具有更大的耐热性，酶活性蛋白本身具有抵御热力损伤的特性。

（5）DNA 处于稳定状态。

（6）有皮质层存在。

（7）核处于脱水状态，具有抵御热力伤害的构造。

（四）微生物的热损伤与恢复

受热损伤的微生物一旦条件适宜，还可能恢复活力。

三、不同烹制方法的杀菌作用

1. 烤制的杀菌作用

烤制属于空气（干热）灭菌方法，其杀菌机理是使细胞蛋白质变性和电解质浓缩而引起的毒性作用。由于无水、肽链上的极性基因减少，需要较多的能量才能将分子打开。加之干热在空气和物料中的穿透力较低，所以干热杀菌效应较低。有时烤制温度虽然能达300℃左右，但烤制成品仍有病原菌残存的风险。

2. 烧煮的杀菌作用

烧煮属水传热的杀菌方法。热量通过水的对流作用，使物料表面均匀受热，随之热量逐渐深入制品内部。热水可以引起细菌蛋白质变性和凝固，其机理虽较复杂，但凝固是主要的。在同一温度下，湿热比干热的穿透力强，这是因为蛋白质凝固时所需温度和其含水量成反比关系。如卵清蛋白的含水量为50、18与0时，在30min内凝固所需温度分别为58℃、80~90℃与160~170℃。所以在热水条件下，细胞（菌）易吸收水分，蛋白质也较易凝固变性，从而加速微生物的灭活。水热法在烹调中为常用方法，其温度范围可从温水30~50℃，直至沸水100℃左右。除少数细菌毒素如葡萄球菌肠毒素耐热外，烧煮法均能杀灭细菌繁殖体。但如烧煮时受热不均匀，外熟内生，仍有微生物引起的风险。

3. 蒸制的杀菌作用

蒸制属汽传热的杀菌方法，利用水蒸气的热量使原料受热，导致微生物的灭活。当蒸汽达到一定程度，并又处于密闭容器内，压力不断增高，沸点也随之增高，其温度可超过100℃。湿热的蒸汽还有潜能，当物料的温度低于蒸汽温度时，蒸汽在物体表面凝结成水，同时放出潜能。每1g 100℃的水蒸气凝结为同一温度的水时，可放出2kJ的热量。所以蒸汽热具有温度高、热量大、穿透力强的特点。同样的鱼肉原料在汤汁锅中烹煮，要比气锅中煮的时间长，蒸汽传热对微生物的灭活效果较为显著。

4. 煎炸的杀菌作用

煎炸属油传热的杀菌方法，由于油的沸点达280~300℃，可使物料水分很快蒸发，变成酥脆状。若物料接触不到油脂，如用沾染大肠杆菌的碎肉做成肉饼，经一般食堂通用的煎炸处理后，往往在深层仍有活菌。但当原料体积较小，吸收一定水分，经挂糊或上浆后物料内部即在短时间内达到一定温度，使物料成熟与灭菌。

厨房里的过油处理只将原料加工成半熟，虽然表面细菌被杀灭，但存放温度稍高仍会腐败。一些带馅心的面点炸熟后，中心尚有芽孢残存，因而不能久放。

第三节　烟熏的杀菌作用

一、熏烟组分中的杀菌物质

熏烟中含有很多成分，其中不少具有杀菌作用。因此在烟熏过程中，很多微生物受到影响，特别是食品表面的微生物易被杀灭。同时，这些具有杀菌、防腐作用的物质，烟熏后仍残存在食品中，从而提高了食品的保存性。熏烟中各成分的浓度如表10-8所示。

表 10-8　木材熏烟中各成分的浓度

化合物	浓度/（mg/kg）	化合物	浓度/（mg/kg）
甲醛	20～40	酚　类	20～30
高级醛	140～180	酮　类	190～200
甲　酸	90～125	树脂类	1000 以上
乙酸及高级酸	460～500		

熏烟成分中有几种具有很强的抗菌作用，具有代表性的有甲醛、酚、酸类等，辅助性的有乙醇、甲酚等。

1. 甲醛的作用

甲醛是由木材在缺氧条件下干馏时产生的甲醇氧化的产物。甲醛的杀菌作用是熏烟成分中最强的，其较大的杀菌效果是甲醛在气体状态中被浓缩而发挥出来的。甲醛的浓度可因燃烧时增加空气量而得到提高，其杀菌效果由甲醛浓度和烟熏时间而决定。

甲醛被肉吸收后可提高肉烟熏后的保存性。一般来说，食品甲醛吸收量越大，保存性就越好，而吸收量又与熏烟浓度和烟熏时间成正比。所以，经高浓度烟长时间熏制的熏干咸猪肉等冷熏制品更具突出的防腐效果，但速熏和浓熏制品不具有长期保存性。因为后者水分含量多，熏烟成分的吸收量少，容易受微生物，特别是霉菌、酵母等的危害。

甲醛渗透只限于肉质表层部分。肉质表面由于烟熏迅速凝固，而且被树脂膜包住，甲醛不易向深部渗透。同时，肉质内的水分还有阻止这种渗透的作用。留存在大块肉内部的微生物往往未被杀灭而残留下来。

熏制品甲醛的含量随制品种类及烟熏条件变化而不同。从熏鱼、火腿、培根等食品中检出甲醛含量为 0.5～1000 mg/kg，含量差别幅度很大。

2. 酚类的作用

酚类来自木材中的木素，酚和甲酚等已广泛用作消毒剂。酚的抗菌作用在熏制食品中也有助于保存性的提高。

另一方面，酚与甲醛反应生成的树脂类的防腐作用比酚本身抗菌力更大。肉质表面形成的树脂膜，不仅可防止微生物引起的内部污染，而且可截断从肉质内部渗出水分、营养源等，从而抑制食品表面微生物增殖。制品切成薄片后，因丧失防御功能而迅速发生腐败变质。

3. 酸类的作用

熏烟中的醋酸使制品表面 pH 降低，也是熏烟提高保存性的原因之一。

应注意的是熏烟成分虽具有一定程度的杀菌效果，但根据烟熏时的各种温度、湿度不同，细菌数可能减少，也可能增加。熏烟中具有杀菌能力的成分，在烟熏工艺所确定的烟熏时间内很少被肉吸收，肉表面的细菌很难完全被杀灭。

二、烟熏加工中其他因素的联合杀菌作用

熏制食品的贮藏性能并非完全是熏烟的作用，而应该是干燥和盐腌等因素共同作用的结果。

1. 干燥的作用

由于被烟熏的原料初期水分含量相当高，微生物也有机会增殖，这时，原料中的腌制剂如食盐等起着一定的抑制作用。在熏干初期，食品只有表面附着熏烟成分，内部虽多少也渗透着一些，但渗透量很不充足。熏干过程中，食品水分逐渐减少，干燥使微生物的繁殖受阻。有人认为，烟熏后期干燥的作用比熏烟中化学成分更大些。

在烟熏过程中，吊挂在熏室中的原料由于烟熏，表面附着的细菌首先被杀死，即使少数细菌侵入肉中，由于熏制后原料脱水，细菌也难于生存，食品因此具有贮藏性。

熏制加工而成的食品，一般的 A_w 都在0.9左右，对这类食品构成危害的微生物只限于微球菌属（*Micrococcus*）、葡萄球菌属（*Staphylococcus*）、八叠球菌属（*Sarcina*）等细菌和部分霉菌。

2. 温度的作用

按烟熏温度不同，烟熏食品的加工分为冷熏和热熏两种方法。低于22℃的烟熏过程称为冷熏，需4～7d。高于22℃的烟熏过程称为热熏，常用温度为35～37℃，时间为18～24h。

（1）冷熏　冷熏制品的水分含量一般为25%，熏肉中细菌生长受到抑制，即使表面有细菌附着，也因烟熏时在物体表面产生的木焦油等物质附着形成膜，使细菌难以侵入食品内部生存。

熏鱼接近鱼头部位，熏干后由于水分含量仍达40%～50%，在水分减少前，如放置在较高温度下，就有可能发生腐败变质。

水分在35%以下的食品也会发霉，因熏制的表面有霉菌的孢子附着，就会在那里生长。另外熏干后由于脱水，肉组织产生龟裂，当孢子潜入间隙中，霉菌就会在那里繁殖。不过，只要熏制品不放在温度高的地方贮藏，就对人体无害。总之，冷熏食品具有很好的保存性，能贮藏较长时间。

（2）热熏　热熏食品只以增加香味为目的，仅在稍高的温度下进行短时间烟熏。虽然在烟熏中表面的细菌在某种程度上有部分死亡，但细菌生长必需的水分还充足，仍不能抑制随后附着的细菌或残存的细菌生长。热熏法不能杀灭附着在除去内脏后腹腔肌肉表面的细菌，也不能阻止日后细菌的发育。

热熏食品 A_w 值较高，而肉质内部的 A_w 值更高，但实际上肉质内部发生腐败变质的现象极少。这是因为在烟熏过程中，一般的微生物几乎全部死亡，即使存活下来的芽孢，在这种 A_w 值的环境下也不能发芽。另外，表面膜的生成也是防止微生物侵入肌肉的一个因素。

3. 食盐的作用

熏制食品的盐分不能按嗜好任意增多。也不是熏制品的食盐浓度越高，阻止微生物增

殖的作用就越好。但在熏制过程中，食品先从表面干燥，随着水分的蒸发，食盐被浓缩，在浓缩食盐和加热的共同作用下，表现出有效的杀菌作用。

4. 表面膜的作用

（1）蛋白质变性膜　食品经烟熏处理后，表面的蛋白质结构受热，或因烟熏成分中醛、酸、酚的作用发生变性，形成了细密的皮膜即蛋白质变性膜。

（2）树脂膜　熏烟成分中存在酚和醛等，它们都具有抗菌力，但酚类和醛反应生成的树脂膜对于食品的保存性比酚、醛本身具有更大的作用。肉质表面的树脂膜在防止微生物向内部污染的同时，也起到阻断从肉质内部渗出水分和营养源等的作用，从而起到防止微生物增殖的作用。但对热熏制品是难以达到上述抗菌防腐作用的。

对厨房已切成薄片的烟熏制品，表面微生物防御膜已遭破坏，细菌、酵母易从断面侵入并发育，引起二次污染。

鉴于细菌芽孢的抗性，特别是肉毒梭菌芽孢可能在熏肉、熏鱼深部组织中残存，故对烟熏鱼、肉制品应实施透气包装及低温保藏。

第四节　烹饪制品包装的阻菌作用

一、食品包装的阻菌作用

好的食品包装能够避免各种微生物、尘埃杂物、蝇虫等有害物质对食品的污染，切断微生物入侵的途径。经过包装的食品在流通过程中可避免人手、各种器具与食品的直接接触，对确保食品卫生质量起着重要作用。包装对烹饪工业化、规模化生产、连锁化生产经营，实现餐饮食品向旅游食品、礼品以及超市食品经营转变、扩大销售均产生重大影响。

为维护食品的新鲜度，延长保质期，保持固有风味，出现了真空包装、充气包装、无菌包装、加除氧剂包装、避光包装、速冻包装、复合包装等多种新型的技术。食品销售包装正在向软包装和方便食品包装的方向发展，如使用可烘烤食品盒、蒸煮袋、复合纸罐等。经包装的快餐食品、方便食品市场潜力巨大。

食品包装的基本要求是具有阻隔性和适应性，阻隔性包括遮光等，适应性包括能耐受冷冻、高温灭菌、辐照灭菌、化学腐蚀以及盐腌、糖渍、酸渍等特殊需要。

典型的包装食品所使用的包装材料和容器主要涉及纸和纸制品、塑料薄膜及容器、金属罐容器、玻璃瓶容器及复合包装材料等。

二、烹饪制品的包装技术及其应用

（一）烹饪制品的真空包装

真空包装是将产品装入气密性包装容器，抽去容器内部的空气，使密封后的容器内达到预定真空度，然后将容器密封起来的一种包装方法。充气包装是指将产品装入气密性包装容器，抽成真空（或不抽成真空），再充入保护性气体（一般为 N_2、CO_2），然后将容器密封起来的一种包装方法。

1. 食品真空充气包装的目的

（1）除氧　防止食品霉腐变质，控制微生物的生长与繁殖，防止油脂食品氧化酸败影响食品的口味和风味。

（2）阻气　采用气密性材料密封容器，防止氧气的渗透。

（3）充气　主要是增加食品的保质期。充 CO_2 气体能抑制微生物生长，浓度高时有杀菌作用，对油脂、谷物等物品有较强的吸附作用，有利于贮存。充 N_2 不会发生化学反应，对塑料薄膜的透过率较低，可以保持容器内有较高的 N_2 浓度。对于鲜肉充气包装，则要充入高浓度氧（60% ~80%），以使肉色鲜红便于销售。此外，充气还解决了抽真空后包装容器内外压力平衡问题，防止酥脆食品被挤压破碎、尖锐物品刺破包装袋等问题，使包装品外观更加饱满美观。

2. 烹饪制品真空充气包装的应用

真空包装适于各类酱卤肉、烧烤肉、腌肉、烟熏肉、香肠和肉制品的包装，使用的包装材料有铝箔、塑料、复合蒸煮袋等。真空充气包装也适于生鲜冷却肉的包装及部分果蔬制品的包装。

（二）烹饪制品的防霉包装

常见易霉变的食品包括肉干、干菜以及干果等，烹饪制品的霉变一般经过四个环节，即受潮、发热、长霉、腐败。防霉包装技术有两大类：气调防霉包装和干燥空气防霉包装。

（1）气调防霉包装技术　气调防霉包装是通过改变包装内空气组成成分，以降低氧的浓度，造成低氧环境来抑制霉菌的生命活动和生物性产品的呼吸强度，从而达到防腐的目的。其包装技术的关键是密封和降氧。一般通过在密封容器内放置适量的脱氧剂和氧指示剂来控制氧气浓度，防止产品长霉。

（2）干燥空气防霉包装技术　首先选择气密性好且透湿率低的各类容器或复合材料进行密封包装，在密封包装容器内放入一定量干燥剂（如硅胶）及湿度指示纸（如氯化钴湿度指示纸，当湿度大于60%时由蓝色变成红色），以降低包装容器内的相对湿度。

（三）烹饪制品的无菌包装

无菌包装技术是在包装物、被包装物、包装辅助器材均无菌的条件下，在无菌环境中进行充填和包装的一种技术。无菌包装常用于汤料等液态食品的包装。

（四）新型抗菌包装材料及其应用

近年来，抗菌薄膜包装袋、抗菌食品保鲜膜等新型抗菌产品在市场上已经屡见不鲜。抗菌材料是指添加一定的抗菌物质（称为抗菌剂）从而使材料具有抑制或杀灭其表面细菌作用的一类新型功能材料，如抗菌塑料、抗菌陶瓷、抗菌纤维等。由于抗菌材料能杀灭和抑制沾染在其表面的微生物，可保持材料表面自身的清洁状态，因而被广泛地使用于制备各类健康型制品。

用作复合蒸煮袋的天然抗菌剂包括壳聚糖、山梨酸等，具有抗菌效率高、安全无毒等优点。抗菌保鲜膜则应用于多种食品的包装。如日本有专用于牡蛎的抗菌复合包装袋，包装生牡蛎24h后可使包装袋上的大肠杆菌、金黄色葡萄球菌、沙门氏菌的数量由2×10^5个/cm^2降至10个/cm^2以下。

第五节　烹饪包装制品的灭菌技术及其应用

对已包装的烹饪制品，为了保证风味，杀灭其残存的各类微生物，延长产品保质期，可进一步实施灭菌处理，这类灭菌多属商业灭菌，即经过杀菌处理后，按照所规定的微生物检验方法，在所检食品中无活的微生物检出，或者仅能检出极少数的非病原微生物，但它们在食品保藏过程中不能生长繁殖。对商业灭菌的效果，可通过保温试验和细菌计数加以验证。

烹饪包装制品过去长期使用高温灭菌技术但往往产品风味及咀嚼性受到影响，近年来微波灭菌技术、辐照灭菌技术得到了较好的应用。由于商业灭菌并非彻底灭菌，故通常仍需结合低温处理，才能实现有效保藏和销售。

一、热力灭菌技术及其应用

适于烹饪包装制品热力灭菌的技术包括间歇灭菌、巴氏灭菌以及高压蒸汽灭菌等。

1. 热力间歇灭菌法

热力间歇灭菌法是利用流动蒸汽进行灭菌。一般每日蒸煮30min可杀死繁殖体，连续进行3d，通常于第一次灭菌后于30℃左右保温2h，待芽孢发芽，再进行两次同样的灭菌，这样即可杀死所有的繁殖体和芽孢。这种方法适应于高温易变性的食品，以及在没有高压蒸汽灭菌设备的情况下使用。

2. 热力巴氏灭菌法

一般用于不宜用高温灭菌的一些食品，在低于100℃以下进行，这样既可杀死食品中的病原微生物及其他微生物的营养体，又尽可能减少食品营养成分和风味的损失。采用这种低温消毒方法的具体温度和时间是根据不同产品的性状来决定的，即使一种物品也有多种具体消毒方法。这种方法可用于酱类、果汁、调味汁等制品。

3. 高压蒸汽灭菌法

必须在高压蒸汽灭菌锅中进行。在正常的大气压情况下，水的沸点是100℃，水的沸点随压力的增高而增高。高压蒸汽灭菌法是在密闭的容器内，通过加热使容器内的水变成水蒸气，蒸汽产生蒸汽压来提高水的沸点温度，压力越大沸点越高，以达到短时间内完全灭菌的效果。一般采用121.3℃（表压103 kPa/cm^2）温度条件下保持20～30min，这样就可以保证把全部微生物营养体和芽孢杀死。这种方法适应于不怕高温的一些烹饪制品以及其他一些耐热物品。对于一些易被高温破坏的食品则须改用较低的温度延长灭菌的时间来达到目的。使用过程中必须注意排净锅内的空气。

高压蒸汽灭菌法可用于各类熟肉、熟禽、熟鱼包装制品的灭菌处理，杀菌较彻底。但往往会破坏烹饪制品原有的质感，难以保持其原有的色、香、味等感官品质。常见烹饪制品的高压蒸汽灭菌条件见表10-9。

表10-9 常见烹饪制品的高压蒸汽灭菌条件

烹饪制品	杀菌条件		包装条件	保藏条件	
	温度/℃	时间/min		温度/℃	时间/min
红烧牛肉	120	30	200g装	37	1
				常温	10
奶油调味制品	120	30	180g装	37	1
				常温	10
甜菜肉汤	120	40	200g装	37	1
番茄调味制品	120	30	200g装	37	1
				常温	6
咖喱牛肉	120	30	180g装	常温	10
咖喱鸡	120	30	180g装	常温	11
洋葱牛肉	120	30	180g装	常温	8
肉　酱	120	25	180g装	常温	8
鸡　汤	115	25	180g装	37	3
蔬菜汤	115	25	180g装	37	3
海带卷	115	30	150g装	37	3
糖醋猪肉	115	35	200g装	37	1
八宝菜	115	35	200g装	37	1
汉堡鸡	115	40	3块装	37	3
肉圆子	118	35	150g并加汁	37	3
咸牛肉	118	40	150g并加汁	37	1
调味干酱	120	35	200g装	常温	2
烧素鸡	115	30	160g装	30	1
素烧豆腐	115	35	120g装	30	1
米　饭	120	25	320g装	37	1
炒　饭	120	25	320g装	37	1
鸡肉米饭	120	25	320g装	37	1
小豆饭	120	25	320g装	37	1
烧鳗鱼	115	30	真空包装	常温	12
油浸烟熏牡蛎	111	65	200g装	常温	12

二、微波灭菌技术及其应用

微波是一种波长从 1mm ~ 1m 的电磁波。近年来，微波作为一种新的能源技术，得到迅速发展，已成为现代食品加工的一项新技术。微波杀菌系统的基本组成是 2450MHz 的 10kW 的微波场。

1. 微波灭菌原理

微波灭菌是使食品中的微生物受到微波热效应和生物学效应的共同作用，使其体内蛋白质和生理活性物质发生变异，导致生物体生长发育异常，直至死亡，从而达到对食品进行灭菌的目的。

微生物在一定强度微波场作用下，菌体会因自身水分极化而同时吸收微波能升温，分子间的强作用力加强了微波能向热能的能量转化，高频振荡产生热效应，温度快速升高。使菌体蛋白同时受到无极性运动和极性转变两方面的作用，使其空间结构变化或破坏而导致变性。菌体蛋白变性后，其溶解度、黏度、膨胀性、渗透性、稳定性都已发生明显变化，从而使细胞失去生物活性，引起死亡。

微波能会降低菌体水分活度，导致细胞 DNA 和 RNA 结构中的氢键断裂和重新组合，诱发基因突变，中断繁殖能力。在微波场中，细菌细胞壁可以发生机械性损伤，使细胞内物质外漏，影响其正常生理活动。细菌细胞内的酶在高频率、强电场强度的微波场中，其功能发生紊乱或失活，特别是那些以金属离子为辅助因子的酶，在微波电场作用下，金属离子所处的微环境发生变化，使酶失去活性。同时在电场作用下，导致各种膜功能障碍，使细胞无法履行正常的代谢功能。可见微波杀菌是在热效应基础上，影响核酸、蛋白质等生物大分子的高级结构，干扰微生物正常生理活动而起杀菌作用的。

2. 微波灭菌的效果

微波对食品是一种很有效的杀菌源，不仅对致病菌如沙门氏菌、大肠杆菌等有杀伤作用，而且能杀死其他细菌如乳酸菌、假单胞菌、枯草芽孢杆菌等，同样也能使酵母、霉菌，还可使黄曲霉毒素分解破坏。只要按规定的条件操作，每克含菌量数十万的食品经微波灭菌后细菌数可控制在 5000 个/g 以内，霉菌控制在 50 个/g 以内。微波灭菌的食品结合冷藏可以长期保藏。

采用微波杀菌可在很短的时间内对食品内部进行杀菌。在微波电场内构成微生物的各种高分子极性基因和可移动基团被激烈地极化与振动，使蛋白质、核酸等发生变异，这与传统加热的效应不同。微波加热不需热传导过程，能在瞬间穿透到被加热物料中，穿透深度可达数厘米甚至十几厘米，数秒到数分钟就能把微波转换成热能。常规灭菌方法所需时间一般为 10 ~ 100min，而采用微波技术可降至数分钟。

使用微波灭菌技术能在较低温度下把微生物杀死。一般情况下，霉菌、酵母和常见细菌用微波加热 1min，加热到 70 ~ 80℃，就能达到杀菌目的，被加工的食品较好地保持原有的感官品质，干燥损耗低，色、香、味均不受太大影响。

月饼、蛋糕是人们节日中互赠的礼品，但在流通和消费期间常遭霉变或失去新鲜度。月饼用塑料袋装（不密封）经微波处理，在常温下放置一年以上，仍柔软新鲜如初。奶油蛋糕的蛋糕坯与月饼一样都需要加热烘烤，采用微波灭菌工艺不会妨碍原操作工序。

传统工艺烤制的面包新鲜度仅维持 2 ~ 3d，倘若存放 5 ~ 6d，就会有霉点发生。面包发霉的根本原因是由于常规加热烘烤过程热量由表及里，由于面包中心温度升高对其表面有滞后性，因此其中心温度往往未达到 65℃；或者温度虽达到了，但持续时间不够。这样霉菌不但没因烘烤致死，反而因加热而引起繁殖，所以，霉点常生长在面包内部，而不在表面。微波对面包的穿透性能在烘烤的同时杀灭面包内部微生物，不存在常规加热烘烤的弊病，类似的方法还用于生面条的杀菌防霉处理。

生产营养配餐盒饭时，在盒饭生产线上配备微波加热杀菌装置，实现封闭式生产，可以延长保质期。

3. 微波灭菌技术的应用

微波可用于肉制品、禽制品、水产品、乳制品、谷物类点心等一系列产品的杀菌和消毒，对不用打开包装，直接用微波炉加热后即可食用的食品，称为微波方便食品，其种类很多，大致可分为：①高温杀菌制品，如红小豆、米饭、沙司调料；②耐热容器装的冷冻食品，如虾肉米饭、什锦式比萨饼等；③加水后用微波烹调的食品，如鸡肉粥、各类蛋糕等；④冷藏食品，如炖牛肉、咖喱牛肉等。可见微波方便食品可基本涵盖按传统工艺加工的菜肴、面点。对微波灭菌食品，既可直接食用，也可在食用前作必要的切配调味，及与家用烹调微波炉配合使用，可以实现即食的目的。微波技术的应用可以改变小餐馆无计划备料及生产的被动局面。

三、辐照灭菌技术及其应用

食品辐照是利用辐射源产生的 γ 射线，以及加速器产生的高能电子束辐照食品，达到杀菌杀虫、改进品质、储藏保鲜的一种加工技术。所利用的辐照源包括 ^{60}Co、^{137}Cs 产生的 γ 射线、5MeV（非电子伏）以下的 X 射线，以及电子加速器产生的 10MeV 以下电子束。食品辐照的剂量单位是戈瑞（Gy），等于 1kg 物质吸收 1 J 的能量。食品辐照技术具有杀菌力强，较好地保持食品的色、香、味，保持食品的新鲜状态和食用品质，能耗低、无污染、无残留、自动化程度高等特点，因而适合烹饪熟制品的无菌包装。

（一）辐照灭菌的机理

微生物细胞在辐照处理后并不立即死亡，而是经过一段时间以后才死亡。照射主要引起微生物代谢紊乱，特别是引起细胞核活动的紊乱，从而推迟核蛋白的形成，阻碍细胞核的增殖。

根据辐照剂量大小，辐照处理可分为以下几种方式：

（1）辐照巴氏杀菌　利用辐照处理食品后可杀死一定数量的细菌（例如食品中的病原微生物），而其他一些细菌仍可存活下来，这种辐照处理方式通常称为辐照巴氏杀菌，一般使用剂量的范围在0.5～6kGy之间。

（2）辐照针对性杀菌　单独或主要针对这种细菌（如沙门氏菌），使之有足够减少的辐照处理称为辐照针对性杀菌，剂量在1～10kGy之间。

（3）辐照完全杀菌　利用辐照可完全杀灭食品中所有的细菌，获得无菌的产品，这种产品可于冷藏温度下长期保存。

（二）辐照与其他方法的复合处理

复合处理可以避免高剂量辐照引起的辐照异味等非期望的辐照变化，增强辐照对腐败菌的杀灭作用，提高保藏效果。

复合处理主要包括热处理、冷处理、气调储藏、脱水处理、高压处理、化学处理和适当的包装等方法。例如采用75% N_2 和25% CO_2 气调包装的猪肉块经辐照，其货架期与对照相比由8d增加到12d，又如羊肉经1kGy辐照或200MPa高压处理30min，其中金黄色葡萄球菌的数量减少4个数量级，腌制、干制等处理都可改善辐照保藏的效果。

（三）辐照无菌技术的应用

我国是世界上食品辐照商业化规模最大的国家之一，已批准18种和6大类食品的卫生标准，以及17个产品的辐照工艺标准。其中熟畜禽肉类包括捆蹄、牛脯、熟羊肉、熟兔肉、扒鸡、盐水鸭、烧鸡、烧鸭、叉烧肉类，其烹饪产品需用聚乙烯复合塑料袋真空密封包装，辐照剂量8kGy，常温（25～35℃）下熟肉制品保存期为14d，细菌总数≤500个/g（辐照当天），保质期末≤5×10^4个/g，大肠菌群≤30个/100g，从而实现灭菌以延长保质期的目的。

本章小结

在传统烹调使用的各类香辛料、调味料中，一些品种具有显著的杀菌抑菌作用，另一些虽抗菌组分含量偏低，但经提取加工制成香精油后，仍有一定的抗菌性，它们与各种加热处理协调配合，对餐桌食品的质量控制起着重要作用。

随着烹饪科学技术的进步，烹饪制品正在向工业化生产、规模化、超市经营以及向旅游食品、礼品等多方面拓展，这对扩大市场份额、提高经济效益意义重大，但同时对烹饪制品的质量提出了更高的要求，需要对烹饪制品进一步进行包装和灭菌。

现代食品包装技术包括真空包装、气调保鲜包装、防霉包装、抗氧气包装、抗菌包装、无菌包装等。应针对不同烹饪制品选择相应的包装技术。对烹饪制品灭菌技术的选用则应充分考虑产品传统风味的保持效果，尽可能选择非升温或微升温的灭菌技术，如热力间歇灭菌、热力巴氏灭菌、微波灭菌、辐照灭菌技术，少用高温高压等极端灭菌技术。

习　题

1. 概述常见香辛料中存在的杀菌物。
2. 概述常用调味品的杀菌、抑菌机理。
3. 怎样发挥料酒的杀菌作用?
4. 影响微生物热致死的因素有哪些?
5. 概述嗜热菌的特性。
6. 阐述微生物的耐热性与耐热机理。
7. 细菌芽孢为什么抗热性较强?
8. 比较不同烹调方法的杀菌效果。
9. 烹饪制品包装的意义是什么？有哪些包装法?
10. 烹饪制品微波灭菌的特点及应用
11. 烹饪制品辐照灭菌的特点及应用。
12. 名词解释:

产酸菌与耐酸菌，嗜盐菌与耐盐菌，嗜渗压菌与耐渗压菌，D 值与 Z 值，嗜热菌与兼性嗜热菌，气调防霉包装，干燥空气防霉包装，灭菌包装与抗菌包装，辐照巴氏杀菌，辐照针对性杀菌，辐照完全杀菌

实验教程

实验须知

烹饪微生物学实验课的目的是训练学生掌握微生物学最基本的操作技能，加深理解课堂讲授的某些理论。同时，通过实验，培养学生观察、思考、分析问题和解决问题的能力，实事求是、严肃认真的科学态度以及勤俭节约、爱护公物的良好作风。

为了上好实验课，并保证安全，特提出如下注意事项：

①每次实验前必须对实验内容进行充分预习，主动向教师出示预习报告，以了解实验的目的、原理和方法，做到心中有数、思路清楚，操作时才能够做到胆大心细，不容易出现意外。

②实验室内应保持整洁，勿高声谈话和随便走动，保持室内安静，关好门窗，以免空气扰动，造成污染。上课前应洗干净手。最好戴上医用口罩，穿上工作服。

③认真及时做好实验记录，对于当时不能得到结果而需要连续观察的实验，则需记下每次观察的现象和结果，以便分析。

④实验时先弄懂操作原理，再小心、严格按操作规程进行，实验中万一发生意外，如划破皮肤以及细菌污染实验台或地面等处时，应立即报告指导教师及时处理，切勿隐瞒。

⑤实验过程中，切勿使乙醇、乙醚、丙酮等易燃品接近火焰，如遇火险，应先立即用湿布掩盖灭火，必要时用灭火器。

⑥如打坏实验器材时，应向指导教师报告，进行登记；未经许可，不得任意将实验室内任何物品携出室外。

⑦使用显微镜或其他贵重仪器时，要求细心操作，特别爱护。对消耗材料和药品等要力求节约，用毕后仍放原处。

⑧进行高压蒸汽灭菌、干烤灭菌时，严格遵守操作规程，负责灭菌的同学在灭菌过程中不准离开实验室，并经常观察灭菌工作情况，以免发生意外。

⑨每次实验需进行培养的材料，应标明自己的班级、组别和姓名以及实验时间和菌名，放于教师指定的地点进行培养。

⑩每次实验完毕后，必须把所有仪器洗净放妥，将实验室收拾整齐，整理桌面，不要随便乱扔乱放，养成良好的卫生习惯，如废纸、废棉花、培养物等应投入污物桶内；如有

菌液污染桌面或其他地方时，可用3%来苏儿液或5%碳酸液覆盖其上半小时后擦去，如系芽孢杆菌，应适当延长消毒时间。凡带菌之工具（如吸管等）在洗涤前须浸泡在消毒液中进行消毒，再清洗干净。

⑪离开实验室前应将手洗净，注意关闭门窗、灯、火等。值日人员应将实验室桌子和地面打扫干净，经教师同意后方可离开。

⑫微生物实验一般都要经过一段时间的培养才能观察到结果，所有同学都要求在指定时间观察结果。

⑬写好实验报告，才能得到该实验的成绩。实验报告应以实事求是的态度写，对实验现象作出合理的解释，及时汇交给教师批阅。

实验一　显微镜使用与微生物形态观察

一、目的要求

了解普通光学显微镜的构造和原理，并正确掌握使用显微镜的方法。学习微生物涂片、染色的基本方法，掌握细菌的单染色法及无菌操作技术。

二、基本原理

完整的显微技术包括样品制片、固定、染色、干燥、镜检、形态描述等步骤。在制片过程中强调使用无菌操作技术。

在标本和物镜之间加入与玻璃折射率相同的香柏油（$n=1.5$），这样数值孔径可达1.2~1.4，能分辨直径为0.2μm以上的物体。而大部分细菌的直径在0.5μm以上，故用油镜就能看清细菌的个体形态。

聚光器由聚光镜和可变光栅组成。聚光器边框上的数字代表它的最大数值孔径，其作用是把光线聚集到标本上，增强照明度。可变光栅是用来调节强度和聚光器数值孔径大小的，使物镜的数值孔径和聚光器的数值孔径相符合。

目镜起放大镜的作用，将经物镜放大的实像作进一步的放大。低倍目镜的视野深度和视野面积都比高倍目镜大，故常先用低倍目镜来寻找载玻片上的目标。

三、设备和材料

金黄色葡萄球菌，枯草芽孢杆菌，酿酒酵母水封片，香柏油，二甲苯，擦镜纸，载玻片，接种环，镊子，玻璃搁架，显微镜，酒精灯，无菌生理盐水，石炭酸复红染色液，吕氏美蓝染色液。

四、实验步骤

（一）染色步骤

1. 涂片

取两块干净的载玻片，各滴一小滴生理盐水于玻片中央。用无菌操作，分别挑取金黄色葡萄球菌和枯草芽孢杆菌于二玻片的水滴中（每一种菌制一片）。调匀并涂成薄膜，注意滴生理盐水时不宜过多。涂片必须均匀。

2. 干燥

于室温中自然干燥。

3. 固定

涂片面向上，于火焰上通过 2～3 次，使细胞质凝固，以固定细菌的形态，并使其不易脱落，但不能在火焰上烤，否则细菌形态将毁坏。

4. 染色

放标本于水平位置，滴加染色液于涂片薄膜上，染色时间长短随不同染色而定。吕氏美蓝需 2～3min，石炭酸复红 1～2min。

5. 水洗

染色时间到后，用自来水冲洗，直至冲下之水无色时为止。注意冲洗不宜过急、过大，水由玻片上端流下，避免直接冲在涂片处，冲洗后，将标本晾干或用吹风机吹干，待完全干燥后才可置油镜下观察。

（二）用油镜观察金黄色葡萄球菌和枯草芽孢杆菌的染色片

1. 用低倍镜找到合适的视野

（1）调节光源　将低倍镜转到工作位置。上升聚光器，可变光栅完全打开，然后转动反光镜。光源以采用北窗射入的自然光为宜，不可用直射日光。光弱时用凹面镜，光强时用平面镜；遇有窗格等障碍物时也可用凹面镜。未安装聚光器的显微镜要用凹面镜，因为它具有会聚光线的作用。总之，应把视野调到最明亮而均匀的照明为止。如遇阴雨天或晚上可用普通日光台灯照明。

当用显微镜灯（钨丝灯泡）照明时，因其亮度较强，而且发射光谱中有较多刺激眼睛的红光，故可根据本染色情况选用绿色、黄色或蓝绿色滤光器或一面磨砂的有色滤光片，以减弱光的强度，同时又可吸收掉红光，使眼睛不易疲劳。

（2）调节聚光器和物镜数值孔径相一致

①取下目镜，直接向镜筒内观察，先将可变光栅缩到最小，再慢慢地打开，使聚光器的孔径与视野恰好一样大。其目的是使入射光所展开的角度正好符合镜口角的角度，以充分发挥物镜的分辨力，并把超过物镜所能接受的多余光扫掉，否则会发生干扰，影

响清晰度。

在实际操作中，观察者往往只根据对室内亮度的标本明暗对比度来调节可变光栅的大小，而不考虑聚光器与所用物镜的数值孔径的一致。只要能达到较好的效果，这种调节方法也是可取的。但对使用显微镜的工作者来讲，必须了解这一操作的目的和原理，只有这样，当需要采用这一正规操作时，就能运用自如。

②放回目镜。

（3）放置标本　上升镜筒，将酿酒酵母水封片放在镜台上，用玻片夹牢，然后降下低倍镜，使其下端接近玻片。

（4）调焦　转动粗、细螺旋，使物象清晰为止。如发现视野太亮，切勿随意更动可变光栅（因聚光器与物镜的数值孔径已调好），但可调节聚光器，使标本达到最合适的亮度。

2. 转换油镜观察

（1）加香柏油于金黄色葡萄球菌染色片上。下降镜筒，使油镜浸于香柏油中（操作时应从侧面仔细观察，避免镜头撞击玻片）。

（2）将可变光栅开到最大，就能使两者的数值孔径达到一致。

（3）描绘细菌的形态并做好记录。

3. 用毕后的处理

（1）去除物镜上的香柏油　用干的擦镜纸擦1~2次，再另换一张擦镜纸沾少许二甲苯以去除残留的香柏油，最后用擦镜纸擦干。擦镜头时应顺着镜头直径方向擦，不要沿着圆周方向擦。

（2）去除标本上的香柏油　加数滴二甲苯于涂片上，使香柏油溶解，再用毛边纸吸干。

（3）上升镜筒，取下标本。

（4）清洁显微镜　用擦镜纸擦目镜和物镜，并用柔软的绸布擦机械部分。

（5）擦净后将物镜转成“八字式”，再向下旋转到最低处。切勿将物镜垂直放置，以免物镜与聚光器相撞而损坏。最好在镜台上铺几层纱布，以免强烈碰撞。

（三）细菌运动性的观察

用接种环挑取培养18~24h的枯草芽孢杆菌液一环，置于干净的载玻片（凹玻片）中央，盖上盖玻片，并避免产生气泡，用低倍镜确定部位后，再换用高倍镜观察。

五、结果报告

将在不同放大倍数显微镜下观察到的酿酒酵母和金黄色葡萄球菌等的形态画于表1中。球菌画成实心点，突出排列方式，杆菌应画出长宽及比例，有芽孢者画出所在位置。菌体大小不能扩放或缩小。

表1　酿酒酵母和金黄色葡萄球菌等形态

种　类	低倍 放大____倍	高倍 放大____倍	油镜 放大____倍
酿酒酵母			
金黄色葡萄球菌			
枯草芽孢杆菌			

六、注意事项

（一）涂片无菌操作要点

①无菌操作的试管或三角瓶在开塞后及回塞之前，其口部应通过火焰2～3次，以烧去可能附着于管口或瓶口的微生物，开塞后的管口及瓶口尽量靠近火焰、尽量平放，切忌口部向上及长时间暴露于空气中，以防污染。

②接种环（针）于每次使用后均应在火焰上彻底灼烧灭菌，挑菌前，必须待接种环（针）冷却后才使用。

（二）显微镜使用注意事项

①搬动显微镜时要使镜身保持直立，切勿单手拎提。

②各个镜面切忌用手抹，以免手上的油、汗污损镜面影响观察，而且日久易发霉。

③当用二甲苯擦镜头时，用量要少，不宜久抹，以防粘合透镜的树脂被溶解。切勿用酒精擦镜头和支架。

七、思考题

（1）根据实验体会，你认为制备染色标本时应注意哪些事项？

（2）制片为什么要完全干燥后才能用油镜观察？

八、附录

（1）石炭酸复红染色液　碱性复红1g，乙醇(95%)10mL，酚(5%)100mL，将染料溶于乙醇中，再加5%酚液。取上述石炭酸复红液1mL加10mL水即成稀的石炭酸复红液。

（2）吕氏美蓝染色液　美蓝0.5g，95%乙醇30mL，0.01% KOH溶液100mL。将美蓝溶解于乙醇中，然后与氢氧化钾溶液混合。

（3）载玻片与盖玻片的清洗　用过的载玻片与盖玻片如滴有香柏油，要先用皱纹纸擦去或浸在二甲苯内摇晃几次，使油垢溶解，再在肥皂水中煮沸5～10min，再用软布或脱脂棉花擦拭，立即用自来水冲洗，然后在稀洗涤液中浸泡0.5～2h，自来水冲去洗涤液，最后用蒸馏水换洗数次，待干后浸于95%乙醇中保存备用。使用时在火焰上烧去乙醇。用此法洗涤和保存的载玻片和盖玻片清洁透亮，没有水珠。对检查过活菌的载玻片或盖玻片应先在2%煤酚皂溶液或0.25%新洁尔灭溶液中浸泡24h，然后按上述方法洗涤与保存。

实验二　细菌染色与细胞结构的观察

一、目的要求

学习并掌握革兰氏染色的方法，巩固细菌涂片制作技术、无菌操作技术和显微镜使用方法，了解细菌特殊结构的染色法。

二、基本原理

革兰氏染色法是用两种不同性质的染料——草酸铵结晶紫和沙黄染液来进行的，先用草酸铵结晶紫染色液处理，经媒染液（碘液）作用后，用酒精脱色，再用沙黄复染。如果细菌能保持草酸铵结晶紫与碘的复合物而不被酒精脱色，则细菌呈紫色，称革兰氏阳性细菌。如果能被酒精脱色而被沙黄复染成红色，称为革兰氏阴性细菌。

芽孢染色法是为了观察细菌芽孢时使用的一种特殊染色法。细菌的芽孢含水量少而脂肪含量却较高，芽孢壁较厚，对染料的透性差，不易着色，但是一旦着色后又难以脱色。

荚膜染色常用背景衬托染色法，即用有色的背景来衬托无色（没有染上颜色）的荚膜。有时可采用简单染色法。细菌的鞭毛极细，直径0.01～0.02μm，首先用媒染剂染色，使其被吸附在鞭毛上；再用石炭酸复红液等复染，使鞭毛加粗，便于观察。

三、设备和材料

革兰氏染色液，芽孢、荚膜、鞭毛染色液，载玻片，显微镜，大肠杆菌，葡萄球菌，苏云金芽孢杆菌，胶质芽孢杆菌，枯草芽孢杆菌菌种。

四、实验步骤

（一）革兰氏染色

1. 涂片

将培养了24h的大肠杆菌、葡萄球菌分别制作涂片（注意涂片切不可过于浓厚）。干燥、固定。固定时通过火焰1～2次即可，不可过热，以载片不烫手为宜。

2. 染色

（1）初染　加草酸铵结晶紫一滴，染1min，水洗。

（2）媒染　滴加碘液冲去残水，并覆盖1min，水洗。

（3）脱色　将载片上水甩净，并衬以白色背景，用95% 酒精滴洗至流出酒精刚刚不出现紫色时为止，约30s，立即用水洗净酒精。

（4）复染　用沙黄液染1min，水洗，待干，镜检。

（5）镜检　干燥后，置油镜下观察，革兰氏阴性菌呈红色，革兰氏阳性菌呈紫色，以分散开的细菌的革兰氏染色反应为准，过于密集的细菌常常呈假阳性。

（6）同法在一载片上以大肠杆菌与葡萄球菌混合制片做革兰氏染色对比。革兰氏染色的关键在于严格掌握酒精脱色程度。如脱色过度，则阳性菌被误染为阴性菌。此外，菌龄也影响染色结果。如阳性菌培养时间很长，或已死亡及部分自行溶解了，都常呈阴性反应。

（二）芽孢染色

芽孢染色采用弱碱性染料孔雀绿在加热的条件下进行，染色完毕，用自来水冲洗。因孔雀绿是弱碱性染料，与菌体结合较差，因此易被水冲洗掉，而芽孢中的孔雀绿却难以溶出。水洗后，再用一种呈红色的碱性染料加以复染。结果是菌体被染成红色，芽孢呈绿色。

（1）涂片　取在牛肉膏蛋白胨琼脂斜面上培养24～28h的苏云金芽孢杆菌，涂片固定操作方法与简单染色法相同。

（2）染色　在涂片面上铺一层滤纸，上面滴加孔雀绿染色液，使滤纸湿润，再放在水浴锅上以蒸汽加热至冒蒸汽（或在其他热源上加热也可），在涂片处不断添加孔雀绿染色液，勿使干涸或沸腾，仅冒蒸汽，维持5～10min。冷却后水洗至流出水无绿色为止，再用番红染色液复染1min，水洗，用吸水纸吸干，镜检。

（3）镜检　芽孢呈绿色，菌体呈红色。

（三）荚膜染色

（1）制片　取在细菌斜面上培养72h左右的胶质芽孢杆菌涂片，自然干燥，自然固定。

（2）染色　滴加1%结晶紫染色液染色2min，以20%硫酸铜冲洗数次。再用自来水冲洗1次，晾干。

（3）镜检　菌体呈红色，荚膜则无色。

（四）鞭毛染色

（1）菌液的制备及涂片　用于染色的菌种应预先连续移接5～6代。染色前用于接种的培养基应用新鲜配制的细菌加富培养基，表面较湿润。

①接种：先在斜面底部加入0.5 ～1mL无菌水，取经活化的枯草芽孢杆菌以无菌操作取1～2环菌苔，接种于斜面底部的无菌水中，在30℃温度下培养15～18h，让生长旺盛的枯草杆菌由水面向上“爬行”生长。

②制备菌液：用接种环轻轻挑取斜面底部近水面处爬上的菌苔数环，小心而又轻轻地移入盛有1mL与菌种同温的无菌水中，不要搅动，让有活动能力的菌体游入水中，使菌液呈轻度浑浊，并在28℃培养箱中保温10 min，让老菌体及其他杂质下沉，使幼龄菌体在无菌水中自由运动以松散鞭毛。

③鞭毛涂片：用接种环（或用毛细管）在液面上挑取或吸取菌液数滴，置于载玻片的一端，稍稍倾斜玻片，使菌液缓慢地流向玻片的另一端，这样在玻片表面形成菌液带。置玻片于空气中自然干燥、固定。也可取菌液点样，点成梅花形，自然干燥、固定。注意不能用加热干燥方法固定。

（2）染色　染色液必须是新配制的。涂片必须充分晾干才能染色。

①先用刚过滤的鞭毛染色液A染色7.5 ~ 8 min 。

②倾去A液，再加鞭毛染色液B染色3 ~5min ，水洗，自然干燥。

③用C液齐氏石炭酸复红液复染2min ，水洗晾干，镜检。菌体和鞭毛都呈红色。

（3）观察　油镜下注意鞭毛的数目及着生情况。

五、结果报告

描述观察到的细菌形态，说明菌种类别、放大倍数、菌体颜色和革兰氏染色反应结果。

六、思考题

（1）在你所做的革兰氏染色制片中，大肠杆菌和葡萄球菌各染成何色？它们是革兰氏阴性菌还是革兰氏阳性菌？

（2）做革兰氏染色涂片为什么不能过于浓厚？其染色成败的关键一步是什么？

（3）当你对一株未知菌进行革兰氏染色时，怎样能确证你的染色技术操作正确、结果可靠？

（4）下面是正确完成革兰氏染色步骤的参考评分：无菌操作取菌涂片（1分），干燥固定（1分），水洗涂片部位（1分），脱色过程（1分），得到漂亮的染色结果（1分），菌体分布均匀（1分），密度合适（1分），染色正确（3分）。你的得分为多少？

七、附录

（1）结晶紫染色液　结晶紫1g，95%乙醇20mL，1%草酸铵水溶液80mL。将结晶紫溶解于乙醇中，然后与草酸铵溶液混合。

（2）革兰氏碘液　碘1g，碘化钾2g，蒸馏水300mL。将碘与碘化钾先进行混合，加入蒸馏水少许，充分振摇，待完全溶解后，再加蒸馏水至300mL。

（3）沙黄复染液　沙黄0.25g，95%乙醇10mL，蒸馏水90mL。将沙黄溶解于乙醇中，然后用蒸馏水稀释。

（4）芽孢染色液　孔雀绿染色液5.0g，蒸馏水100mL。先将孔雀绿研细，加入少许95%酒精溶解，再加入蒸馏水，静置0.5h后过滤待用。

（5）荚膜染色液

①1%结晶紫水溶液：结晶紫1g，蒸馏水100mL。

②20%硫酸铜水溶液：硫酸铜20g，蒸馏水100mL。

（6）鞭毛染色液

原液Ⅰ：单宁（鞣酸）3.6g，三氯化铁0.75g，蒸馏水50mL。

原液Ⅱ：95%乙醇10 mL，碱性复红0.05g。

应用液：A液：原液Ⅰ。

B液：原液Ⅰ27 mL，原液Ⅱ4 mL，浓盐酸4 mL，37%甲醛15 mL。染色前用滤纸过滤后，取清液备用。

C液：齐氏（Zeihil）石炭酸复红液。

实验三　酵母细胞大小、数量测定与结构的观察

一、目的要求

学习使用目镜测微尺和镜台测微尺在显微镜下测定微生物大小的方法，学习使用血球计数板测定微生物数量的方法，掌握酵母菌形态特征和观察酵母菌的方法。

二、基本原理

细胞内有明显的细胞核以及液泡内含物等，外形清晰，还能见到芽体及假菌丝。观察稀释美蓝制成的水浸片，美蓝染料进入活细胞后被染成无色，死菌则染成蓝色，据此可统计其死亡率。

微生物细胞大小的测量常在显微镜下用目镜测微尺来进行。由于在目镜中观测到的是经显微镜放大后的物象，而当放大倍数不同时，目镜测微尺每格实际代表的长度也随之变化，因此在使用前先用物镜测微尺校正。

血球计数板直接计数得到的是死菌与活菌的总和，适于各种含单细胞菌体的纯培养体悬浮液。

三、设备和材料

显微镜，目镜测微尺，物镜测微尺，酒精灯，血球计数板，盖玻片，无菌滴管，吸水

纸，擦镜纸，香柏油，二甲苯，斜面培养的啤酒酵母、毕赤氏酵母、汉逊酵母、球拟酵母，液体培养的假丝酵母，吕氏美蓝染色液。

四、实 验 步 骤

（一）测定微生物的大小

（1）测微尺的构造　微生物细胞的大小可用目镜测微尺进行测量，见图1。目镜测微尺是一个特制的直径大约为1.75mm的圆形玻片，中央刻有5mm长的等分线。测量时将其放入接目镜隔板上（也有专用的接目镜，里面已固定好接目镜测微尺），以测微尺的刻度测量微生物的大小。

目镜测微尺在使用之前应先用物镜测微尺标定，以确定在显微镜某一放大倍数之下目镜测微尺每格刻度所代表的实际长度。物镜测微尺是中央刻有精确刻度的载玻片，专门用来校正目镜测微尺。物镜测微尺有0.01mm和0.05mm等规格。常用的0.01mm的物镜测微尺，其刻度是将长1mm的直线等分成100小格，每格长度为0.01mm，即10μm。

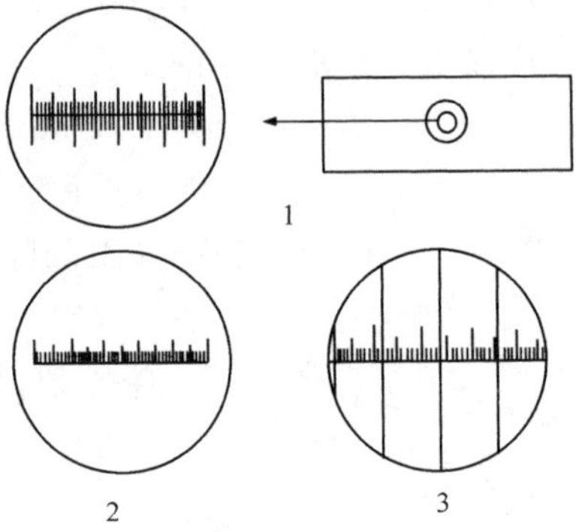

图1　目镜测微尺与物镜测微尺
1—物镜测微尺及中心部放大　2—目镜测微尺
3—目镜测微尺的校正

（2）目镜测微尺的校正　将目镜测微尺装入接目镜的隔板上，使刻度向下。把物镜测微尺放在载物台上，使刻度向上。用低倍镜找好焦距，调节载物台上的推动器，使两尺的第一条刻度线重合。再向右寻找另外两条重合的刻度线，记录两个重叠刻度间的目镜与物镜测微尺的格数，由下列公式算出目镜测微尺每格所代表的长度。

$$\text{目镜测微尺每格长度（μm）}=\frac{\text{镜台测微尺格数}\times 10}{\text{目镜测微尺格数}}$$

在高倍镜和油镜下重复以上操作，记录并计算在每种倍率下目镜测微尺每一格所相当的长度。

目镜测微尺__________格＝物镜测微尺__________格

目镜测微尺每格长度＝__________（μm）

必须注意，校正后的目镜测微尺只能适用于特定的显微镜及其附件（目镜、物镜）。如果更换目镜、物镜或显微镜时，必须另行校正目镜测微尺，否则实验结果将会出现错误和误差。

（3）酵母细胞大小的测定　目镜测微尺校正后，取下物镜测微尺。换上啤酒酵母水浸片，测量菌体的长度和宽度，记录测定值，并计算平均值。

（二）酵母菌的计数

（1）取清洁无油的血细胞计数板，在计数室上面加盖玻片。

（2）吸取酵母菌液，摇匀，用滴管由盖玻片边缘滴一小滴（不宜过多），使菌液自行渗入，计数室内不得有气泡。

（3）静置5min后，将血细胞计数板置于显微镜载物台上，先用低倍镜找到计数板的大方格网位置。寻找时光圈要缩小，光线要偏暗些，并将计数室移至视野中央。

（4）在高倍镜下计数　随机计数5个中格内的菌数，然后求得每个中格的平均值，乘以16（或25）就得出一大格中的总菌数，最后换算为每1mL菌液中的含菌数量。由于菌体细胞在血细胞计数板上处于不同的空间位置，要在不同的焦距下才能看到，故观察时必须不断调节微调节器方能数到全部菌体，以免遗漏。

（5）计算方法

$$\text{酵母菌细胞数（mL）}=\frac{x_1+x_2+x_3+x_4+x_5}{5}\times 25\text{（或16）}\times 10\times 100\times\text{稀释倍数}$$

（6）注意事项　计数时，为避免遗漏或重复计数，凡是遇到压在方格线上的菌体，一般将压在底线和右侧线上的菌体计入本格内，遇到有芽体的酵母时，就按2个酵母菌体计数。

（7）酵母菌死亡率的测定　取0.1%吕氏美蓝染色液一滴，滴加在载玻片中央。再取酵母菌菌液少许，混入美蓝液中，搅拌均匀。加盖玻片镜检。记录一个视野中已变蓝（死）和未变蓝（活）的细胞数，依次记录5个视野中的细胞数，计算死亡率平均值。

（8）计数完毕后，血细胞计数板要立即清洗干净，不能用硬物刷洗，并用吸水纸吸水，最后用擦镜纸擦干净，放回盒内。

（三）酵母菌水浸片制作与镜检

（1）制片与镜检　取干净载玻片，在中央滴加一滴美蓝染色液。用接种环取酵母培养物少许，置于美蓝液中，使其分布均匀。取一盖玻片，使盖玻片的一边与菌液接触，然后慢慢放下，要注意避免在盖玻片和载玻片之间产生气泡。盖玻片边缘多余的染色液可用吸水纸吸干。将载片置载物台上，先用低倍镜，然后再转高倍镜，观察。

（2）酵母菌假菌丝的观察　用接种环沾1~2环假丝酵母液体培养物于载玻片上，在显微镜下观察假菌丝。

（3）酵母菌肝糖粒染色与镜检　在洁净的载玻片上加一小滴革兰氏碘液，用接种环从试管底部取一环酵母菌液，与载玻片上的碘液混匀，盖上盖玻片，镜检。菌体呈淡黄色，肝糖粒呈红褐色。

（4）酵母菌脂肪粒染色法　在洁净的载玻片上加一滴甲醛，用接种环从试管底部取一环啤酒酵母与甲醛混匀，静置5min，加1滴美蓝染色液，10min后再加1滴苏丹Ⅲ染色液，盖上盖玻片，镜检。原生质呈蓝色，脂肪滴呈粉红色，液泡无色。

五、结果报告

（1）将所测酵母菌大小填入下表2

表2 **酵母菌大小记录**

菌　　号	1		2		3		平　均	
项　　目	长	宽	长	宽	长	宽	长	宽
占目镜测微尺的格数								
微　米　数								

（2）报告所测样品酵母菌数填入下表3

表3 **酵母菌计数结果**

中格序号	1	2	3	4	5
细胞数					
细胞数/mL					

（3）酵母菌死亡率测定结果填入下表4

表4 **酵母菌死亡统计结果**

视野序号	1	2	3	4	5
活细胞数					
死细胞数					
平均值			死亡率/%		

（4）根据你的观察，绘制各种形态的酵母菌细胞、芽体及假菌丝，并注明各部分名称。

六、思　考　题

（1）为什么目镜测微尺须校正？

（2）在显微镜下直接测定微生物数量有什么特点？

（3）酵母菌的假菌丝是怎样形成的？

七、附　　录

酵母液体培养基的制备：麦芽糖125mL，水1000mL，分装试管，每管装5mL。115℃ 30min灭菌备用。

实验四　食品霉菌计数与形态观察

一、目的要求

掌握食品中霉菌和酵母菌的常用计数方法——倾注法，掌握观察霉菌形态特征所常用的几种方法。

本方法适用于测定各种粮食、食品和饮料中的霉菌的数目，也适用于酵母计数。

二、基本原理

食品中霉菌是评价食品卫生质量的指示菌，并可以霉菌和酵母菌计数来判断食品被污染的程度。

霉菌数的测定是指检样经一系列处理，在一定条件培养后，所得1g或1mL检样中所含霉菌的总数。

三、设备和材料

具有代表性的被检样品少许。

马铃薯葡萄糖琼脂（附加少量乙醇溶解氯霉素），孟加拉红培养基，高盐察氏培养基。

无菌水，玻塞锥形瓶（300mL），试管（15mm×150mm），平皿（ϕ9cm），吸管（1mL及10mL），温箱，振荡器，天平，显微镜，酒精灯，U形玻棒，接种环，接种针，镊子，滴管，滤纸。

乳酸，石炭酸，棉蓝染液，吕氏美蓝染液，革兰氏染色用碘液，20%甘油。

四、实验步骤

（一）采样与霉菌计数的操作

1. 采样

（1）粮谷原料取样时须特别注意样品的代表性和避免采样时的污染。粮食（包括粮库贮粮、粮店或家庭小量存粮）样品的采集，可根据粮囤或粮垛的大小和类型，分层定点取样。分层随机采取不同点的样品，充分混合后，取500g左右送检。小量存粮可使用金属小勺采取上、中、下各部位的混合样品。

（2）谷物加工制品（包括熟饭、糕点、面包等）、发酵食品、乳及乳制品以及其他液体食品，用灭菌工具采集可疑霉变食品250g，装入灭菌容器内送检。

2. 检样稀释及培养

（1）以无菌操作将检样（块状食品需剪碎后置灭菌乳钵中磨碎）25g（或25mL）放入含有225mL灭菌水的带玻塞锥形瓶中，振摇30min，做成1∶10的均匀稀释液。

（2）用10mL灭菌吸管吸取10mL稀释液注入灭菌试管中，另用带橡皮乳头的1mL灭菌吸管反复吹吸50次左右，使霉菌孢子充分散开。吸取此1∶10稀释液1mL注入含有9mL灭菌水的试管中（注意吸管尖端不要触及试管内稀释液），另换一支1mL灭菌吸管吹吸稀释液使其充分混匀，做成1∶100的稀释液。

（3）吸取1mL 1∶100稀释液于含9mL灭菌水的试管中，按上项操作顺序做10倍递增稀释液，每递增稀释一次，即换用一支吸管。

（4）根据食品卫生标准要求或对样品污染情况的估计，选择3个适宜的稀释度，分别在做10倍递增稀释的同时，吸取1mL稀释液于灭菌平皿中，每个稀释度做两个平皿。

（5）稀释液移入平皿后，应立即将凉至45℃左右的培养基约15mL注入平皿中，并转动平皿使混合均匀。

（6）待琼脂凝固后，翻转平板，置25～28℃温箱中，3d后开始观察，共培养观察5d。

3. 菌落计数方法

做平板菌落计数时，可用肉眼观察，必要时用放大镜检查，以防遗漏。在记下各平板的菌落数后，求出同稀释度各平板的平均菌落数。

4. 霉菌计数的报告

选取菌落数在10～150之间的平板作为霉菌计数的标准。一个稀释度使用两个平板。应采用两个平板的平均数乘以稀释倍数，即为每克或每毫升检样中所含霉菌数，以个/g或个/mL表示。

（二）霉菌形态结构观察

1. 霉菌菌落形态观察

在观察个体形态之前，将事先培养的霉菌平板或斜面进行菌落形态观察，注意在形态、大小、色泽、质地、透明度、隆起、边缘等特征上的差异。

2. 霉菌形态观察

（1）一般观察法

活培养物的检查：在制片检查前，可将斜面培养物横放在镜台上，用低倍镜借助透射光检查斜面边缘处的孢子和孢子头形态。平板培养物也可放在镜台上，打开皿盖，用低倍镜观察菌落的边缘，可以观察到霉菌成熟子实体的结构。

制片检查：在洁净载玻片上，滴一滴乳酸石炭酸棉蓝染色液，用解剖针或镊子从霉菌菌落的边缘处取少量带有孢子的菌丝于染色液中，再细心地将菌丝挑散开，然后加上盖玻片。切忌涂抹，以免破坏霉菌结构。先用低倍镜观察，必要时再换高倍镜。

注意霉菌的菌丝和孢子的形态特征、孢子的排列等，并做好详细记录。

（2）载片培养观察法

①制备湿室：先在培养皿底铺一张圆形滤纸，再放上一根U形玻棒和两块盖玻片，棒上放一片洁净的载玻片，盖上皿盖后，按常规包扎、灭菌备用。

②滴加培养基：将盛有马铃薯培养基的试管置水浴中熔化后，用无菌滴管吸取少量培养基滴在载玻片的适当位置上，加量宜少，一滴左右，且应圆而薄（直径约5mm），待凝固。为充分利用器皿，每张载玻片上可滴两处来培养霉菌(图2)。

③接种：用接种针取少量霉菌孢子，轻轻点在培养基的边缘上。

④加盖玻片：用无菌镊子把原放入在皿内的盖玻片盖在接种后的培养基上，并轻轻压几下，以使载玻片与盖玻片间的距离相当接近，以不超过0.25mm为宜。

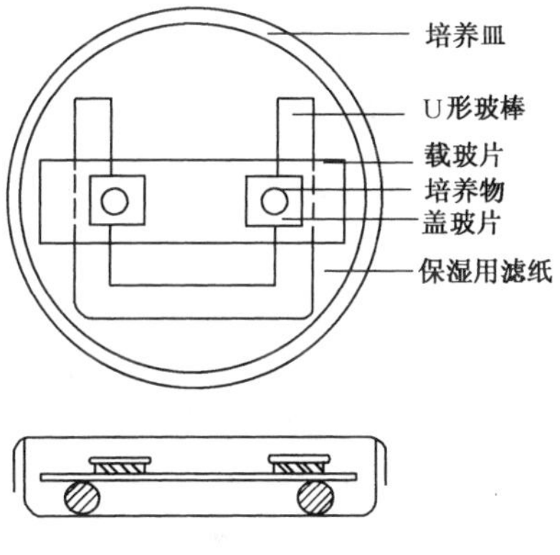

图2　载片平衡观察的装置

上图：顶面观察　下图：侧面观察

⑤保湿培养：加无菌的20%甘油3mL左右于湿室底部的滤纸上，然后将培养皿置28℃温箱中培养。

⑥观察：根据需要可分别取培养1、3、5、7、9 d后的载玻片置显微镜下观察其自然生长的状态。

（三）霉菌产毒筛选试验——小白鼠毒性试验

本试验适用于一般产毒霉菌的初筛。将霉菌接种于葡萄糖蛋白胨水中在25℃培养4周，用无菌滤纸过滤。取健康的10～20g小白鼠5只，每只皮下注射上述滤液0.5mL，观察4d，每天测体重。结果判定：5只小鼠中有2～3只死亡，其余小鼠体重减轻者为强毒性（++）。小鼠均未死亡，但体重减轻或停止生长者为弱毒性（+），与对照组无差别者为无毒性（-）。

五、结果报告

（1）检测被检样品，计算每克或每毫升样品中所含霉菌数（个/g或个/mL）。

（2）绘图说明你所观察到的霉菌的形态特征。

六、思　考　题

（1）常见霉菌菌落有何特点？

（2）如何进行霉菌形态结构的鉴定？

（3）可用哪些方法来识别产毒霉菌？

七、附　　录

（一）培养基

1. 孟加拉红培养基

该培养基中的孟加拉红和抗生素具有抑制细菌的作用。孟加拉红还可抑制霉菌菌落的蔓延生长。在菌落背面由孟加拉红产生的红色有助于霉菌和酵母菌菌落的计数。

成分：蛋白胨 5g，葡萄糖 10g，磷酸二氢钾（KH_2PO_4）1g，硫酸镁（$MgSO_4 \cdot 7H_2O$）0.5g，琼脂 20g，1/3000 孟加拉红溶液 100mL，蒸馏水 1000mL，氯霉素 0.1g。

制法：上述各成分加入蒸馏水溶解后，再加孟加拉红溶液。另用少量乙醇溶解氯霉素，加入培养基中，分装，加塞，包扎。121℃高压灭菌 20min。

2. 马铃薯琼脂培养基（PDA）

霉菌和酵母菌在 PDA 培养基上生长良好。做平板计数时，必须加入抗生素以抑制细菌。

成分：马铃薯 300g，葡萄糖 20g，琼脂 20g，氯霉素 0.1g，蒸馏水 1000mL。

制法：将马铃薯去皮切块，加 1000mL 蒸馏水，煮沸 10 ~ 20min。用纱布过滤取滤液，补足蒸馏水至 1000mL。加入葡萄糖、琼脂加热溶化，另用少量乙醇溶解氯霉素，加入培养基中，分装，加塞，包扎。121℃高压灭菌 20min。

3. 高盐察氏培养基

粮食和食品中常见的曲霉和青霉在该培养基上分离效果良好，它具有抑制细菌和减缓毛霉科菌种生长速度的作用。

成分：硝酸钠 2g，磷酸二氢钾 1g，硫酸镁（$MgSO_4 \cdot 7H_2O$）0.5g，氯化钾 0.5g，硫酸亚铁 0.01g，氯化钠 60g，蔗糖 30g，琼脂 20g，蒸馏水 1000mL。

制法：用蒸馏水加温溶解以上成分，分装后，115℃灭菌 30min。必要时，可酌量增加琼脂。

（二）染色液

1. 乳酸苯酚溶液

成分：苯酚 10g，乳酸（相对密度 1.21）10g，甘油 20g，蒸馏水 10mL。

制法：将苯酚在水中加热溶解，然后加入乳酸及甘油。

2. 乳酸碳酸棉蓝染色液

成分：石炭酸 10.0g，乳酸（相对密度 1.21）10.0mL，甘油 20.0mL，蒸馏水 10.0mL，棉蓝 0.02g。

制法：将石炭酸加在蒸馏水中加热溶化，加入乳酸和甘油，最后加入棉蓝即成。

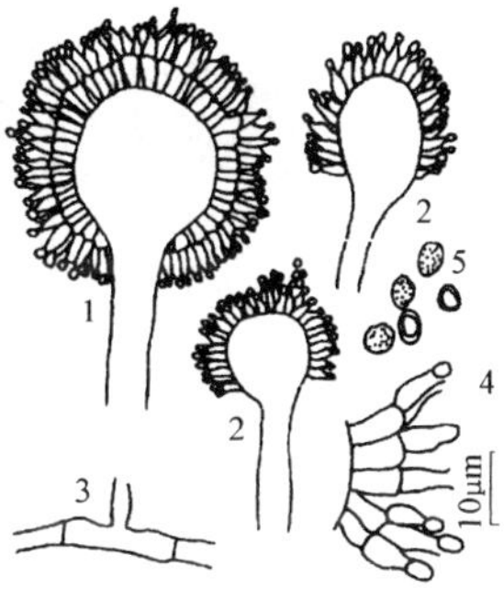

图3 黄曲霉
1—双层小梗的分生孢子头
2—单层小梗的分生孢子头
3—分生孢子梗的基部（足细胞）
4—双层小梗的细微结构
5—分生孢子

（三）常见产毒霉菌的形态鉴别

1. 曲霉属

本属的产毒霉菌主要包括黄曲霉、杂色曲霉、赭曲霉、寄生曲霉、构巢曲霉等，这些霉菌代谢产物为黄曲霉毒素、杂色曲霉素和赭曲霉素等。几种产毒曲霉的形态见图3、图4、图5、图6。

2. 青霉属

本属产毒霉菌主要有：黄绿青霉、桔青霉、岛青霉、展青霉、皱褶青霉等，其代谢产物为黄绿青霉素、桔青霉素、展青霉素、红色青霉素、皱褶青霉素、黄米毒素等。

几种产毒青霉的形态见图7、图8、图9、图10。

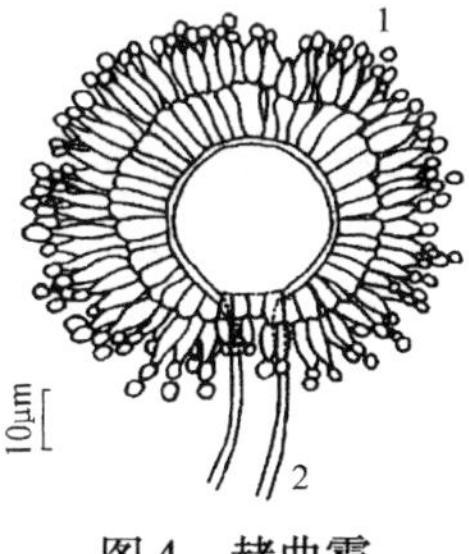

图4 赭曲霉
1—分生孢子头 2—分生孢子梗

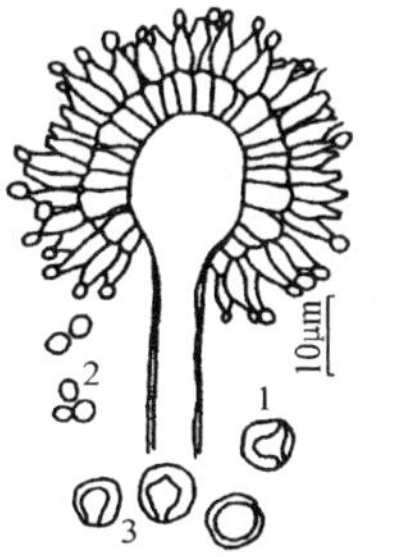

图5 杂色曲霉
1—分生孢子头 2—分生孢子
3—壳细胞

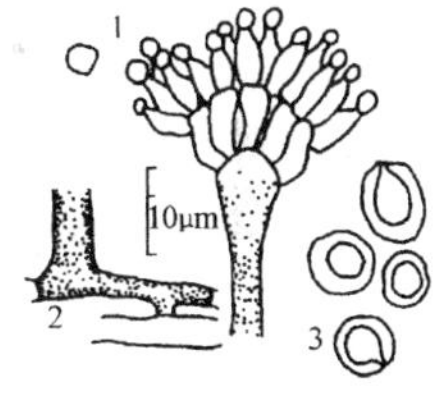

图6 构巢曲霉
1—分生孢子头和分生孢子
2—足细胞 3—壳细胞

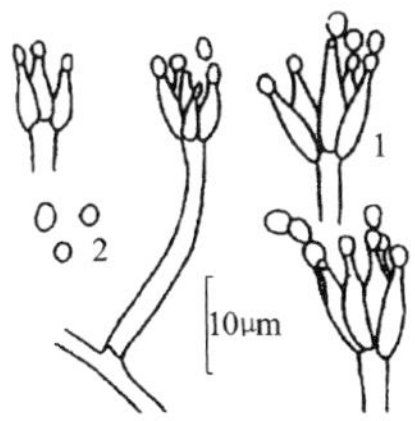

图7 黄绿青霉
1—帚状枝 2—分生孢子

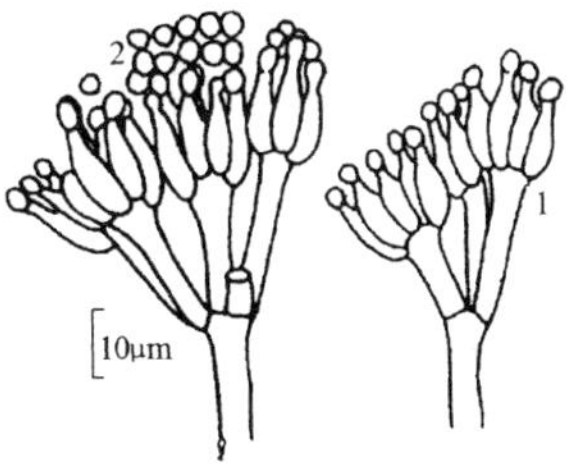

图8 桔青霉
1—帚状枝 2—分生孢子

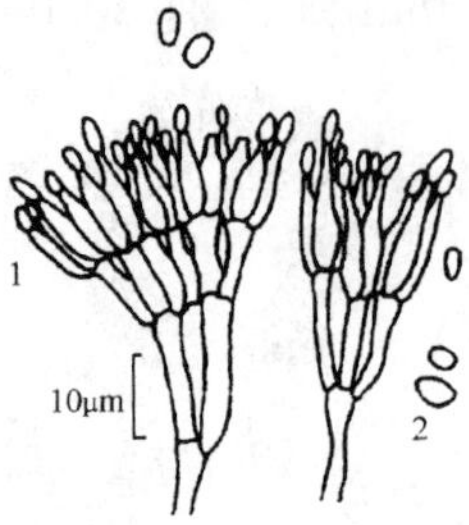

图9　岛青霉

1—帚状枝　2—分生孢子

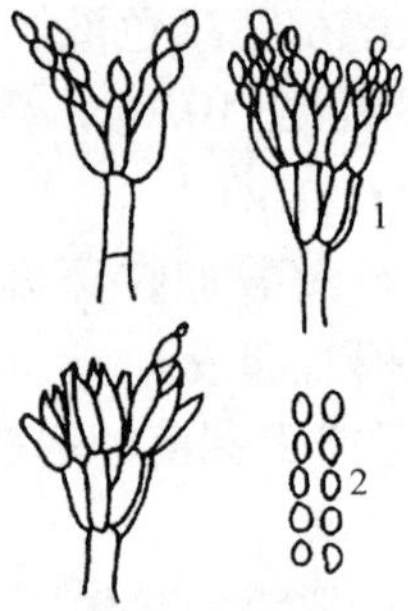

图10　皱褶青霉

1—帚状枝　2—分生孢子

实验五　微生物培养基的配制与灭菌

一、目的要求

掌握配制、分装培养基的方法，了解加压蒸汽灭菌和干热灭菌的原理，并掌握试验室器皿洗涤包装等相关技术。

二、基本原理

培养基是供微生物生长、繁殖、代谢的混合养料。培养基种类很多，使用原料各有差异，但从营养角度分析，一般含有碳源、氮源、无机盐、生长素、水分等。培养基应具有适宜的 pH，一定的缓冲能力、一定的氧化还原电位及合适的渗透压。

琼脂是从海藻中提取的胶体物质，是广泛使用的凝固剂。加琼脂的培养基在 98 ~ 100℃下融化，于 45℃以下凝固。

培养基灭菌一般采用高压蒸汽灭菌法。

三、培养基的配制与灭菌

微生物学实验所用的器皿大多要进行消毒、灭菌和用来培养微生物，因此对其质量、洗涤和包装方法均有一定的要求。玻璃器皿一般要求为硬质玻璃，才能承受高温和短暂烧灼而不致破裂；玻璃器皿的游离碱含量要少，否则会影响培养基的酸碱度；玻璃器皿的形状和包装方法要求能防止污染杂菌为准；洗涤玻璃器皿的方法不当也会影响实验的结果。

干热灭菌是在可保持恒温的电烘箱中进行的，又称热空气灭菌。它适用于各种耐热的玻璃器皿（如培养皿、吸管等）和某些其他物品（如石蜡油）的灭菌。一般在 160℃温度下持续 1h 就可达到灭菌的目的。

（一）设备和材料

营养琼脂培养基：牛肉膏3g，蛋白胨10g，氯化钠5g，琼脂20g，蒸馏水1000mL。调节 pH 7.2～7.4，98kPa（或121℃）灭菌20min。

1mol/L NaOH，台秤，三角烧瓶，试管，量筒，玻棒，滴管，培养基分装装置，烧杯，滤纸，纱布，精密 pH 试纸（pH 在5.4～9.0之间），棉花，牛皮纸，棉线；标签纸等。

（二）实验步骤

1. 秤药品

根据配方，计算出实验中各种药品所需要的量，然后分别秤取。

2. 溶解

一般情况下，几种药品可一起倒入烧杯内，先加入少于所需要的总体积的水进行加热溶解（但在配制化学成分较多的培养基时，有些药品，如磷酸盐和钙盐、镁盐等混在一起容易产生结块、沉淀，故宜按配方依次溶解。个别成分如能分别溶解，经分开灭菌后混合则效果更为理想）。加热溶解时，要不断搅拌。待完全溶解后，补足水分到需要的总体积。

3. 调节 pH

用滴管逐滴加入 1 mol/L NaOH，边搅动边用精密的 pH 试纸测其 pH，直到符合要求时为止。pH 也可用 pH 计来测。

4. 过滤

要趁热用四层纱布过滤。

5. 分装

按照实验要求进行分装。装入试管中的量不宜超过试管高度的1/5，装入三角烧瓶中的量以烧瓶总体积的一半为限。在分装过程中，应注意勿使培养基沾污管口或瓶口，以免弄湿棉塞，造成污染。

培养基分装装置见图11。

培养基分装装置是用手控制弹簧夹来控制培养基加量的装置。使用这种分装装置的体积易控制，但分装速度较慢。

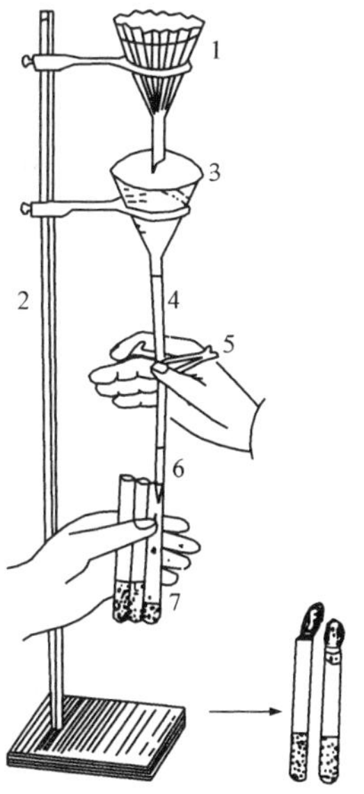

图11 培养基分装装置

1—过滤漏斗 2—铁架 3—三角漏斗 4—乳胶管 5—弹簧夹 6—玻璃滴管 7—试管

6. 加塞

培养基分装好以后，在试管口或烧瓶口上应加上一只棉塞。棉塞的作用有二：一方面阻止外界微生物进入培养基内，防止由此而引起的污染；另一方面保证有良好的通气性能，使微生物能不断地获得无菌空气。因此棉塞质量的好坏对实验的结果有着很大的影响。一只好的棉塞，外形与未开伞的蘑菇相似，其大小、松紧都应适当。

加塞时，棉塞总长度的3/5应在口内，2/5应在口外。

做棉塞的棉花要选用纤维较长的，一般不用脱脂棉做棉塞，因为它容易吸水变湿，造成污染，而且价格也较贵。

棉塞的一般制作方法见图12。

如果培养基在短期内使用，不用棉塞，直接套上一只铝质试管帽也可。试管帽通过相互交叉的弹簧丝来控制与试管的松紧度。

7. 包扎

棉塞塞好以后，试管用棉绳扎成捆。在棉塞的外面包上一层牛皮纸，以防止灭菌时冷凝水的沾湿和灭菌后的灰尘侵入，然后再用棉绳扎好，挂上标签，注明培养基的名称及配制日期。

8. 灭菌

一般情况下，培养基配好以后应立即灭菌。如不及时灭菌，应放入冰箱内保存。

灭菌的方法很多，最常用的是加压蒸汽灭菌法。此法是把待灭菌的物品放在一个可密闭的加压锅中进行的。在0.1MPa压力下，温度可达121℃，一般只要持续15～20min就可杀死一切微生物的营养体。

灭菌锅有立式、卧式和手提式等几种。在实验室里以手提式最为常用，其构造如图13所示。

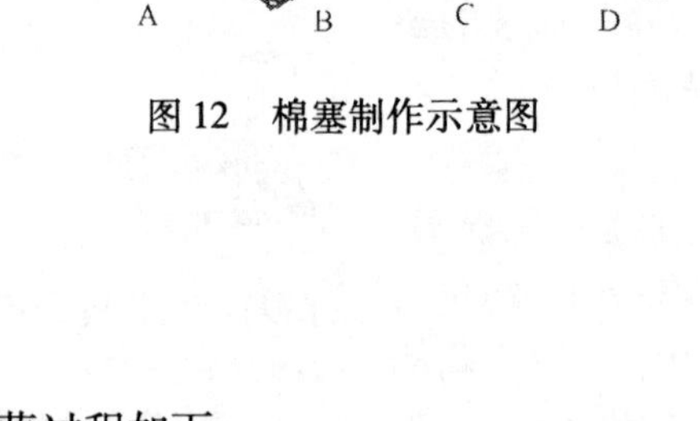

图12　棉塞制作示意图

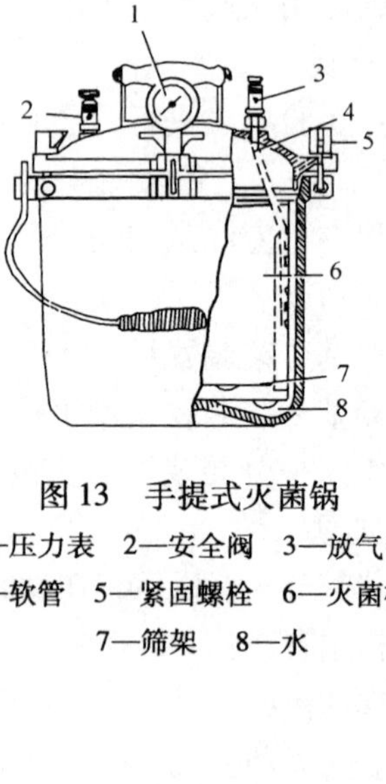

图13　手提式灭菌锅

1—压力表　2—安全阀　3—放气阀

4—软管　5—紧固螺栓　6—灭菌桶

7—筛架　8—水

灭菌过程如下：

（1）加水　直接往灭菌锅内加水约3L。

（2）装料　将待灭菌的物品放在灭菌桶内。包与包之间留有适当的空隙，以利蒸汽的流通。

（3）密封　将盖上的软管插入灭菌桶的槽内。上下对齐，拧紧螺栓，切勿漏气。

（4）升压　点燃煤气，加热至水沸腾，排尽锅内空气（可将排出的气体用橡皮管引至深层冷水中，如只听有“噗噗”之声而未见气泡逸出水面，表示锅内空气已排尽）。然后盖上放汽阀，升压。

（5）灭菌　待压力达到一定时，关小煤气，使其恒压，并开始计算灭菌时间。

（6）降压　达到规定的灭菌时间后，关闭煤气，让其自然降压冷却。

（7）取料　待压力完全降至“零”后，打开放汽阀，再松动螺栓拿掉盖子，从灭菌桶内取出灭过菌的材料。

（8）倒水　灭菌锅用好以后，将锅内剩余的水倒掉，以免日久腐蚀。

9. 搁置斜面

灭菌后，固体培养基如需制成斜面，应在凝固前将试管有塞的一头搁在一根长的玻璃或木条上即可。搁置的斜度要适当。斜面长度一般以不超过试管长度的1/2为宜（见图14）。

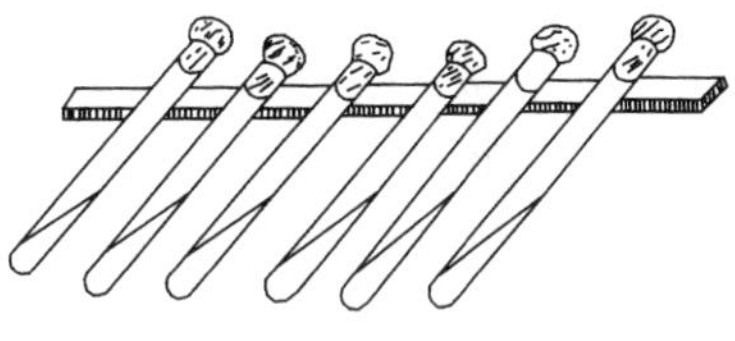
图14　搁置斜面示意图

四、试验室常用玻璃器皿的清洗与灭菌

（一）玻璃器皿的清洗方法

清洁玻璃器皿是实验得到正确结果的先决条件，因此，玻璃器皿的清洗是实验前的一项重要准备工作。清洗方法根据试验目的、器皿的种类、所盛的物品、洗涤剂的类别和沾污程度等的不同而有所不同，现分述如下。

1. 新玻璃器皿的洗涤方法

新购置的玻璃器皿含游离碱较多，应在酸溶液内先浸泡数小时，酸溶液一般用2%的盐酸或洗涤液。浸泡后用自来水冲洗干净。

2. 使用过的玻璃器皿的洗涤方法

（1）试管、培养皿、三角烧瓶、烧杯等可用瓶刷或海绵沾上肥皂或洗衣粉或去污粉等洗涤剂刷洗，然后用自来水充分冲洗干净。热的肥皂水去污力更强，可有效地洗去器皿上的油垢。洗衣粉和去污粉较难冲洗干净而常在器壁上附有一层微小粒子，故要用水多次甚至10次以上充分冲洗，后可用稀盐酸摇洗一次，再用水冲洗，然后倒置于铁丝或有空心格子的木架上，在室内晾干。急用时可盛于框内或搪瓷盘上，放烘箱内烘干。

玻璃器皿经洗涤后，若内壁的水均匀分布成一薄层，表示油垢完全洗净，若挂有水珠，则还需用洗涤液浸泡数小时，然后再用自来水充分冲洗。

装有固体培养基的器皿应先将其刮去，然后洗涤，带菌的器皿在洗涤前先浸在2%煤酚皂溶液（来苏儿）或0.25%新洁尔灭消毒液内24h或煮沸0.5h，再用上法洗涤。带病原菌的培养物应先行高压蒸汽灭菌，然后将培养物倒去，再进行洗涤。

盛放一般培养基用的器皿经上法洗涤后即可使用，若需精确配制化学药品，或做科研用的精确试验，要求自来水冲洗干净后，再用蒸馏水淋洗三次，晾干或烘干后备用。

（2）玻璃吸管　吸过血液、血清、糖溶液或染料溶液等的玻璃吸管（包括毛细吸管），使用后应立即投入盛有自来水的量筒或标本瓶内（量筒或标本瓶底部应垫以脱脂棉花，否则吸管投入时容易破损），免得干燥后难以冲洗干净，待实验完毕，再集中冲洗。若吸管底部塞有棉花，则冲洗前应先将吸管尖端与装在水龙头上的橡皮管连接，用水将棉花冲出，然后再装入吸管自动洗涤器内冲洗，没有吸管自动洗涤器的实验室可用冲出棉花的方法多冲洗片刻。必要时再用蒸馏水淋洗。洗净后，放搪瓷盘中晾干，若要加速干燥，可放烘箱内烘干。

吸过含有微生物培养物的吸管亦应立即投入盛有2%煤酚皂溶液或0.25%新吉尔灭消毒液的量筒或标本瓶内，24h后方可取出冲洗。

吸管的内壁上如果有油垢，同样应先在洗涤液内浸泡数小时，然后再行冲洗。

（二）玻璃器皿的包装

1. 培养皿的包装

培养皿常用旧报纸严密包紧，一般以5~8套培养皿作一包，少于5套工作量太大，多于8套不易操作，包好后行干热灭菌。如将培养皿放入金属（不锈钢）筒内进行干热灭菌，则不必用纸包，金属筒有一圆筒形的带盖外筒，里面放一装培养皿的带底框架，此框架可自圆筒内提出，以便装取培养皿。

2. 吸管的包装

准备好干燥的吸管，在距其粗头顶端约0.5cm处塞一小段约1.5cm长的棉花，以免使用时将杂菌吹入其中，或不慎将微生物吸出管外。棉花要塞得松紧恰当（过紧，吹吸液体太费力；过松，吹气时棉花会下滑），然后分别将每支吸管尖端斜放在旧报纸条的近左端，与报纸约呈45°角（图15），并将左端多余的一段纸覆折在吸管上，再将整根吸管卷入报纸，右端多余的报纸打一小结。如此包好的很多吸管可再用一张大报纸包好，进行干热灭菌。

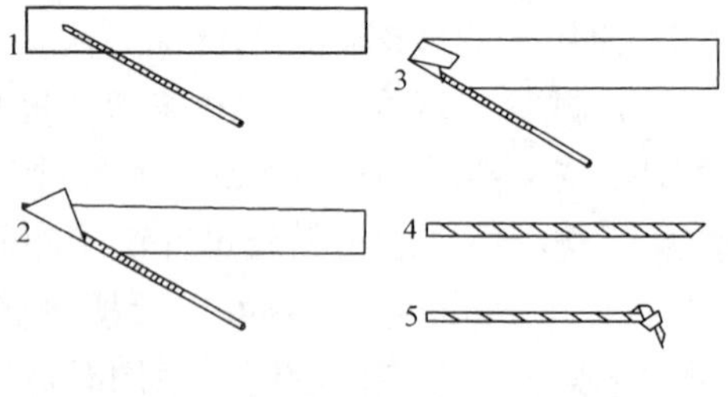

图15　吸管的包装方法和步骤

如果有装吸管的筒或不锈钢筒，亦可将分别包好的吸管一起装入筒内进行灭菌；若预计一筒灭菌的吸管可一次用完，亦可不用报纸包而直接装入筒内灭菌，但要求吸管尖朝筒底，粗端在筒口，使用时，将筒卧放在桌上，用手持粗端抽出。

3. 试管和三角瓶等的包装

试管管口和三角烧瓶口塞以棉花塞或泡沫塑料塞，然后在棉花塞与管口和瓶口的外面用两层报纸与细线包扎好（如果能用铝箔则更好，可省去用线扎且效果好）。进行干热或湿热灭菌，试管塞好塞子后也可一起装在铁丝篓中，用大张报纸或铝箔将一篓试管口做一次包扎，包纸的目的在于保存期避免灰尘侵入。

空的玻璃器皿一般用于干热灭菌，若用湿热灭菌，则要多用几层报纸包扎，外面最好加一层牛皮纸或铝箔。

（三）玻璃器皿的干热灭菌

（1）将待灭菌的物品装入电烘箱内。

（2）升温与恒温　关闭烘箱门，接通电源，让其升温至160℃时，使其自动控制温度，恒温1h。

（3）降温　达到规定的时间后，切断电源，自然降温。

（4）取料　待烘箱内温度降到60℃以下方可打开烘箱门，取出物品。

（四）厨房环境微生物的控制

在营养琼脂培养基平板上做如下实验。

（1）取一个平板，分成4区，做好标记（下同）。用未洗过的手指头以及肥皂洗过1次、2次、3次的手指头（不用毛巾擦）分别在4个区上涂抹（用力一致）。

（2）取一个平板，分区，用正在使用的纸巾、硬币分别在不同的区上拖动2~3次。

（3）往培养基上放置一根头发，并用无菌涂布器压紧。

（4）取一个平板，将稍微打开的嘴唇在培养基上压一下，检查嘴唇上的细菌。

（5）取一个平板，分区，用无菌接种环分别蘸一环自来水、河水以及矿泉水在平板不同区上画线。

（6）用无菌牙签取一点牙垢在一个平板培养基上画线。

（7）取两个平板，一个打开皿盖，置实验台上（空气中）10min，另一个按无菌操作要求在酒精灯火焰边打开皿盖1min。

（8）取一个平板，打开皿盖，对着培养基咳嗽。

（9）另两个平板可根据自己的兴趣，自由用来检测。

以上平板用报纸包好倒置于37℃培养箱里培养24h观察结果。

五、注意事项

（1）灭菌锅用过以后将锅内剩余的水倒掉，以免腐蚀。

（2）干热灭菌操作注意事项

①由于纸张和棉花在180℃以上时容易焦化起火，所以干热灭菌的温度切莫超过180℃。

②由于油纸在高温下会产生油滴，滴到电热丝上易着火，所以进行干热灭菌的玻璃器皿严禁用油纸包装。

③由于温度的急剧下降，会使玻璃器皿破裂，所以烘箱的温度只有下降到60℃以下才可打开烘箱门。

④烘箱内物品不宜放得太多，以免影响空气流通，而使温度计上的温度指示不准，造成上面温度达不到，下面温度过高，影响灭菌的效果。器皿与内底板也不得直接接触，以免焦化。

（3）厨房环境中微生物分离试验注意事项

①任何一个实验，在动手操作之前均需要用记号笔在培养皿底部做好标记。标记包括培养物名称、班级、姓名、日期。标记应明了、占地少，并记在培养皿边缘，不要记在中间，以免影响结果观察。

②本组的平板要统一用报纸包好，在外面写上组号，以免同学错拿，找不到自己的平板。

六、思　考　题

（1）说明营养琼脂培养基各成分的作用。为什么要调节培养基的pH？

（2）加压蒸汽灭菌时，为什么要预先排气？

（3）洗涤对灭菌效果有何影响？

（4）加压蒸汽灭菌法和干热灭菌法适用的对象有什么不同？

（5）无菌操作时如何确保实验室安全？

实验六　食品细菌计数

一、目 的 要 求

掌握食品的采样技术、样品稀释技术、细菌培养方法和菌落总数、大肠菌群计数技术及餐具消毒效果评价方法。

二、基 本 原 理

菌落总数是指食品经过处理，在一定条件下培养后，所得1g或1mL检样中所含细菌菌落总数。菌落总数主要作为判别食品被污染程度的标志，也可以应用这一方法观察细菌在食品中繁殖的动态，以便为被检样品进行卫生评价提供依据。

菌落总数并不表示样品中实际存在的所有细菌总数，有时也称为需氧菌数、杂菌数，过去也曾笼统地称为细菌数。

大肠菌群系指一群能发酵乳糖、产酸产气、需氧和兼性厌氧的革兰氏阴性无芽孢杆菌。该菌主要来源于人畜粪便，故以此作为粪便污染指标来评价食品质量，推断食品中有否污染肠道致病菌的可能。食品中大肠菌群系以100mL（g）检样内大肠菌群最可能数（MPN）表示。

三、设备和材料

温箱，(36±1)℃；冰箱，0～4℃；恒温水浴；天平；电炉；吸管；广口瓶或三角烧瓶，容量为500mL；玻璃珠，直径约5mm；平皿，直径为90mm；试管；显微镜；放大镜；菌落计数器；酒精灯；载玻片；均质器或乳钵；试管架；灭菌刀和剪子；灭菌镊子；营养琼脂培养基；乳糖胆盐发酵管；伊红美蓝琼脂平板；乳糖发酵管；磷酸盐缓冲稀释液；生理盐水；75%乙醇；革兰氏染色液。

四、食品细菌计数操作步骤

（一）采样

1. 肉及肉制品的采样

（1）生肉及脏器　如系屠宰后的畜肉，可于开腔后用无菌刀割取两腿内侧肌肉50g；如系冷藏或市售肉，可用无菌刀割取腿肉或其他部位肉50g；如取内脏，可用无菌刀，根据需要割取适于检验的脏器。所采样品应及时放入无菌容器内。

（2）熟肉及灌肠类肉制品　用无菌刀割取不同部位的样品放入无菌容器内。

2. 乳和乳制品采样

如果是散装或大型包装，用无菌刀、勺取样，采取不同部位具有代表性的样品；如是小包装，取原包装品。

3. 蛋制品采样

（1）鲜蛋　用无菌方法取完整的鲜蛋。

（2）鸡全蛋粉、巴氏消毒全蛋粉、鸡蛋黄粉、鸡蛋白片　在包装容器开口处用75%酒精消毒，然后用无菌的取样探子斜角插入容器底部，使样品填满取样器后取出，再用无菌小勺自上、中、下部位采样100～200g，装入无菌广口瓶中。

（3）冰鸡全蛋、巴氏消毒的冰鸡全蛋、冰蛋黄、冰蛋白　先将包装容器开口处的外部用75%的酒精消毒，然后将盖打开，用无菌的电钻由顶到底斜角插入。取出电钻，从电钻中取样，放入无菌瓶中。

4. 液体样品的采样

原包装瓶样品取整瓶，散装样品可用无菌吸管或匙采取。如是冷冻液体食品，采取原包装放入隔热容器内。

对含有二氧化碳的液体样品的处理：在开启瓶盖后，将样品倒入无菌磨口瓶中，盖上一块消毒纱布。将盖开缝，轻轻摇动，使气体逸出后进行检验。

5. 包装食品的采样

根据生产企业、商标、品种来源、生产时间分类进行采取，情况可视具体情况而定。采取原包装样品。用点燃的酒精棉球消毒瓶口，再用经石炭酸或来苏儿消毒液消毒过的纱布将瓶口盖上，再用经火焰消毒的开罐器开启。摇匀后，用无菌吸管直接吸取。

6. 冷冻食品的采样

将冷冻食品放入无菌容器内，待融化后检验。

（二）检样稀释及培养

（1）以无菌操作，将检样25g（或mL）剪碎放于含有225mL灭菌生理盐水或其他稀释液的灭菌玻璃瓶内（瓶内预置适当数量的玻璃珠），经充分振摇或研磨做成1:10的均匀稀释液。

固体检样在加入稀释液后，最好置均质器中以8000～10000r/min的速度处理1min，做成1:10的均匀稀释液。

（2）用1mL灭菌吸管吸取1:10稀释液1mL，沿管壁徐徐注入含有9mL灭菌生理盐水或其他稀释液的试管内（注意吸管尖端不要触及管内稀释液），振摇试管，混合均匀，做成1:100的稀释液。

（3）另取1mL灭菌吸管，按上条操作顺序，做10倍递增稀释液，如此每递增稀释一次，即换用1支1mL灭菌吸管。

（三）菌落总数测定

1. 培养

（1）根据食品卫生标准要求或标本污染情况的估计，选择2～3个适宜的稀释度，分别在做10倍递增稀释的同时，即以吸取该稀释度的吸管移1mL稀释液于灭菌平皿内，每个稀释度做两个平皿。

（2）稀释液移入平皿后，应及时将凉至46℃的营养琼脂培养基［可放置于（46±1)℃水浴中保温］注入平皿约15mL，并转动平皿混合均匀。同时将营养琼脂培养基倾入加有1mL稀释液的灭菌平皿内作空白对照。

（3）待琼脂凝固后，翻转平板，置（36±1)℃温箱内培养（48±2）h。

2. 菌落计数方法

做平板菌落计数时，可用肉眼观察，必要时用放大镜检查，以防遗漏。在记下各平板的菌落数后，求出同一稀释度的各平板平均菌落总数。

3. 菌落计数的报告

（1）平板菌落数的选择　选取菌落数在30～300之间的平板作为菌落总数测定标准。一个稀释度使用两个平板，应采用两个平板平均数。其中一个平板有较大片状菌落生长时，则不宜采用，而应以无片状菌落生长的平板作为该稀释度的菌落数，若片状菌落不到平板一半，而其余一半中菌落分布又很均匀，即可计算半个平板后乘2以代表全皿菌落数。平皿内如有链状菌落生长时（菌落之间无明显界线），若仅有一条链，可视为一个菌落；如果有不同来源的几条链，则应将每条链作为一个菌落计。

（2）稀释度的选择

①应选择平均菌落数在30～300之间的稀释度，乘以稀释倍数报告之（见表5中例1）。

②若有两个稀释度，其生长的菌落数均在30～300之间，则视两者之比如何来决定。若其比值小于或等于2，应报告其平均数；若大于2则报告其中较小的数字（见表5中例2及例3）。

③若所有稀释度的平均数均大于300，则应按稀释度最高的平均菌落数乘以稀释倍数报告之（见表5中例4）。

④若所有稀释度的平均菌落数均小于30，则应按稀释度最低的平均菌落数乘以稀释倍数报告之（见表5中例5）。

⑤若所有稀释度均无菌落生长，则以小于1乘以最低稀释倍数报告之（见表5中例6）。

⑥若所有稀释度平均菌落数均不在30～300之间，其中一部分大于300或小于30时，则以最接近30～300的平均菌落数乘以稀释倍数报告之（见表5中例7）。

表5　稀释度选择及菌落数的报告方式

例次	稀释液及菌落数			两稀释液之比	菌数总数	报告方式
	10^{-1}	10^{-2}	10^{-3}			
1	多不可计	164	20	—	16400	16000或1.6×10^4
2	多不可计	295	46	1.6	37750	38000或3.8×10^4
3	多不可计	271	60	2.2	27100	27000或2.7×10^4
4	多不可计	多不可计	313	—	313000	310000或3.1×10^5
5	27	11	5	—	270	270或2.7×10^2
6	0	0	0	—	$<1\times10$	<10
7	多不可计	305	12	—	30500	31000或3.1×10^4

（3）菌落数的报告　菌落数在100以内时，按其实有数报告；大于100时，采用两位有效数字，在两位有效数字后面的数值，以四舍五入方法计算。为了缩短数字后面的零数，也可用10的指数来表示，见表5中“报告方式”栏。

4. 菌相分析

选择代表性平皿，从大小、色泽、隆起度、边缘整齐度、黏稠度、透光性等方面确定平皿中所含菌的类别，标明Ⅰ号、Ⅱ号、Ⅲ号…，分类统计其绝对数，再逐一计算出其相对含量（%）。可将各菌分别移植到斜面上，供进一步鉴定。

（四）大肠菌群测定

1. 乳糖发酵试验

将持检样品接种于乳糖胆盐发酵管内，接种量在1mL以上者，用双料乳糖胆盐发酵管，1mL及1mL以下者，用单料乳糖胆盐发酵管。每一稀释度接种3管，置（36±1）℃温箱内，培养（24±2）h，如所有乳糖胆盐发酵管都不产气，则可报告为大肠菌群阴性，如有产气者，则按下列程序进行。

2. 分离培养

将产气的发酵管分别转种在伊红美蓝琼脂平板上，置（36±1）℃温箱内，培养18～24h，然后取出，观察菌落形态，并做革兰氏染色和证实试验。

3. 证实试验

在上述平板上挑取可疑大肠菌群菌落1～2个进行革兰氏染色，同时接种乳糖发酵管，置（36±1）℃温箱内培养（24±2）h，观察产气情况。凡乳糖管产气、革兰氏染色为阴性的无芽孢杆菌，即可报告为大肠菌群阳性。将大肠菌群阳性菌株接种斜面，以供进一步鉴定。

4. 报告

根据证实为大肠菌群阳性的管数，查MPN检索表（表6），报告每100mL（g）大肠菌群MPN值。

表6　　大肠菌群最可能数（MPN）检索表

阳性管数			MPN量/100mL（g）	95%可信限	
1mL（g）×3	0.1mL（g）×3	0.01mL（g）×3		下限	上限
0	0	0	<30	<5	90
0	0	1	30		
0	0	2	60		
0	0	3	90		
0	1	0	30	<5	130
0	1	1	60		
0	1	2	90		
0	1	3	120		
0	2	0	60		
0	2	1	90		
0	2	2	120		
0	2	3	160		

续表

阳 性 管 数			MPN 量/100mL（g）	95%可信限	
1mL（g）×3	0.1mL（g）×3	0.01mL（g）×3		下限	上限
0	3	0	90		
0	3	1	130		
0	3	2	160		
0	3	3	190		
1	0	0	40		
1	0	1	70	<5	200
1	0	2	110	10	210
1	0	3	150		
1	1	0	70		
1	1	1	110	10	230
1	1	2	150	30	360
1	1	3	190		
1	2	0	110		
1	2	1	150	30	360
1	2	2	200		
1	2	3	240		
1	3	0	160		
1	3	1	200		
1	3	2	240		
1	3	3	290		
2	0	0	90		
2	0	1	140	10	360
2	0	2	200	30	370
2	0	3	260		
2	1	0	150		
2	1	1	200	30	440
2	1	2	270	70	890
2	1	3	340		
2	2	0	210		
2	2	1	280	40	470
2	2	2	350	100	1500
2	2	3	420		
2	3	0	290		
2	3	1	360		
2	3	2	440		
2	3	3	530		
3	0	0	230	40	1200
3	0	1	390	70	1300
3	0	2	640	150	3800
3	0	3	950		

续表

阳性管数			MPN 量/100mL（g）	95%可信限	
1mL（g）×3	0.1mL（g）×3	0.01mL（g）×3		下限	上限
3	1	0	430	70	2100
3	1	1	750	140	2300
3	1	2	1200	300	3800
3	1	3	1600		
3	2	0	930	150	3800
3	2	1	1500	300	4400
3	2	2	2100	350	4700
3	2	3	2900		
3	3	0	2400	360	13000
3	3	1	4600	710	24000
3	3	2	11000	1500	48000
3	3	3	≥24000		

注：①本表采用3个稀释度［1mL（g）、0.1mL（g）和0.01mL（g）］，每稀释度3管。

②表内所列检样量如改用10mL（g）、1mL（g）和0.1mL（g）时，表内数字应相应降低10倍；如改用0.1mL（g）、0.01mL（g）和0.001mL（g）时，则表内数字相应增加10倍。其余可类推。

五、餐饮具采样与检验

对餐饮具进行大肠菌群测定可评价其消毒的效果。

（一）滤纸采样与检验

1. 采样方法

餐饮具抽检碗、盘、口杯，将2.0cm×2.5cm（5cm²）灭菌滤纸片紧贴内面各10张（总面积50cm²），碟、匙、酒杯以每5件为1份，每件内面紧贴灭菌滤纸片各2张（总面积50cm²/份），经1min，按序取下置于50mL灭菌生理盐水试管中，充分振荡后，制成原液。筷：取每双的下段12cm处约50cm³（12cm×2cm×2cm），置于50mL灭菌生理盐水试管中，充分振荡2次，制成原液。

2．检验方法

按本实验中食品大肠菌群测定法操作步骤进行。

（二）纸片法采样与检验

餐（饮）具消毒采用专用的大肠菌群快速检验纸片，属快速定性试验。

1. 采样方法

随机抽取消毒后准备使用的各类餐具（碗、盘、杯等），取样量可根据大、中、小不同餐饮业，每次采样6~10件，每件贴纸片两张，每张纸片面积25cm²（5cm×5cm），用灭菌生理盐水湿润大肠菌群检测用纸片后，立即贴于餐具内侧表面，30s后取下，置于无菌塑料袋内。

2. 检验方法

将已采样的纸片置37℃培养16~18h，若纸片保持紫蓝色不变为大肠菌群阴性，纸片变黄并在黄色背景上呈现红色斑点或片状红晕为阳性。

六、注 意 事 项

（1）采样的器械和容器须灭菌后才能使用。采样时，严格进行无菌操作。

（2）不得加防腐剂。

（3）液体食品需搅拌均匀后采取，固体样品要在不同部位采取，使样品尽量具有代表性。

（4）取样后，应及时检测，最多不能超过4h。如有特殊情况，应放入冷藏或隔热器内备检。

（5）样液稀释的同时，可直接用原吸管将稀释液移至空平皿（2副）及乳糖胆盐发酵管（3管）中，但不得发生交叉污染。

七、思 考 题

（1）简述计数用平板的选择原则。

（2）说明稀释度的选择原则。

（3）样液稀释过程中怎样避免交叉污染？

（4）大肠菌群测定时为何要进行证实试验？

八、附 录

1. 磷酸盐缓冲稀释液的制法

（1）储存液　磷酸二氢钾34g，1mol/L氢氧化钠溶液175mL，蒸馏水825mL，pH 7.2。制法：先将磷酸盐溶解于500mL蒸馏水中，用1mol/L氢氧化钠溶液校正pH后，再用蒸馏水稀释至1000mL。

（2）稀释液　取贮存液1.25mL，用蒸馏水稀释至1000mL。分装每瓶100mL或每管10mL，121℃高压下灭菌15min。

2. 乳糖胆盐发酵管

成分：蛋白胨10g，猪胆盐（或牛、羊胆盐）5g，乳糖10g，0.04%溴甲酚紫水溶液25mL，蒸馏水1000mL，pH 7.4。

制法：将蛋白胨、胆盐及乳糖溶于水中，校正pH，加入指示剂，分装每管10mL，并放入一个小倒管中，115℃高压灭菌15min。

3. 伊红美兰琼脂

成分：蛋白胨10g，乳糖10g，磷酸氢二钾2g，琼脂17g，2%伊红溶液20mL，0.65%美蓝溶液10mL，蒸馏水1000mL，pH 7.1。

制法：将蛋白胨、磷酸盐和琼脂溶解于蒸馏水中，校正pH，分装于烧瓶内，121℃高压灭菌15min备用。临用时加入乳糖并加热溶化琼脂，冷至50～55℃，加入伊红和美蓝溶液，摇匀，倾注平板。

4. 乳糖发酵管

成分：蛋白胨20g，乳糖10g，0.04%溴甲酚紫水溶液25mL，蒸馏水1000mL，pH 7.4。

制法：将蛋白胨及乳糖溶于水中，校正pH，加入指示剂，按检验要求分装3mL，并放入一个小倒管中，115℃高压灭菌15min。

实验七 微生物分离纯化与生理生化反应

一、目的要求

掌握细菌的分离培养及纯化技术。掌握细菌的糖发酵试验、IMVIC试验、产H_2S试验、尿素酶试验及运动力测定的方法，了解肠杆菌科细菌鉴定的一般程序。

二、基本原理

从混杂微生物菌体中获得只含有某一种微生物的过程称为微生物的分离与纯化。微生物在固体培养基上生长形成的单个菌落，通常是由一个细胞繁殖而形成的集合体。因此可通过挑取单个菌落而获得一种纯培养。获取单个菌落的方法可通过平板划线等技术完成。

每一大类微生物都有一定的菌落特征，即它们在形态、大小、色泽、透明度、边缘等特征上都有差异，一般根据这些差异就能识别大部分菌落。

各种细菌由于具有的酶系统不同，在其新陈代谢中，利用营养物的能力、发酵的类型有所差异，排泄的代谢产物亦不同，所以利用这点进行生化试验，可达到鉴定细菌菌种（属）的目的，尤其在鉴定肠道杆菌时，生化试验是极常用的一项方法。

三、细菌的分离

为了研究细菌的特性和对它进行鉴定，必须将细菌从它所在的自然基质中分离出来，获得其纯培养，这是微生物工作的第一步。分离培养的方法视待检材料的菌数多少和所分离的细菌特征不同而异，但常规应用的方法不外平板分区划线法、斜面分离法，前者用于菌数多的基质，如粪便、污染的培养物等，后者用于菌数少的基质，如从病料中分离出病原菌。

（一）平板分区划线法

平板分区划线法操作如图16所示，左手斜执平板，右手执铂耳，先将铂耳在酒精上烧灼灭菌，冷后蘸取待检材料，在平板边缘先涂一小区，如①；再将铂耳通过火焰灭菌，冷后通过①区连续平行划线，如线②；再将铂耳灭菌，左手转动平皿，通过②区划平行线如线③；再转动平皿划线④，接种时将铂耳轻轻接触平板成30°~40°角，以腕力在平板表面以轻快的动作滑动划线，接种完毕将平皿盖好，倒置于37℃温箱内培养。

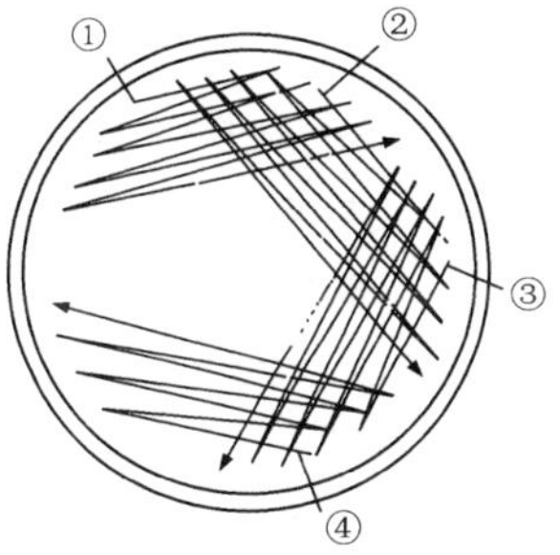

图16 平板分区划线示意图
①、②、③、④—依次划线的起点

通常在①、②二区因菌数太多，菌落间距离很近不易分清，③、④等区菌数少，可出现分散之单个菌落，即可进行观察和钩取。

（二）斜面分离法

用镊子取一小棉球，蘸酒精少许点燃之，在待检病料肝、脾、淋巴、心表面微微燃灼消毒，然后用一外科刀蘸酒精后在酒精灯上点燃消毒，冷后，在病料上刺一小口。

左手斜执血琼脂斜面，右手持铂耳，在火焰上灭菌，冷后自小孔内蘸病料，随即用左手小指和手掌拔取棉塞，管口在火焰上灭菌，将铂耳伸入管内，在斜面上由下向上弯曲涂布，接种完毕，试管口通过火焰，塞好棉塞，烧去铂耳上剩余病料。

在病料分离培养时亦可在鲜血平板上进行，铂耳挑取病料后同上法在平板上划线，直至接种完毕后，烧灼铂耳，其间不烧铂耳。

（三）钓取菌落做纯培养

继待检病料的分离培养之后，常需进一步做细菌形态和染色特性的观察、培养特性、生化反应、对小动物的致病力及血清学反应等项试验。因此，必须先从分离培养（在37℃下培养24~28h）的平板上钓取可疑菌落，进行纯培养。

钓菌时，应注意选择单独孤立的形态典型的菌落，取其一半（注意不能触及邻近的菌落）接种到琼脂斜面或血琼脂斜面上，另一半剩余的菌落则可做细菌涂片进行革兰氏染色，镜检其细菌形态及染色反应（记录之）。接种后的琼脂斜面或血琼脂斜面，经37℃培养24~48h后做进一步试验，如培养特性观察、生化反应、接种小动物、血清学反应（凝集试验）等。

四、细菌的移植

（一）斜面移植

将菌种管和新的琼脂斜面管置于左手中，一般菌种管放在外侧，新的琼脂斜面管放在内侧，两管管口互相并齐，管身略向上倾斜，斜面向上，管口靠近火焰。以右手的拇指和食指、中指持铂耳在酒精灯火焰上烧灼灭菌。将新的琼脂斜面管的棉花塞夹在掌心和小指之间，菌种管棉塞夹在小指和无名指之间，将两管棉塞一起拔下。然后，将灭菌铂耳伸入菌种管内，挑取少许细菌后，拔出铂耳，插入新的培养管内，从管底部开始以曲线划至斜面顶部，管口通过火焰后将棉花塞塞好，随即在火焰上烧去铂耳上剩余细菌。最后用玻璃蜡笔在新培养管上写上菌种名、日期，置温箱内培养（注意拔棉花塞时，试管放在火焰旁，不能放在火焰上面，否则棉塞易着火）。

（二）肉汤移植

同上法，挑取细菌之后，插入新培养管中，将铂耳上细菌在液体上部管壁部分轻轻磨下即可，磨时不要用很大力量使接种棒和试管玻璃相碰发出声音。

（三）从平板移植到斜面

先打开平板盖，用灭菌的铂耳挑取所需的菌落移入斜面，方法同上。

（四）半固体穿刺接种法

方法基本上与上项“斜面移植”相同，但挑取细菌不用铂耳而用铂针，将铂针垂直刺入培养基内，一直刺到管底，然后按原方向垂直拔出铂针即可。

五、厌氧培养

厌氧菌的分离方法同前所述，可用平板划线分离，也可用斜面或肉汤分离。但在培养时，必须使其处于无氧环境下，细菌始能繁殖生长，常用方法如下。

（一）熟肉基

在制作培养基时，可将肉汤培养基分装于试管中，再加数片煮熟的肉块或肝块，然后加少量液体石蜡或固体石蜡（约0.5mL）以覆盖液面，高压蒸汽灭菌。

临用前，需将熟肉基水浴煮沸5min（以排除其中空气），待冷后使用。接种时，先将覆盖的固体石蜡沿管壁在火焰上略烤，使与试管壁脱离，然后以铂耳挑取待接种材料从蜡块空隙处插入至肉汤处，接种完毕，仍将表面石蜡烤融使平整地覆盖住肉汤液面，竖放在试管架上，待冷，置37℃温箱中培养。

（二）焦性没食子酸法

焦性没食子酸在碱性溶液中能吸收大量氧气，同时由淡棕色变为深棕色。

如用琼脂斜面进行培养，则可将数支接种过的试管装入一大试管或瓶中，下垫以隔板，按每100cm^{3}空间用焦性没食子酸1g及10%氢氧化钠（或氢氧化钾）10mL的比例，先将焦性没食子酸放在大试管（或瓶）中隔板底下，然后放好培养管，最后加入氢氧化钠溶液，迅速加塞，并用胶泥或固体石蜡严密封闭管（或瓶）口，置37℃温箱中培养3~4d。

（三）连二亚硫酸钠法

培养较多量的斜面或平板时，可放在一只玻璃干燥缸中，按每1000mL容积用连二亚硫酸钠（又称保险粉）4g及无水碳酸钠4g，将两种药品分别研细，临用前将两药均匀混合，放在一无盖平皿内，叠放在培养基的上层，将缸套盖盖严，以凡士林严密封闭，置37℃下培养3～4d即可。

厌氧菌培养也可用CO_2培养箱进行培养。

六、培养特性观察

细菌在固体培养基中，经一定温度和时间的培养后便可长出肉眼可见的菌落，所谓菌落系在固体培养基上，一个细菌繁殖的后代堆积起来，成为肉眼可见的集落。如果每个细菌相距较远，则菌落分散，易于观察。如果各菌相距很近，则长出的菌落彼此相接触合在一起成片，则称之为菌苔。在湿润的培养基表面，能运动的细菌因可以自由扩散，所以往往不成菌落而成膜状生长，这时若增加琼脂浓度（3%～4%）并将琼脂晾干，使表面水分蒸发则可培养到单个菌落。

（一）固体培养物的观察

不同的细菌在琼脂培养基表面生长的菌落有不同的形态、大小，同时菌落的边缘、表面构造、隆起度、湿润度、透明度和颜色也不一致，菌落大小以其直径（mm）表示。小菌落只有针尖大，有时还须用放大镜观察，有的菌落直径可为5～6mm，甚至更大。菌落的边缘有圆整、玻璃状、锯齿状、根毛状、卷发状等等，菌落高度有隆起、圆突、扁平、脐状、乳突状等等。菌落色彩有无色和白、黄、橙、红等色，有些色素还可扩散到周围基质中。菌落湿润度可分为湿润或干燥。菌落质地可分为坚硬、柔软或黏稠。菌落表面构造可分为光滑或粗糙，或有同心圆，或有放射状纹，或有颗粒状结构等。菌落透明度可分为透明、半透明或不透明三种。在鲜血琼脂上还须观察溶血程度，如链球菌在菌落周围呈现一圈透明的溶血区者称为β溶血，菌落周围呈现很小的半透明带绿色的溶血区者，称为α溶血，菌落周围不溶血者称为γ溶血。

（二）斜面培养物的观察

对斜面培养基上生长的菌苔，主要观察菌苔的厚薄、湿润程度、边缘形状、生长的好坏（分丰盛和贫瘠两种）、色彩、有无荧光性等。

（三）液体培养物的观察

对液体培养基中细菌生长的情况，主要观察液体的浑浊度，液面有无菌膜或菌环，管底有无沉淀物和沉淀物的数量及质地情况（在摇振试管后，视沉淀是否易于摇碎和沉淀物上升时情况来表示）。

以上特性一方面固然因菌种不同而异，同时也会因培养基的成分、培养温度与时间及细菌是否变异等因素的影响而发生很大差别。然而，一定的细菌在一定的培养条件下，菌落形态基本上是相对稳定的，所以常可依据这一点来认识之。

七、细菌生理生化试验

（一）糖或醇发酵试验

取每一种细菌的24h纯培养物接种到所给的五种糖培养基内，在37℃培养4d，每天观察一次，记录结果。

结果及判定标准：每一种糖（或醇）培养基内只含一种糖（或醇）的成分，如果接种进去的细菌可发酵这种糖（或醇），则可产酸使培养基内pH偏酸，因此培养基内指示剂——溴甲粉紫（pH5.4黄⟶pH7.0紫）就变色，由紫色变为黄色。所以，凡培养基变黄色者代表该菌发酵此种糖（或醇），紫色者不发酵。若该菌在发酵糖的同时又产生气体，则不仅培养基变黄色，而且在管的上部还有气泡存在，因此判定时记录为：凡产酸者以“+”表示，凡产酸产气者以“±”表示，凡不发酵糖（或醇）者以“-”表示。

（二）靛基质（吲哚）试验

挑取每一种细菌的24h纯培养物，接种一支蛋白胨水培养基，置37℃温箱内培养4d，取出先加入乙醚约1mL，塞紧棉塞后摇振，使乙醚与培养物混匀，静置于试管架内数分钟。待乙醚浮至培养基表面后，打开棉塞，沿试管壁慢慢加入靛基质试剂数滴（4~5滴），此时，若在乙醚层呈现玫瑰红色，则为阳性反应（“+”表示之），不变色则为阴性反应（“-”表示之）。

有些细菌如大肠杆菌，在蛋白胨水中培养时，可分解蛋白胨中的色氨酸生成靛基质（吲哚），后者与靛基质试剂中对二甲基氨基苯甲醛作用，形成玫瑰吲哚而呈红色。

（三）MR与V-P试验

挑取每一种细菌的24h纯培养物，接种两支葡萄糖蛋白胨水培养基，置37℃温箱内培养4d，取出分别做MR与V-P试验。

1. MR试验

取一支培养4d的葡萄糖蛋白胨水管，加入MR试剂数滴（5~6滴），凡液体呈红色者为MR阳性（以“+”表示），黄色者为阴性（以“-”表示），橙色者为可疑以“±”表示。

2. V-P试验

取另一支培养4d的葡萄糖蛋白胨水管，先加入V-P试剂甲液0.6mL，再加入V-P试剂乙液0.2mL，混匀后静置在试管架内观察2~4h，凡液体呈红色者为V-P阳性（“+”表示之），不变色者为阴性（“-”表示之）。

（四）柠檬酸盐利用

挑取每一种细菌的24h纯培养物，接种到柠檬酸盐琼脂斜面上，置37℃温箱内培养4d，如果培养基变为天蓝色且有细菌生长者为阳性，否则为阴性。

（五）硫化氢试验

挑取每种细菌的24h纯培养物，以穿刺接种方法接种到硫酸亚铁琼脂培养基内，穿刺线应沿管壁接种，以便观察方便。穿刺后置37℃温箱内培养4d，凡沿穿刺接种线或穿刺线周围呈黑色者为硫化氢试验阳性，否则为阴性。

（六）尿素酶测定

挑取每种细菌的24h纯培养物，在尿素琼脂斜面上做一条直线接种，置37 ℃温箱内培养，24h内观察结果。若培养基呈红色为阳性反应，即表示该菌具有尿素酶，可分解培养基中的尿素，不变色为阴性反应。

（七）运动力测定

挑取每种细菌24h纯培养物，以穿刺法接种在半固体肉汤琼脂中，穿刺线应在琼脂柱的中央，要求穿刺线直且穿刺到管底，接种后置37℃温箱内培养24～48h观察。若能运动的细菌，则除在接种线上生长外，还向线的周围扩散生长，所以原透明的培养基变为浑浊不透明。不能运动的细菌，只能在穿刺线上生长，穿刺线外围的培养基仍呈透明状。将实验结果记录在表7中。

表7　　生化反应记录表

菌属名称	葡萄糖	乳糖	麦芽糖	甘露醇	蔗糖	MR	V-P	靛基质	柠檬酸盐	硫化氢	尿素酶	运动力	备注
埃希氏菌属													
沙门氏杆菌属													
产气杆菌属													
志贺氏菌属													
变形杆菌属													
未知菌													

八、思考题

（1）为什么要对细菌进行分离培养和纯化？

（2）菌落的特征表现为哪些方面？

（3）细菌的生化反应试验意义何在？

（4）何谓IMVIC试验？

九、附录

1. 糖发酵管

成分：牛肉膏5g，蛋白胨10g，氯化钠3g，磷酸氢二钠（$Na_2HPO_4 \cdot 12H_2O$）2g，

0.2%溴麝香草酚蓝溶液12mL，蒸馏水1000mL，pH7.4。

制法：①葡萄糖发酵管按上述成分配好后，按0.5%加入葡萄糖，分装于有一个倒置小管的小试管内，121℃高压灭菌15min。

②其他各种糖发酵管可按上述成分配好后，分装每瓶100mL，121℃高压灭菌15min。另将各种糖类分别配好10%溶液，同时高压灭菌。将5mL糖溶液加入100mL培养基内，以无菌操作分装小试管。

2. 蛋白胨水（靛基质试验用）

成分：蛋白胨20g，蒸馏水1000mL，氯化钠5g，pH7.4。

制法：按上述成分配制，分装小试管，121℃高压灭菌15min。

靛基质试剂：将1g对二甲氨基苯甲醛溶解于95mL，95%乙醇内。然后缓慢加入浓盐酸20mL。

3. 缓冲葡萄糖蛋白胨水（MR和V-P试验用）

成分：磷酸氢二钾5g，蛋白胨7g，葡萄糖5g，蒸馏水1000mL，pH7.0。

制法：溶化后校正pH，分装试管，每管1mL，121℃高压灭菌15min。

甲基红试剂配法：10mg甲基红溶于30mL 95%乙醇中，然后加入20mL蒸馏水。

V-P试剂配法：V-P甲液为：α-萘酚6g，无水乙醇100mL；

V-P乙液为：氢氧化钾40g，蒸馏水100mL。

4. 柠檬酸盐培养基

成分：氯化钠5g，硫酸镁（$MgSO_4 \cdot 7H_2O$）0.2g，琼脂20g，磷酸二氢铵1g，蒸馏水1000mL，磷酸氢二钾1g，0.2%溴麝香草酚蓝溶液40mL，柠檬酸钠5g，pH 6.8。

制法：先将盐类溶解于水内，校正pH，再加琼脂，加热溶化。然后加入指示剂，混合均匀后分装试管，121℃高压灭菌15min。放成斜面。

5. 硫酸亚铁琼脂

成分：牛肉膏3g，氯化钠5g，酵母浸膏3g，琼脂12g，蛋白胨10g，蒸馏水1000mL，硫酸亚铁0.2g，硫代硫酸钠0.3g，pH7.4。

制法：加热溶解，校正pH，分装试管，115℃高压灭菌15min，取出直立待其凝固。

6. 尿素琼脂

成分：蛋白胨1g，琼脂20g，氯化钠5g，蒸馏水1000mL，葡萄糖1g，20%尿素溶液100mL，磷酸二氢钾2g。0.4%酚红溶液3mL，pH7.2。

制法：将除尿素和琼脂以外的成分配好，并校正pH，加入琼脂加热溶化并分装烧瓶。121℃高压灭菌15min，冷至50～55℃，加入经除菌过滤的尿素溶液。尿素的最终浓度为2%，最终pH应为7.2。分装于灭菌试管内，放成斜面备用。

7. 半固体琼脂

成分：牛肉膏0.3g，蒸馏水100mL，蛋白胨1g，琼脂0.35～0.4g，氯化钠0.5g，pH 7.4。

制法：按以上成分配好，煮沸使溶解，并校正pH。分装小试管，每管约3mL。121℃高压灭菌15min，冷至凝固备用。

实验八 理化条件对微生物的影响

一、目的要求

学习并掌握测定微生物热致死时间和温度及*D*值的原理和方法。了解物理因素、化学因素及微生物因素抑制或杀死微生物的作用及其试验方法。了解紫外线诱变原理，并初步掌握紫外线诱变育种的方法。

二、基本原理

微生物热致死时间是指在一定条件下，某一温度杀死一定数量的微生物所需最短时间。微生物热致死温度是指在一定条件下，10min内杀死一定数量供试微生物的最低温度。*D*值是指在一定条件下，杀死90%的活菌（即活菌数减少一个数量级）所需的时间。温度通过影响蛋白质、核酸等生物大分子的结构与功能，以及细胞结构和细胞膜的流动性及完整性来影响微生物的生长、繁殖和新陈代谢。

有机溶剂可使蛋白质及核酸变性，也可破坏细胞膜透性使内含物外溢；碘与蛋白质酪氨酸残基不可逆结合而使蛋白质失活，氯气与水发生反应产生的强氧化剂也具有杀菌作用；表面活性剂能降低溶液表面张力，这类物质作用于微生物细胞膜，改变其透性，同时也能使蛋白质发生变性。一些香辛料、调味品中的组分也具有一定的杀菌性。

一些微生物在其生命活动过程中能产生某种特殊代谢产物如抗生素，具有选择性地抑制或杀死其他微生物的作用。

紫外线具有杀菌作用主要是因为它诱导形成胸腺嘧啶二聚体来破坏DNA的结构。另外，空气在紫外线照射下产生臭氧（O_3），也有一定的杀菌作用。此影响是随着紫外线对微生物照射剂量、时间及距离的不同，对微生物的生理活动也相应地产生不同的效果，剂量高、时间长、距离短就易杀死它们，剂量低、时间短、距离长时就会有少量个体残存下来，其中一些个体的遗传特性发生变异。我们利用这种特性可以进行菌种选育工作，如某些发酵菌经诱变后的产酶能力可以大大增强。

三、设备和材料

（1）紫外照射箱，水浴锅，37℃培养箱，25℃培养箱，200μL、1mL、5mL取液器，相应的灭菌枪头。

（2）20 个无菌平板（内含 20mL 左右固体培养基），10mL 无菌带帽试管，无菌涂棒，无菌的小圆滤纸片，培养皿，温度计，三角瓶，接种环，黑纸，标签纸，酒精灯，记号笔，试管架。

（3）金黄色葡萄球菌液、大肠杆菌、枯草芽孢杆菌的试管斜面，三种菌新鲜的含活菌 $>10^7$ 个/mL 的培养液，在一边已长成一直线状菌落的产黄青霉、灰色链霉菌平板各一个。

（4）普通营养琼脂培养基牛肉膏蛋白胨水，淀粉培养基。

（5）2.5% 碘酊，75% 乙醇，5% 苯酚，1∶200 稀释的 84 消毒液，1/500 甲醛溶液，芥菜油，胡椒粉，食醋。

四、温度的影响

（一）热致死时间的确定

（1）将固体培养基融化，倒平板，冷却备用。

（2）将肉膏蛋白胨液体培养基分装试管，每支装 9mL，121℃灭菌 30min 待用。

（3）将 3 个水浴锅分别调至 60℃、80℃、100℃，每个水浴锅放 3 只肉膏蛋白胨液体培养基分装试管，预热 10min。

（4）分别取 1mL 新鲜的大肠杆菌、枯草芽孢杆菌培养液接入上述 3 支葡萄糖肉膏蛋白胨液体培养液，标记、摇匀、记时。

（5）在 0、5、10、15、20、30min，分别取不同温度下不同菌液 1mL，稀释、涂平板，30℃培养 48h 后记活菌数。

（6）记数结果填入表 8，从表中可以查出，在上述实验条件下不同温度杀死一定数量的某种微生物所需的时间。

表 8　热致死时间的测定结果

温度 \ 处理 \ 活菌数 \ 菌种		大肠杆菌	枯草芽孢杆菌
60℃			
80℃			
100℃			

（二）热致死温度的测定

（1）分别取新鲜的大肠杆菌和枯草芽孢杆菌培养液 1mL 注入 5 组无菌试管。

（2）将上述 5 组试管分别在 50℃、70℃、80℃、90℃和 100℃水浴锅中加热 10min。

（3）将每支试管内的培养液移入培养皿内，与融化后冷却至 45℃ 左右的肉膏胨蛋白琼脂混合制成平板，置37℃培养24h。

（4）观察培养情况，记录结果。

（三）*D*值的测定

（1）将固体培养基融化，倒平板、冷却备用。

（2）水浴锅调至60℃，将液体培养基4瓶置于水浴锅中预热20min。

（3）将大肠杆菌、枯草芽孢杆菌和金黄色葡萄球菌新鲜培养液各10mL分别接入上述培养液中，标记、摇匀、记时。

（4）于0、5、10、15、20、30、40、50、60、70min时分别取各菌液1mL，稀释，涂平板，30℃培养48h后，计算活菌数。

（5）以保温时间为横坐标，残存活菌数为纵坐标，做出各菌在60℃时的残存活菌数曲线，求出各菌的D_{60}值。

五、化学药剂的影响

（1）用无菌吸头吸取200μL培养了18h的金黄色葡萄球菌菌液于肉汤蛋白胨培养基上，用无菌涂布棒涂布均匀。放置片刻，等菌液全部被培养基吸收后进行下一步实验。

（2）将上述培养皿用记号笔分为8等份，每一份内标明一种药剂名称。

（3）用无菌镊子将小滤纸片分别浸入各种药剂中取出，并在试管内壁上除去多余药液后，以无菌操作将纸片对号放入培养皿的小区内。注意每种药剂专用一把镊子，防止不同药剂互相污染。

（4）置37℃培养箱中培养48h后观察结果。比较抑菌圈大小，结果记入表9内。

表9　　化学药剂抑菌试验结果

化 学 试 剂	抑菌圈半径/mm	抑菌能力排序
2.5%碘酊		
75%乙醇		
5%苯酚		
1:200稀释的84消毒液		
1/500甲醛溶液		

六、生物因素的影响

（1）用肉汤蛋白胨培养基制成平板，在平板一侧，用接种环取产黄青霉的孢子，在平板上划一直线接种，置于28℃培养48～72h。

（2）待形成菌苔后，从距产黄青霉的菌苔边缘5mm处用接种环分别垂直向外划直线接种已培养18h的大肠杆菌、枯草芽孢杆菌和金黄色葡萄球菌，在37℃培养箱中培养48h，观察结果。

用同样的方法做灰色链霉菌的抗菌谱实验。

七、紫外线的影响

（一）紫外线杀菌效果的观察

用无菌吸头吸取100μL培养了18h的金黄色葡萄球菌菌液于肉汤蛋白胨培养基平板上，以无菌涂棒涂布均匀，用一张三角形锡纸条（或其他形状的纸条）遮住部分平板，打开皿盖；置紫外灯下照射3min后取出锡纸（或纸条），盖上皿盖。在黑暗中（或红灯下）用双层报纸包裹，倒置于37℃ 培养箱中培养48h后观察结果。

（二）紫外线对微生物的诱变效应

（1）菌液的制备　把枯草芽孢杆菌菌种接入有100mL培养基的250mL无菌三角瓶中，37℃ ，200r/min摇床培养18h。

（2）稀释　取摇瓶培养至对数生长期的菌液（菌液浓度为10^8～10^{10}个/mL）0.5mL入4.5mL生理盐水中或0.1mL入4.5mL生理盐水中，进行10倍稀释，稀释度为10^{-1}～10^{-8}。

（3）涂布：取10^{-1}～10^{-8}的菌液各100μL涂平板，每个稀释度涂平板2块。

（4）紫外线处理：分别对10^{-6}，10^{-5}，10^{-4}，10^{-3}，10^{-2}，10^{-1}的平板照射10s，20s，30s，40s，50s，60s（紫外灯功率为30W，照射距离为30cm）。10^{-7}和10^{-8}平板作对照。处理后的培养皿在黑暗中（或红灯下）用双层报纸包好，倒置37℃下培养，48h后观察并记录结果（填入表10）。

表10　紫外线对各浓度枯草芽孢杆菌的诱变情况

稀释度	照射时间/s	处理后活菌数		平均值	存活率/%	死亡率/%
10^{-1}	60					
10^{-2}	50					
10^{-3}	40					
10^{-4}	30					
10^{-5}	20					
10^{-6}	10					
10^{-7}	0					
10^{-8}	0					

（5）观察诱变效应　将培养皿取出，分别向菌落分散开的平板内加革兰氏碘液数滴，在菌落周围将出现透明圈，分别测量透明圈直径与菌落直径并计算其比值（*HC 值）。与对照平板进行比较，把明显大于对照的菌落接到斜面上培养保存。

八、思　考　题

（1）评价微生物抗热性的指标有哪些？影响其抗热性的因素有哪些？

（2）影响化学药剂、抗生素、紫外线杀菌作用的因素有哪些？

九、附　　录

肉汤蛋白胨培养基：

成分：牛肉膏 5g，蛋白胨 10g，NaCl 5g，蒸馏水 1000mL，pH 7.2～7.4。

制法：于 1000mL 水中加入上列成分，混合加热溶解，调 pH 至相应值，分装于适当容器内，115 ℃ 20min 。如在上述液体培养基中加入琼脂 15～20g，则为固体培养基。

实验九　发酵抗菌作用试验设计

一、目 的 要 求

了解利用厨房条件可以生产的发酵食品制作的一般工艺流程和品质控制要点，领会发酵微生物抗菌作用的机理及产品色、香、味、形成的特点。

二、基 本 原 理

甜酒酿的制作是一个微生物学发酵过程。甜酒药中包含有糖化菌和酵母菌，糖化菌如根霉（*Rhizopus*）、毛霉（*Mucor*）在一定条件下能水解淀粉成单糖，然后酵母菌利用单糖在厌气条件下进行发酵产生酒精，因而糖度下降、酒度提高。甜酒酿就是在糖化菌和酵母菌的共同作用下酿制出的食品。

豆腐乳是我国独特的传统发酵食品，是用豆腐发酵制成。民间老法生产豆腐乳均为自然发酵，现代酿造厂多采用蛋白质酶活性高的鲁氏毛霉或根霉发酵。豆腐坯上接种毛霉，经过培养繁殖，分泌蛋白酶、淀粉酶、谷氨酰氨酶等复杂酶系，在长时间的后发酵中与腌坯调料中的酶系、酵母、细菌等协同作用，使腐乳坯蛋白质缓慢水解，生成多种氨基酸，加之由微生物代谢产生的各种有机酸与醇类作用生成酯，形成细腻、香甜的豆腐乳特色。

拉丝豆豉也称为纳豆，是细菌型发酵的大豆制品，已有 1000 年的历史。产品主要特征为黏糊状、味甜且有氨味。近年来，由于其特殊生理功能的发现，特别是其纤溶功能，使它成为研究的热点。它的生产主要利用的微生物是枯草芽孢杆菌属中的细菌，将从纳豆中筛选出的杆菌命名为纳豆杆菌。由于有纤溶酶产生，因而是一种食药兼用的营养保健食品。

乳酸菌发酵制品包括酸奶、泡菜等，由于形成发酵产物乳酸等有机酸，因而风味独特。

三、甜酒酿的制作

按洗米、蒸饭、淋水、降温、加酒药的发酵程序进行。所用材料器皿包括甜酒药（新鲜不变质）、糯米、水果瓶或带盖搪瓷杯、高压锅、淘米箩、脸盆、防水纸、绳子、凉开水等。制作步骤如下：

（1）浸米与洗米　将米在水中浸泡 12～24 h 后用自来水冲洗。浸米的目的是使米中的淀粉粒子吸水，便于蒸煮糊化。

（2）隔水蒸煮　将洗净沥干水的米在高压锅中隔水蒸煮 10～20min，常压 30～40min。要求达到熟而不糊、外硬内软、内无白心、疏松易散、透而不烂、均匀一致。

（3）淋水降温　用冷开水淋洗糯米饭降温至发酵微生物生长繁殖的温度，同时增加米饭含水量，并使熟饭表面光滑，易于拌入酒药，利于糖化发酵菌的繁殖。

（4）拌酒药搭窝　将冷却至35℃左右的米饭，按量拌入酒药，装入瓶内，并在瓶中搭成喇叭形凹窝，上面再洒上一些酒药。用薄膜食品袋套住密封，薄膜袋内留有一定量的空气。

（5）保温保湿培养　25℃培养 36～40h 即可食用。

四、豆腐乳制作

将毛霉斜面菌种经扩大培养后制成孢子悬液，接种于豆腐坯中经培养、晾花、腌制至后熟即为成品。所用材料器皿包括豆腐坯、红曲米、甜酒酿、白酒、黄酒、食盐及毛霉斜面菌种、三角瓶、接种针、喷枪等。制作步骤如下。

（一）悬液制备

（1）毛霉菌种的扩大培养　将毛霉菌种接入斜面培养基，于25℃培养 2d；将斜面菌种转接到盛有种子培养基的三角瓶中，于同样温度下培养至菌丝和孢子生长旺盛，备用。

（2）孢子悬液制备　于上述三角瓶中加入无菌水 200mL，用玻璃棒搅碎菌丝，用无菌双层纱布过滤，滤渣倒回三角瓶，再加 200mL 无菌水洗涤 1 次，合并滤液于第一次滤液中，装入喷枪贮液瓶中供接种使用。

（二）接种孢子

用刀将豆腐坯切成 4.1cm×4.1cm×1.6cm 的块，将笼格经蒸汽消毒、冷却，用孢子悬液喷洒笼格内壁，然后把划块的豆腐坯均匀竖放在笼格内，块与块之间间隔 2cm。再用喷枪向豆腐块上喷洒孢子悬液，使每块豆腐周身沾上孢子悬液。

（三）培养与晾花

将放有接种豆腐坯的笼格放入培养箱中，于20℃左右下培养，培养20h后，每隔6h上下层调换一次，以更换新鲜空气，并观察毛霉生长情况。44～48h后，菌丝顶端已长出孢子囊，腐乳坯上毛霉呈棉花絮状，菌丝下垂，白色菌丝已包围住豆腐坯，此时将笼格取出，使热量和水分散失，坯迅速冷却，其目的是增加酶的作用，并使霉味散发，此操作在工艺上称为晾花。

（四）装瓶与压坯

将冷至20℃以下的坯块上相互依连的菌丝分开，用手指轻轻在每块表面揩涂一遍，使豆腐坯上形成一层皮衣，装入玻璃瓶内，边揩涂边沿瓶壁呈同心圆方式一层一层向内侧放，摆满一层用手压平，撒一层食盐，每100块豆腐坯用盐约400g，使平均含盐量约为16%，如此一层一层铺满瓶。下层食盐用量少，向上食盐逐层增多，腌制中盐分渗入毛坯，水分析出，为使上下层含盐均匀，腌坯3～4d时需要加盐水淹没坯面，称之为压坯。腌坯周期冬季13d，夏季8d。

（五）装坛发酵

（1）红方　按每100块坯用红曲米32g、面曲28g、甜酒酿1kg的比例配制染坯红曲卤和瓶装红曲卤。先用200g甜酒酿浸泡红曲米和面曲2d，研磨细后，再加200g甜酒酿调匀即为染坯红曲卤。将腌坯沥干，待坯块稍有收缩后放在染坯红曲卤内，六面染红，装入预先消毒的玻璃瓶内，再将剩余的红曲卤用剩余的600g甜酒酿兑稀，灌入瓶内，淹没腐乳，并加适量面盐和酒精体积分数为50%的白酒，加盖密封，在常温下储存6个月成熟。

（2）白方　将腌坯沥干，待坯块稍有收缩后，将按甜酒酿0.5kg、黄酒1kg、白酒0.75kg、盐0.25kg的配方配制的汤料注入瓶中，淹没腐乳加盖密封，在常温下储藏2～4个月成熟。

五、拉丝豆豉制作

（一）原料的处理

大豆清洗，浸泡过夜，121℃下蒸煮25～30min，沥干，冷却到40℃。

（二）发酵

发酵有自然接种和人工接种两种方法。

1. 自然发酵

自然接种是将煮好的大豆用稻草包好，放于木盘中。稻草的作用是提供枯草芽孢杆菌，并吸收发酵放出的氨味，给纳豆提供风味。

2. 人工接种发酵

人工接种是按大豆量的1% ~3% 接入菌体培养液，然后放于木盘中，40℃培养14 ~ 20h或38℃培养20h，5℃，24h后熟。1987年日本西见洋行从纳豆中分离提取到溶栓酶，命名为纳豆激酶（NK），其不但具有溶解血栓的作用，口服后，同时具有使血液中组织型纤溶酶原激活剂（t-PA）量逐渐升高的作用。

（三）存放

纳豆易变质，其品质劣化取决于储藏温度和时间。在5℃条件下先储藏15d，其气味和外观没有任何劣化的迹象。但在15℃和25℃条件下分别储藏4d和2d即产生氨味，在分别储藏7d和2d后，品质完全变坏，再继续储藏，纳豆表面会产生一层白色的沉淀物，主要是劣化过程中产生的酪氨酸和磷酸镁铵。

除冷藏外，干燥是另一种提高纳豆保藏品质的有效方法，将新鲜的纳豆在低温下干燥到含水量的5%，然后将其粉碎成粉末，可用作点心或汤料的配料。

六、泡菜制作

（1）番茄汁的制备　将新鲜的番茄洗净，用90 ~ 95℃热水烫3min，放入榨汁机内榨汁，然后用纱布过滤或用滤纸过滤。

（2）培养基制作　取番茄汁30mL，添加蛋白胨5g、酵母膏25g、葡萄糖1g、乳水解酪蛋白5g、水970mL。加热完全熔化，分装在三角烧瓶中，然后塞上棉塞，扎上牛皮纸，放入灭菌锅内，115℃灭菌15min。

（3）接种培养　番茄汁培养基冷却后，在无菌条件下接入植物乳杆菌及乳脂链球菌，摇匀后，分别放入30℃、35℃恒温箱内培养30h。

（4）泡菜制作

配方：白菜500g，水萝卜150g，白糖2g，苹果25g，梨25g，辣椒粉15g，姜片5g，花椒5g，大料10g，盐50g，小茴香1g，白酒1g，凉开水1000 ~ 1500mL，葱、蒜、味精适量。

制作过程：①白菜，去根，去掉老帮，整棵白菜一剖为4瓣，横刀切4节，用盐50g腌制30min。②将水萝卜、苹果、梨洗净去核，切成片。③葱、蒜均切成末。④将腌好的白菜控净水，装入坛内。⑤将花椒、大料、小茴香装入纱布袋中包好并放入水中煮沸杀菌后，放入坛内。⑥把培养好的菌种（10^7 个/mL）按2% ~4%接入坛内。⑦将水萝卜、苹果、梨、葱和蒜末、盐、辣椒面、味精、白糖放在一起用凉开水调匀，浇在白菜坛内，最后用一块净石压在白菜上，使白菜淹入卤汁中。⑧将坛口封上，置温箱40℃下培养发酵72h即可终止发酵。

七、酸奶制作

酸奶制作所用实验器材包括嗜热链球菌、保加亚利乳杆菌菌种，高压蒸汽灭菌锅，冰箱，酸奶瓶，温度计等。

制作步骤如下：

①原料乳选择：选新鲜品质好的乳作原料并不含有抗生素等药品及其他有害物质。

②均质：均质处理可使原料乳形成均匀的组织状态。

③杀菌：将三角瓶置蒸汽灭菌器中，加热杀菌90～95℃，10～15min。

④添加发酵剂：将奶冷却至45℃左右，添加乳杆菌和链球菌混合发酵剂2%。

⑤分装：将发酵剂与乳经搅拌混合均匀后，立即分装于塑料杯中，然后用纸封口，以防杂菌污染。

⑥发酵：置于42℃温箱中，培养2～3 h，当pH为4.5时即可终止发酵。

⑦冷却后熟：将发酵好的酸奶置4℃冰箱中储藏过夜。

⑧成品：酸奶呈乳白色，具有纯净的芳香酸味，凝块均匀细腻、结实。无气泡，允许表面有少量乳清析出。

八、思考题

（1）甜酒酿制作的关键步骤是什么?

（2）腐乳生产发酵原理是什么?

（3）怎样控制拉丝豆豉的品质?

（4）没有发酵剂也能够制作酸奶吗?

实验十　烹饪杀菌作用试验设计

一、目的要求

了解真空技术、复合包装技术与微波灭菌技术在烹调食品保鲜保质中的应用，巩固食品腐败变质及其控制相关理论知识。

二、基本原理

食品经烹调煮熟，可以杀死大多数细菌繁殖体，但在存放过程中易因空气中细菌的污染以及残存芽孢的出芽及繁殖，细菌数会不断升高，最终发生腐败变质，失去食用价值。

将熟食品置于复合包装袋中，真空包装，微波灭菌，则食品不再受到外界细菌的污染。需氧芽孢杆菌因生存条件受到限制，即使有少数残存，繁殖速度也非常缓慢。

将真空包装食品置于微波高压灭菌炉内实施瞬时灭菌，残存菌则在微波场作用下，菌体内分子产生摩擦作用受损，不久死亡，从而使烹调食品保质期得以延长，便于餐饮食品的工业化生产。

三、设备和材料

烹调设备：炉、锅、勺；

食品：鸡3只，相关配料如食盐、生姜、食油、酱油、葱、酒；

食品风干设备：电风扇、吊勾、系带；

聚乙烯-聚氨酯复合食品包装袋；

食品分割设备：刀、案板、盘、镊子；

无菌操作设备：紫外线消毒车、酒精棉球、酒精灯、火柴；

真空包装机：DZQ-400/2型；

微波高压灭菌炉：WL2S-1型；

电热封口机或自动有色打字封口机。

四、实 验 步 骤

（一）熟食品制备

（1）配方　鸡1只，1250g（大致重量）；食盐5g；湿淀粉15g；料酒5g；熟猪油75g；麻油1g；味精4g；淡二汤2500g（mL）。

（2）制法　①鸡宰净，放入微沸的二汤锅内（预置食盐），用小火浸约15min至刚熟（浸时将鸡提出两次，倒出腔内的汤，以保持鸡腔内外温度的一致）。取出，吊挂，晾干（或吹干）。入笼蒸熟，取出，吸干。②用中火烧热炒锅，下油、料酒、食盐（0.5g）、味精，用湿淀粉调稀勾芡，最后加入麻油和猪油推匀，作为专用方便调味料。

（二）分割与填装

鸡按需要可以整只装袋，也可分割包装。

分割前，先将熟鸡置于经火焰灭菌的托盘中，将刀、板、镊子、托盘火焰灭菌，以无菌手续切割鸡肉（鸡腿、鸡翅等），用紫外线灭菌10～15min。

置于聚乙烯-聚氨酯复合包装袋中，擦除袋口油污。

将复合调味料倒入另一复合包装袋中，用电热封口机封口。

（三）真空包装

真空包装机的外形如图17所示。

真空包装机操作程序如下：

①抬起真空室盖，将包装袋置于真空室；

②接通电源，打开电源开关，此时面板上的电源指示灯亮，预热10min；

③盖上真空室盖，自动抽真空，控制抽真空时间，待充气、封合、冷却后，真空室盖自动开启，完成真空包装。

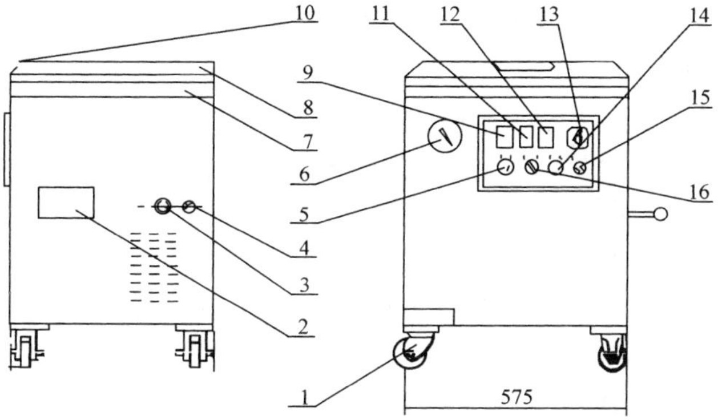

图 17 真空包装机外形图

1—脚轮 2—标牌 3—充气管接头 4—起落架手柄 5—急停开关 6—真空表 7—真空室 8—真空室盖 9—抽真空延时器 10—室盖手柄 11—充气延时器 12—熟封延时器 13—电压选择开关 14—电源指示灯 15—电源开关 16—充气选择开关

④切断电源，抬起真空室盖操作手柄，使盖大于45°时，拉出手柄胶木球，使室盖缓慢合上，套上防尘罩。

（四）微波灭菌

微波灭菌设备如图18所示。微波灭菌操作程序如下：

①插上电源插头。

②微波炉腔内放入需灭菌食品。

③关好微波炉门。

④设定加热时间：2min。

⑤设定加热功率：高、中、低档控制间歇加热时间，1、2、3档控制管子同时或分别工作。

⑥按预热按钮，预热指示灯亮，炉腔内照明灯亮。

⑦按启动按钮，启动指示灯亮，转盘转动，炉子开始工作。

⑧暂停加热时，关启动按钮。需要加热时，再按启动按钮。

⑨停机时，关启动按钮，启动指示灯灭。关预热按钮，预热指示灯灭。

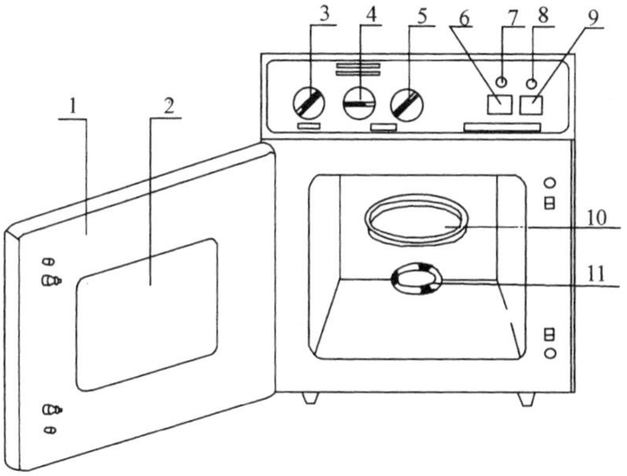

图 18 微波灭菌设备

1—炉门 2—观察窗 3—定时器 4，5—功率选择 6—预热按钮 7—预热指示灯 8—启动指示灯 9—启动按钮 10—玻璃转盘 11—转盘支架

⑩取出食品，迅速置冷水中冷却，擦干水分，做保藏试验。

食品的微波灭菌操作时，还应注意如下几点：

①炉腔内没有物料时绝对不允许按下启动按钮。

②炉腔内禁止放入金属物体，以免产生打火及故障。

③微波炉进出排气孔要保持畅通，若有灰尘阻塞，要及时清除。

④炉内要保持干燥干净，若有残渣或水分时，会降低微波的加热效率。

⑤对密封包装食品的加热，一定要注意其内部的压力不能太大，否则会膨胀炸裂。对本试验用食品包装袋，不能超过85℃，可作正面加热2 min，反面加热2min，以使受热均匀，灭菌全面、加工迅速省时。

⑥复合调味料包装品加热时间可适当缩短。

（五）品质检验

（1）37℃保温试验　每类食品均放置2袋于37℃恒温培养箱中，每隔24h做感官检查和细菌学检测，感官指标包括是否有气泡、胀袋、色变，拆开后是否有异味；细菌学检测包括细菌菌落总数、残存细菌定性鉴定。连续观察7d。

（2）密闭试验　将食品置于80℃的水浴中，使食品沉入水面以下5cm，然后观察5min，发现水泡连续上升者，表明漏气。

五、思　考　题

（1）影响包装食品卫生质量的因素可能有哪些？

（2）微波灭菌与其他灭菌技术相比，有什么优点？

（3）实际工作中，很少有37℃高温季节，鸡肉熟食品为什么要做37℃保温试验？它与其他条件下的保藏试验是否有关？

参考文献

1. 陶树声著．中国微生物工业发展史．轻工业出版社，1983
2. 周德庆．微生物学教程（第二版）．北京：高等教育出版社，2002
3. 蒋云升主编．烹饪卫生与安全学（第二版）．北京：中国轻工业出版社，2005
4. 伊长荣编著．餐桌上的防线．北京：人民军医出版社，2002
5. 夏成林等著．微生物资源学．北京：科学出版社，1997
6. 郭兴华主编．益生菌基础与应用．北京：北京科学技术出版社，2002
7. 杨苏声主编．细菌分类学．北京：中国农业大学出版社，1997
8. 甘肃农业大学主编．兽医微生物学．北京：中国农业出版社，2000
9. 郁庆福主编．现代卫生微生物学．北京：人民卫生出版社，1995
10. ［美］James. M. Jay 编著．现代食品微生物学（第五版）．徐岩等译．中国轻工业出版社，2001
11. ［英］Brian J. B. Wood. 发酵食品微生物学（第二版）．徐岩译．中国轻工业出版社，2001
12. 万素英等编著．食品防腐和食品防腐剂．北京：中国轻工业出版社．1998
13. 联合国环境规划署，世界卫生组织编．霉菌毒素．北京：中国环境科学出版社，1987
14. 徐顺旺等编．食品杀菌新技术．北京：中国轻工业出版社，2004
15. 陈功等编．净菜加工技术．北京：中国轻工业出版社，2005
16. 刘北林主编．食品保鲜与冷藏链．北京：化学工业出版社，2007
17. 王瑞芝主编．中国腐乳酿造．北京：中国轻工业出版社，1998
18. 康明官编著．中外著名发酵食品生产工艺手册．北京：化学工业出版社，1999
19. 张宇文编著．面包科学加工工艺．北京：中国轻工业出版社，1996
20. 王文仲编著．应用微生物学．北京：中国医药科技出版社，1996
21. 薛广波主编．实用消毒学．北京：人民军医出版社，1986
22. 卫生部．食品卫生检验方法微生物学部分．北京：中国标准出版社，1994
23. 赵贵明主编．食品微生物实验室工作指南．北京：中国标准出版社，2005
24. 世界卫生组织．实验室生物安全手册．马连山等译．北京：人民卫生出版社，1985
25. 蒋云升等．肉类盘菜制作过程中的细菌性污染及其控制研究．肉品卫生，1997
26. 蒋云升等．烹调对河蟹致病性气单胞菌控制的研究．扬州大学学报，1999
27. 蒋云升等．真空包装文昌鸡的研制．扬州大学烹饪学报，2003
28. 蒋云升等．如皋火腿微生物菌群分析．扬州大学烹饪学报，2004
29. 陈秀兰等．鹅肉制品的辐照保质研究．核农学报．2005
30. 蒋云升等．嫩玉米小吃真空包装制品的研究．食品工业科技．2003